4. 電験三種受験から免状交付まで

JN039757

- 試験は誰でも受験できる
- ↓
- 受験の申込み（5～6月頃） ・・・・ 郵便受付またはインターネット受付 !!
- ↓
- 国家試験の実施（9月上旬頃） ・・・・ 全4科目・1日間 !!
- ↓
- 採　点　実　施
- ↓
- 合格者の発表と通知 ・・・・ 合格者の受験番号を官報に公示 !! また，電気技術者試験センターのホームページで発表日から約1か月間，合格者または科目合格者の受験番号が検索可能 !!（合格率は10～20%と年度差あり）
- ↓
- 経済産業大臣へ免状の交付申請
- ↓
- 電気主任技術免状交付 ・・・・ **電験三種のライセンス獲得完了 !!**

5. 受　験　料

5,200円（書面（払込取扱票）受付）

4,850円（インターネット受付）

※受験手数料は年度によって変更になる可能性がありますので，一般財団法人 電気技術者試験センターにお問い合せください．

6. 受験申込先

一般財団法人 電気技術者試験センター本部事務局

〒104−8584　東京都中央区八丁堀2−9−1　RBM八重洲ビル8階

Tel. 03−3552−7691　Fax. 03-3552-7847　Mail. info@shiken.or.jp

- 書面による申込み：所定の受験申込書（郵便振替）を窓口へ提出
- インターネット申込み　URL：https://www.shiken.or.jp/

7. 試験会場で使用できる用具

- 筆記用具：HBの鉛筆またはHB（B）の芯のシャープペンシル，鉛筆削り，プラスチック，消しゴム，透明または半透明の定規
- 電　　卓：指定機能のものに限る電池（太陽電池を含む）内蔵型電卓で音の発しないもの（四則演算，開平計算，百分率計算，税計算，符号変換，数値メモリ，電源入切，リセットおよび消去の機能以外の機能を持つものを除く）

※詳細は，電気技術者試験センターの受験案内をご覧ください．

不動先生と学ぶ

電験三種 論説問題 特選386問

不動弘幸 著
Fudou Hiroyuki

Ohmsha

読者の方々へ

本書を手にされた皆さんは，電気技術者の登竜門である**電験三種受験**を志されていると思います．電験三種に合格し，**第三種電気主任技術者**になれば電圧 50 000V 未満の事業用電気工作物（出力 5 000kW 以上の発電所を除く）の**『工事，維持および運用の保安の監督』**を行うことができます．強電屋には喉から手が出るほど手に入れたい資格ですが，学習に長時間を要するため中途で挫折してしまう人が多いのです．

電験三種の試験問題には，大別して計算問題と論説問題があります．計算問題も大事ですが，科目によっては論説問題のほうがウエイトが高くなっています．

そこで，本書は「**論説問題**」に特化した『電験三種論説問題の完全研究』をリニューアルして最近の出題問題も反映し，**全 386 問**を収録しました．

このため，論説知識を問題を解くことで，無理なくマスターできます．

「**計算問題**」については，『北爪先生が教える！電験三種計算問題が一番解ける本』（北爪清著，オーム社）を活用いただくと，しっかりとした受験準備ができます．

論説問題が苦手という人は，重箱の隅をつつくような断片知識をかき集めて記憶し，**全体像が掴めていない**ケースが多いのです．学習のはじめは，流れと幹（みき）を知ること，つまり**テーマごとの全体の体系**を知ることが大切です．細かい枝葉は，後からいくらでもつけられます．

本書では，過去問題を使用して**流れと幹を養成できる**ようにしているので，肝心なことは何かが分かり，**問題を通して基礎力を養成**できます．何度か繰り返し学習しているうちにウイークポイントも克服され，自分でも論説できるようになればしめたものです．また，試験直前の知識確認にも活用ください．きっと，効率的な学習で，**自信を持って試験に臨めること**と思います．

最後に，本企画の立上げから出版に至るまでお世話になった，オーム社編集局の皆様に厚くお礼申し上げます．

2020 年 6 月

不　動　弘　幸

点数アップ♪

本書の使い方

電験の受験勉強を最も効率的に行うには，何といっても過去問題の徹底的な研究が大切である．本書では，短期間で必要な論説問題の要点を習得できるよう，様々な便宜を図っており，以下のように使うことをお奨めする．

1．記述順の学習がスタンダード！

「何から手をつけていいかわからない」という方は，記述の流れ（羅針盤）に沿った学習をお奨めする．本書では，あらかじめ知識があったほうがスムーズに学習できると思われる箇所には，問題の前に『**ここが肝心！基礎固め！**』の部分を設けている．それ以外は，いきなり問題を解くスタイルとした．

2．出題傾向の把握！

どのような試験にも，出題傾向というものがあり，電験もその例外ではない．本書では，20 年程度の過去問題を扱っているので，ズバリ出題傾向が把握できる．

3．体系学習で達成感を味わう！

本書は過去問題を徹底的に分析し，その結果を体系的に整理して学習上の便宜を図っている．したがって，学習後に達成感を味わえる．

4．解説から周辺知識を習得！

単に問題を解いて解答を見つけるだけではなく，正しいものは知識として習得しておこう！『**解説**』では，問題に絡む周辺知識も覚えやすいよう箇条書きスタイルで示している．特に，**太字のキーワード**は，必ず覚えるよう心がけること．

5．ワンポイント知識で点数アップ！

本書では，問題に関連する『**点数 UP♪ ワンポイント知識♪**』のコーナーを設けている．一読しておくと，きっと読者の味方になるはずである．

6．重要なキーワード！

問題の最後の『**重要**』の 1 行コメントは問題を総括したキーワードなので，学習した内容がイメージできるかを確認してほしい．

7．論説問題の攻略のコツ！

論説問題の攻略のコツは，次のとおりである．

問 題 では，出題の意図をつかみ出題レベルを確認する

解 説 では，解答の理由の習得と同時に記憶できる範囲でキーワードを覚える

目　次

1章 理論の論説問題

2章 電力の論説問題

3章 機械の論説問題

4章 法規の論説問題

ここが肝心！基礎固め！

点数アップ♪

ワンポイント知識

1 章
理論の論説問題

「理論」は，計算問題が主体の科目で，その知識は他の科目への橋渡しの役目もしている．この科目の出題は

計算問題：論説問題＝80%：20% 程度

である．したがって，学習の主体は何といっても計算問題である．一方，論説問題は出題範囲が限られ，問題もある程度定型化されているので，確実に得点できるようにしておかなければならない．

問題 1　単位記号（1）

［平成 11 年］

電気および磁気に関する量とその単位記号（これと同じ内容を表す単位記号を含む）の組合せとして，誤っているものは次のうちどれか．

	量	単位
(1)	電界の強さ	V/m
(2)	磁　束	T
(3)	電力量	W·s
(4)	磁気抵抗	H^{-1}
(5)	電　流	C/s

解説

それぞれの量に対応する単位記号は，関係式を用いると次のように導ける．

① 電界の強さ E は，$E = \dfrac{\text{極板間の電圧 } V\,[\mathrm{V}]}{\text{極板間隔 } d\,[\mathrm{m}]}$ 〔V/m〕である．

② **磁束 Φ の単位は〔Wb〕**で，**磁束密度 B の単位は〔T〕**である．

③ 電力量 W は，W＝電力×時間＝P〔W〕×t〔s〕〔W·s〕である．

④ 磁気抵抗 R_m は，コイルの巻数を N，自己インダクタンスを L〔H〕とすると，

$$L = \frac{N^2}{R_m} \text{ であるので，} R_m = \frac{N^2}{L}\,[\mathrm{H}^{-1}]$$（毎ヘンリー）である．

透磁率を μ〔H/m〕，断面積を S〔m^2〕，磁路の長さを l〔m〕とすると

$$R_m = \frac{l}{\mu S}\,[\mathrm{H}^{-1}]$$

であり，この方法でも導ける．

⑤ 電流 I は，$I = \dfrac{\text{電荷 } Q\,[\mathrm{C}]}{\text{時間 } t\,[\mathrm{s}]}$ 〔C/s〕で，〔C/s〕＝〔A〕ある．

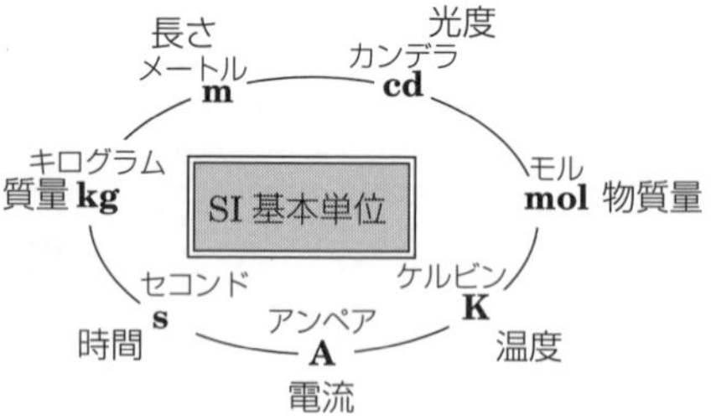

【解答（2）】

重要

$$\text{磁束密度 } B\,[\mathrm{T}] = \frac{\text{磁束 } \Phi\,[\mathrm{Wb}]}{\text{面積 } S\,[\mathrm{m}^2]}$$

問題 2　単位記号（2）

[平成 23 年]

電気および磁気に関係する量とその単位記号（他の単位による表し方を含む）との組合せとして，誤っているものを次の（1）～（5）のうちから一つ選べ．

	量	単位
(1)	導電率	S/m
(2)	電力量	W·s
(3)	インダクタンス	Wb/V
(4)	磁束密度	T
(5)	誘電率	F/m

解説

それぞれの量に対応する単位記号は，芋づる式に次のように導かれる．

① 導電率を σ とすると抵抗 R は，$R=\dfrac{l\,〔\mathrm{m}〕}{\sigma S\,〔\mathrm{m}^2〕}$ 〔Ω〕（オーム）である．したがって，

$$\sigma=\frac{l\,〔\mathrm{m}〕}{RS\,〔\mathrm{m}^2〕}\left[\frac{1}{\Omega\cdot\mathrm{m}}\right]=\left[\frac{\mathrm{S}}{\mathrm{m}}\right]\ \text{である．}\ \left(\frac{1}{〔\Omega〕}=〔\mathrm{S}〕\right)$$

（〔S〕：ジーメンス）

② 電力量 W は，W＝電力×時間＝P〔W〕×T〔s〕〔W·s〕である．

③ インダクタンスを L，電流を I〔A〕，巻数を N，磁束を Φ〔Wb〕とすると，**LI〔A〕＝$N\Phi$〔Wb〕**（ウェーバ）であるので

$$L=\frac{N\Phi\,〔\mathrm{Wb}〕}{I\,〔\mathrm{A}〕}\ 〔\mathbf{Wb/A}〕\ \text{である．}$$

④ 磁束密度 B の単位は〔T〕（テスラ）である．

⑤ 静電容量 C は，極板間隔 d〔m〕，誘電率を ε，極板面積を S〔m^2〕とすると

$$C=\frac{\varepsilon S\,〔\mathrm{m}^2〕}{d\,〔\mathrm{m}〕}\ 〔\mathrm{F}〕\ \text{である．したがって}$$

$$\varepsilon=\frac{C\,〔\mathrm{F}〕\cdot d\,〔\mathrm{m}〕}{S\,〔\mathrm{m}^2〕}\ 〔\mathrm{F/m}〕\ \text{である．}$$

（〔F/m〕：ファラド）

【解答（3）】

単位記号の表現は，基本式から誘導する力が必要である　重要

問題3　磁気誘導

［平成19年］

磁界中に物質を置くと，その物質の性質によって図1または図2に示されるような磁極が現れるものがある．このように物質を磁界中にもってきたために磁気を帯びるようになることを磁化されたといい，この現象を［（ア）］という．

磁化によって，図1のように磁界と同じ向きの磁束を物質中に生じる磁極が現れる物質の比透磁率は1より大きく，これは［（イ）］と名付けられている．

一方，図2のように磁界と逆向きの磁束を生じる磁極が現れる物質の比透磁率は1より小さく，これは［（ウ）］といわれる．

特に強く磁化される物質は強磁性体といわれるが，これは［（エ）］のような物質がある．

上記の記述中の空白箇所に当てはまる語句として，正しいものを組み合わせたものは次のうちどれか．

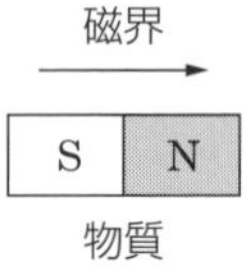

図1

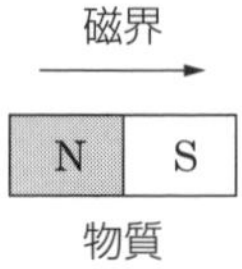

図2

	（ア）	（イ）	（ウ）	（エ）
(1)	電磁誘導	常磁性体	反磁性体	鉄，ニッケル
(2)	電磁誘導	反磁性体	常磁性体	銅，銀
(3)	相互誘導	常磁性体	反磁性体	鉄，ニッケル
(4)	磁気誘導	常磁性体	反磁性体	鉄，ニッケル
(5)	磁気誘導	反磁性体	常磁性体	銅，銀

解説

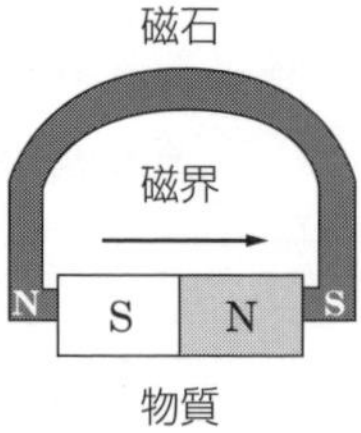

① 図に示すような方向の磁界を加えたとき，**磁気誘導**によって，物質に図のようにN極，S極が現れるものを**常磁性体**という．

② ①とは逆のS極，N極が現れる物質は**反磁性体**という．

③ 常磁性体より強く磁化される物質を**強磁性体**という．

④ 強磁性体には，**鉄**，**ニッケル**，**コバルト**などがあり，比透磁率が1より非常に大きい．

【解答 (4)】

重要

NS：強磁性体＞常磁性体　⇔　SN：反磁性体

[平成28年]

問題4　磁気遮へい

図のように，磁極N，Sの間に中空球体鉄心を置くと，NからSに向かう磁束は，（ア）ようになる．このとき，球体鉄心の中空部分（内部の空間）の点Aでは，磁束密度は極めて（イ）なる．これを（ウ）という．

ただし，磁極N，Sの間を通る磁束は，中空球体鉄心を置く前と置いた後とで変化しないものとする．

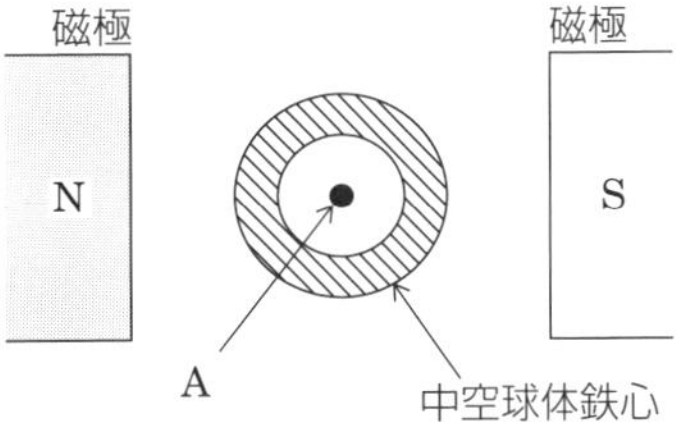

上記の記述中の空白箇所に当てはまる組合せとして，正しいものは次のうちどれか．

	（ア）	（イ）	（ウ）
(1)	鉄心を避けて通る	低く	磁気誘導
(2)	鉄心中を通る	低く	磁気遮へい
(3)	鉄心を避けて通る	高く	磁気遮へい
(4)	鉄心中を通る	低く	磁気誘導
(5)	鉄心中を通る	高く	磁気誘導

解説

図のように，磁極N，Sの間に中空球体鉄心を置くと，NからSに向かう磁束は，**鉄心中を通る**ようになる．このとき，球体鉄心の中空部分（内部の空間）の点Aでは，磁束がほとんど通過しないので磁束密度は極めて**低く**なる．このように外部磁界の影響を受けないようにすることを，**磁気遮へい**という．

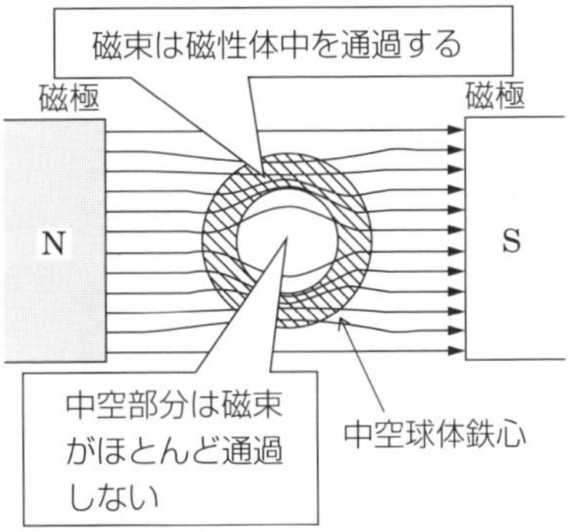

【解答（2）】

磁気遮へい⇒磁束は磁性体を通過し中空部は遮へい　重要

問題 5　ヒステリシスループ（1）

［平成 12 年］

図は強磁性体のヒステリシスループを示す．図中の B_r および H_c は，それぞれ （ア） および （イ） の大きさを表す．一般に，B_r が大きくて H_c の小さい磁性体は （ウ） に適し，B_r も大きいが，H_c が大きい強磁性体は，（エ） に適する．

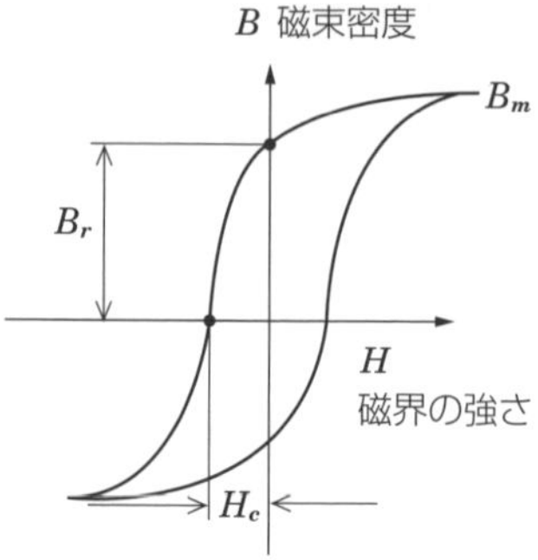

上記の記述中の空白箇所 （ア），（イ），（ウ） および （エ） に記入する語句として，正しいものを組み合わせたのは次のうちどれか．

	（ア）	（イ）	（ウ）	（エ）
(1)	保磁力	磁化力	電磁石	永久磁石
(2)	残留磁気	保磁力	電磁石	永久磁石
(3)	保磁力	残留磁束	永久磁石	電磁石
(4)	残留磁気	保磁力	永久磁石	電磁石
(5)	平均磁束密度	磁化力	電磁石	永久磁石

解説

① ヒステリシスループ中に使用されている記号について，

B_m は最大磁束密度〔T〕，**B_r は残留磁気〔T〕**，**H_c は保磁力〔A/m〕**

である．

② **電磁石**に必要な性質は，**残留磁気 B_r が大きく，保磁力 H_c が小さい．**

③ **永久磁石**に必要な性質は，**残留磁気 B_r が大きく，保磁力 H_c も大きい．**

④ 電磁石の材料は**磁心材料**といい，永久磁石の材料は**磁石材料**という．（変圧器や回転機の鉄心材料は，磁心材料である）

⑤ ヒステリシスループが曲線となるのは，横軸の磁界の強さを大きくすると縦軸の磁束密度が飽和する磁気飽和によるものである．ヒステリシスループを囲む面積は，**ヒステリシス損**に比例する．

参考 平成 29 年に類似問題が出題されている．

【解答（2）】

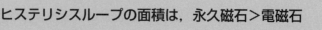

重要 ヒステリシスループの面積は，永久磁石＞電磁石

[平成 18 年]

問題 6　ヒステリシスループ（2）

次の文章は，強磁性体の磁化現象について述べたものである．

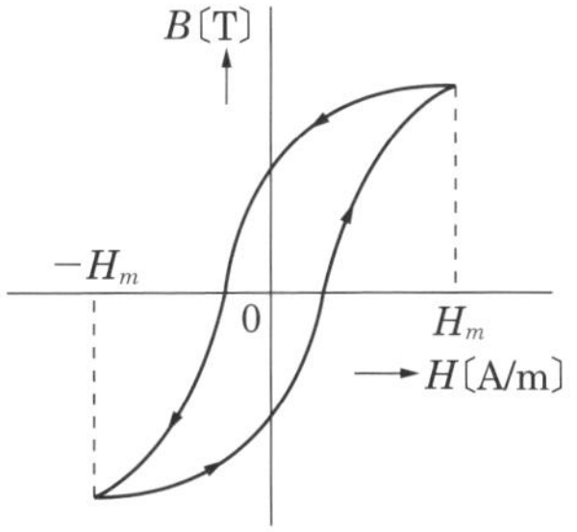

図のように磁界の大きさ H〔A/m〕を H_m から $-H_m$ まで変化させた後，再び正の向きに H_m まで変化させると，磁束密度 B〔T〕は一つの閉曲線を描く．この曲線を［（ア）］という．

この曲線を一周りした後では B〔T〕と H〔A/m〕は元の値に戻り，磁化の状態も元の状態に戻る．その間に加えられた単位体積当たりのエネルギー W_h〔J/m^3〕はこの曲線［（イ）］に等しい．

そのエネルギー W_h〔J/m^3〕は強磁性体に与えられるが，最終的には熱の形になって放出される．

もし，1 秒間に f 回この曲線を描かせると $P =$［（ウ）］〔W/m^3〕の電力が熱となる．これを［（エ）］と名づけている．

空白箇所に記入する語句として，正しいものを組み合わせたのはどれか．

	（ア）	（イ）	（ウ）	（エ）
(1)	ヒステリシス曲線	の周囲の長さ	f^2W_h	鉄　損
(2)	ヒステリシス曲線	に囲まれた面積	fW_h	ヒステリシス損
(3)	ヒステリシス曲線	に囲まれた面積	$f^{1.6}W_h$	ヒステリシス損
(4)	励磁曲線	の周囲の長さ	f^2W_h	ヒステリシス損
(5)	励磁曲線	に囲まれた面積	fW_h	鉄　損

解説　① ヒステリシス損の発生原理について，ヒステリシスループを用いて説明した問題である．空白箇所を埋め文章全体を確認しておかねばならない．

② 周波数 f〔Hz〕でのヒステリシス損は，1〔m^3〕当たり fW_h〔W〕である．

③ 鉄心入りリアクトルでは，交流電圧が一定のとき周波数が低下するとリアクタンスが小さくなって電流が増加する．その結果，磁束密度が増加し，ヒステリシスループの面積は大きくなる．

【解答（2）】

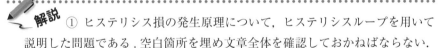

重要　**ヒステリシス損はヒステリシスループの面積に比例**

［平成 17 年］

問題 7　直線導体と磁界の強さ

無限に長い直線状導体に直流電流を流すと，導体の周りに磁界が生じる．この磁界中に小磁針を置くと，小磁針の ［（ア）］ は磁界の向きを指して静止する．そこで，小磁針を磁界の向きに沿って少しずつ動かしていくと，導体を中心とした ［（イ）］ の線が得られる．この線に沿って磁界の向きに矢印をつけたものを ［（ウ）］ という．

また，磁界の強さを調べてみると，電流の大きさに比例し，導体からの ［（エ）］ に反比例している．

上記の記述中の空白箇所（ア），（イ），（ウ）および（エ）に記入する語句として，正しいものを組み合わせたのは次のうちどれか．

	（ア）	（イ）	（ウ）	（エ）
(1)	N 極	放射状	電気力線	距離の 2 乗
(2)	N 極	同心円状	電気力線	距離の 2 乗
(3)	S 極	放射状	磁力線	距離
(4)	N 極	同心円状	磁力線	距離
(5)	S 極	同心円状	磁力線	距離の 2 乗

解説

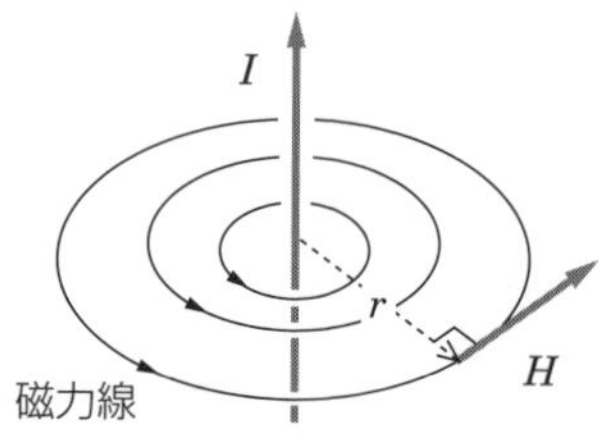

① 直線状導体に電流 I〔A〕を流すと，その周りに磁界が発生する．この磁界の方向は電流の周りに**同心円状**にでき，アンペアの右ねじの法則より右ねじ方向である．

② **N 極**は磁界の方向を指し，これは**磁力線**の方向でもある．

③ 磁界の強さ H は，半径 r〔m〕の同心円上では，

$$H=\frac{I}{2\pi r}\ \text{〔A/m〕}$$

である．

【解答（4）】

重要　ねじの進行方向は電流，磁界は右回りにできる

[平成 23 年]

問題 8　導体に働く電磁力（1）

次の文章は，磁界中に置かれた導体に働く電磁力に関する記述である．

電流が流れている長さ L〔m〕の直線導体を磁束密度が一様な磁界中に置くと，フレミングの［（ア）］の法則に従い，導体には電流の向きにも磁界の向きにも直角な電磁力が働く．直線導体の方向を変化させて，電流の方向が磁界の方向と同じになれば，導体に働く力の大きさは［（イ）］となり，直角になれば，［（ウ）］となる．力の大きさは，電流の［（エ）］に比例する．

上記の記述中の空白箇所（ア），（イ），（ウ）および（エ）に当てはまる組合せとして，正しいものを次の（1）～（5）のうちから一つ選べ．

	（ア）	（イ）	（ウ）	（エ）
(1)	左手	最大	零	2 乗
(2)	左手	零	最大	2 乗
(3)	右手	零	最大	1 乗
(4)	右手	最大	零	2 乗
(5)	左手	零	最大	1 乗

解説

① フレミングの法則での各指の意味合いは，下図のとおりである．

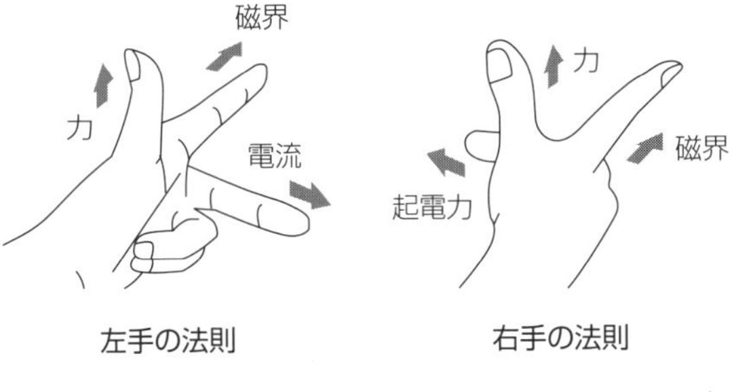

② 電磁力 $F=BIL\sin\theta$〔N〕で，θ は電流 I と磁界（磁束密度 B）のなす角度で，F は $\theta=90°$（$\sin\theta=1$）のときに最大となる．

【解答（5）】

重要　フレミングの左手の法則：電流―磁界―力（電磁力）

問題9　導体に働く電磁力（2）

［平成17年］

図に示すように，直線導体 A および B が y 方向に平行に配置され，両導体に同じ大きさの電流 I がともに $+y$ 方向に流れているとする．このとき，各導体に加わる力の方向について，正しいものを組み合わせたのは次のうちどれか．

なお，xyz 座標の定義は，破線の枠内の図で示したとおりとする．

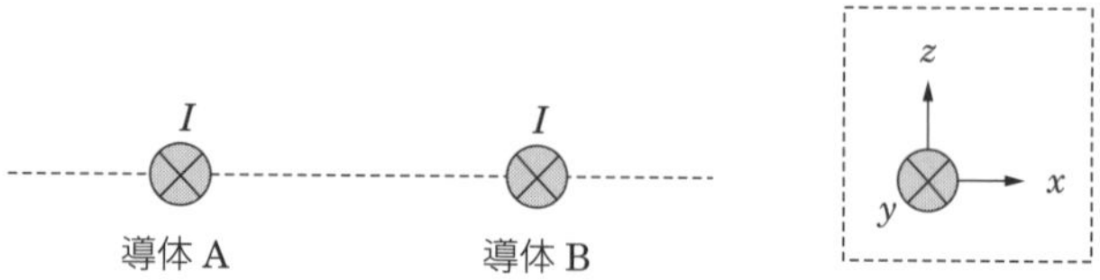

	導体 A	導体 B
(1)	$+x$ 方向	$+x$ 方向
(2)	$+x$ 方向	$-x$ 方向
(3)	$-x$ 方向	$+x$ 方向
(4)	$-x$ 方向	$-x$ 方向
(5)	どちらの導体にも力は働かない．	

解説

① **電磁力**は，各導体に「**同一方向に電流が流れている場合には吸引力，異方向に流れている場合には反発力**」が働く．この知識があれば，即刻解けるタイプの問題である．

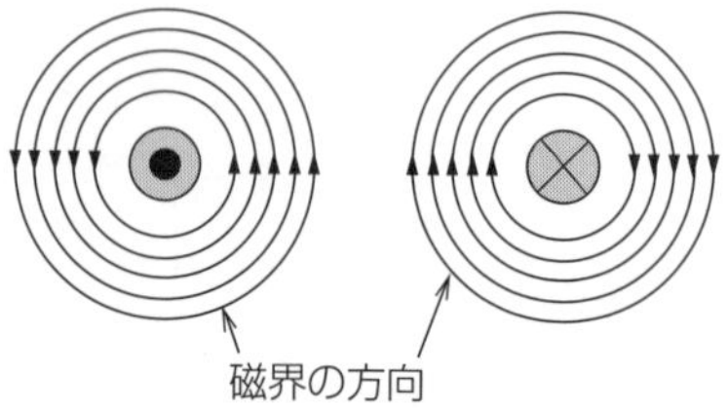

右ねじの法則

② 導体 A の電流が，導体 B の位置に作る磁界の方向は，アンペアの右ねじの法則により $-z$ 方向である．これと導体 B の電流（$+y$ 方向）とを用い，フレミングの左手の法則を使うと導体 B には $-x$ 方向の力が働く．

③ 同様に，導体 B の電流が，導体 A の位置に作る磁界の方向は，アンペアの右ねじの法則により z 方向である．これと導体 A の電流（$+y$ 方向）とを用い，フレミングの左手の法則を使うと導体 A には $+x$ 方向の力が働く．**【解答（2）】**

電磁力の方向は，右ねじの法則と左手の法則を利用　重要

[平成 10 年]

問題 10 磁気抵抗

磁気回路における磁気抵抗に関する記述のうち，誤っているものは次のうちどれか.

(1) 磁気抵抗は，次の式で表される.
磁気抵抗＝起磁力/磁束

(2) 磁気抵抗は，磁路の断面積に比例する.

(3) 磁気抵抗は，比透磁率に反比例する.

(4) 磁気抵抗は，磁路の長さに比例する.

(5) 磁気抵抗の単位は，〔H^{-1}〕である.

解説

(1) 磁気抵抗 R_m は，磁束の通りにくさを表すもので，起磁力を NI〔A〕，磁束を Φ〔Wb〕とすると，$R_m = \dfrac{NI}{\Phi}$〔H^{-1}〕となる.

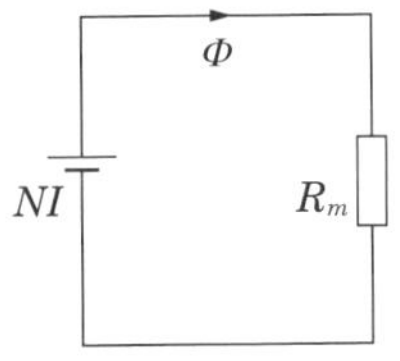

磁気回路

$\left(\boldsymbol{\Phi} = \dfrac{\boldsymbol{NI}}{\boldsymbol{R_m}}\right.$ **は磁気回路のオームの法則**$\left.\right)$

(2) 磁気抵抗 R_m は，透磁率を μ〔H/m〕，磁路の断面積を S〔m^2〕，磁路の長さを l〔m〕とすると $R_m = \dfrac{l}{\mu S}$〔H^{-1}〕（毎ヘンリー）で表され，断面積 S に反比例する.

(3) 透磁率 μ は，真空の透磁率を μ_0〔H/m〕，比透磁率を μ_s とすると $\mu = \mu_0 \mu_s$〔H/m〕であるので，$R_m = \dfrac{l}{\mu S} = \dfrac{l}{\mu_0 \mu_s S}$ より，磁気抵抗は比透磁率に反比例する.

参考 平成 26 年に類似問題が出題されている.

【解答 (2)】

重要

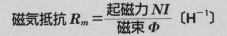

$$\textbf{磁気抵抗}\ R_m = \frac{\textbf{起磁力}\ NI}{\textbf{磁束}\ \Phi}\ 〔H^{-1}〕$$

問題 11 磁気回路のオームの法則

［平成 20 年］

図のように，磁路の平均の長さ l〔m〕，断面積 S〔m^2〕で透磁率 μ〔H/m〕の環状鉄心に巻数 N のコイルが巻かれている．この場合，環状鉄心の磁気抵抗は $\dfrac{l}{\mu S}$〔A/Wb〕である．いま，コイルに流れている電流を I〔A〕としたとき，起磁力は［（ア）］〔A〕であり，したがって，磁束は［（イ）］〔Wb〕となる．

ただし，鉄心およびコイルの漏れ磁束はないものとする．

上記の記述中の空白箇所（ア）および（イ）に当てはまる式として，正しいものを組み合わせたのは次のうちどれか．

	（ア）	（イ）
(1)	I	$\dfrac{l}{\mu S}I$
(2)	I	$\dfrac{\mu S}{l}I$
(3)	NI	$\dfrac{lN}{\mu S}I$
(4)	NI	$\dfrac{\mu SN}{l}I$
(5)	N^2I	$\dfrac{\mu SN^2}{l}I$

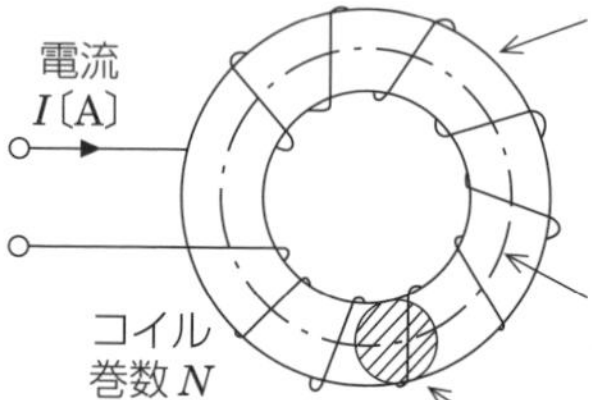

解説 ① 起磁力（アンペアターン）は NI〔A〕で，巻数 N には単位がない．

② 磁気抵抗を R_m，起磁力を NI〔A〕とすると，磁気回路のオームの法則より，

$$\text{磁束 } \Phi = \frac{NI}{R_m} = \frac{NI}{l/\mu S} = \frac{\mu SNI}{l} \text{〔Wb〕}$$

となる．

③ 磁気回路のオームの法則 $\Phi = \dfrac{NI}{R_m}$〔Wb〕と電気回路のオームの法則 $I = \dfrac{E}{R}$〔A〕とは類似性がある．

【解答 (4)】

重要 磁気回路のオームの法則　磁束 $\Phi = \dfrac{NI}{R_m}$〔Wb〕

[平成 24 年]

問題 12 コイルのインダクタンス

コイルのインダクタンスに関する記述である．ここで，鉄心の磁気飽和は，無視するものとする．

均質で等断面の環状鉄心に被覆電線を巻いてコイルを作製した．このコイルの自己インダクタンスは，巻数の（ア）に比例し，磁路の（イ）に反比例する．

同じ鉄心にさらに被覆電線を巻いて別のコイルを作ると，これら二つのコイル間には相互インダクタンスが生じる．相互インダクタンスの大きさは，漏れ磁束が（ウ）なるほど小さくなる．それぞれのコイルの自己インダクタンスを L_1〔H〕，L_2〔H〕とすると，相互インダクタンスの最大値は（エ）〔H〕である．

これら二つのコイルを（オ）とすると，合成インダクタンスの値は，それぞれの自己インダクタンスの合計値よりも大きくなる．

上記の記述中の空白箇所に当てはまる組合せとして，正しいものは次のうちどれか．

	（ア）	（イ）	（ウ）	（エ）	（オ）
(1)	1 乗	断面積	少なく	L_1+L_2	差動接続
(2)	2 乗	長　さ	多　く	L_1+L_2	和動接続
(3)	1 乗	長　さ	多　く	$\sqrt{L_1L_2}$	和動接続
(4)	2 乗	断面積	少なく	L_1+L_2	差動接続
(5)	2 乗	長　さ	多　く	$\sqrt{L_1L_2}$	和動接続

解説

① コイルの自己インダクタンス L は，鉄心の磁路の長さを l，透磁率を μ，断面積を S，コイルの巻数を N とすると，$L=\dfrac{\mu SN^2}{l}$ で表される．

② 上式より，L は巻数 N の **2 乗** に比例し，磁路の **長さ** l に反比例する．

③ 相互インダクタンス M は，結合係数を k とすると，$M=k\sqrt{L_1L_2}$ で表される．漏れ磁束が **多く** なるほど k は小さくなるので，M は小さくなる．M の最大値は漏れ磁束のない $k=1$ のときで，$\sqrt{L_1L_2}$〔H〕である．

④ **和動接続** すると合成インダクタンスは，L_1+L_2+2M となる．【解答 (5)】

重要

合成インダクタンス＝$L_1+L_2\pm 2M$（＋は和動，－は差動）

問題 13 磁界と磁束

［平成 25 年］

磁界および磁束に関する記述として，誤っているものは次のうちどれか.

(1) 1〔m〕当たりの巻数が N の無限に長いソレノイドに電流 I〔A〕を流すと，ソレノイドの内部には磁界 $H=NI$〔A/m〕が生じる．磁界の大きさは，ソレノイドの寸法や内部に存在する物質の種類に影響されない.

(2) 均一磁界中において，磁界の方向と直角に置かれた直線状導体に直流電流を流すと，導体には電流の大きさに比例した力が働く.

(3) 2 本の平行な直線状導体に反対向きの電流を流すと，導体には導体間距離の 2 乗に反比例した反発力が働く.

(4) フレミングの左手の法則では，親指の向きが導体に働く力の向きを示す.

(5) 磁気回路において，透磁率は電気回路の導電率に，磁束は電気回路の電流にそれぞれ対応する.

解説 ① アンペアの周回路の法則より，磁路の長さが l〔m〕であれば, $NI=Hl$〔A〕である.

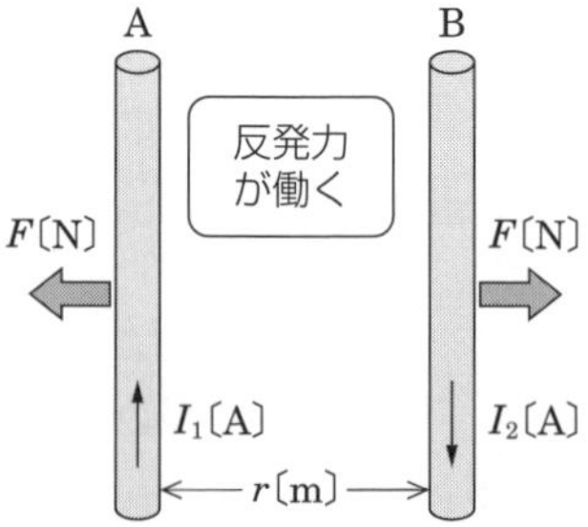

② 磁束密度 B〔T〕の磁界と直角に置かれた長さ l〔m〕の直線状導体に，I〔A〕の電流を流すと，フレミングの左手の法則によって，導体には, $F=BIl$〔N〕の力が働く．この力 F は，電流 I〔A〕に比例する.

③ 空気中（透磁率 μ_0〔H/m〕）に，長さ l〔m〕，導体間距離 r〔m〕の直線状導体に反対向きの電流 I_1〔A〕と I_2〔A〕を流すと，力 F が働く.

$$F=\frac{\mu_0 I_1 I_2}{2\pi r}\times l \text{〔N〕}$$
（**反発力 F は導体間距離 r に反比例**）

④ フレミングの左手の法則は，中指の方向が電流，人差し指の方向が磁界，親指の方向が力を表しており，電動機の回転原理を説明できる.

⑤ 磁気回路において，透磁率 μ〔H/m〕は電気回路の導電率 σ〔S/m〕に，磁束 Φ〔Wb〕は電気回路の電流 I〔A〕に対応する.

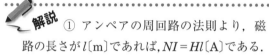

【解答 (3)】

重要 平行導体間の電磁力→電流同方向（吸引）電流逆方向（反発）

[平成 26 年]

問題 14 静電誘導

次の文章は，静電気に関する記述である．

図のように真空中において，負に帯電した帯電体 A を，帯電していない絶縁された導体 B に近づけると，導体 B の帯電体 A に近い側の表面 c 付近に （ア） の電荷が現れ，それと反対側の表面 d 付近に （イ） の電荷が現れる．

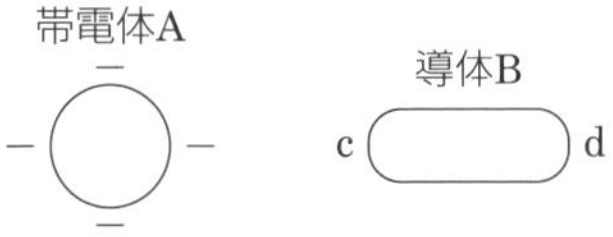

この現象を （ウ） という．

上記の記述中の空白箇所に当てはまる組合せとして，正しいものは次のうちどれか．

	（ア）	（イ）	（ウ）
(1)	正	負	静電遮へい
(2)	負	正	静電誘導
(3)	負	正	分　極
(4)	負	正	静電遮へい
(5)	正	負	静電誘導

解説

① 図のように負に帯電した帯電体 A を，帯電していない絶縁された導体 B に近づけると，導体 B の帯電体 A に近い側の表面 c 付近に **正** の電荷が現れ，それと反対側の表面 d 付近に **負** の電荷が現れる．また，帯電体 A を遠ざけると導体 B の c，d の付近は元の帯電していない状態に戻る．この現象を **静電誘導** という．

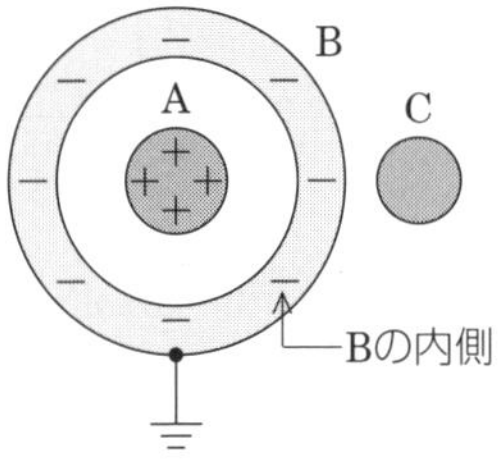

② 右図のように，導体 A を導体 B で囲み，導体 B の表面を接地すると，導体 C は**静電遮へい**によって静電誘導を受けなくなり，C には電荷は現れなくなる．

【解答 (5)】

重要

静電誘導→誘導された導体 B の総電荷は ±0 となる．

問題 15 静電界の性質（1）

［平成 13 年］

静電界に関する次の記述のうち，誤っているものはどれか．

(1) 媒質中に置かれた正電荷から出る電気力線の本数は，その電荷の大きさに比例し，媒質の誘電率に反比例する．

(2) 電界中における電気力線は，相互に交差しない．

(3) 電界中における電気力線は，等電位面と交差する．

(4) 電界中のある点の電気力線の密度は，その点における電界の強さ（大きさ）を表す．

(5) 電界中に置かれた導体内部の電界の強さ（大きさ）は，その導体表面の電界の強さ（大きさ）に等しい．

解説 ① 電荷を Q〔C〕，誘電率を ε〔F/m〕とすると，電気力線数 N は，

$$N = \frac{Q}{\varepsilon}\ \text{〔本〕}$$

である．したがって，電気力線 N は，電荷に比例し，誘電率に反比例する．

② 電気力線は正電荷から出て，負電荷で終わり，途中で分岐したり，交差したりしない． 図中の(A) 同じ向きの電気力線同士は反発しあう．

③ 電気力線の接線方向 図中の(B) ＝ 電界の方向 で，電界の方向と等電位面とは交差する．

④ 電気力線の密度 ＝ 電界の強さ である． 図中の(C)

⑤ 導体内部には電荷は存在しないため，導体内部の電界の強さは零である．

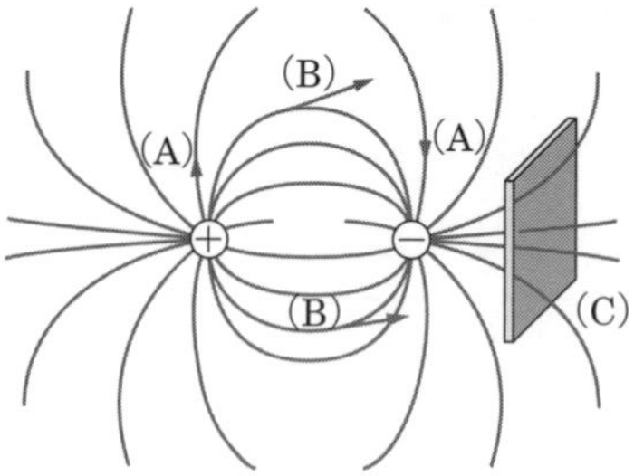

参考 平成 29 年に類似問題が出題されている．

【解答（5）】

> **重要** 〔導体内部〕①電荷は存在しない，②電界の強さは零

[平成 23 年]

問題 16 静電界の性質（2）

静電界に関する記述として，誤っているものを次の（1）～（5）のうちから一つ選べ．

（1）電気力線は，導体表面に垂直に出入りする．

（2）帯電していない中空の球導体 B が接地されていないとき，帯電した導体 A を導体 B で包んだとしても，導体 B の外部に電界ができる．

（3）Q〔C〕の電荷から出る電束の数や電気力線の数は，電荷を取り巻く物質の誘電率 ε〔F/m〕によって異なる．

（4）導体が帯電するとき，電荷は導体の表面にだけ分布する．

（5）導体内部は等電位であり，電界は零である．

解説

① 電気力線は，導体表面に垂直に出入りする．（＋電荷からは出，－電荷からは入）

② 導体を帯電体に近づけると，静電誘導によって，導体には帯電体に近い側に帯電体の電荷と異符号の電荷が現れ，遠い側には同符号の電荷が現れる．

③ ＋Q〔C〕の電荷から出る**電束の数**は**誘電率 ε に関係なく Q〔本〕**で，**電気力線数は Q/ε〔本〕**である．

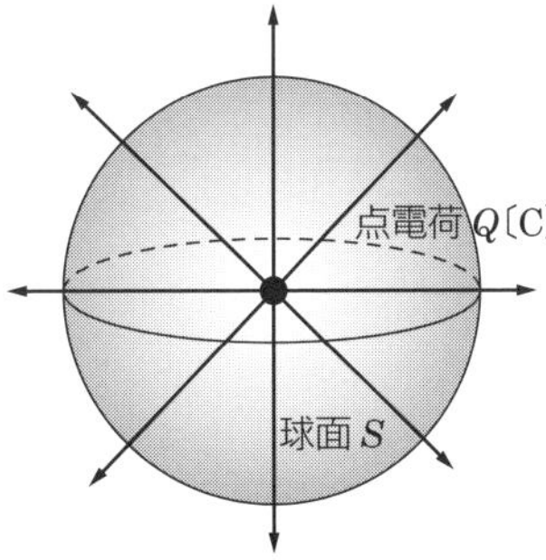

球面 S を貫く電束は Q〔本〕

④ 導体が帯電するとき，電荷は導体の表面だけに分布し，内部には存在しない．

⑤ 導体内部には電荷が存在しないので，導体内部の電界は零（電界の強さが零）で，内部は導体の表面の電位に等しい．

【解答（3）】

重要

電荷 Q〔C〕＝電束 Q〔本〕

問題 17 静電界の性質（3）

［平成 21 年］

静電界に関する記述として，正しいものは次のうちどれか．

(1) 二つの小さな帯電体の間に働く力の大きさは，それぞれの帯電体の電気量の和に比例し，その距離の 2 乗に反比例する．

(2) 点電荷が作る電界は点電荷の電気量に比例し，距離に反比例する．

(3) 電気力線上の任意の点での接線の方向は，その点の電界の方向に一致する．

(4) 等電位面上の正電荷には，その面に沿った方向に正のクーロン力が働く．

(5) コンデンサの電極板間にすき間なく誘電体を入れると，静電容量と電極板間の電界は，誘電体の誘電率に比例して増大する．

解説

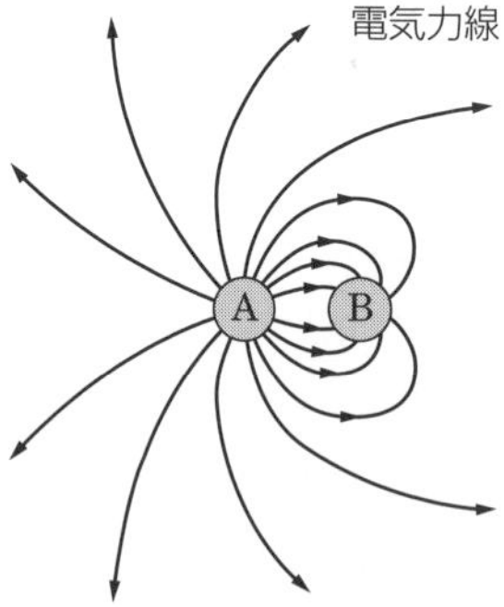

① 二つの小さな帯電体の間に働く力 F は，クーロン力で，$F=\dfrac{Q_1Q_2}{4\pi\varepsilon r^2}$〔N〕であるので，**電気量の積に比例**し，距離の 2 乗に反比例する．

② 点電荷が作る電界の強さ E は $E=\dfrac{Q}{4\pi\varepsilon r^2}$〔V/m〕で，電気量に比例し，**距離の 2 乗に反比例**する．

③ **電気力線の接線方向＝電界の方向** である．

④ 等電位面上の正電荷には，その面と**直角方向**に正のクーロン力が働く．

⑤ 平行平板コンデンサの静電容量は $C=\dfrac{\varepsilon S}{d}$〔F〕，電荷 $Q=CV$〔C〕，電界の強さ $E=\dfrac{V}{d}$〔V/m〕であるので，$E=\dfrac{Q}{Cd}=\dfrac{Q}{\varepsilon S}$ となって，E は誘電率に反比例する．

【解答（3）】

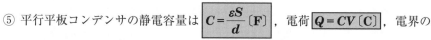

重要 電気力線の接線方向と電界の方向は等しい

問題 18 電界と電位差

［平成 16 年］

次の文章は，電界と電位差の関係について述べたものである．

図のように，電界の強さが E〔V/m〕の一様な電界中の点 A に，1 C の正の点電荷をおくと，この点電荷には （ア） が働く．いま，この （ア） に逆らって，その電界中の他の点 B に，この点電荷を移動するには外部から仕事をしてやらなければならない．

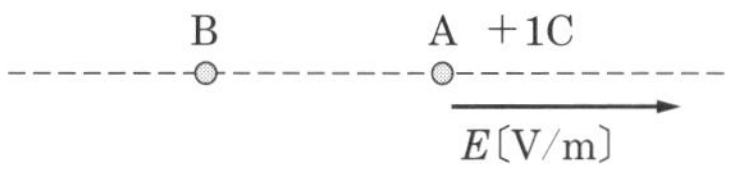

このような場合，点 B は点 A より電位が （イ） といい，点 A と点 B の間には電位差があるという．電位差の大きさは，点電荷を移動するときに要した仕事の大きさによって決まり，仕事が 1 （ウ） のとき，2 点間の電位差は 1 V である．

上記の記述中の空白箇所に当てはまる語句または記号として，正しいものを組み合わせたものは次のうちどれか．

	（ア）	（イ）	（ウ）
(1)	起電力	低い	C
(2)	静電力	高い	J
(3)	起電力	高い	C
(4)	保持力	低い	J
(5)	静電力	低い	N

解説

① 電界中に点電荷をおくと，点電荷には**静電力**が働く．
② 静電力に逆らって**点電荷を移動するには，外部からの仕事が必要**である．
③ 点電荷を点 A から点 B に移動した場合，電位が高いのは点 B である．
④ 電位差は，点電荷を移動するときに要した仕事の大きさによって決まる．

【解答 (2)】

重要

電位差〔V〕＝単位電荷当たりの仕事〔J/C〕

［平成 20 年］

問題 19 静電エネルギー

次の文章は，平行板コンデンサに蓄えられるエネルギーについて述べたものである．

極板間に誘電率 ε〔F/m〕の誘電体をはさんだ平行板コンデンサがある．このコンデンサに電圧を加えたとき，蓄えられるエネルギー W〔J〕を誘電率 ε〔F/m〕，極板間の誘電体の体積 V〔m^3〕，極板間の電界の大きさ E〔V/m〕で表現すると，W〔J〕は，誘電率 ε〔F/m〕の［（ア）］に比例し，体積 V〔m^3〕に［（イ）］し，電界の大きさ E〔V/m〕の［（ウ）］に比例する．

ただし，極板の端効果は無視する．

上記空白箇所に当てはまる語句または記号の正しい組合せは，次のうちどれか．

	（ア）	（イ）	（ウ）
(1)	1 乗	反比例	1 乗
(2)	1 乗	比　例	1 乗
(3)	2 乗	反比例	1 乗
(4)	1 乗	比　例	2 乗
(5)	2 乗	比　例	2 乗

解説

① 平行平板コンデンサの静電容量は $C=\dfrac{\varepsilon S}{d}$〔F〕で表せ，静電エネルギー W は，$W=\dfrac{1}{2}CV^2$〔J〕である．

③ 電界の強さは $E=\dfrac{V}{d}$〔V/m〕で，$W=\dfrac{1}{2}\dfrac{\varepsilon S}{d}(Ed)^2=\dfrac{\varepsilon E^2}{2}(Sd)$〔J〕となり，$W$ は，ε の 1 乗に比例，体積（Sd）に比例，電界の強さ E の 2 乗に比例する．

【解答（4）】

重要

静電エネルギー $W=\dfrac{1}{2}CV^2$〔J〕

問題 20 平行平板コンデンサ（1）

［平成 27 年］

平行平板コンデンサにおいて，極板間の距離，静電容量，電圧，電界をそれぞれ d〔m〕，C〔F〕，V〔V〕，E〔V/m〕，極板上の電荷を Q〔C〕とするとき，誤っているものは次のうちどれか．

ただし，極板の面積及び極板間の誘電率は一定であり，コンデンサの端効果は無視できるものとする．

(1) Q を一定として d を大きくすると，C は減少する．
(2) Q を一定として d を大きくすると，E は上昇する．
(3) Q を一定として d を大きくすると，V は上昇する．
(4) V を一定として d を大きくすると，E は減少する．
(5) V を一定として d を大きくすると，Q は減少する．

解説

① 静電容量は，誘電率を ε〔F/m〕とすると，$\boldsymbol{C=\dfrac{\varepsilon S}{d}}$〔F〕で，$d$ を大きくすると C は減少する．

② 電界の強さ E は，$\boldsymbol{E=\dfrac{V}{d}}$〔V/m〕で，$d$ を大きくすると E は減少する．

③ ①より，d を大きくすると C は減少する．$\boldsymbol{Q=CV}$〔C〕で，Q を一定として C が減少すると V は上昇する．

④ 電界の強さ E は，$\boldsymbol{E=\dfrac{V}{d}}$〔V/m〕で，$V$ を一定として d を大きくすると E は減少する．

⑤ 静電容量は，$\boldsymbol{C=\dfrac{\varepsilon S}{d}}$〔F〕で，$d$ を大きくすると C は減少する．

$\boldsymbol{Q=CV}$〔C〕で，V を一定として C が減少すると Q は減少する．

【解答（2）】

重要

$$\text{電界の強さ}\ E=\frac{\text{電圧}\ V}{\text{極板間の距離}\ d}\ \text{〔V/m〕}$$

問題 21 平行平板コンデンサ（2）

［平成 25 年］

極板間が比誘電率 ε_r の誘電体で満たされている平行平板コンデンサに一定の直流電圧が加えられている．このコンデンサに関する記述 a ～ e として，誤っているものの組合せは次のうちどれか．ただし，コンデンサの端効果は無視できるものとする．

a．極板間の電界分布は ε_r に依存する．

b．極板間の電位分布は ε_r に依存する．

c．極板間の静電容量は ε_r に依存する．

d．極板間に蓄えられる静電エネルギーは ε_r に依存する．

e．極板上の電荷（電気量）は ε_r に依存する．

（1）a，b

（2）a，e

（3）b，c

（4）a，b，d

（5）c，d，e

解説

① 図のように，誘電率 ε〔F/m〕，電極間隔 d〔m〕，電極面積 S〔m^2〕の平行平板コンデンサに電圧 V〔V〕を印加したとき，極板間の電界の強さ E は，$E=\dfrac{V}{d}$〔V/m〕で，比誘電率 ε_r に依存しない．

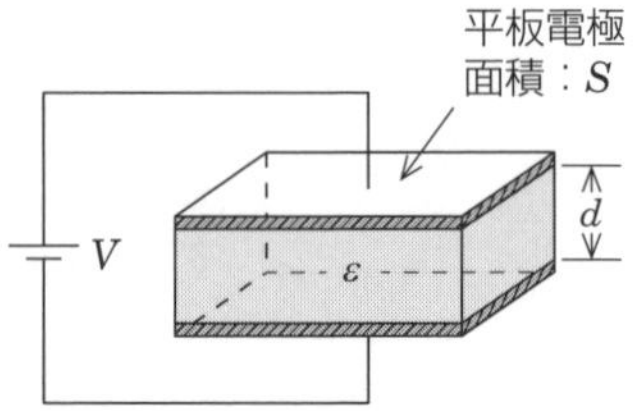

② 極板間の電位分布は，下の電極が 0〔V〕，上の電極が V〔V〕で直線状になり，比誘電率 ε_r に依存しない．

③ 静電容量は $\boldsymbol{C=\dfrac{\varepsilon S}{d}=\dfrac{\varepsilon_0\varepsilon_r S}{d}}$〔F〕で表せ，静電エネルギー W は，$\boldsymbol{W=\dfrac{1}{2}CV^2}$〔J〕，電荷 $\boldsymbol{Q=CV}$〔C〕で，C，W，Q とも比誘電率 ε_r に依存する．

【解答（1）】

重要 電界分布と電位分布→比誘電率に依存しない．

[平成 28 年]

問題 22 電気に関する法則

電気に関する法則の記述として，正しいものは次のうちどれか．

(1) オームの法則は，「均一の物質から成る導線の両端の電位差を V とするとき，これに流れる定常電流 I は V に反比例する」という法則である．

(2) クーロンの法則は，「二つの点電荷の間に働く静電力の大きさは，両電荷の積に反比例し，電荷間の距離の 2 乗に比例する」という法則である．

(3) ジュールの法則は「導体内に流れる定常電流によって単位時間中に発生する熱量は，電流の値の 2 乗と導体の抵抗に反比例する」という法則である．

(4) フレミングの右手の法則は，「右手の親指・人差し指・中指をそれぞれ直交するように開き，親指を磁界の向き，人差し指を導体が移動する向きに向けると，中指の向きは誘導起電力の向きと一致する」という法則である．

(5) レンツの法則は，「電磁誘導によってコイルに生じる起電力は，誘導起電力によって生じる電流がコイル内の磁束の変化を妨げる向きとなるように発生する」という法則である．

解説 ① オームの法則では，抵抗を R〔Ω〕，電位差を V〔V〕とすると，電流 I は $\boldsymbol{I=\dfrac{V}{R}}$ **〔A〕** で表せる．したがって，**電流 I は V に比例**する．

② クーロンの法則では，二つの点電荷 Q_1〔C〕，Q_2〔C〕を誘電率 ε〔F/m〕の誘電体中に距離 r〔m〕隔てて置くときに働く力 F は，$\boldsymbol{F=\dfrac{Q_1Q_2}{4\pi\varepsilon r^2}}$ **〔N〕** で表せる．したがって，**力 F は両電荷の積に比例し，電極間の距離の 2 乗に反比例**する．

③ ジュールの法則では，R〔Ω〕の抵抗に電流 I〔A〕が t〔s〕流れたときに発生する熱量 H は $\boldsymbol{H=RI^2t}$ **〔J〕** で表せる．したがって，**熱量 H は抵抗 R と電流 I の 2 乗の積に比例**する．

④ フレミングの右手の法則では，**親指を導体が移動する向き，人差し指を磁界の向き**に向けると，中指の向きは誘導起電力の向きと一致する．【解答 (5)】

重要 レンツの法則→磁束の変化を妨げる方向に誘導起電力が発生

問題 23 平均値と実効値

［平成 12 年］

表は，正弦波交流電圧 v〔V〕を全波整流および半波整流した場合の整流波形について，それぞれの平均値〔V〕および実効値〔V〕を示したものである．

表中の空白箇所 （ア） および （イ） に記入する式として，正しいものを組み合わせたのは次のうちどれか．

	（ア）	（イ）
(1)	$\dfrac{V_m}{2\sqrt{2}}$	$\dfrac{\sqrt{2}V_m}{\pi}$
(2)	$\dfrac{V_m}{2}$	$\dfrac{\sqrt{2}V_m}{\pi}$
(3)	$\dfrac{V_m}{\sqrt{2}}$	$\dfrac{\sqrt{2}V_m}{\pi}$
(4)	$\dfrac{V_m}{\sqrt{2}}$	$\dfrac{V_m}{\pi}$
(5)	$\dfrac{V_m}{2\sqrt{2}}$	$\dfrac{V_m}{\pi}$

整流波形	平均値	実効値
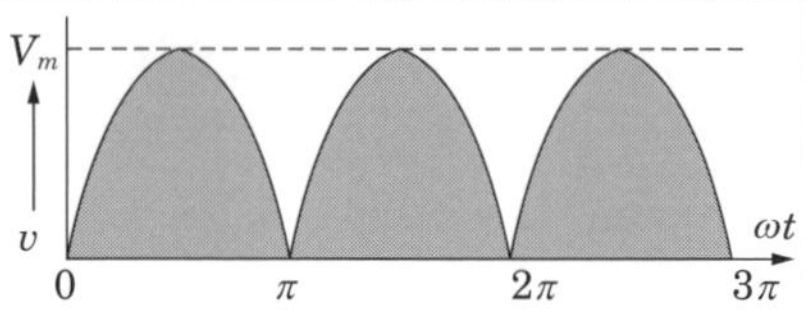	$\dfrac{2V_m}{\pi}$	（ア）
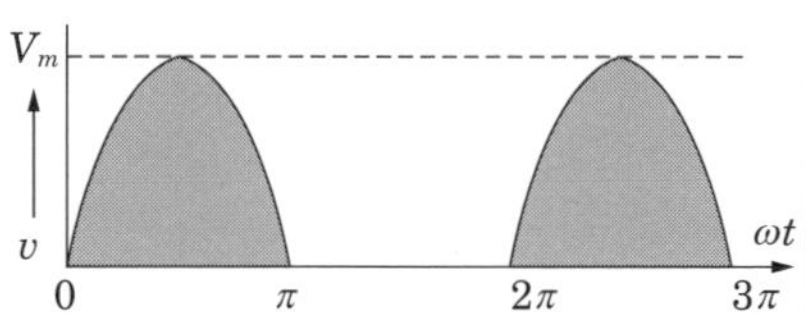	（イ）	$\dfrac{V_m}{2}$

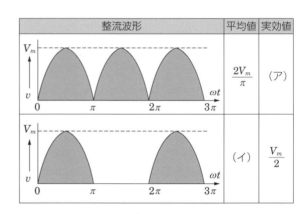

解説

（ア）正弦波交流電圧の瞬時式は，最大値が V_m，角周波数が ω〔rad/s〕であるので，$v = V_m \sin \omega t$ で表される．

$$\textbf{全波整流の実効値} = \frac{\textbf{最大値}}{\sqrt{2}} = \frac{V_m}{\sqrt{2}}$$ （正弦波交流の実効値と同じ）

（イ）半波整流波形の面積は，全波整流の 1/2 であるので

$$\textbf{半波整流の平均値} = \frac{\textbf{全波整流の平均値}}{2} = \frac{V_m}{\pi}$$

【解答（4）】

重要

実効値＝$\sqrt{\text{瞬時値の 2 乗の平均}}$ →半波は全波に比べ$\sqrt{\ }$内が 1/2

[平成26年]

問題 24 交流回路

交流回路に関する記述として，誤っているものは次のうちどれか．ただし，抵抗 R〔Ω〕，インダクタンス L〔H〕，静電容量 C〔F〕とする．

(1) 正弦波交流起電力の最大値を E_m〔V〕，平均値を E_a〔V〕とすると，平均値と最大値の関係は，理論的に次のように表される．

$$E_a = \frac{2E_m}{\pi} \fallingdotseq 0.637E_m \text{〔V〕}$$

(2) ある交流起電力の時刻 t〔s〕における瞬時値が，$e = 100\sin 100\pi t$〔V〕であるとすると，この起電力の周期は 20 ms である．

(3) RLC 直列回路に角周波数 ω〔rad/s〕の交流電圧を加えたとき，$\omega L > \dfrac{1}{\omega C}$ の場合，回路を流れる電流の位相は回路に加えた電圧より遅れ，$\omega L < \dfrac{1}{\omega C}$ の場合，回路を流れる電流の位相は回路に加えた電圧より進む．

(4) RLC 直列回路に角周波数 ω〔rad/s〕の交流電圧を加えたとき，$\omega L = \dfrac{1}{\omega C}$ の場合，回路のインピーダンス Z〔Ω〕は，$Z = R$〔Ω〕となり，回路に加えた電圧と電流は同相になる．この状態を回路が共振状態であるという．

(5) RLC 直列回路のインピーダンス Z〔Ω〕，電力 P〔W〕および皮相電力 S〔V·A〕を使って回路の力率 $\cos\theta$ を表すと，$\cos\theta = \dfrac{R}{Z}$，$\cos\theta = \dfrac{S}{P}$ の関係がある．

解説

① 最大値が E_m であれば，平均値 $E_a = \dfrac{2}{\pi}E_m$，実効値 $E = \dfrac{E_m}{\sqrt{2}}$ である．

② $\sin 100\pi t = \sin(2\pi ft)$ であるので，周波数 $f = 50$〔Hz〕，周期 $T = \dfrac{1}{f} = \dfrac{1}{50} = 0.02$〔s〕$= 20$〔ms〕である．

③ RLC 直列回路において，$\omega L > \dfrac{1}{\omega C}$ は遅れ力率，$\omega L < \dfrac{1}{\omega C}$ は進み力率である．

④ RLC 直列回路において，$\omega L = \dfrac{1}{\omega C}$ のときは直列共振状態で，回路のインピーダンス $\dot{Z}$ は $\dot{Z} = R + j\left(\omega L - \dfrac{1}{\omega C}\right) = R$ である．

⑤ RLC 直列回路の力率 $\cos\theta$ は，$\cos\theta = \dfrac{R}{Z} = \dfrac{RI^2}{ZI^2} = \dfrac{P}{S}$ である．

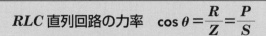

【解答 (5)】

重要

RLC 直列回路の力率　$\cos\theta = \dfrac{R}{Z} = \dfrac{P}{S}$

[平成 24 年]

問題 25 *RLC* 直列共振回路

次の文章は，*RLC* 直列共振回路に関する記述である．

R〔Ω〕の抵抗，インダクタンス L〔H〕のコイル，静電容量 C〔F〕のコンデンサを直列に接続した回路がある．

この回路に交流電圧を加え，その周波数を変化させると，特定の周波数 f_r〔Hz〕のときに誘導性リアクタンス＝ $2\pi f_r L$〔Ω〕と容量性リアクタンス＝$\dfrac{1}{2\pi f_T C}$〔Ω〕の大きさが等しくなり，その作用が互いに打ち消し合って回路のインピーダンスが［（ア）］なり，［（イ）］電流が流れるようになる．この現象を直列共振といい，このときの周波数 f_r〔Hz〕をその回路の共振周波数という．

回路のリアクタンスは共振周波数 f_r〔Hz〕より低い周波数では［（ウ）］となり，電圧より位相が［（エ）］電流が流れる．また，共振周波数 f_r〔Hz〕より高い周波数では［（オ）］となり，電圧より位相が［（カ）］電流が流れる．

上記の記述中の空白箇所に当てはまる組合せとして，正しいものは次のうちどれか．

	（ア）	（イ）	（ウ）	（エ）	（オ）	（カ）
(1)	大きく	小さな	容量性	進んだ	誘導性	遅れた
(2)	小さく	大きな	誘導性	遅れた	容量性	進んだ
(3)	小さく	大きな	容量性	進んだ	誘導性	遅れた
(4)	大きく	小さな	誘導性	遅れた	容量性	進んだ
(5)	小さく	大きな	容量性	遅れた	誘導性	進んだ

解説

① 直列共振状態では，回路のインピーダンスが［**小さく**］なり（最小），［**大きな**］電流が流れる（最大）．直列共振状態では，誘導性リアクタンス＝容量性リアクタンスで，$2\pi f_r L = \dfrac{1}{2\pi f_r C}$ となる．

② 共振周波数 f_r より低い周波数では，$2\pi f L < \dfrac{1}{2\pi f C}$ のため［**容量性**］となり，電圧より位相が［**進んだ**］電流が流れる．f_r より高い周波数では，$2\pi f L > \dfrac{1}{2\pi f C}$ のため［**誘導性**］となり，電圧より位相が［**遅れた**］電流が流れる．**【解答（3）】**

重要

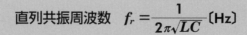

直列共振周波数 $f_r = \dfrac{1}{2\pi\sqrt{LC}}$〔Hz〕

[平成 22 年]

問題 26 三相交流の特徴

Y結線の対称三相交流電源にY結線の平衡三相抵抗負荷を接続した場合を考える．負荷側における線間電圧を V_l〔V〕，線電流を I_l〔A〕，相電圧を V_p〔V〕，相電流を I_p〔A〕，各相の抵抗を R〔Ω〕，三相負荷の消費電力を P〔W〕とする．このとき，誤っているのは次のうちどれか．

(1) $V_l = \sqrt{3}V_p$ が成り立つ．

(2) $I_l = I_p$ が成り立つ．

(3) $I_l = \dfrac{V_p}{R}$ が成り立つ．

(4) $P = \sqrt{3}V_pI_p$ が成り立つ．

(5) 電源と負荷の中性点を中性線で接続しても，中性線に電流は流れない．

解説

Y結線では，次の式が成り立つ．

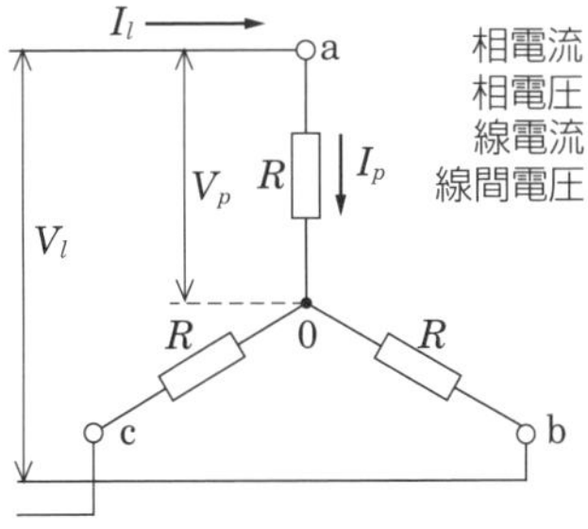

① **線間電圧 V_l と相電圧 V_p の関係**

$$V_l = \sqrt{3}V_p$$

② **線電流 I_l と相電流 I_p の関係**

$$I_l = I_p$$

③ **線電流 I_l**

オームの法則を使用して，$I_l = \dfrac{V_p}{R}$

④ **三相負荷の消費電力 P**

$$P = 3 \times (1\text{ 相分の消費電力}) = 3V_pI_p$$

⑤ **中性線の電流**

電源と負荷の中性点は 0 V の同電位で，平衡三相負荷のため，中性線には電流は流れない．

【解答 (4)】

重要 Y：線間電圧＝$\sqrt{3}$ ×相電圧，Δ：線電流＝$\sqrt{3}$ ×相電流

ここが肝心！基礎固め！

1 過渡現象と波形

1. **RL直列回路の過渡現象**

時刻 $t=0$ でスイッチSを閉じたときに回路に流れる電流 i は

$$\boldsymbol{i=\frac{E}{R}\left(1-e^{-\frac{R}{L}t}\right)}\ \text{〔A〕}$$

で表せ，定常状態（$t=\infty$）では $i=E/R$〔A〕となる．**時定数は $T=L/R$〔s〕**

☆ $t=0$：インダクタンス L は開放されているとして扱える．

☆ $t=\infty$：インダクタンスは短絡されているとして扱える．

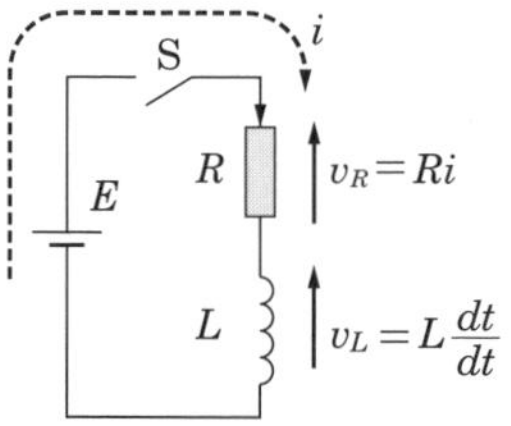

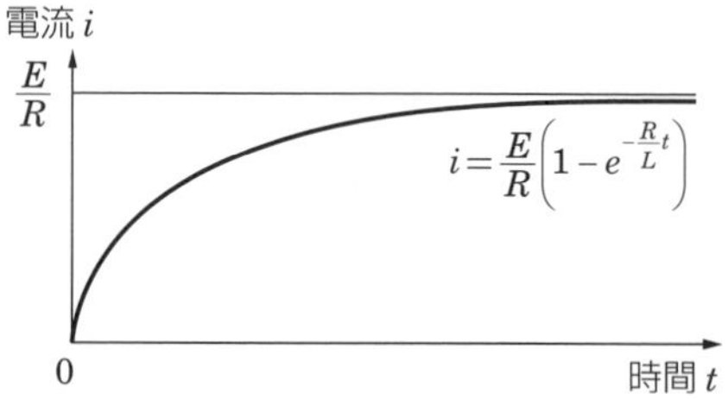

2. **RC直列回路の過渡現象**

時刻 $t=0$ でスイッチSを閉じたときに回路に流れる電流 i は

$$\boldsymbol{i=\frac{E}{R}e^{-\frac{t}{RC}}}\ \text{〔A〕}$$

で表せ，定常状態（$t=\infty$）では $i=0$ A となる．**時定数は $T=RC$〔s〕**

☆ $t=0$：静電容量 C は短絡されているとして扱える．

☆ $t=\infty$：静電容量 C は開放されているとして扱える．

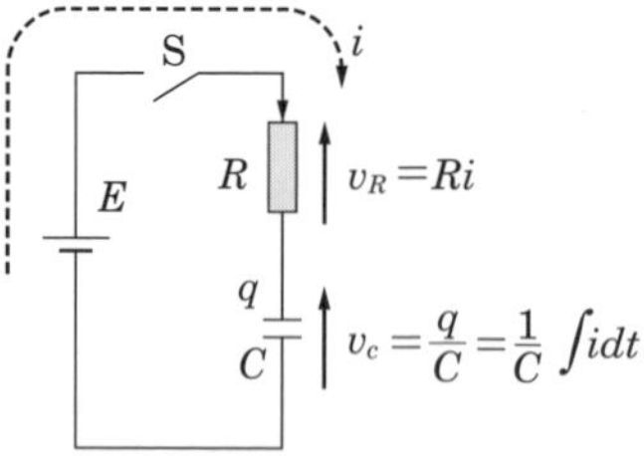

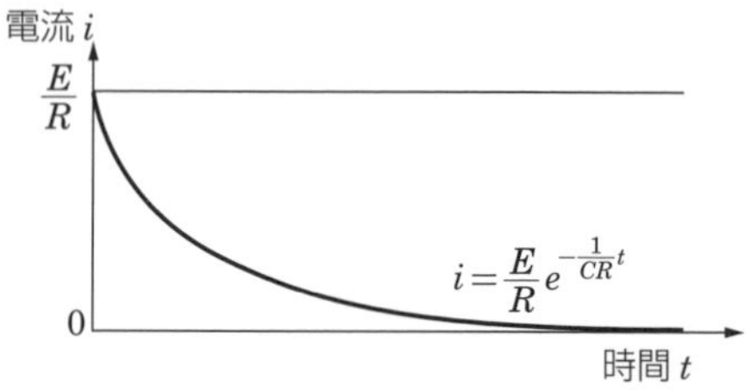

問題 27 RL 直列回路の過渡現象

[平成 17 年]

図のように，抵抗 R とインダクタンス L のコイルを直列に接続した回路がある．この回路において，スイッチ S を時刻 $t=0$ で閉じた場合に流れる電流および各素子の端子間電圧に関する記述として，誤っているのは次のうちどれか．

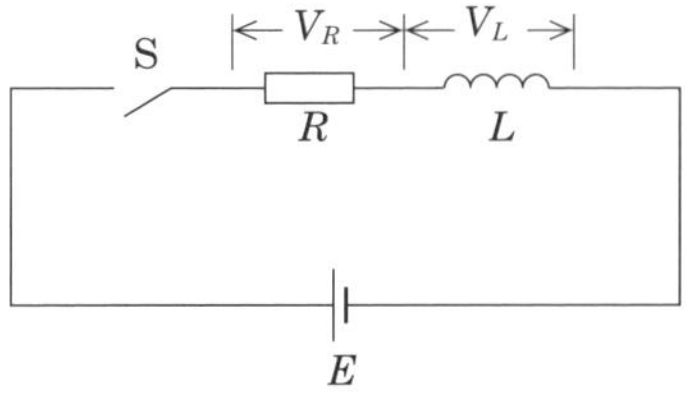

(1) この回路の時定数は，L の値に比例している．

(2) R の値を大きくするとこの回路の時定数は，小さくなる．

(3) スイッチ S を閉じた瞬間(時刻 $t=0$)のコイルの端子間電圧 V_L は，0 である．

(4) 定常状態の電流は，L の値に関係しない．

(5) 抵抗 R の端子間電圧 V_R は，定常状態では電源電圧 E の大きさに等しくなる．

解説

スイッチ S を閉じた瞬間（時刻 $t=0$）の電流は 0 A であり，抵抗の端子電圧は 0 V のため，コイルの端子間電圧 $V_L=E$〔V〕となる．

回路に流れる電流	時間経過とともに大きくなる
抵抗の端子電圧	時間経過とともに上昇する
コイルの端子電圧	時間経過とともに低下する

参考 スイッチ S を閉じたときの電流 i は次式で表せる．

$$i=\frac{E}{R}\left(1-e^{-\frac{R}{L}t}\right)〔A〕$$

【解答 (3)】

重要 RL 直列回路の時定数 $T=\dfrac{L}{R}$〔s〕

［平成 15 年］

問題 28　RC 直列回路の過渡現象

図 1 のような静電容量 C〔F〕のコンデンサと抵抗 R〔Ω〕の直列回路に，図 2 のような振幅 E〔V〕，パルス幅 T_0〔s〕の方形波電圧 v_i〔V〕を加えたときの抵抗 R の端子間電圧 v_R〔V〕の波形として，正しいのは次のうちどれか．

ただし，図 1 の回路の時定数 RC〔s〕は T_0〔s〕より十分小さく（$RC \ll T_0$），電源の内部インピーダンスおよびコンデンサの初期電荷は零とする．

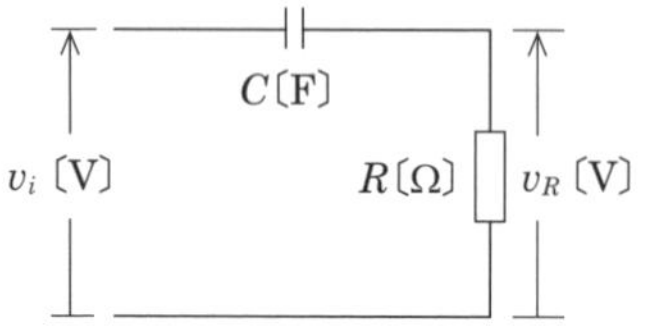

図 1

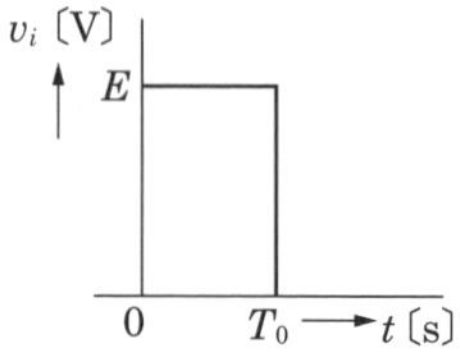

図 2

(1)
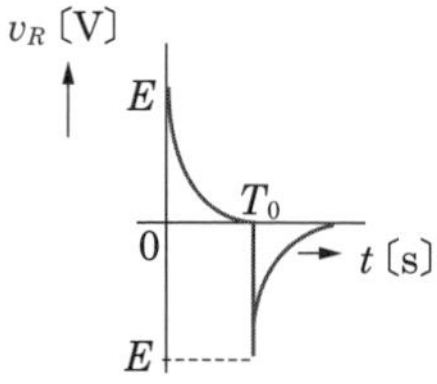

(2)
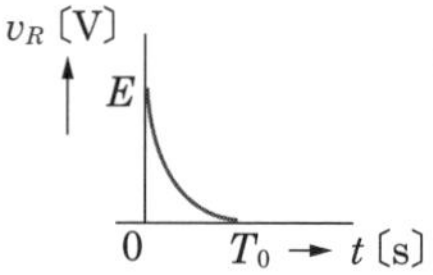

(3)
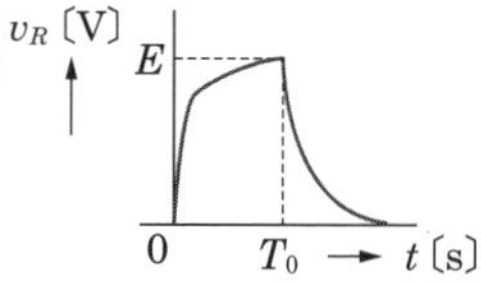

(4)
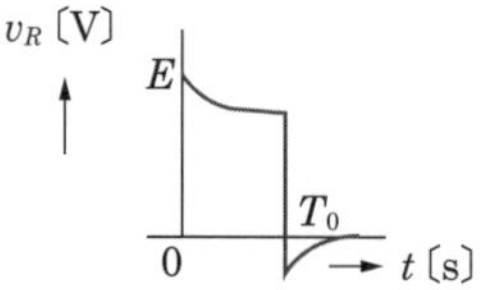

(5)
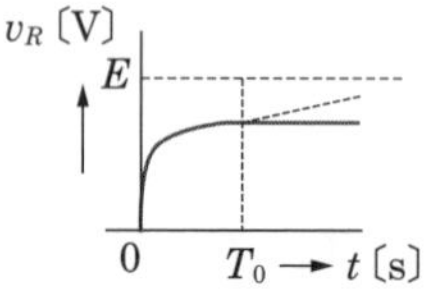

解説

充電電流は正方向で時間とともに急激に減衰し，放電電流は逆方向で時間とともに急激に減衰する．

【解答（1）】

重要　RC 直列回路の時定数　$T = RC$〔s〕

[平成16年]

問題 29 磁界中の電子の運動

電流が流れている導体を磁界中に置くと，フレミングの（ア）の法則に従う電磁力を受ける．これは導体中を移動している電子が磁界から力を受け，結果として導体に力が働くと考えられている．

また，強さが一定の一様な磁界中に，磁界の方向と直角に電子が突入した場合は，電子の運動方向と常に（イ）方向の力を受け，結果として等速（ウ）運動をすることになる．このような力を（エ）という．

上記の記述の空欄箇所（ア），（イ），（ウ）および（エ）に記入する語句として，正しいものを組合せたのは次のうちどれか．

	(ア)	(イ)	(ウ)	(エ)
(1)	左手	直角	円	ローレンツ力
(2)	右手	同	円	マクスウェルの引張り応力
(3)	左手	直角	直線	ローレンツ力
(4)	左手	同	直線	マクスウェルの引張り応力
(5)	右手	直角	直線	ローレンツ力

解説

① 電流－磁界－力を表すのは，**フレミングの左手の法則**である．

② 導体中で，自由電子の移動があると電流が流れたことになる．同様に，真空中を電子が移動する場合は，電子の運動と逆方向に電流が流れると考えることができる．

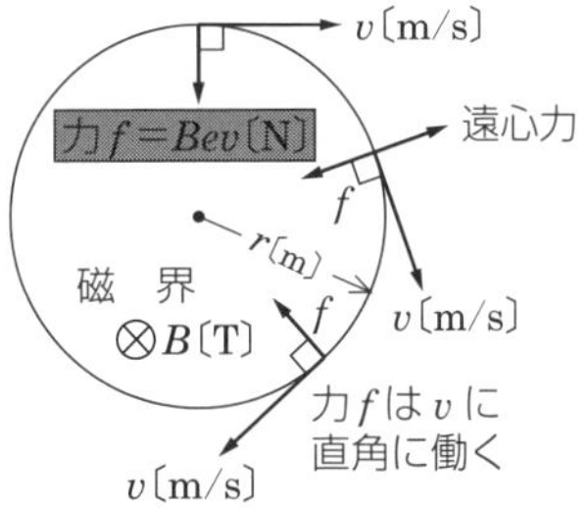

③ 磁束密度 B〔T〕の磁界中に，電荷 e〔C〕で質量 m〔kg〕の電子が磁界に対して直角方向から速度 v〔m/s〕で突入した場合には，**向心力** $\boldsymbol{f = Bev}$〔N〕（ローレンツ力）と，**遠心力** $\boldsymbol{f = mv^2/r}$〔N〕とがつり合い，電子は**半径** $\boldsymbol{r = mv/(Be)}$〔m〕の等速円運動をする．

参考❶ **周期** $\boldsymbol{T = \frac{2\pi r}{v}}$〔s〕，**角速度** $\boldsymbol{\omega = \frac{v}{r}}$〔rad/s〕

参考❷ 平成28年に類似問題が出題されている．

【解答 (1)】

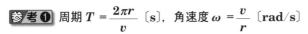

重要 **磁界中の電子の運動⇒向心力＝遠心力の等速円運動**

機械の論説問題

法規の論説問題

[平成 23 年]

問題 30 電界中の電子の運動

次の文章は，真空中における電子の運動に関する記述である．

図のように，x 軸上の負の向きに大きさが一定の電界 E〔V/m〕が存在しているとき，x 軸上に電荷が $-e$〔C〕（e は電荷の絶対値），質量 m_0〔kg〕の 1 個の電子を置いた場合を考える．x 軸の正方向の電子の加速度を α〔m/s^2〕とし，また，この電子に加わる力の正方向を x 軸の正方向にとったとき，電子の運動方程式は

$$m_0\alpha = \boxed{（ア）} \qquad \cdots①$$

となる．式①から電子は等加速度運動をすることがわかる．したがって，電子の初速度を零としたとき，x 軸の正方向に向かう電子の速度 v〔m/s〕は時間 t〔s〕の［（イ）］関数となる．また，電子の走行距離 x_{dis}〔m〕は時間 t〔s〕の［（ウ）］関数で表される．さらに，電子の運動エネルギーは時間 t〔s〕の［（エ）］で増加することがわかる．

ただし，電子の速度 v〔m/s〕はその質量の変化が無視できる範囲とする．

上記の記述中の空白箇所（ア），（イ），（ウ）および（エ）に当てはまる組合せとして，正しいものを次の（1）～（5）のうちから一つ選べ．

	（ア）	（イ）	（ウ）	（エ）
(1)	eE	一次	二次	1 乗
(2)	$\frac{1}{2}eE$	二次	一次	1 乗
(3)	eE^2	一次	二次	2 乗
(4)	$\frac{1}{2}eE$	二次	一次	2 乗
(5)	eE	一次	二次	2 乗

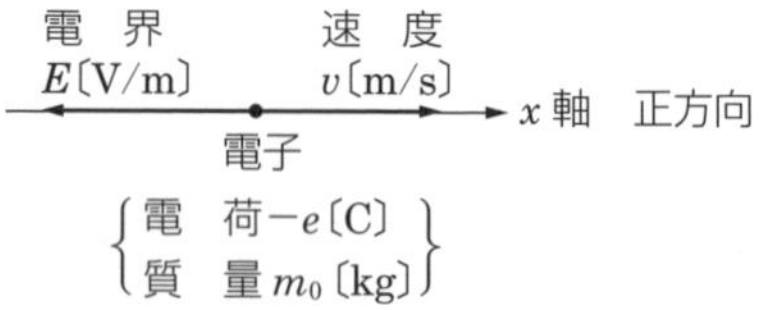

解説 ① 1 個の電子の受ける力 F は $F=eE$〔N〕（x 軸の正方向），運動の方程式は $m_0\alpha=eE$ となる．したがって，加速度は，$\alpha=eE/m_0$〔m/s^2〕と表せる．

② 電子の速度 v は，$v=\alpha t=eEt/m_0$〔m/s〕と表せ，t の**一次関数**となる．

③ 電子の走行距離 $x_{dis}=\alpha t^2/2=eEt^2/(2m_0)$〔m〕で，$t$ の**二次関数**となる．

④ 電子の運動エネルギー $W=m_0v^2/2=(eEt)^2/(2m_0)$〔J〕で，$t$ の**二次関数**となる．

【解答（5）】

重要 電界中では電子は等加速運動をする

問題 31 電子の放出（1）

［平成 13 年］

次の文章は，金属表面から真空中に電子を放出する方法に関する記述である．

1. 金属を高温に熱するとその表面から電子が飛び出すようになる．これを（ア）放出という．
2. 金属に高速度の電子が衝突すると，そのエネルギーをもらって，金属の表面から電子が飛び出す現象がある．これを（イ）放出という．
3. 金属の表面の電界の強さをある値以上にすると，常温でも電子がその金属の表面から飛び出すようになる．これを（ウ）放出という．

上記の空白箇所に当てはまる語句として，正しい組合せは次のうちどれか．

	（ア）	（イ）	（ウ）
(1)	熱電子	二次電子	電　界
(2)	光電子	熱電子	二次電子
(3)	電　界	光電子	熱　子
(4)	光電子	冷陰極	二次電子
(5)	熱　子	光電子	電　界

解説

電子放出には，次の三つのパターンがある．

① **熱電子放出**：金属を高温に熱するとその表面から電子が飛び出す．
〔例〕：真空管

② **二次電子放出**：金属に高速の電子が衝突すると，そのエネルギーを受け取り金属の表面から電子が飛び出す．

③ **電界放出**：金属の表面の電界の強さをある値以上にすると，常温でもその金属の表面から電子が飛び出す．

参考 問題中のキーワードから，**高温に熱する**→熱電子放出，**エネルギーをもらって**→二次電子放出，**電界の強さ**→電界放出である．

【解答（1）】

重要 電子放出のキーワード：熱電子，二次電子，電界

[平成22年]

問題32 電子の放出（2）

次の文章は，金属などの表面から真空中に電子が放出される現象に関する記述である．

a．タンタル（Ta）などの金属を熱すると，電子がその表面から放出される．この現象は［（ア）］放出と呼ばれる．

b．タングステン（W）などの金属表面の電界強度を十分に大きくすると，常温でもその表面から電子が放出される．この現象は［（イ）］放出と呼ばれる．

c．電子を金属またはその酸化物・ハロゲン化物などに衝突させると，その表面から新たな電子が放出される．この現象は［（ウ）］放出と呼ばれる．

上記の記述中の空白箇所（ア），（イ）および（ウ）に当てはまる語句として，正しいものを組み合わせたのは次のうちどれか．

	（ア）	（イ）	（ウ）
(1)	熱電子	電　界	二次電子
(2)	二次電子	冷陰極	熱電子
(3)	電　界	熱電子	二次電子
(4)	熱電子	電　界	光電子
(5)	光電子	二次電子	冷陰極

解説

① **熱電子放出**：**タンタル（Ta）**などの金属を高温に熱し，金属の仕事関数より大きいエネルギーを与えると，金属の表面から電子が飛び出す．

② **電界放出**：**タングステン（W）**などの金属の表面の電界の強さを大きくすると，常温でも電子が飛び出す．

③ **二次電子放出**：高速の電子が**金属やその酸化物・ハロゲン化物**に衝突すると，そのエネルギーをもらって，金属の表面から新たな電子が飛び出す．

【解答（1）】

重要

高温：熱電子放出　⇔　常温：電界放出

[平成 10 年]

問題 33 半導体の種類（1）

極めて高い純度に精製されていたけい素（Si）やゲルマニウム（Ge）などのような真性半導体に，微量のひ素（As）またはアンチモン（Sb）などの［（ア）］価の元素を不純物として加えたものを［（イ）］形半導体といい，このとき加えた不純物を［（ウ）］という．

上記の記述中の空白箇所に記入する数値または字句として，正しいものを組み合わせたのは次のうちどれか．

	（ア）	（イ）	（ウ）
(1)	5	n	ドナー
(2)	3	p	アクセプタ
(3)	3	n	ドナー
(4)	5	n	アクセプタ
(5)	3	p	ドナー

解説 ① 真性半導体は，高純度に精製されたけい素（シリコン：Si）やゲルマニウム（Ge）などであり，原子価は 4 価である．

② けい素の原子同士は，四つずつ隣のけい素の価電子と共有結合している．

③ 不純物半導体は，4 価の真性半導体に，微量の不純物を添加したもので，p 形半導体と n 形半導体とがある．

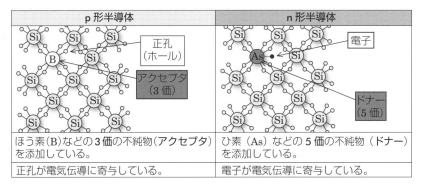

<table>
<tr><th>p 形半導体</th><th>n 形半導体</th></tr>
<tr><td>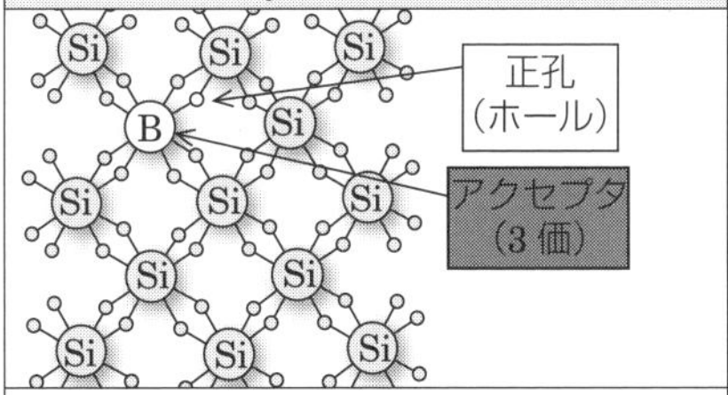
</td><td>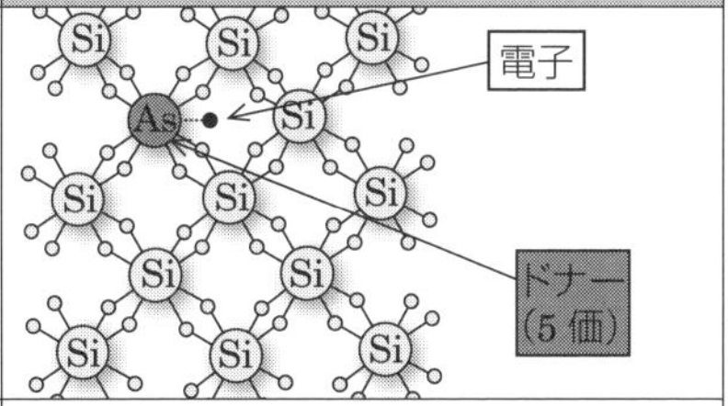
</td></tr>
<tr><td>ほう素（B）などの 3 価の不純物（アクセプタ）を添加している。</td><td>ひ素（As）などの 5 価の不純物（ドナー）を添加している。</td></tr>
<tr><td>正孔が電気伝導に寄与している。</td><td>電子が電気伝導に寄与している。</td></tr>
</table>

参考 平成 25 年に類似問題が出題されている．　　【解答（1）】

重要 電子の過不足⇒ p 形は 1 個不足，n 形は 1 個過剰

機械の論説問題
法規の論説問題

問題 34 半導体の種類（2）

［平成 18 年］

極めて高い純度に精製されたけい素（Si）の真性半導体に，微量のほう素（B）またはインジウム（In）などの［（ア）］価の元素を不純物として加えたものを［（イ）］形半導体といい，このとき加えた不純物を［（ウ）］という．

上記の記述中の空白箇所に記入する語句または数値として，正しいものを組み合わせたのは次のうちどれか．

	（ア）	（イ）	（ウ）
(1)	5	n	ドナー
(2)	3	p	アクセプタ
(3)	3	n	ドナー
(4)	5	n	アクセプタ
(5)	3	p	ドナー

解説

① 半導体は，電気的には金属と絶縁体の中間の性質を持っている．
② 半導体には，真性半導体と不純物半導体とがある．
③ 高純度に精製されたけい素（Si）やゲルマニウム（Ge）は，真性半導体である．
④ 不純物半導体は，トランジスタなどの半導体素子に使用され，4 価の真性半導体に，微量の不純物を添加（ドーピング）したものである．
⑤ 不純物半導体には，**5 価の不純物（ドナー）を添加した n 形半導体**と，**3 価の不純物（アクセプタ）を添加した p 形半導体**とがある．
⑥ ドナー＝**価電子の提供者**，アクセプタ＝**価電子を受け取る者**である

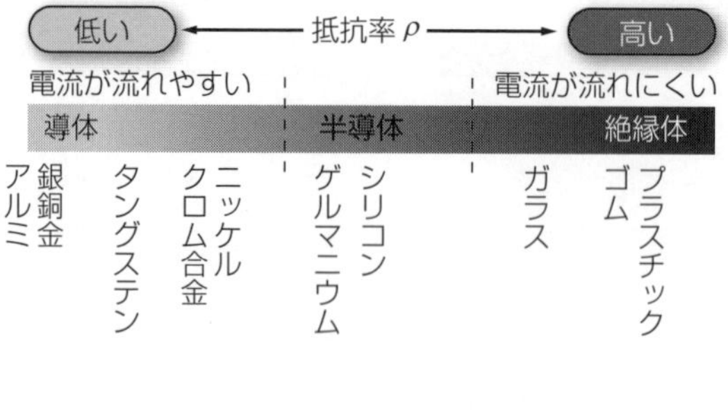

【解答（2）】

重要

p 形半導体（アクセプタ），n 形半導体（ドナー）

[平成 21 年]

問題 35 半導体の特徴

半導体に関する記述として，誤っているのは次のうちどれか．

(1) シリコン（Si）やゲルマニウム（Ge）の真性半導体においては，キャリアの電子と正孔の数は同じである．

(2) 真性半導体に微量のⅢ族またはⅤ族の元素を不純物として加えた半導体を不純物半導体といい，電気伝導度が真性半導体に比べて大きくなる．

(3) シリコン（Si）やゲルマニウム（Ge）の真性半導体にⅤ族の元素を不純物として微量だけ加えたものを p 形半導体という．

(4) n 形半導体の少数キャリアは正孔である．

(5) 半導体の電気伝導度は温度が下がると小さくなる．

解説

① 電荷を持ち，それが移動することによって，電流を流す働きをするものを**キャリア**という．

② 半導体中にもともと多数存在しているキャリアを**多数キャリア**といい，わずかに存在するキャリアを**少数キャリア**という．

③ **Ⅲ族の元素は 3 価**，**Ⅴ族の元素は 5 価**である．

④ p 形半導体の多数キャリアは正孔（ホール），少数キャリアは自由電子である．

⑤ n 形半導体の多数キャリアは自由電子，少数キャリアは正孔（ホール）である．

⑥ 半導体は**負の温度係数**であるので，温度上昇とともに抵抗値が低くなり，電気伝導度は大きくなる．したがって，温度が低下すると電気伝導度は小さくなる．

⑦ 真性半導体に外部から熱や光などのエネルギーを加えると電流が流れ，その向きは正孔の移動する向きと同じである．

参考 平成 28 年に類似問題が出題されている．

【解答（3）】

重要

p 形（3 価：Ⅲ族不純物）n 形（5 価：Ⅴ族不純物）

[平成 14 年]

問題 36 半導体の空乏層

次の文章は，p 形半導体と n 形半導体の接合面におけるキャリアの働きについて述べたものである.

a. 図 1 のように，p 形半導体と n 形半導体が接合する接合面付近では，拡散により，p 形半導体内のキャリア（△印）は n 形半導体の領域内に移動する．また，n 形半導体内のキャリア（□印）は p 形半導体の領域内に移動する.

b. 接合面付近では，図 2 のように拡散したそれぞれのキャリアが互いに結合して消滅し，（ア）と呼ばれるキャリアのない領域が生じる.

c. その結果，（ア）内において，p 形半導体内の接合面付近に（イ）が，n 形半導体内の接合面付近に（ウ）が現われる.

d. それにより，接合面付近にはキャリアの移動を妨げる（エ）が生じる．その方向は，図 2 中の矢印（オ）の方向である.

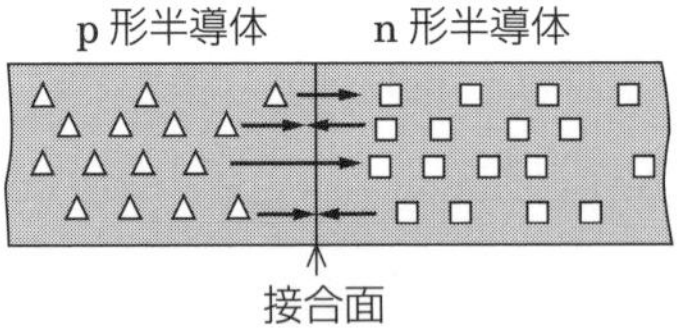

図 1

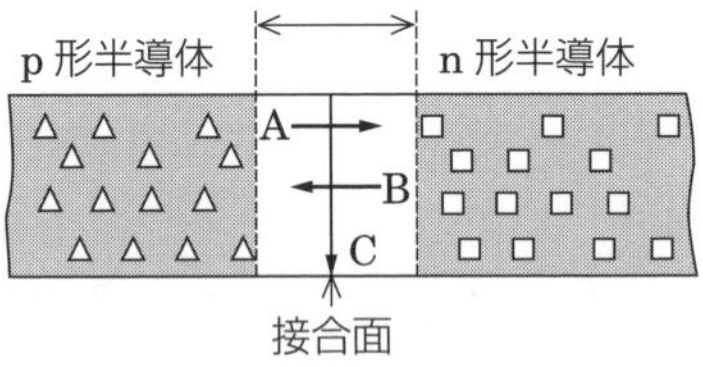

図 2

上記の空白箇所に当てはまる語句として，正しい組合せは次のうちどれか.

	（ア）	（イ）	（ウ）	（エ）	（オ）
(1)	空乏層	負の電荷	正の電荷	電界	A
(2)	反転層	正の電荷	負の電荷	磁界	A
(3)	空乏層	負の電荷	正の電荷	磁界	C
(4)	反転層	正の電荷	負の電荷	電界	B
(5)	空乏層	負の電荷	正の電荷	電界	B

解説 空乏層では，n 形半導体部に正の電荷，p 形半導体部に負の電荷が現れ，正電荷から負電荷の方向に電界を生じる.

【解答（5）】

重要 半導体の pn 接合部には空乏層ができ電界を生じる

問題 37　各種のダイオード

［平成 19 年］

次の文章は，それぞれのダイオードについて述べたものである．

a.　可変容量ダイオードは，通信機器の同調回路などに用いられる．このダイオードは，pn 接合に［（ア）］電圧を加えて使用するものである．

b.　pn 接合に［（イ）］電圧を加え，その値を大きくしていくと，降伏現象が起きる．この降伏電圧付近では，流れる電流が変化しても接合両端の電圧はほぼ一定に保たれる．定電圧ダイオードは，この性質を利用して所定の定電圧を得るように作られたダイオードである．

c.　レーザダイオードは光通信や光情報機器の光源として利用され，pn 接合に［（ウ）］電圧を加えて使用するものである．

上記の空白箇所に記入する語句として，正しい組合せは次のうちどれか．

	（ア）	（イ）	（ウ）
(1)	逆方向	順方向	逆方向
(2)	順方向	逆方向	順方向
(3)	逆方向	逆方向	逆方向
(4)	順方向	順方向	逆方向
(5)	逆方向	逆方向	順方向

解説

① アノード（A）側に正電圧，カソード（K）側に逆電圧を加えることを順方向に電圧を加えるといい，その逆を逆方向に電圧を加えるという．

② pn 接合部に印加する電圧は，**可変容量ダイオードと定電圧ダイオード**（ツェナーダイオード）**は逆方向，レーザダイオードは順方向**である．

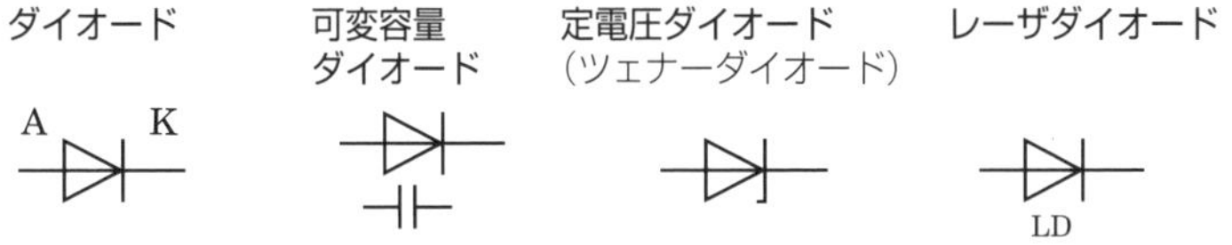

【解答（5）】

重要

順方向電圧　⇔　アノード側が⊕，カソード側が⊖

機械の論説問題
法規の論説問題

問題 38 各種の半導体素子（1）

［平成 17 年］

半導体素子に関する記述として，誤っているのは次のうちどれか．

(1) サイリスタは，p 形半導体と n 形半導体の 4 層構造を基本とした素子である．

(2) 可変容量ダイオードは，加えている逆方向電圧を変化させると静電容量が変化する．

(3) 演算増幅器の出力インピーダンスは，極めて小さい．

(4) p チャネル MOSFET の電流は，ドレインからソースに流れる．

(5) ホトダイオードは，光が照射されると，p 側に正電圧，n 側に負電圧が生じる素子である．

解説

① **サイリスタ**：図に示すような pnpn の 4 層構造で，中間の p 層からゲートを取り出した 3 端子素子である．ゲートの制御でアノード，カソード間に流れる主電流を制御することができる．

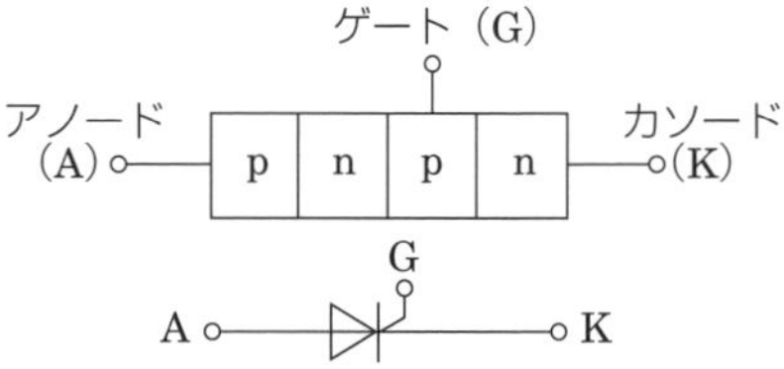

② **可変容量ダイオード**：加えている逆方向電圧を大きくすると静電容量が小さくなる．

③ **演算増幅器**：入力インピーダンスは極めて大きく，出力インピーダンスは極めて小さい．

④ **pチャネル MOSFET**：多数キャリアは正孔で，**電流はソースからドレインに流れる**（図記号は図のとおりである）．

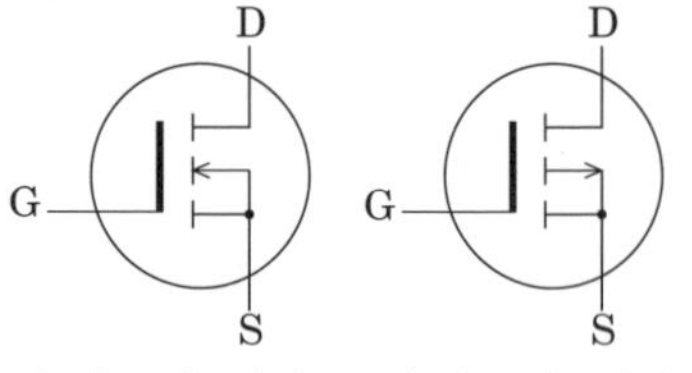

（a）n チャネル　（b）p チャネル

⑤ **ホトダイオード**：電流を光に変換する発光ダイオードとは逆に，光を電流に変換する素子である．光が照射されると，p 側に正電圧，n 側に負電圧が生じる．

【解答（4）】

重要

n チャネル MOSFET の電流：ドレイン→ソース

問題 39 各種の半導体素子（2）

［平成 26 年］

半導体の pn 接合を利用した素子に関する記述として，誤っているものは次のうちどれか．

(1) ダイオードに p 形が負，n 形が正となる電圧を加えたとき，p 形，n 形それぞれの領域の少数キャリアに対しては，順電圧と考えられるので，この少数キャリアが移動することによって，極めてわずかな電流が流れる．

(2) pn 接合をもつ半導体を用いた太陽電池では，その pn 接合部に光を照射すると，電子と正孔が発生し，それらが pn 接合部で分けられ電子が n 形，正孔が p 形のそれぞれの電極に集まる．その結果，起電力が生じる．

(3) 発光ダイオードの pn 接合領域に順電圧を加えると，pn 接合領域でキャリアの再結合が起こる．再結合によって，そのエネルギーに相当する波長の光が接合部付近から放出される．

(4) 定電圧ダイオード（ツェナーダイオード）はダイオードにみられる順電圧・電流特性の急激な降伏現象を利用したものである．

(5) 空乏層の静電容量が，逆電圧によって変化する性質を利用したダイオードを可変容量ダイオードまたはバラクタダイオードという．逆電圧の大きさを小さくしていくと，静電容量は大きくなる．

解説

① **ダイオード**：逆方向バイアスをかけると，逆方向には電流は流れにくくなる．

② **太陽電池**：太陽電池はホトダイオードで，pn 接合部に光が当たると，p 側に正電圧，n 側に負電圧が生じる．

③ **発光ダイオード**：LED では，直流電流を順方向（p → n）に流すと，pn 接合領域で，電子と正孔とが再結合し，余剰エネルギーが光の形で放出される．

④ **定電圧ダイオード**：ツェナーダイオードで，逆方向の電圧を大きくしていくと，ある値で急激に大きな電流が流れる．いわゆる**逆電圧・電流特性**での電子なだれ現象によるツェナー降伏であり，これを利用して定電圧を得ている．

⑤ **可変容量ダイオード**：バラクタダイオードで，加える逆方向電圧を小さくすると静電容量が大きくなる．

【解答（4）】

重要

定電圧ダイオード→ツェナー降伏での逆方向定電圧

[平成20年]

問題40 太陽電池

pn 接合の半導体を使用した太陽電池は，太陽の光エネルギーを電気エネルギーに直接変換するものである．半導体の pn 接合部分に光が当たると，光のエネルギーによって新たに［(ア)］と［(イ)］が生成され，［(ア)］は p 形領域に，［(イ)］は n 形領域に移動する．その結果，p 形領域と n 形領域の間に［(ウ)］が発生する．この［(ウ)］は光を当てている間持続し，外部電気回路を接続すれば，光エネルギーを電気エネルギーとして取り出すことができる．

上記の記述中の空白箇所（ア），（イ）および（ウ）に当てはまる語句として，正しいものを組み合わせたのは次のうちどれか．

	(ア)	(イ)	(ウ)
(1)	電子	正孔	起磁力
(2)	正孔	電子	起電力
(3)	電子	正孔	空間電荷層
(4)	正孔	電子	起磁力
(5)	電子	正孔	起電力

解説 ① 太陽電池は，半導体の pn 接合を用いているので，構造的にはダイオードと同じである．pn 接合部に光が当たると，光のエネルギーによって新たに**正孔**と**電子**の対が生成され，**正孔**は p 形領域に，**電子**は n 形領域に移動した結果，p 形領域と n 形領域の間に**起電力**が発生する．

② 電池の出力電力が増加すると電池本体の温度は低下する．

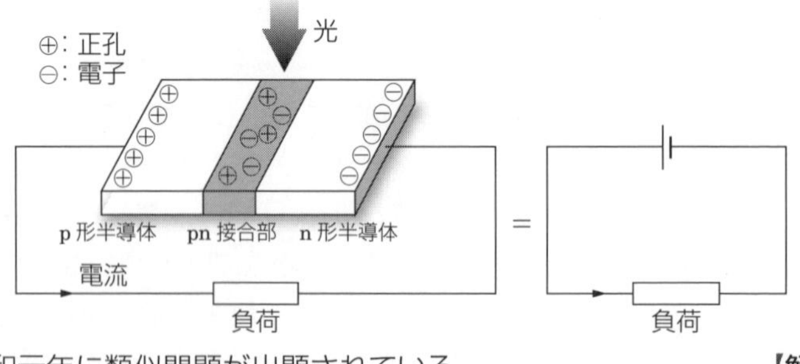

参考 令和元年に類似問題が出題されている．

【解答（2）】

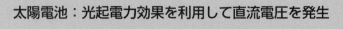

重要 太陽電池：光起電力効果を利用して直流電圧を発生

問題41 発光ダイオード（LED）

［平成13年］

発光ダイオード（LED）に関する次の記述のうち，誤っているのはどれか．

(1) 主として表示用光源および光通信の光源として利用されている．

(2) 表示用として利用される場合，表示用電球より消費電力が小さく長寿命である．

(3) ガリウム-ひ素（GaAs），ガリウム-りん（GaP）などを用いた半導体のpn接合部を用いる．

(4) 電流を順方向に流した場合，pn接合部が発光する．

(5) 発光ダイオードの順方向の電圧降下は，一般に0.2V程度である．

解説 ① 発光ダイオード（LED：Light Emitting Diode）は，順方向に電圧を加えると発光する半導体素子で，**順方向の電圧降下は1.2～2.5V程度**である．

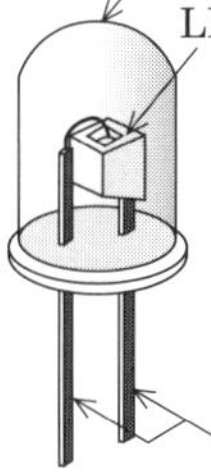

② LEDの発光は，pn接合部のエレクトロルミネセンス（EL）効果によるものである．

③ 電子と正孔がぶつかると**再結合**し，電子と正孔が再結合前に持っていたエネルギーの合計より小さなエネルギーになるため，**余剰分のエネルギー**を光として放出する．

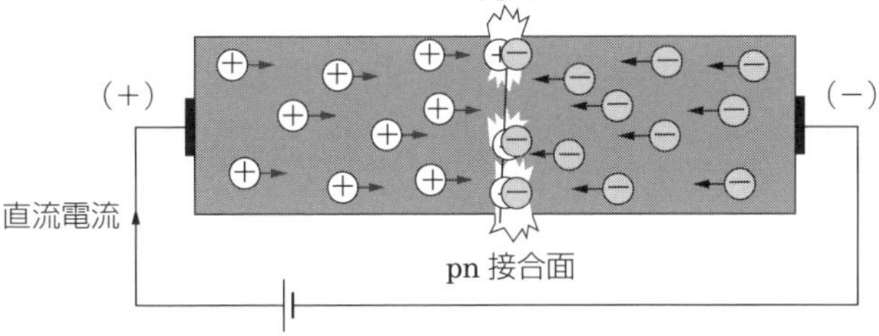

④ LEDは，白熱電球と比較して，長寿命で，発熱が少なく，消費電力も少なく，高輝度の発光が得られる．

【解答（5）】

重要

LEDの順方向電圧降下は2V程度，電流は10mA程度

[平成 27 年]

問題 42 レーザダイオード（LD）

次の文章は，半導体レーザ（レーザダイオード）に関する記述である．

レーザダイオードは，図のような 3 層構造を成している．p 形層と n 形層に挟まれた層を［（ア）］層といい，この層は上部の p 形層および下部の n 形層とは性質の異なる材料で作られている．前後の面は半導体結晶による自然な反射鏡になっている．

レーザダイオードに［（イ）］を流すと，［（ア）］層の自由電子が正孔と再結合して消滅するとき光を放出する．

この光が二つの反射鏡の間に閉じ込められることによって，［（ウ）］放出が起き，同じ波長の光が多量に生じ，外部にその一部が出力される．光の特別な波長だけが共振状態となって［（ウ）］放出が誘起されるので，強い同位相のコヒーレントな光が得られる．

上記の記述中の空白箇所に当てはまる組合せとして，正しいものは次のうちどれか．

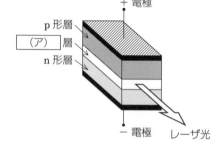

	（ア）	（イ）	（ウ）
(1)	空　乏	逆電流	二　次
(2)	活　性	逆電流	誘　導
(3)	活　性	順電流	二　次
(4)	活　性	順電流	誘　導
(5)	空　乏	順電流	二　次

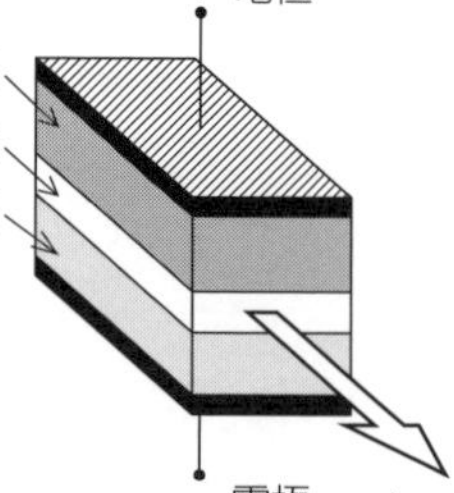

解説 ① レーザダイオードは 3 層構造で，p 形層，**活性**層，n 形層からなっている．

② レーザダイオードに**順電流**（＋電極→ p 形層→活性層→ n 形層→－電極）を流すと，**活性**層の自由電子と正孔と再結合して消滅するとき光を放出する．

③ この光が二つの反射鏡の間に閉じ込められることによって，**誘導**放出が起き，同じ波長の光が多量に生じ，外部にその一部が出力される．

④ 光の特別な波長だけが共振状態となって**誘導**放出が誘起されるので，強い同位相のコヒーレントな光が得られる．

【解答（4）】

重要

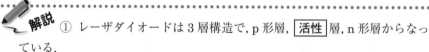

レーザダイオード→光を増幅して放出（誘導放出）

問題43 バイポーラトランジスタ

［平成15年］

バイポーラトランジスタと電界効果トランジスタ（FET）に関する記述として，誤っているのは次のうちどれか．

(1) バイポーラトランジスタは，消費電力がFETより大きい．
(2) バイポーラトランジスタは電圧制御素子，FETは電流制御素子ともいわれる．
(3) バイポーラトランジスタの入力インピーダンスは，FETのそれよりも低い．
(4) バイポーラトランジスタのコレクタ電流は自由電子および正孔の両方が関与し，FETのドレイン電流は自由電子または正孔のどちらかが関与する．
(5) バイポーラトランジスタは，静電気に対してFETより破壊されにくい．

解説

① トランジスタは，バイポーラトランジスタと電界効果トランジスタ（FET）に分類できる．バイポーラトランジスタは，一般にトランジスタと呼ばれている．

バイポーラトランジスタのコレクタ損失は，（コレクタとエミッタ間の電圧×コレクタ電流）である．

② バイポーラトランジスタは，出力が大きく電力用として使用されている．

→A級電力増幅回路は低周波用，B級電力増幅回路は大出力・低周波用，C級電力増幅回路は高周波用として用いられている．電源効率の大きさは，A級(50%)＜B級(78.5%)＜C級である．

③ FETは小型化が可能で，IC（半導体集積回路）やLSI（大規模集積回路）に使用されている．

④ **バイポーラトランジスタは電流制御素子，FETは電圧制御素子**である．

☆ **バイポーラトランジスタ** ：ベース電流でコレクタ電流を制御する**電流制御素子**

☆ **FET** ：ゲート電圧でドレイン電流を制御する**電圧制御素子**

【解答（2）】

重要　**トランジスタ：電流制御素子⇔FET：電圧制御素子**

[平成 20 年]

問題 44 トランジスタの接地方式

トランジスタの接地方式の異なる基本増幅回路を図 1, 図 2 および図 3 に示す. 以下の a ～ d に示す回路に関する記述として，正しいものを組み合わせたのは次のうちどれか.

a.　図 1 の回路では，入出力信号の位相差は 180° である.

b.　図 2 の回路は，エミッタ接地増幅回路である.

c.　図 2 の回路は，エミッタホロワとも呼ばれる.

d.　図 3 の回路で，エミッタ電流およびコレクタ電流の変化分の比 $\left|\dfrac{\Delta I_C}{\Delta I_E}\right|$ の値は，約 100 である.

ただし，I_B，I_C，I_E は直流電流，v_i，v_0 は入出力信号，R_L は負荷抵抗，V_{BB}，V_{CC} は直流電源を示す.

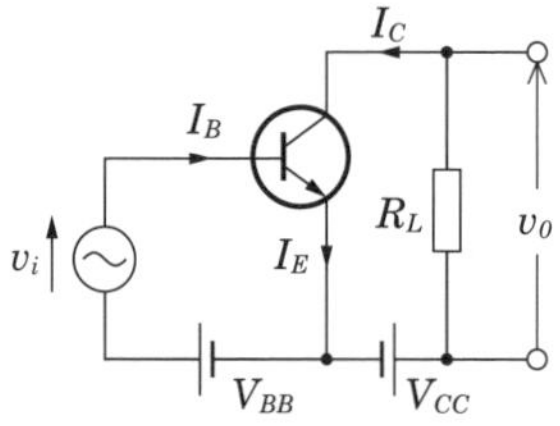

図 1

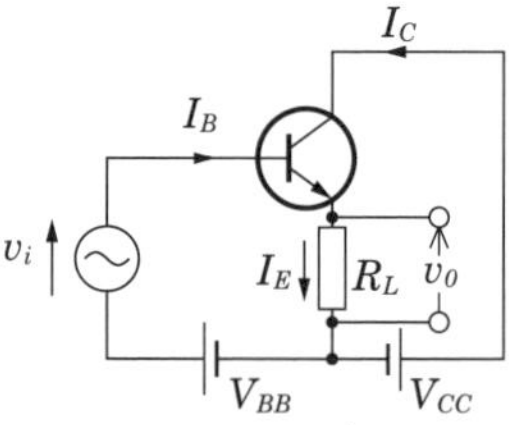

図 2

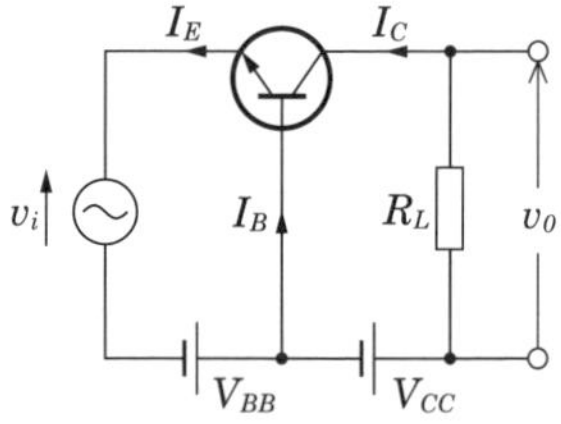

図 3

(1) a と b　(2) a と c　(3) a と d　(4) b と d　(5) c と d

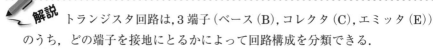

解説 トランジスタ回路は, 3 端子（ベース (B), コレクタ (C), エミッタ (E)）のうち，どの端子を接地にとるかによって回路構成を分類できる.

① **図 1**：**エミッタ接地回路**で, 入出力信号の位相は反転（位相差は 180°）する. 電流，電圧とも増幅度が高く，低周波増幅回路に使われている.

② **図 2**：**コレクタ接地回路**で，**エミッタホロワ回路**ともいう. 入力インピーダンスが高く，出力インピーダンスが低いことから，インピーダンス変換回路によく使われる.

③ **図 3**：**ベース接地回路**で，エミッタ電流の変化 ΔI_E とコレクタ電流の変化 ΔI_C はほぼ等しく，$|\Delta I_C/\Delta I_E| \fallingdotseq 1$ である. 高周波回路によく使われる.

参考 平成 25 年に類似問題が出題されている.　【解答 (2)】

重要

エミッタ接地：エミッタを入力・出力端子で共通使用

[平成 15 年]

問題 45 電力増幅回路

図 1 は，変成器を用いた B 級プッシュプル（push-pull）電力増幅器回路の原理図である．図 1 中の空白箇所（ア），（イ）および（ウ）に当てはまる図記号を図 2 の図記号の記号 a ～ j の中から選ぶとき，正しいものを組み合わせたのは次のうちどれか．

	（ア）	（イ）	（ウ）
(1)	f	d	i
(2)	g	a	h
(3)	e	b	j
(4)	h	c	i
(5)	f	d	h

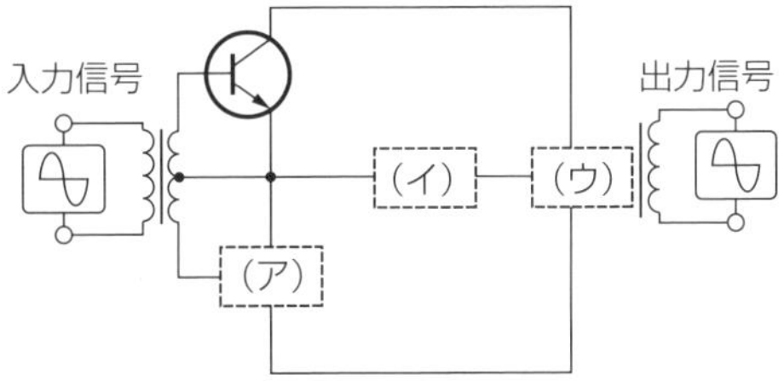

図 1

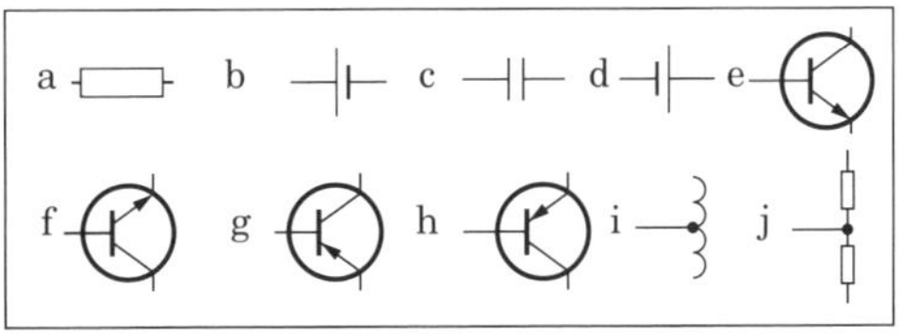

図 2

解説

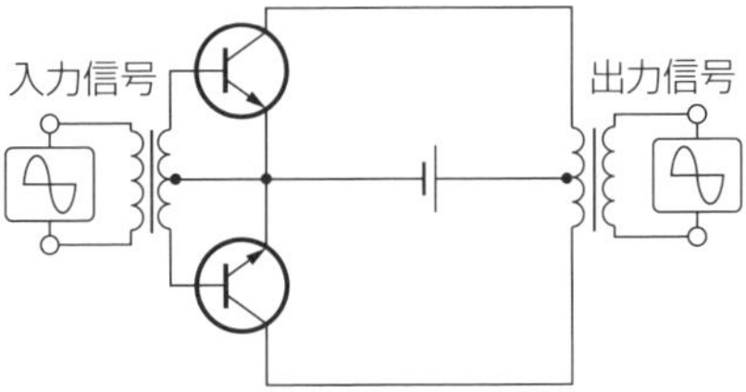

① B 級プッシュプル電力増幅器回路を完成させると，右図のようになる．
② 上下対称に 2 個の npn 形トランジスタを接続することで，半波ごとに交互に動作させる．
③ 直流電源は，npn 形トランジスタを動作させるため，コレクタ側を + とする．

【解答 (1)】

重要

プッシュプル増幅回路：入力波形と出力波形は同位相

[平成 11 年]

問題 46 電界効果トランジスタ (1)

FET は，半導体の中を移動する多数キャリアを［（ア）］電圧により生じる電界によって制御する素子であり，接合形と［（イ）］形がある．次の図記号は接合形の［（ウ）］チャネル FET を示す．

上記の記述中の空白箇所に記入する字句として，正しいものを組み合わせたのは次のうちどれか．

	（ア）	（イ）	（ウ）
(1)	ゲート	MOS	n
(2)	ドレイン	MSI	p
(3)	ソース	DIP	n
(4)	ドレイン	MOS	p
(5)	ゲート	DIP	n

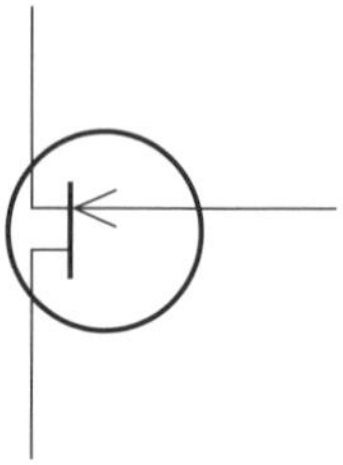

解説

① **電界効果トランジスタ(FET)**

トランジスタは**バイポーラ形トランジスタ**と呼ばれ，**電流制御形素子**である．電界効果トランジスタ（FET）は**ユニポーラ形トランジスタ**と呼ばれ，**電圧制御形素子**である．FET には，**ドレイン（D）**，**ゲート（G）**，**ソース（S）**の三つの電極があり，ゲート電圧で電界を作り，これを変化させて電流を制御する．

② **n チャネル形と p チャネル形**

トランジスタが電子と正孔の二つのキャリアで動作するのに対し，電界効果トランジスタは**動作に寄与するキャリアが一つ**である．動作に寄与するキャリアが**電子**のものが **n チャネル形**，**正孔**のものが **p チャネル形**である．

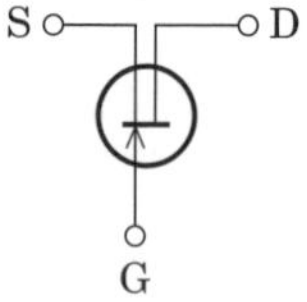

nチャネル形

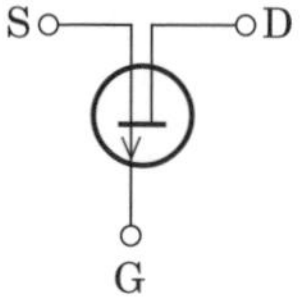

pチャネル形

【解答 (1)】

FET は電極構造により接合形と MOS 形がある　重要

問題 47 電界効果トランジスタ（2）

[平成 23 年]

次の文章は，電界効果トランジスタに関する記述である．

図に示す MOS 電界効果トランジスタ（MOSFET）は，p 形基板表面に n 形のソースとドレイン領域が形成されている．また，ゲート電極は，ソースとドレイン間の p 形基板表面上に薄い酸化膜の絶縁層（ゲート酸化膜）を介して作られている．ソース S と p 形基板の電位を接地電位とし，ゲート G にしきい値電圧以上の正の電圧 V_{GS} を加えることで，絶縁層を隔てた p 形基板表面近くでは，［（ア）］が除去され，チャネルと呼ばれる［（イ）］の薄い層ができる．これによりソース S とドレイン D が接続される．この V_{GS} を上昇させるとドレイン電流 I_D は［（ウ）］する．

また，この FET は［（エ）］チャネル MOSFET と呼ばれている．

上記の記述中の空白箇所（ア），（イ），（ウ）および（エ）に当てはまる組合せとして，正しいものを次の（1）～（5）のうちから一つ選べ．

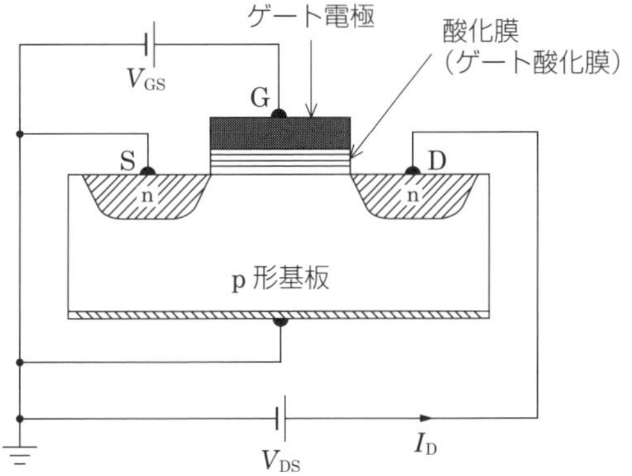

	（ア）	（イ）	（ウ）	（エ）
(1)	正孔	電子	増加	n
(2)	電子	正孔	減少	p
(3)	正孔	電子	減少	n
(4)	電子	正孔	増加	n
(5)	正孔	電子	増加	p

機械の論説問題

法規の論説問題

解説

① **電界効果トランジスタ(FET) の分類**：電界効果トランジスタは，ゲートに加える電圧によってドレイン電流を制御できる電圧制御形の素子である．構造と制御の違いによって，接合形と **MOS（金属酸化膜半導体）形**に分類され，それぞれnチャネル形とpチャネル形がある．

- **nチャネル形** ⇒電流の通路が **n 形半導体**である．
- **pチャネル形** ⇒電流の通路が **p 形半導体**である．

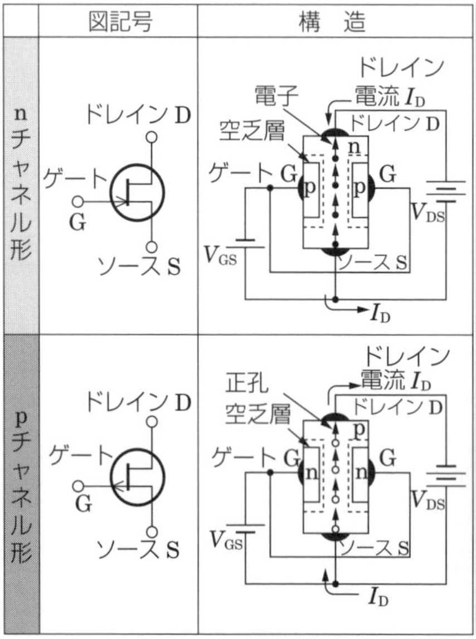

図 1　接合形 FET

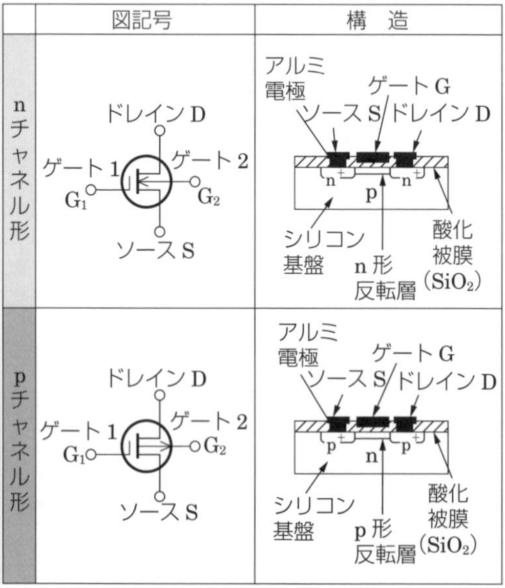

図 2　MOS 形 FET

② **電流の向きと電圧の極性**：nチャネル形とpチャネル形とでは，動作中のドレイン電流 I_D の向きやゲート電極に加える電圧 V_{GS} の極性が逆になる．

【解答 (1)】

重要 ドレインとソース間の薄い層は反転層（チャネル）

問題 48 電界効果トランジスタ（3）

［平成 16 年］

電界効果トランジスタ（FET）に関する記述として，誤っているものは次のうちどれか．

（1）接合形と MOS 形に分類することができる．
（2）ドレインとソースとの間の電流の通路には，n 形と p 形がある．
（3）MOS 形はデプレッション形とエンハンスメント形に分類できる．
（4）エンハンスメント形はゲート電圧に関係なくチャネルができる．
（5）ゲート電圧で自由電子または正孔の移動を制限できる．

解説

MOS形 FETの種類

n チャネル形と p チャネル形には，さらにデプレッション形，エンハンスメント形，デプレッション形・エンハンスメント形の 3 種類がある．

① **デプレッション形**：n チャネル形の場合，$V_{GS}=0\,\mathrm{V}$ のときにドレイン電流 I_D が最大になるタイプで，ゲートはソースに対しマイナス電圧になるように使う．デプレッション形は，**ゲート電圧に関係なくチャネルができる．**

② **エンハンスメント形**：$V_{GS}=0\,\mathrm{V}$ のときにドレイン電流 I_D が 0 で，ゲート-ソース間の電圧がプラスになるとドレイン電流が流れる．したがって，エンハンスメント形は**ゲート電圧が加わっているときのみチャネル**ができる．

③ **デプレッション・エンハンスメント形**：両者の中間のタイプである．

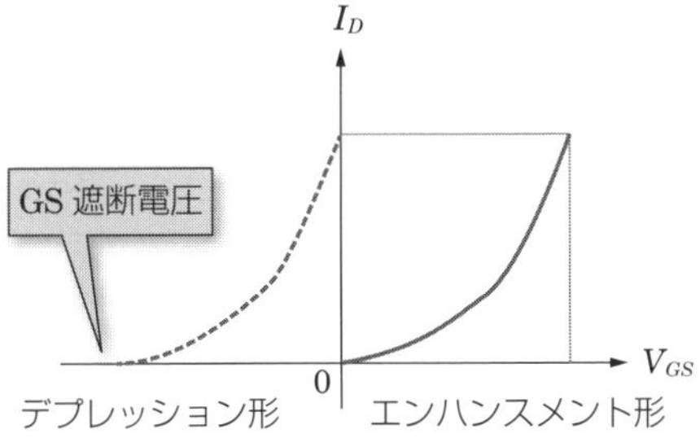

【解答（4）】

重要 MOS 形 FET ⇒エンハンスメント形，デプレッション形

[平成17年]

問題49 FET 増幅回路

図のようなFET増幅回路がある．ただし，R_A，R_B，R_C，R_D，R_Eは抵抗，C_1，C_2，C_3はコンデンサ，V_{DD}は直流電圧源，I_Dはドレイン電流，v_1，v_2は交流電圧とする．

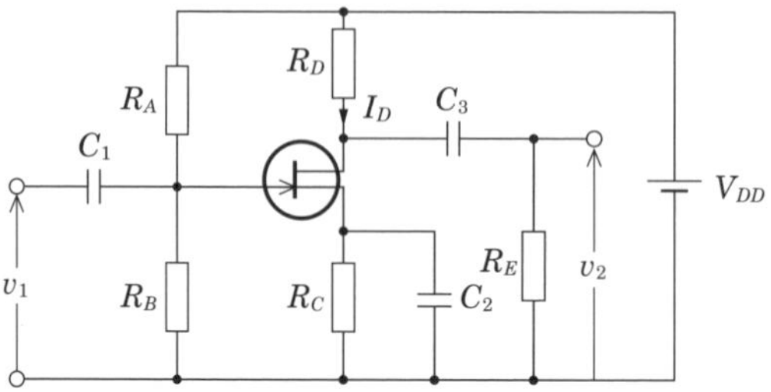

図の増幅器のトランジスタは，接合形の［（ア）］チャネルFETであり，結合コンデンサは，コンデンサ［（イ）］である．

また，抵抗［（ウ）］は，温度変化に対する安定性を高める役割を果たしている．

上記の記述中の空白箇所に記入する号として，正しいものを組み合わせたのは次のうちどれか．

	（ア）	（イ）	（ウ）
(1)	n	C_1，C_3	R_A，R_B
(2)	p	C_1，C_2	R_B，R_C
(3)	n	C_1，C_3	R_B，R_D
(4)	p	C_2，C_3	R_A，R_B
(5)	n	C_1，C_3	R_B，R_C

解説

① 図記号から**nチャネルFET**で，**C_1，C_3が結合コンデンサ**である．

② **抵抗R_A，R_Bは，温度変化に対する**バイアス電圧の**安定性を高める**役割を果たしている．

【解答（1）】

重要 コンデンサの役目：直流を分離，交流を結合する

[平成24年]

問題50 半導体集積回路

半導体集積回路（IC）に関する記述として，誤っているものは次のうちどれか．

（1）MOS IC は，MOSFET を中心として作られた IC である．

（2）IC を構造から分類すると，モノリシック IC とハイブリッド IC に分けられる．

（3）CMOS IC は，n チャネル MOSFET のみを用いて構成される IC である．

（4）アナログ IC には，演算増幅器やリニア IC などがある．

（5）ハイブリッド IC では，絶縁基板上に，IC チップや抵抗，コンデンサなどの回路素子が組み込まれている．

解説

IC（Integrated Circuit；集積回路）は，大きさが数 cm 以下のシリコン上に，トランジスタやダイオード，抵抗，コンデンサなどの回路素子を作り込んで，電子回路として機能させるものである．

① MOS 形 FET を基本にした IC を MOS 形 IC，バイポーラトランジスタを基本にした IC をバイポーラ形 IC という．

② IC を構造から分類すると，モノリシック IC とハイブリッド IC に分けられる．ハイブリッド IC は，半導体素子，モノリシック IC，抵抗，コンデンサなどを高密度に絶縁基板上に配置し，1つの IC としてパッケージ化したものである．

③ CMOSIC の C は Complementary（相補形）の略で，p チャネル MOSFET と n チャネル MOSFET を組み合わせ，互いに動作を補うことで機能を実現したものである．

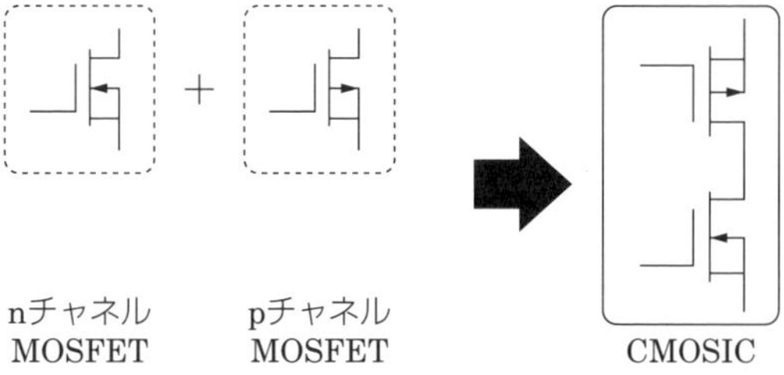

【解答（3）】

重要

CMOSIC：p チャネルと n チャネルを組合せたもの

機械の論説問題

法規の論説問題

問題 51 正帰還増幅回路

［平成 18 年］

図は，増幅回路の出力の一部を帰還回路を通して増幅回路の入力に戻している回路である．この回路は次の 1，2 で示す位相と利得の条件を同時に満たすとき発振する．

1. 増幅回路の入力電圧 V_i と帰還回路の出力電圧 V_f が （ア） である．
2. 増幅回路の増幅度を A, 帰還回路の帰還率を β で示すとき，（イ） である．

このような回路は （ウ） 回路ともいう．

上記の空白箇所に当てはまる語句または式として，正しいものを組み合わせたのは次のうちどれか．

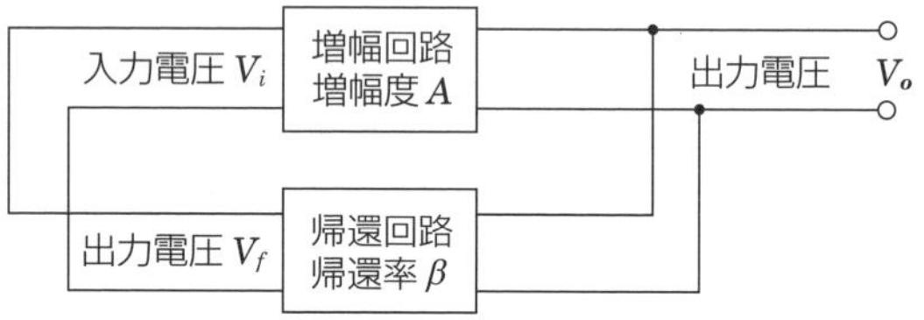

	（ア）	（イ）	（ウ）
(1)	同　相	$A\beta \geqq 1$	正帰還
(2)	逆　相	$A\beta \leqq 1$	負帰還
(3)	同　相	$A\beta = 1$	負帰還
(4)	逆　相	$A\beta \geqq 1$	正帰還
(5)	同　相	$A\beta \leqq 1$	正帰還

解説 正帰還回路では，電源を入れることによって条件 1，2 を満たす雑音などの信号成分が循環して発振する．

正帰還回路では，次の条件を満たすときに発振する．

① 増幅回路の入力電圧 V_i と帰還回路の出力電圧 V_f が **同相** である．

② 増幅回路の増幅度を A，帰還回路の帰還率を β で示すとき，**$A\beta \geqq 1$** である．

（設問図では，$V_i = \beta V_o$ で，$V_o = AV_i$ であるので，$V_i = A\beta V_i$ となり，$A\beta = 1$）

【解答（1）】

正帰還回路：入力電圧と出力電圧が同相で $A\beta \geqq 1$　重要

問題 52 演算増幅器の特徴（1）

[平成 22 年]

演算増幅器に関する記述として，誤っているのは次のうちどれか．

(1) 反転増幅と非反転増幅の二つの入力端子と一つの出力端子がある．

(2) 直流を増幅できる．

(3) 入出力インピーダンスが大きい．

(4) 入力端子間の電圧のみを増幅して出力する一種の差動増幅器である．

(5) 増幅度が非常に大きい．

解説

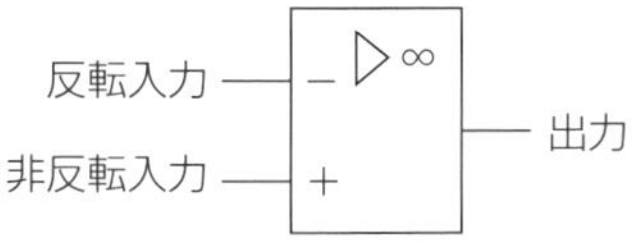

① 演算増幅器（オペアンプ）は，図の記号で表すアナログ IC の一種である．

② **入力インピーダンスは非常に高い**（≒∞）．
→入力端子電流はほぼゼロとみなせる．

③ **出力インピーダンスは非常に低い**（≒**0**）．
→出力端子電圧は負荷による影響を受けにくい．

【解答（3）】

問題 53 演算増幅器の特徴（2）

[平成 19 年]

演算増幅器に関する記述として，誤っているものは次のうちどれか．

(1) 利得が非常に大きい．

(2) 入力インピーダンスが非常に大きい．

(3) 出力インピーダンスが非常に小さい．

(4) 正相入力端子と逆相入力端子がある．

(5) 直流入力では使用できない．

解説

演算増幅器は，直流から数 MHz の高周波の交流まで広帯域に使用でき，二つの入力端子に加えられた信号の差動成分を高い利得で増幅する．

参考 平成 27 年に類似問題が出題されている．

【解答（5）】

重要

演算増幅器＝二つの差動入力端子＋一つの出力端子

[平成16年]

問題54 いろいろな増幅器

次の文章は，それぞれの増幅器について述べたものである．

1. （ア） 増幅器は，特性の等しい二つの増幅器を対称的に接続することで，両器の入力の差に比例した出力を得るものである．
2. （イ） 増幅器は，スピーカのような負荷を動作させるのに利用される．
3. 出力電圧の一部を入力側に戻し，逆位相で加えて増幅するものを （ウ） 増幅器という．
4. （エ） 増幅器は，アンテナで送受信する信号を増幅するのに利用される．

上記の記述の空欄箇所に記入する語句の組合せとして，正しいのは次のうちどれか．

	（ア）	（イ）	（ウ）	（エ）
(1)	負帰還	高周波	電　力	差　動
(2)	差　動	負帰還	電　力	高周波
(3)	差　動	高周波	負帰還	電　力
(4)	高周波	電　力	差　動	負帰還
(5)	差　動	電　力	負帰還	高周波

解説

① **差動増幅器**：入力の差に比例した出力を得るものである．
② **電力増幅器**：低インピーダンススピーカ負荷を動作させるのに利用される．
③ **負帰還増幅器**：出力電圧の一部を入力側に戻し，逆位相で加えて増幅する．

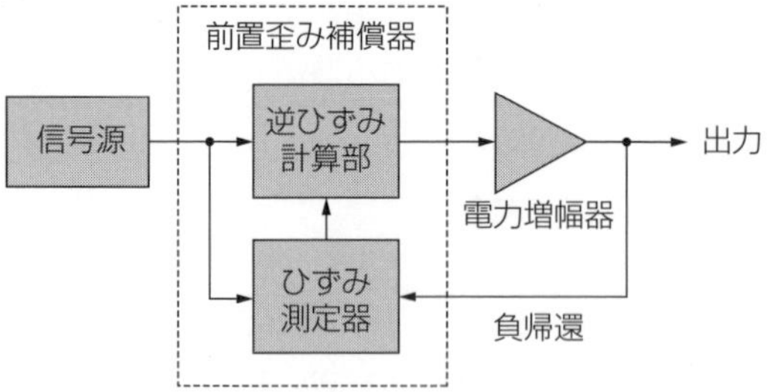

【解答（5）】

重要

増幅器＝アンプ　⇔　減衰器＝アッテネータ

問題 55 偏位法と零位法

[平成 21 年]

ある量の測定に用いる方法には各種あるが，指示計器のように測定量を指針の振れの大きさに変えて，その指示から測定量を知る方法を［（ア）］法という．これに比較して精密な測定を行う場合に用いられている［（イ）］法は，測定量と同種類で大きさを調整できる既知量を別に用意し，既知量を測定量に平衡させて，そのときの既知量の大きさから測定量を知る方法である．［（イ）］法を用いた測定器の例としては，ブリッジや［（ウ）］がある．

上記の記述中の空白箇所（ア），（イ）および（ウ）に当てはまる語句として，正しいものを組み合わせたのは次のうちどれか．

	（ア）	（イ）	（ウ）
(1)	偏位	零位	直流電位差計
(2)	偏位	差動	誘導形電力量計
(3)	間接	零位	直流電位差計
(4)	間接	差動	誘導形電力量計
(5)	偏位	零位	誘導形電力量計

解説

① **偏位法**：測定量の結果として生じる計器の指針の振れを読む方法である．計器の指針の振れには，測定対象からエネルギーを取る必要がある．

〔適用例〕電圧計などの指示電気計器（アナログ計器）

② **零位法**：測定量がある基準量と等しいかどうかを調べることで測定量を知る方法である．零位法は，測定に調整を行う手間がかかるが，高精度で，基準量の精度と同じ精度で測定量を測ることができる．平衡状態では，測定対象からエネルギーを取る必要はなく，測定対象への影響が小さい．

〔適用例〕ブリッジや直流電位差計

【解答（1）】

重要 偏位法の測定精度より零位法の測定精度は高い

ここが肝心！基礎固め！

2 指示電気計器

1. 指示電気計器の3要素：指示電気計器は，駆動装置，制御装置，制動装置の3要素で構成されている．

① **駆動装置**：測定する電気量に比例した駆動トルクを発生させる．

② **制御装置**：駆動トルクと平衡して可動部を静止させる制御トルクを発生させる．

③ **制動装置**：可動部の運動を速やかに静止させる．

2. 指示電気計器の種類：動作原理によって下表の種類がある．

種類	記　号	指　示	特　徴
可動コイル形		DC 平均値	①固定永久磁石による磁界と，その磁界中に置かれた可動コイルに流れる電流との間の**電磁力**を利用している． ②**直流専用計器**で，目盛は平等目盛で，精度が高い．
可動鉄片形		AC 実効値	①固定コイルに流れる電流によって固定鉄片を磁化し，可動鉄片との間に生じる反発電磁力を利用している． ②商用周波に使用し，精度は劣るが，**構造が簡単**で丈夫である．
電流力計形	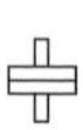	DC・AC 実効値	①固定コイルの電流による磁界と可動コイルの電流との間で発生する**電磁力**を利用している． ②標準計器や電力計に適している．
静電形		DC・AC 実効値	①固定電極と可動電極の電荷の吸引力を利用している． ②静電力が電圧の2乗に比例する原理のため直・交流に使用できる． ③**高電圧を直接測定**できる．
熱電形	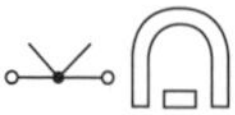	DC・AC 実効値	①ヒータの温度を熱電対で**熱起電力に変えて可動コイル形計器で測定**している． ②熱を利用するためひずみ波形での誤差が少ない．
誘導形		AC 実効値	①くま取りコイルによる移動磁界により円板に生ずる**渦電流と磁界との間で発生する電磁力**を利用している． ②電力量計は，誘導形計器である．
整流形	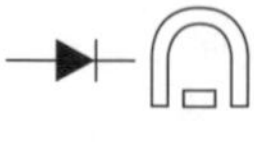	AC 実効値	①整流器で整流し，可動コイル形計器で測定する． ②交流電流計としては最も感度が良い． ③**(平均値×基本波の波形率）で実効値の目盛り定め**をしているので，**ひずみ波形の測定**では誤差が大きくなる欠点がある．

［令和元年］

問題 56 指示電気計器の記号

直動式指示電気計器の種類，JIS で示される記号および使用回路の組合せとして，正しいものは次のうちどれか．

	種　類	記　号	使用回路
(1)	永久磁石可動コイル形		直流専用
(2)	空心電流力計形		交流・直流両用
(3)	整流形		交流・直流両用
(4)	誘導形	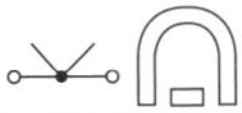	交流専用
(5)	熱電対形（非絶縁）		直流専用

解説

正しくは以下のようになる．

	種類	記号	使用回路
(1)	永久磁石可動コイル形 （磁石とコイル間の電磁力を利用）		直流専用
(2)	空心電流力計形 （二つのコイルの電流力を利用）		交流・直流両用
(3)	整流形 （交流を整流して使用）	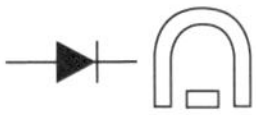	交流専用
(4)	誘導形 （アラゴの円板の原理を利用）		交流専用
(5)	熱電対形（非絶縁） （抵抗損の熱を熱電対で測定）	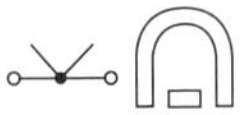	交流・直流両用

【解答（2）】

重要

電流力計形計器：記号は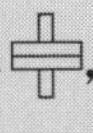，AC・DC 両用

機械の論説問題

法規の論説問題

問題 57 指示電気計器の動作原理

[平成 10 年]

指示電気計器の動作原理について次の記述のうち，誤っているものはどれか.

(1) 整流形：ダイオードなどの整流素子を用いて交流を直流に変換し，可動コイル形計器で指示させる方式

(2) 熱電形：発熱線に流れる電流によって熱せられる熱電対に生じる起電力を，可動コイル形計器で指示させる方式

(3) 可動コイル形：固定コイルに流れる電流の磁界と，可動コイルに流れる電流との間に生じる力によって可動コイルを駆動させる方式

(4) 静電形：異なる電位を与えられた固定電極と可動電極との間に生じる起電力によって，可動電極を駆動させる方式

(5) 可動鉄片形：固定コイルに流れる電流の磁界と，その磁界によって磁化された可動鉄片との間に生じる力により，または固定コイルに流れる電流によって固定鉄片および可動鉄片を磁化し，両鉄片間に生じる力により可動鉄片を駆動させる方式

解説

可動コイル形計器は，**永久磁石の作る磁界**と，可動コイルに流れる電流との間に生じる電磁力を利用した計器である．したがって，固定コイルはない．

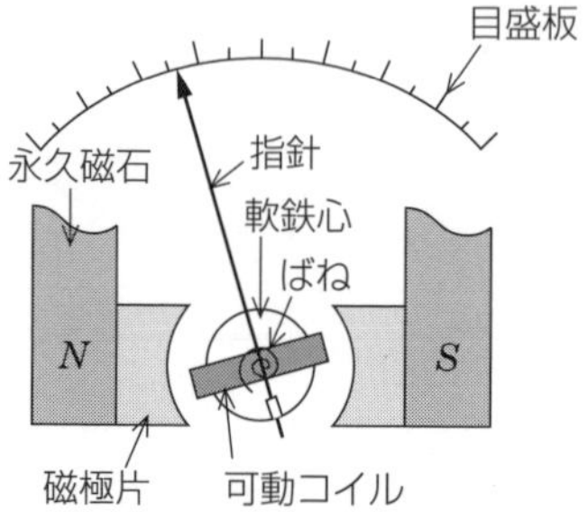

【解答 (3)】

可動コイル形計器：電流と磁界による電磁力を利用

重要

問題 58 可動コイル形計器

[平成 19 年]

次の文章は，可動コイル形電流計の原理について述べたもので，図はその構造を示す原理図である．

計器の指針に働く電流によるトルクは，その電流の （ア） に比例する．

これに脈流を流すと可動部の （イ） モーメントが大きいので，指針は電流の （ウ） を指示する．

この計器を電圧計として使用する場合，（エ） を使う．

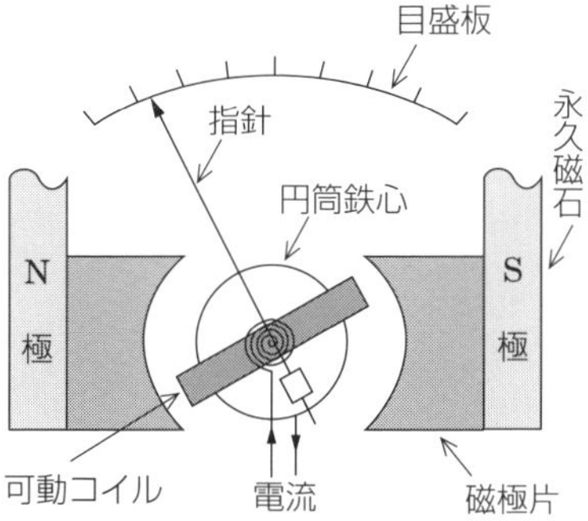

上記の記述中の空白箇所に当てはまる語句として，正しいものを組み合わせたのは次のうちどれか．

	（ア）	（イ）	（ウ）	（エ）
(1)	1 乗	慣　性	平均値	倍率器
(2)	1 乗	回　転	平均値	分流器
(3)	1 乗	回　転	瞬時値	倍率器
(4)	2 乗	回　転	実効値	分流器
(5)	2 乗	慣　性	実効値	倍率器

解説

① 可動コイル形計器に働く電流によるトルクは，その電流の **1乗** に比例する．

② これに脈流を流すと可動部の **慣性** モーメントが大きいので，指針は電流の **平均値** を指示する平等目盛の計器である．

③ この計器を電圧計として使用する場合，**倍率器** を使う．

④ 直流専用計器で，感度が高く，消費電流が小さい．

⑤ 交流に接続した場合にはコイルが発生する交番磁界によって指針が振れない．

【解答（1）】

可動コイル形計器：直流専用で平均値を指示　重要

[平成 17 年]

問題 59 可動鉄片形計器

図は，（ア）の可動鉄片形計器の原理図で，この計器は構造が簡単なのが特徴である．固定コイルに電流を流すと可動鉄片および固定鉄片が（イ）に磁化され，駆動トルクが生じる．指針軸は渦巻きばね（制御ばね）の弾性によるトルクとつり合うところまで回転し停止する．この計器は，鉄片のヒステリシスや磁気飽和，渦電流やコイルのインピーダンスの変化などで誤差が生じるので，一般に（ウ）の電圧，電流の測定に用いられる．

上記の記述中の空白箇所（ア），（イ）および（ウ）に記入する語句として，正しいものを組合せたのは次のうちどれか．

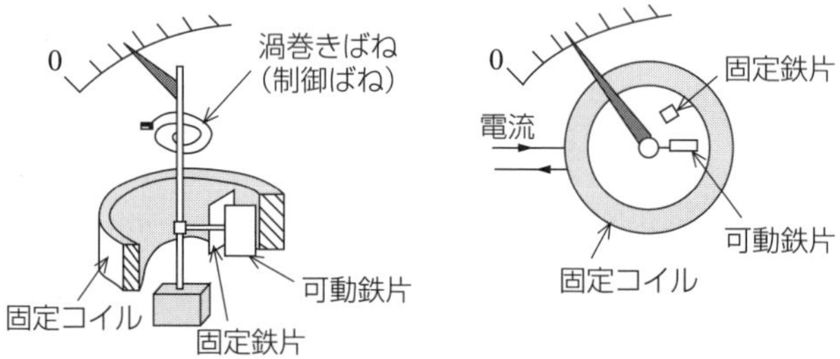

	（ア）	（イ）	（ウ）
(1)	反発形	同一方向	商用周波数
(2)	吸引形	逆方向	直　流
(3)	反発形	逆方向	商用周波数
(4)	吸引形	同一方向	高周波および商用周波数
(5)	反発形	逆方向	直　流

解説

① **反発形**は，固定鉄片および可動鉄片ともコイル軸方向に**同一**極性に磁化されるため，磁極間には反発力による駆動トルクが働く．制動トルクはばねの力による．

② 可動鉄片形計器は**交流専用の計器**で，実効値を指示する．　【解答（1)】

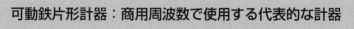

可動鉄片形計器：商用周波数で使用する代表的な計器　重要

問題 60 電流力計形計器

[平成 18 年]

図の破線で囲まれた部分は，固定コイル A および C，可動コイル B から構成される［（ア）］電力計の原理図で，一般に［（イ）］の電力の測定に用いられる．

図中の負荷の電力を測定するには各端子間をそれぞれ［（ウ）］のように配線する必要がある．

上記の記述中の空白箇所に当てはまる語句として，正しいものを組み合わせたのは次のうちどれか．

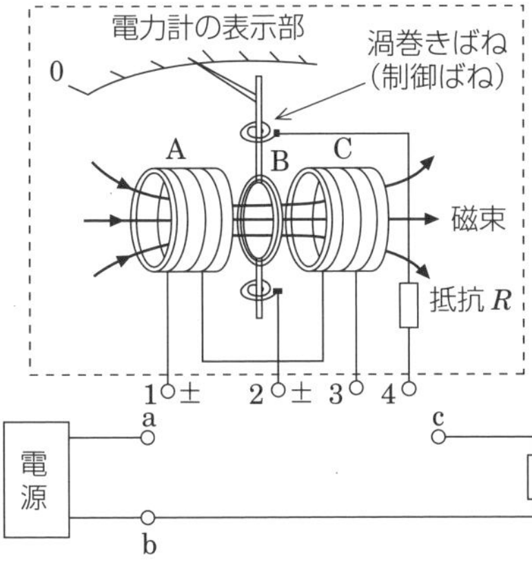

A，C：固定コイル
B：可動コイル

	（ア）	（イ）	（ウ）
(1)	電流力計形	交流および直流	a と 1，a と 2，b と 4，c と 3
(2)	可動コイル形	交流および直流	a と 1，a と 4，b と 2，c と 3
(3)	熱電形	高周波	a と 2，b と 3，b と 4，c と 1
(4)	電流力計形	高周波	a と 3，a と 4，c と 1，c と 2
(5)	可動コイル形	商用周波数	a と 1，a と 2，b と 4，c と 3

解説

① **電流力計形計器**は，一般に**交流・直流の電力の測定**に用いられる．

② 図中の負荷の電力を測定するには各端子間をそれぞれ **a と 1**，**a と 2**，**b と 4**，**c と 3** のように配線する必要がある．

【解答（1）】

電流力計形：電力計は平等目盛，Ⓥ Ⓐ 計器は 2 乗目盛（重要）

機械の論説問題 / 法規の論説問題

問題 61 電力計の原理

［平成 23 年］

次の文章は，電力計の原理に関する記述である．

図 1 に示す電力計は，固定コイル F1，F2 に流れる負荷電流 $\dot{I}$〔A〕による磁界の強さと，可動コイル M に流れる電流 $\dot{I}_M$〔A〕の積に比例したトルクが可動コイルに生じる．したがって，指針の振れ角 θ は （ア） に比例する．

このような形の計器は，一般に （イ） 計器といわれ， （ウ） の測定に使用される．

負荷 $\dot{Z}$〔Ω〕が誘導性の場合，電圧 $\dot{V}$〔V〕のベクトルを基準に負荷電流 $\dot{I}$〔A〕のベクトルを描くと，図 2 に示すベクトル①，②，③のうち （エ） のように表される．ただし，φ〔rad〕は位相角である．

上記の記述中の空白箇所（ア），（イ），（ウ）および（エ）に当てはまる組合せとして，正しいものを次の（1）～（5）のうちから一つ選べ．

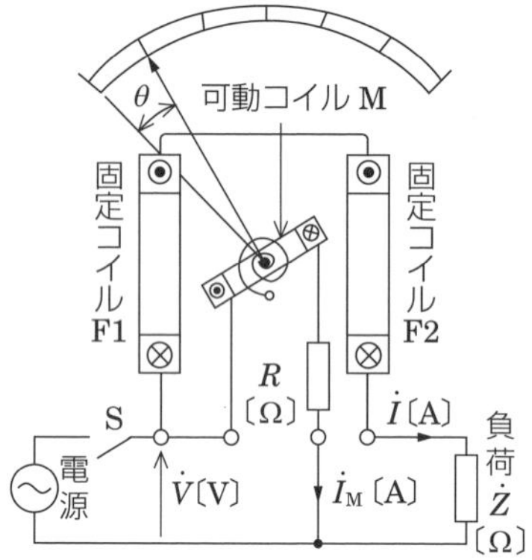

図 1

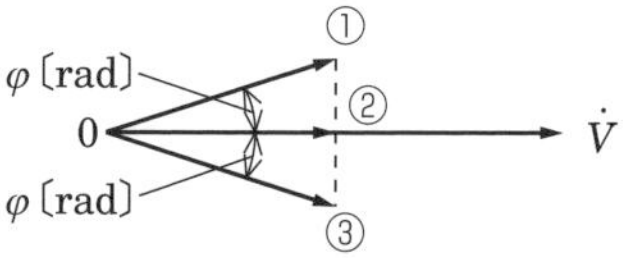

図 2

	（ア）	（イ）	（ウ）	（エ）
（1）	負荷電力	電流力計形	交　流	③
（2）	電力量	可動コイル形	直　流	②
（3）	負荷電力	誘導形	交流直流両方	①
（4）	電力量	可動コイル形	交流直流両方	②
（5）	負荷電力	電流力計形	交流直流両方	③

解説

① **電流力計形計器**は，**交流・直流の電力の測定**に用いられ，**指針の振れ角 θ は負荷電力に比例**する．

② 負荷が誘導性（遅れ力率）では，固定コイルに流れる電流 $\dot{I}$ は電圧 $\dot{V}$ より φ〔rad〕位相が遅れる．

【解答（5）】

重要

電流力計形計器：電流間の相互作用を利用している

問題 62 電力量計の原理

[平成 22 年]

次の文章は，交流の電力量計について述べたものである．

計器の指針等を駆動するトルクを発生する動作原理により計器を分類すると，右図に示した構造の電力量計の場合は，（ア）に分類される．

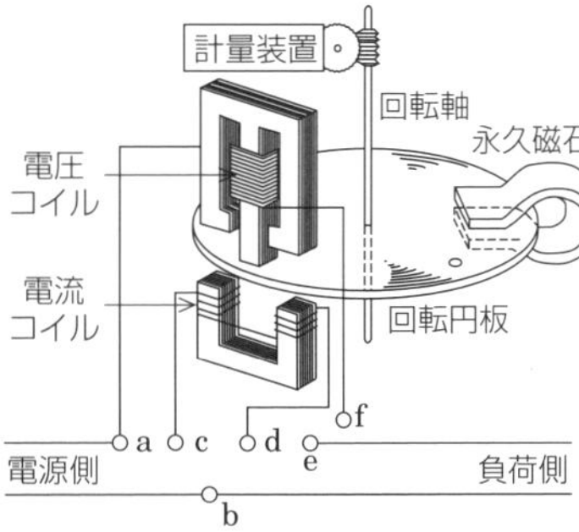

この計器の回転円板が負荷の電力に比例するトルクで回転するように，図中の端子 a から f を（イ）のように接続して，負荷電圧を電圧コイルに加え，負荷電流を電流コイルに流す．その結果，コイルに生じる磁束による移動磁界と，回転円板上に生じる渦電流との電磁力の作用で回転円板は回転する．

一方，永久磁石により回転円板には速度に比例する（ウ）が生じ，負荷の電力に比例する速度で回転円板は回転を続ける．したがって，計量装置でその回転数をある時間計量すると，その値は同時間中に消費された電力量を表す．

上記の記述中の空白箇所（ア），（イ）および（ウ）に当てはまる語句または記号として，正しいものを組み合わせたのは次のうちどれか．

	（ア）	（イ）	（ウ）
(1)	誘導形	ac, de, bf	駆動トルク
(2)	電流力計形	ad, bc, ef	制動トルク
(3)	誘導形	ac, de, bf	制動トルク
(4)	電流力計形	ad, bc, ef	駆動トルク
(5)	電力計形	ac, de, bf	駆動トルク

解説 ① 円板上に誘導された電流と移動磁界との電磁力を利用した**誘導形計器**である．最近は，電子式のスマートメータに順次取り替えられている．

② 負荷に対し，**電圧コイルは並列**に，**電流コイルは直列**に接続する．

③ 駆動力に平衡する制動力（**制動トルク**）を永久磁石によって円板に作用させ，負荷電力に比例した回転をする．

【解答 (3)】

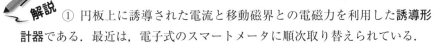

> **重要** 計器定数＝1 kW·h 当たりの円板の回転数

問題 63 指示電気計器の種類

[平成 12 年]

直流電流から数十 MHz 程度の高周波電流まで測定できる指示電気計器の種類として，正しいのは次のうちどれか.

(1) 誘導形計器　(2) 電流力計形計器
(3) 静電形計器　(4) 可動鉄片形計器
(5) 熱電形計器

解説

熱電形計器は，電流の発生熱 RI^2 を利用して実効値を示す．直流から高周波まで広範囲の測定ができ，原理的に波形による誤差を生じない．【解答 (5)】

問題 64 交流測定器の特徴

[平成 16 年]

交流の測定に用いられる測定器に関する記述として，誤っているものは次のうちどれか.

(1) 静電形計器は，低い電圧では駆動トルクが小さく誤差が大きくなるため，高電圧測定用の電圧計として用いられる.
(2) 可動鉄片形計器は，丈夫で安価であるため商用周波数用に広く用いられている.
(3) 振動形周波数計は，振れの大きな振動片から交流の周波数を知ることができる.
(4) 電流力計形電力計は，交流および直流の電力を測定できる.
(5) 整流形計器は，測定信号の波形が正弦波形よりひずんでも誤差を生じない.

解説

整流形計器は，感度がよく，(平均値×基本波の波形率) で目盛を打っているため，ひずみ波は測定誤差が大きくなる．【解答 (5)】

重要　波形による誤差：熱電形（なし）整流形（あり）

[平成28年]

問題65 ディジタル計器（1）

ディジタル計器に関する記述として，誤っているものは次のうちどれか.

(1) ディジタル計器用のA-D変換器には，二重積分形が用いられることがある.

(2) ディジタルオシロスコープでは，周期性のない信号波形を測定することはできない.

(3) 量子化とは，連続的な値を何段階かの値で近似することである.

(4) ディジタル計器は，測定値が数字で表示されるので，読取りの間違いが少ない.

(5) 測定可能な範囲（レンジ）を切り換える必要がない機能（オートレンジ）は，測定値のおよその値がわからない場合にも便利な機能である.

解説

① ディジタル計器用のA-D変換器には，二重積分形と逐次比較形の二つがある．二重積分形は，まず，積分器に測定電圧を入力し，設定時間だけ積分する．次に積分器の入力を測定電圧と逆向きの内蔵の基準電圧に切り替えて積分し，積分器の出力電圧がはじめの零電圧に戻るまでの時間を計ることでディジタルに変換される.

② ディジタルオシロスコープでも周期性のない信号波形を測定できる.

③ ディジタル計器では，ディジタルデータに変換するため，アナログデータをサンプリングしてデータを量子化する.

④ ディジタル計器は，アナログ計器のように指針の読取りでないため，読取りの間違いが少ない.

⑤ オートレンジでない場合には，あらかじめ測定値の概略値がわかっていないときには，広いレンジで試し，測定値を見積もって，適切なレンジに切り替えるので手間がかかる．これに対し，オートレンジでは自動的にレンジを切り替えるので手間がかからない.

【解答（2）】

重要

ディジタル計器→データをメモリに蓄え加工が容易

問題 66 ディジタル計器（2）

［平成 25 年］

ディジタル計器に関する記述として，誤っているものは次のうちどれか．

(1) ディジタル交流電圧計には，測定入力端子に加えられた交流電圧が，入力変換回路で直流電圧に変換され，次の A-D 変換回路でディジタル信号に変換される方式のものがある．

(2) ディジタル計器では，測定量をディジタル信号で取り出すことができる特徴を生かし，コンピュータに接続して測定結果をコンピュータに入力できるものがある．

(3) ディジタルマルチメータは，スイッチを切り換えることで電圧，電流，抵抗などを測ることができる多機能測定器である．

(4) ディジタル周波数計には，測定対象の波形をパルス列に変換し，一定時間のパルス数を計数して周波数を表示する方式のものがある．

(5) ディジタル直流電圧計は，アナログ指示計器より入力抵抗が低いので，測定したい回路から計器に流れ込む電流は指示計器に比べて大きくなる．

解説

① ディジタル計器は，電圧・電流・抵抗・周波数などの測定に用いられ，測定値を数字で表示する装置である．1 台で各種の測定ができるものをディジタルマルチメータという．

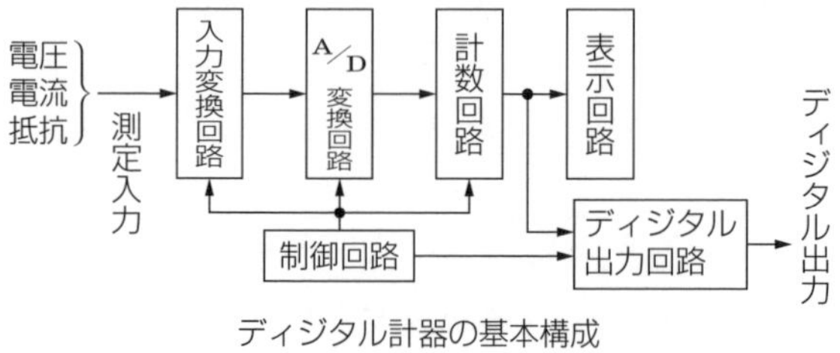

ディジタル計器の基本構成

② ディジタル計器は，アナログ計器のように指針を振らせる駆動力は不要であり，入力インピーダンスも大きく，測定したい回路から計器に流れ込む電流は微小である．

【解答（5）】

重要 ディジタル計器→測定回路からの電流は微小

[平成12年]

問題67 オシロスコープ

オシロスコープを用いて電圧波形を観測する場合，垂直入力端子に正弦波電圧を加えると垂直偏向電極にそれと同じ波形の電圧が加わり，水平偏向電極には内部で発生する（ア）電圧が加わるので，蛍光膜上に（イ）電圧の波形が表示される．

また，垂直および水平の両入力端子に，同相で同じ大きさの正弦波を加えると（ウ）のリサジュー図形が蛍光膜上に表示される．

上記の記述中の空白箇所に記入する語句として，正しいものを組み合わせたのは次のうちどれか．

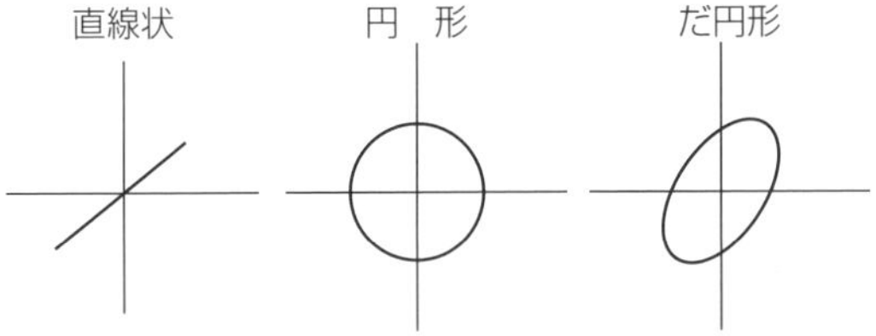

	(ア)	(イ)	(ウ)
(1)	のこぎり波	正弦波	直線状
(2)	正弦波	のこぎり波	円　形
(3)	方形波	のこぎり波	直線状
(4)	方形波	方形波	だ円形
(5)	のこぎり波	正弦波	円　形

解説

① **正弦波形の観測**：水平偏向電極にのこぎり波，垂直偏向電極に正弦波を加える．

② **リサジュー図形の観測**：水平偏向電極，垂直偏向電極とも正弦波を加える．この場合，二つの正弦波の周波数と位相の違いによって異なる図形となる．

③ 水平入力端子に $e_H = V_m \sin \omega t$，垂直入力端子に $e_V = V_m \sin \omega t$ を加えると，$e_H = e_V$ となって**リサジュー図形は直線状**となる．　【解答（1）】

重要　リサジュー図形：位相差45°はだ円，90°は円形

問題 68 ゼーベック効果

[平成 17 年]

図のように，異なる 2 種類の金属 A，B で一つの閉回路を作り，その二つの接合点を異なる温度に保てば (ア) ．この現象を (イ) 効果という．

上記の記述中の空白箇所（ア）および（イ）に記入する語句として，正しいものを組み合わせたのは次のうちどれか．

	（ア）	（イ）
(1)	電流が流れる	ホール
(2)	抵抗が変化する	ホール
(3)	金属の長さが変化する	ゼーベック
(4)	電位差が生じる	ペルチェ
(5)	起電力が生じる	ゼーベック

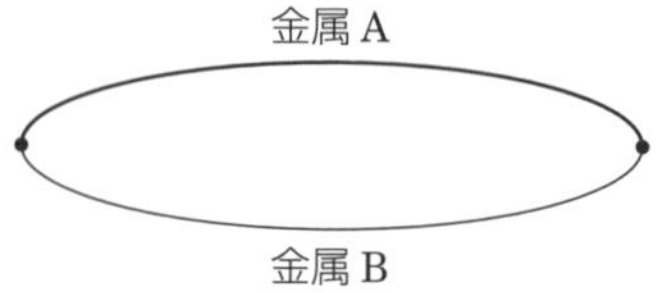

解説 ① ゼーベック効果とペルチェ効果は，下表のとおりである．

ゼーベック効果	ペルチェ効果
熱を電気に変換	電気を熱に変換
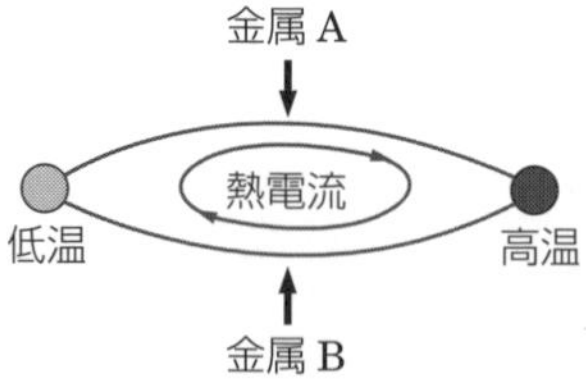	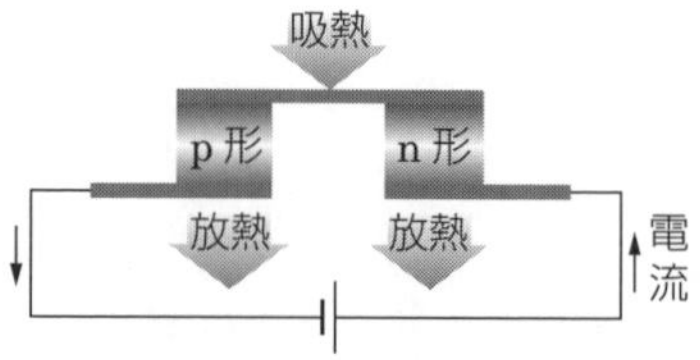
異なる 2 種類の金属 A，B で一つの閉回路を作り，**その二つの接合点を異なる温度に保つと起電力（熱起電力）が生じ，電流（熱電流）が流れる．**	異なる 2 種類の金属や半導体に**電流を流すと，接合点で放熱や吸熱が生じる．** p 形半導体と n 形半導体の接合部の電流方向が p → n のとき放熱し，電流の向きを逆にすると吸熱する．
［応用例］熱電対（サーモカップル）による温度計測	［応用例］電子冷凍

② **ホール効果**：物質中に流れる電流に垂直方向に磁界を加えると電流と磁界に垂直な方向に起電力が発生する現象である．〔**応用例**〕磁気センサ

【解答 (5)】

重要 熱→電：ゼーベック効果，電→熱：ペルチェ効果

[平成22年]

問題69 ホール効果

次の文章は，図1および図2に示す原理図を用いてホール素子の動作原理について述べたものである．

図1に示すように，p形半導体に直流電流 I〔A〕を流し，半導体の表面に対して垂直に下から上向きに磁束密度 B〔T〕の平等磁界を半導体にかけると，半導体内の正孔は進路を曲げられ，電極①には［（ア）］電荷，電極②には［（イ）］電荷が分布し，半導体の内部に電界が生じる．また，図2のn形半導体の場合は，電界の方向はp形半導体の方向と［（ウ）］である．この電界により，電極①－②間にホール電圧 $V_H = R_H \times$［（エ）］〔V〕が発生する．

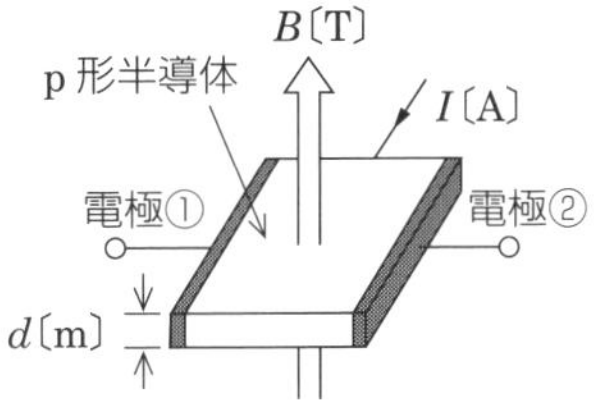

図1

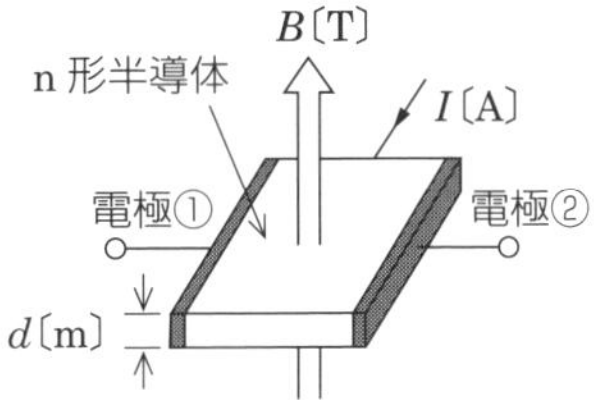

図2

ただし，d〔m〕は半導体の厚さを示し，R_H は比例定数〔m^3/C〕である．

上記の記述中の空白箇所（ア），（イ），（ウ）および（エ）に当てはまる語句または式として，正しいものを組み合わせたのは次のうちどれか．

	（ア）	（イ）	（ウ）	（エ）
(1)	負	正	同じ	B/I_d
(2)	負	正	同じ	I_d/B
(3)	正	負	同じ	d/BI
(4)	負	正	反対	BI/d
(5)	正	負	反対	BI/d

解説 電流は，荷電粒子の移動による電荷の流れで磁場からローレンツ力を受ける．この力の向きは，荷電粒子の速度ベクトルから磁束密度のベクトルの向きに回したとき右ネジの進む方向である．力を受けると荷電粒子は力の方向に偏り，電流に垂直な方向に電場ができ，ホール電圧（$\boldsymbol{V_H = R_H \times BI/d}$）が生じる．

【解答（5）】

ホール電圧は，$\boldsymbol{BI}$ に比例し，$\boldsymbol{d}$ に反比例する 重要

2章
電力の論説問題

「電力」は，論説問題が主体の科目で，

論説問題：計算問題＝55%：45% 程度

である．したがって，学習の主体は何と言っても論説問題である．
この科目の攻略の着眼点は，原理，現象，対策などのキーワードを押さえておくことである．そうすれば高得点につながる．単なる暗記に走らず，体系だてて学習しておくことが大切である．

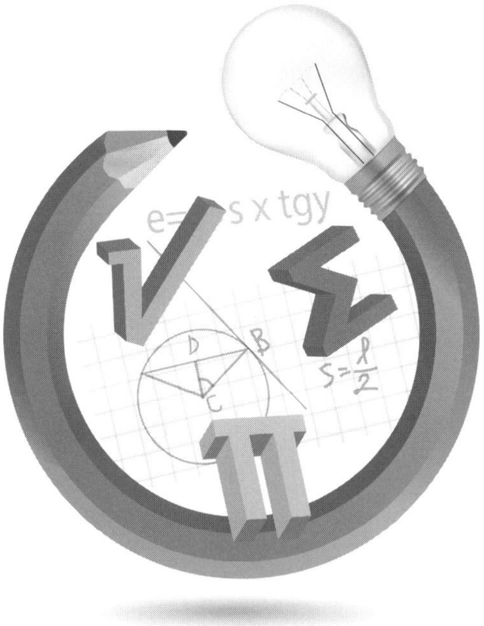

問題 1　水力発電の概要

［平成 20 年］

水力発電に関する記述として，誤っているのは次のうちどれか．

(1) 水管を流れる水の物理的性質を示す式として知られるベルヌーイの定理は，力学的エネルギー保存の法則に基づく定理である．

(2) 水力発電所には，一般的に短時間で起動･停止ができる，耐用年数が長い，エネルギー変換効率が高いなどの特徴がある．

(3) 水力発電は昭和 30 年代前半まで我が国の発電の主力であった．現在では，国産エネルギー活用の意義があるが，発電電力量の比率が小さいため，水力発電の電力供給面における役割は失われている．

(4) 河川の 1 日の流量を年間を通して流量の多いものから順番に配列して描いた流況曲線は，発電電力量の計画において重要な情報となる．

(5) 水力発電所は落差を得るための土木設備の構造により，水路式，ダム式，ダム水路式に分類される．

解説

① ベルヌーイの定理は，総落差＝位置水頭＋圧力水頭＋速度水頭　としている．

② 水力発電所は，起動・停止時間が短く（3 ～ 5 分で起動），耐用年数も長い．また, エネルギー変換効率も高い．

③ 水力発電は，流込み式などの**ベース供給力**，貯水池式・調整池式・揚水式などの**ピーク供給力としての役割は大きい**．

④ 流況曲線（右図）は，発電電力量計画に欠かせない．

⑤ 水力発電所には，水路式，ダム式，ダム水路式がある．

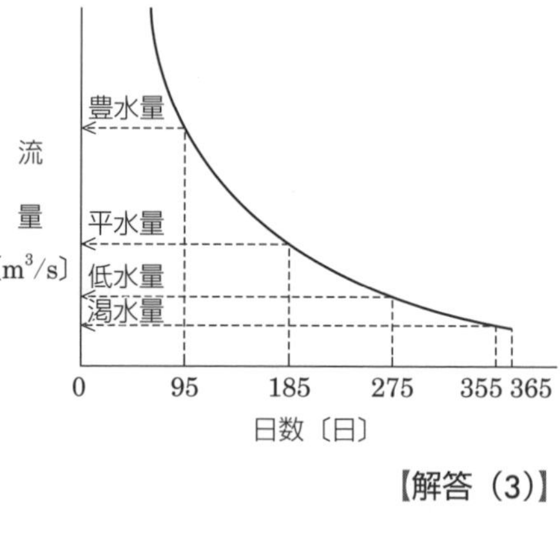

【解答（3)】

発電電力量：現在は「火主水従」

重要

[平成 11 年]

問題 2　水のエネルギー（1）

水力発電所の水圧管内における単位体積当たりの水が保有している運動エネルギー〔J/m^3〕を表す式として，正しいのは次のうちどれか．

ただし，水の速度は水圧管の同一断面において管路方向に均一とする．

また，ρ は水の密度〔kg/m^3〕，v は水の速度〔m/s〕を表す．

(1) $\frac{1}{2}\rho^2 v^2$　(2) $\frac{1}{2}\rho^2 v$　(3) $2\rho v$　(4) $\frac{1}{2}\rho v^2$　(5) $\sqrt{2\rho v}$

解説　水の持つ運動エネルギー W は，体積を V〔m^3〕とすると

$$W = \frac{1}{2}mv^2 = \frac{1}{2}(\rho V)v^2 \text{〔J〕}$$

したがって，単位体積当たりの運動エネルギー w は

$$w = \frac{W}{V} = \frac{1}{2}\rho v^2 \text{〔J/m}^3\text{〕}$$

【解答（4）】

重要　**運動エネルギー　$W = \frac{1}{2}mv^2$〔J〕**

点数アップ♪

ワンポイント知識 — ベルヌーイの定理

水などの粘性のない流体の定常流では，次のエネルギー保存則が成り立つ．総落差は三つの水頭の和で，一定である．

$$\text{総落差 } H_0 = h + \frac{P}{\rho g} + \frac{v^2}{2g}$$

h：位置水頭〔m〕

$\frac{P}{\rho g}$：圧力水頭〔m〕

$\frac{v^2}{2g}$：速度水頭〔m〕

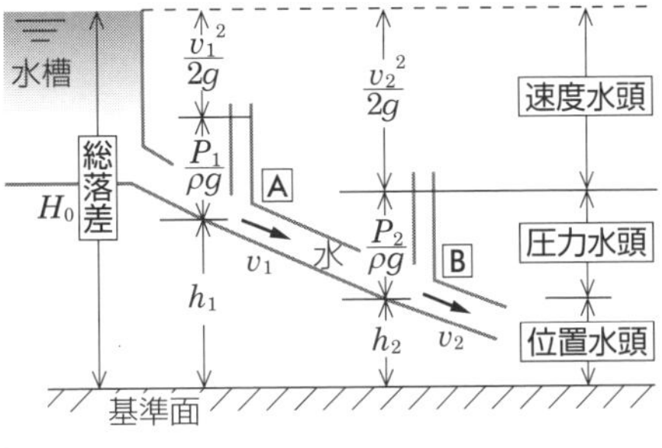

問題 3　水のエネルギー（2）

［平成 16 年改題］

図において，基準面から h_1〔m〕の高さにおける水管中の流速を v_1〔m/s〕，圧力を p_1〔Pa〕，水の密度を ρ〔kg/m^3〕とすれば，質量 m〔kg〕の水量が持っているエネルギーは，位置エネルギー mgh_1〔J〕，運動エネルギー（ア）〔J〕および圧力によるエネルギー（イ）〔J〕である．これらのエネルギーの和は，エネルギー保存の法則により，最初に水が持っていた（ウ）に等しく，高さや流速が変化しても一定となる．これを（エ）という．ただし，管路には損失がないものとする．

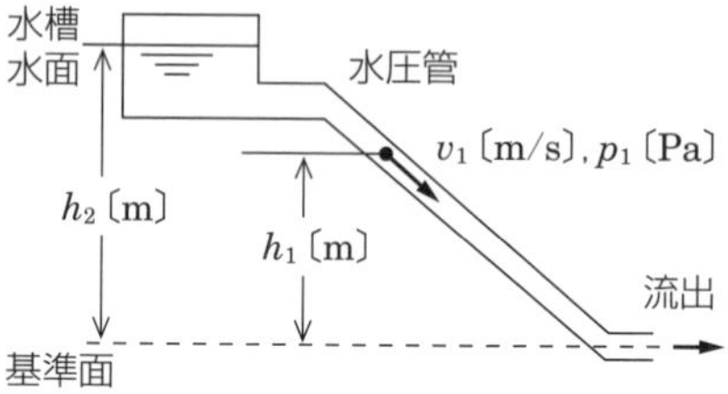

上記記述中の空白箇所に記入する語句または式として，正しいものを組み合わせたのは次のうちどれか．

	（ア）	（イ）	（ウ）	（エ）
(1)	$\dfrac{mv_1^2}{2}$	$\dfrac{mp_1}{\rho}$	位置エネルギー	ベルヌーイの定理
(2)	mv_1^2	$\dfrac{m\rho}{p_1}$	位置エネルギー	パスカルの定理
(3)	$\dfrac{mv_1^2}{2}$	$\dfrac{p_1}{\rho g}$	運動エネルギー	ベルヌーイの定理
(4)	$\dfrac{mv_1}{2}$	$\dfrac{mp_1}{\rho}$	運動エネルギー	パスカルの定理
(5)	$\dfrac{v_1^2}{2g}$	$\dfrac{p_1}{\rho g}$	圧力によるエネルギー	ベルヌーイの定理

解説

位置エネルギー＋運動エネルギー＋圧力エネルギー

$$= mgh_1 + \frac{1}{2}mv_1^2 + p_1\frac{m}{\rho} = mgh_2 \text{〔J〕}$$

であり，mg で割ると水頭表現の式となる．

【解答（1）】

重要　ベルヌーイの定理は水頭表現の式である

問題4　水力発電所の出力（1）

［平成27年］

水力発電所の理論水力Pは位置エネルギーの式から$P = \rho gQH$と表される．ここでH〔m〕は有効落差，Q〔m^3/s〕は流量，gは重力加速度$= 9.8\ m/s^2$，ρは水の密度$= 1\,000\ kg/m^3$である．以下に理論水力Pの単位を検証することとする．なお，Paは「パスカル」，Nは「ニュートン」，Wは「ワット」，Jは「ジュール」である．

$P = \rho gQH$の単位はρ，g，Q，Hの単位の積であるから，$kg/m^3 \cdot m/s^2 \cdot m^3/s \cdot m$となる．これを変形すると，［（ア）］$\cdot m/s$となるが，［（ア）］は力の単位［（イ）］と等しい．すなわち$P = \rho gQH$の単位は［（イ）］$\cdot m/s$となる．ここで［（イ）］$\cdot m$は仕事（エネルギー）の単位である［（ウ）］と等しいことから$P = \rho gQH$の単位は［（ウ）］$/s$と表せ，これは仕事率（動力）の単位である［（エ）］と等しい．ゆえに，理論水力$P = \rho gQH$の単位は［（エ）］となるが，重力加速度$g = 9.8\ m/s^2$と水の密度$\rho = 1\,000\ kg/m^3$の数値9.8と1 000を考慮すると$P = 9.8QH$［（オ）］と表せる．

上記の記述中の空白箇所に当てはまる組合せとして，正しいものは次のうちどれか．

	（ア）	（イ）	（ウ）	（エ）	（オ）
(1)	kg·m	Pa	W	J	kJ
(2)	$kg \cdot m/s^2$	Pa	J	W	kW
(3)	kg·m	N	J	W	kW
(4)	$kg \cdot m/s^2$	N	W	J	kJ
(5)	$kg \cdot m/s^2$	N	J	W	kW

解説

① $\dfrac{kg}{m^3} \times \dfrac{m}{s^2} \times \dfrac{m^3}{s} \times m = \boxed{\dfrac{kg \cdot m}{s^2}} \times \dfrac{m}{s}$

② $F = m\alpha$ より，$\boxed{[N]} = \boxed{\dfrac{kg \cdot m}{s^2}}$

③ $P = \rho gQH$ の単位：$\boxed{N} \times \dfrac{m}{s} = \dfrac{N \cdot m}{s}$

④ $\boxed{N} \cdot m = \boxed{J}$

⑤ $\dfrac{N \cdot m}{s} = \dfrac{\boxed{J}}{s} = \boxed{W}$

⑥ $P = 9.8QH$〔$\boxed{kW}$〕

【解答（5）】

重要

$$P = \rho gQH\left(\frac{kg}{m^3} \times \frac{m}{s^2} \times \frac{m^3}{s} \times m\right)([W]) = 9.8QH\,[kW]$$

[平成 24 年]

問題 5　水力発電所の出力（2）

次の文章は，水力発電の理論式に関する記述である．

図に示すように，放水地点の水面を基準面とすれば，基準面から貯水池の静水面までの高さ H_g〔m〕を一般に［（ア）］という．また，水路や水圧管の壁と水との摩擦によるエネルギー損失に相当する高さ h_1〔m〕を［（イ）］という．さらに，H_g と h_1 の差 $H = H_g - h_1$ を一般に［（ウ）］という．

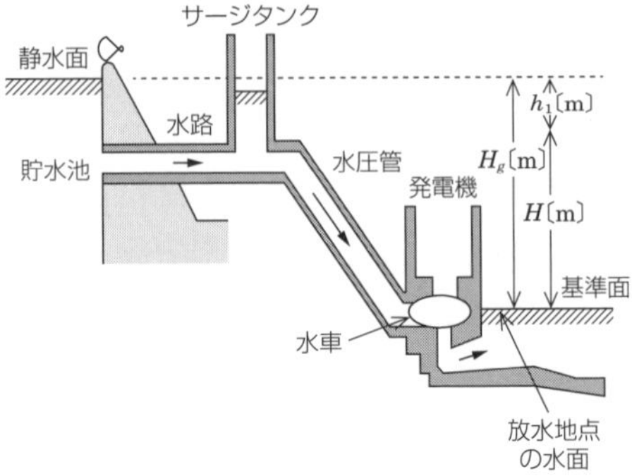

いま，Q〔m^3/s〕の水が水車に流れ込み，水車の効率を η_w とすれば，水車出力 P_w は［（エ）］になる．さらに，発電機の効率を η_g とすれば，発電機出力 P は［（オ）］になる．ただし，重力加速度は 9.8〔m/s^2〕とする．

上記の記述中の空白箇所に当てはまる組合せとして，正しいものは次のうちどれか．

	（ア）	（イ）	（ウ）	（エ）	（オ）
(1)	総落差	損失水頭	実効落差	$9.8QH\eta_w \times 10^3$〔W〕	$9.8QH\eta_w\eta_g \times 10^3$〔W〕
(2)	自然落差	位置水頭	有効落差	$\dfrac{9.8QH}{\eta_w} \times 10^{-3}$〔kW〕	$\dfrac{9.8QH\eta_g}{\eta_w} \times 10^{-3}$〔kW〕
(3)	総落差	損失水頭	有効落差	$9.8QH\eta_w \times 10^3$〔W〕	$9.8QH\eta_w\eta_g \times 10^3$〔W〕
(4)	基準落差	圧力水頭	実効落差	$9.8QH\eta_w$〔kW〕	$9.8QH\eta_w\eta_g$〔kW〕
(5)	基準落差	速度水頭	有効落差	$9.8QH\eta_w$〔kW〕	$9.8QH\eta_w\eta_g$〔kW〕

解説

① **有効落差** H = **総落差** H_g − **損失水頭** h_1 である．

② 水車出力 $P_w = 9.8QH\eta_w$〔kW〕= **$9.8QH\eta_w \times 10^3$〔W〕**

③ 発電機出力 $P = P_w \times \eta_g$ = **$9.8QH\eta_w\eta_g \times 10^3$〔W〕**

【解答（3）】

重要

発電機出力 P ＝理論出力（$9.8QH$）×$\eta_w\eta_g$〔kW〕

問題 6　ダムの種類と特徴

［平成 29 年］

水力発電所に用いられるダムの種別と特徴に関する記述として，誤っているものを次の (1)～(5) のうちから一つ選べ．

(1) 重力ダムとは，コンクリートの重力によって水圧などの外力に耐えられるようにしたダムであって，体積が大きくなるが構造が簡単で安定性が良い．我が国では，最も多く用いられている．

(2) アーチダムとは，水圧などの外力を両岸の岩盤で支えるようにアーチ型にしたダムであって，両岸の幅が狭く，岩盤が丈夫なところに作られ，コンクリートの量を節減できる．

(3) ロックフィルダムとは，岩石を積み上げて作るダムであって，内側には，砂利，アスファルト，粘土などが用いられている．ダムは大きくなるが，資材の運搬が困難で建設地付近に岩石や砂利が多い場所に適している．

(4) アースダムとは，土壌を主材料としたダムであって，灌漑（かんがい）用の池などを作るのに適している．基礎の地質が，岩などで強固な場合にのみ採用される．

(5) 取水ダムとは，水路式発電所の水路に水を導入するため河川に設けられるダムであって，ダムの高さは低く，越流形コンクリートダムなどが用いられている．

解説

① ダムの種類には，重力ダム，アーチダム，ロックフィルダム，アースダム，バットレスダムなどがある．

② アースダムは，土を材料として台形状に盛り土したもので，構造が簡単で，基礎地盤は強固でなくてもよい．日本の昔ながらのため池はこの形式である．

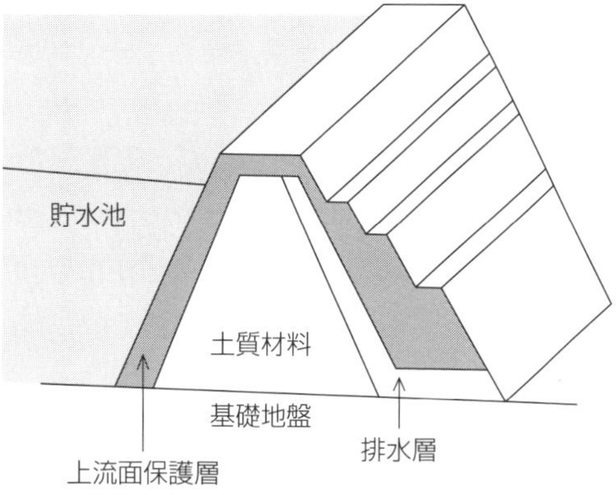

【解答 (4)】

アースダム：体積が大きく地盤は強固でなくてよい　重要

[平成15年]

問題7　水撃作用と対策

水力発電所において，運転中に水車に流入している水を水車入口弁によって急に遮断すると，流水の持つ［（ア）］エネルギーのために水圧管路内に高い圧力が発生する．この圧力は水圧管路上部の開放端と下部の閉鎖端との間で反復伝搬する．この現象を水撃作用という．この作用は流速変化が［（イ）］なほど，また，水圧管路が［（ウ）］ほど大きくなる．この作用を軽減するため，水圧管路に［（エ）］が一般に設けられる．

上記の記述中の空白箇所（ア），（イ），（ウ）および（エ）に記入する語句として，正しいものを組み合わせたのは次のうちどれか．

	（ア）	（イ）	（ウ）	（エ）
(1)	運動	急　激	長い	サージタンク
(2)	位置	急　激	短い	ヘッドタンク
(3)	運動	緩やか	長い	ヘッドタンク
(4)	位置	緩やか	長い	サージタンク
(5)	運動	急　激	短い	ヘッドタンク

解説

① **水撃作用とは？**：水圧管路内に流れている水を水車入口弁によって流れを急に止めると，水の持つ**運動**エネルギーは圧力エネルギーに変わる．この結果，水圧管内に急激な圧力上昇を起こし管内を伝播する現象で，ウォータハンマともいう．

② **水撃作用が大きくなる要因**：流速変化が**急激**なほど，水圧管路が**長い**ほど，水撃作用は大きくなる．

③ **水撃作用による問題点**：水撃作用の発生により，水圧管に振動が発生し，頻繁に発生すると管の破損や継手部の緩みを生じる．

④ **水撃作用の軽減対策**：管路の途中に自由水面を持つ調圧水槽（**サージタンク**）を設置し，圧力波を調圧水槽で反射させ，それより遠くには影響が及ばないようにする．

【解答（1）】

重要　サージタンクは圧力水路，ヘッドタンクは無圧水路

問題 8　衝動水車の特徴

［平成 22 年］

次の文章は，水車に関する記述である．

衝動水車は，位置水頭を［（ア）］に変えて，水車に作用させるものである．この衝動水車は，ランナ部で［（イ）］を用いないので，［（ウ）］水車のように，水流が［（エ）］を通過するような構造が可能となる．

上記の記述中の空白箇所（ア），（イ），（ウ）および（エ）に当てはまる語句として，正しいものを組み合わせたのは次のうちどれか．

	（ア）	（イ）	（ウ）	（エ）
(1)	圧力水頭	速度水頭	フランシス	空気中
(2)	圧力水頭	速度水頭	フランシス	吸出管中
(3)	速度水頭	圧力水頭	フランシス	吸出管中
(4)	速度水頭	圧力水頭	ペルトン	吸出管中
(5)	速度水頭	圧力水頭	ペルトン	空気中

解説

① **衝動水車**には，**位置水頭**を**速度水頭**に変えた流水をランナに作用させる**ペルトン水車**があり，**高落差小水量**に適用される．

② ペルトン水車は，ノズルから流出するジェットをランナに作用させた後，図のように空気中を通過して放水する．

③ ペルトン水車のような衝動水車には，反動水車のような吸出管はない．

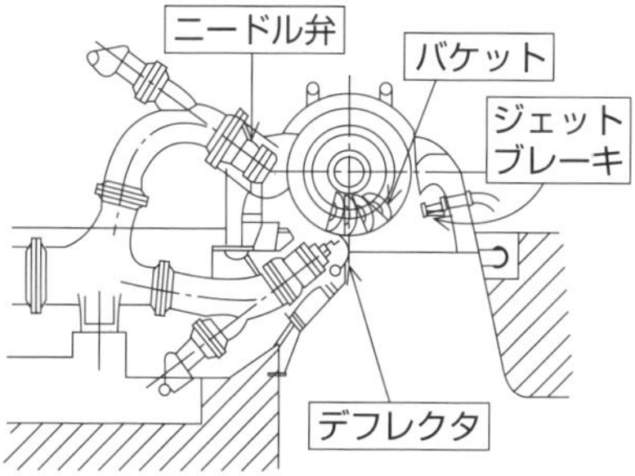

ペルトン水車

【解答（5）】

重要　**利用形態：衝動水車⇔速度水頭，反動水車⇔圧力水頭**

機械の論説問題
法規の論説問題

[平成 20 年]

問題 9　反動水車の特徴

次の文章は，水力発電に関する記述である．

水力発電は，水の持つ位置エネルギーを水車により機械エネルギーに変換し，発電機を回す．水車には衝動水車と反動水車がある． (ア) には (イ) ，プロペラ水車などがあり，揚水式のポンプ水車としても用いられる．これに対し， (ウ) の主要な方式である (エ) は高落差で流量が比較的少ない場所で用いられる．

水車の回転速度は構造上比較的低いため，水車発電機は一般的に極数を (オ) するよう設計されている．

上記記述中の空白箇所に当てはまる語句として，正しいものを組み合わせたのは次のうちどれか．

	(ア)	(イ)	(ウ)	(エ)	(オ)
(1)	反動水車	ペルトン水車	衝動水車	カプラン水車	多　く
(2)	衝動水車	フランシス水車	反動水車	ペルトン水車	少なく
(3)	反動水車	ペルトン水車	衝動水車	フランシス水車	多　く
(4)	衝動水車	フランシス水車	反動水車	斜流水車	少なく
(5)	反動水車	フランシス水車	衝動水車	ペルトン水車	多　く

解説　① 水車には衝動水車と反動水車があり，これらを整理すると下表のようになる．

分　類	落差と水量	水車の名称
衝動水車	水の運動エネルギーを利用して，高落差で小水量	ペルトン水車
反動水車	水の圧力エネルギーを利用して，衝動水車より低落差で水量は多い	(高落差から低落差の順) フランシス水車 → 斜流水車 → プロペラ水車 → カプラン水車

② 高落差に使用される水車は，比速度が小さく水車ランナの形状が扁平である．

③ 水車発電機はタービン発電機に比べ極数が多く，回転速度が低い．

参考　平成 25 年，令和元年に類似問題が出題されている．　【解答 (5)】

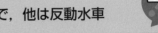

重要　衝動水車はペルトン水車のみで，他は反動水車

問題 10 水車のキャビテーション

［平成 29 年］

次の文章は，水車のキャビテーションに関する記述である．

運転中の水車の流水経路中のある点で［（ア）］が低下し，そのときの［（イ）］以下になると，その部分の水は蒸発して流水中に微細な気泡が発生する．その気泡が［（ア）］の高い箇所に到達すると押し潰され消滅する．このような現象をキャビテーションという．水車にキャビテーションが発生すると，ランナやガイドベーンの壊食，効率の低下，［（ウ）］の増大など水車に有害な現象が現れる．

吸出し管の高さを［（エ）］することは，キャビテーションの防止のため有効な対策である．

上記の記述中の空白箇所（ア），（イ），（ウ）および（エ）に当てはまる組合せとして，正しいものを次の（1）～（5）のうちから一つ選べ．

	（ア）	（イ）	（ウ）	（エ）
（1）	流速	飽和水蒸気圧	吸出し管水圧	低く
（2）	流速	最低流速	吸出し管水圧	高く
（3）	圧力	飽和水蒸気圧	吸出し管水圧	低く
（4）	圧力	最低流速	振動や騒音	高く
（5）	圧力	飽和水蒸気圧	振動や騒音	低く

解説

① **水車のキャビテーションとは？**：流水中の**圧力**が**飽和水蒸気圧**以下になると，水に溶けた空気等が水と分離し**気泡**となって現れる現象（**空洞現象**）である．

② **キャビテーションによる障害**：次のような障害を引き起こす．

・ランナやバケットなどの金属部分に**壊食**を起こす．

・水車の**効率や出力が低下**する．

・水車が**振動や騒音**を発する．

③ **キャビテーションの防止対策**：次のような対策を施す．

・ランナ形状を適正にし，侵食に強い材料を使用し凹凸なく平滑に仕上げる．

・水車の比速度を低くするとともに，軽負荷や過負荷運転を避ける．

・吸出管の吸出し高さを**低く**する（7 m 以下）． 【解答（5）】

重要 水車のキャビテーション⇒犯人は流水中の圧力低下

[平成17年]

問題 11 水車と調速機

水力発電所において，事故などにより負荷が急激に減少すると，水車の回転速度は (ア) し，それに伴って発電機の周波数も変化する．周波数を規定値に保つため，(イ) が回転速度の変化を検出して，(ウ) 水車ではニードル弁，(エ) 水車ではガイドベーンの開度を加減させて水車の (オ) 水量を調整し，回転速度を規定値に保つ．

上記の記述中の空白箇所（ア），（イ），（ウ），（エ）および（オ）に記入する語句として，正しいものを組み合わせたのは次のうちどれか．

	(ア)	(イ)	(ウ)	(エ)	(オ)
(1)	上昇	調速機	ペルトン	フランシス	流入
(2)	下降	調整機	プロペラ	ペルトン	流入
(3)	上昇	調整機	ペルトン	プロペラ	流出
(4)	下降	調速機	ペルトン	フランシス	流出
(5)	上昇	調速機	プロペラ	ペルトン	流出

解説

① 事故などにより，負荷が急激に減少すると必要発電量が少なくなるため発電機の回転速度は **上昇** し，周波数も高くなる．逆に，負荷が増加すると回転速度は下降し，周波数も低くなる．

② 周波数を 50 Hz または 60 Hz に保つために回転速度を一定（同期速度）にするため，水車への水量を調整する機器が **調速機**（ガバナ）である．

③ 調速機は，水車の回転速度や出力を調整するため，回転速度を検出し，目標値との偏差に応じ演算部で必要な制御信号を作って，パイロットバルブや配圧弁を介してサーボモータを動かしニードル弁やガイドベーンの開度を調整する．

④ 衝動水車（**ペルトン** 水車）ではニードル弁の開度を，反動水車（**フランシス** 水車など）ではガイドベーン（案内羽根）の開度を加減して **流入** 水量を調整して回転速度を規定値に保つ．

【解答 (1)】

重要 ペルトンはニードル弁，フランシスはガイドベーン

問題 12 水車の比速度

[平成 12 年]

水車の比速度とは，その水車と幾何学的に相似なもう一つの水車を仮想し，この仮想水車を 1 m の （ア） のもとで相似な状態で運転させ，1 kW の出力を発生するような （イ） としたときの，その仮想水車の回転速度〔min^{-1}〕をいう．水車の比速度 n_s〔min^{-1}, kW, m〕は水車出力を P〔kW〕, 有効落差を H〔m〕, 回転速度を n〔min^{-1}〕とすれば，$n_s = n \times$ （ウ）$^{1/2}$ ／ （エ）$^{5/4}$ で表される．

ただし，水車出力 P はペルトン水車ではノズル 1 個当たり，（オ） 水車ではランナ 1 個当たりの出力である．

上記の記述中の空白の（ア），（イ），（ウ），（エ）および（オ）に記入する記号または字句として，正しいものを組み合わせたのは次のうちどれか．

	（ア）	（イ）	（ウ）	（エ）	（オ）
(1)	落差	寸法	P	H	反動
(2)	範囲	落差	H	P	衝動
(3)	落差	寸法	H	P	衝動
(4)	落差	寸法	H	P	反動
(5)	範囲	落差	P	H	衝動

解説

① **水車の比速度**：その水車と幾何学的に相似なもう一つの水車を仮想し，この仮想水車を 1 m の **落差** のもとで相似な状態で運転させ，1 kW の出力を発生するような **寸法** としたときの，その仮想水車の回転速度〔min^{-1}〕.

② **比速度の式**：比速度 n_s〔min^{-1}, kW, m〕は水車出力を P〔kW〕，有効落差を H〔m〕，水車の定格回転速度を n〔min^{-1}〕とすれば，$\boldsymbol{n_s = n \times P^{1/2}/H^{5/4}}$ で表される．P はペルトン水車はノズル 1 個当たり，**反動** 水車はランナ 1 個当たりである．

比速度と回転速度は，水車出力および有効落差が同じであれば，**比例関係**にある．

比速度の大きさは，**プロペラ水車＞フランシス水車＞ペルトン水車**の順である．

比速度の小さい水車を採用したほうが，水車・発電機は大形となる．

参考 平成 30 年に類似問題が出題されている．

【解答 (1)】

重要 比速度は，模型水車で落差 1 m，出力 1 kW が条件

[平成19年]

問題 13 水力発電設備

水力発電に関する記述として，誤っているものは次のうちどれか．

(1) 水車発電機の回転速度は，汽力発電と比べて小さいため，発電機の磁極数は多くなる．

(2) 電圧の大きさや周波数は，自動電圧調整器と調速機を用いて制御される．

(3) 発電電圧は，主変圧器で昇圧し送電される．この発電機側にY結線，系統側に△結線のものが多く用いられる．

(4) ペルトン水車は，水の衝撃力で回転する衝動水車の一つである．

(5) カプラン水車は，プロペラ水車の一種で，流量に応じて羽根の角度を調整することで部分負荷での効率の低下が少ない．

解説 ① 水車発電機の磁極数 p はタービン発電機より多く，同期速度（$N_s = 120f/p$）は小さい．

② 電圧は自動電圧調整器，周波数は調速機（ガバナ）を用いて制御する．

③ 主変圧器は，**発電機側が△結線，系統側がY結線**のものが多く用いられる．これは，電圧の高い系統側をY結線とすることで，中性点接地ができるとともに，相電圧を線間電圧の $1/\sqrt{3}$ とでき絶縁レベルを軽減できることによる．

④ ペルトン水車は，衝動水車である．

⑤ 可動羽根水車には，プロペラ水車の一種のカプラン水車，斜流水車の一種のデリア水車があり，いずれも部分負荷での効率の低下は少ない．

【解答 (3)】

重要

発電所の主変圧器の結線：発電機側は△で系統側はY

点数アップ♪

ワンポイント知識 — 反動水車の吸出管

① **吸出管とは？**：反動水車のランナ出口と放水面を結ぶラッパ状の接続管である．

② **吸出管の機能**：水車のランナから放出する水の持つ運動エネルギーを位置のエネルギーとして回収し，吸出管出口部の排棄損失を少なくする．

問題 14 ランキンサイクル（1）

［平成 14 年］

図は汽力発電所の熱サイクルを示している．図の各過程に関する記述として，誤っているのは次のうちどれか．

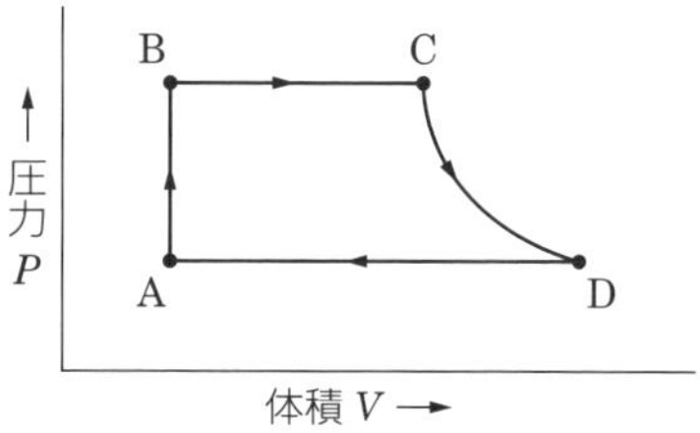

(1) A → B は，等積変化で給水の断熱圧縮を示す．

(2) B → C は，ボイラ内で加熱される過程を示し，飽和蒸気が過熱器でさらに過熱される過程も含む．

(3) C → D は，タービン内で熱エネルギーが機械エネルギーに変換される断熱圧縮の過程を示す．

(4) D → A は，復水器内で蒸気が凝縮されて水になる等圧変化の過程を示す．

(5) A → B → C → D → A の熱サイクルをランキンサイクルという．

解説

問題の図の熱サイクルは，圧力 P と体積 V の関係で表した PAV 線図で，汽力発電所の基本サイクルであるランキンサイクルである．

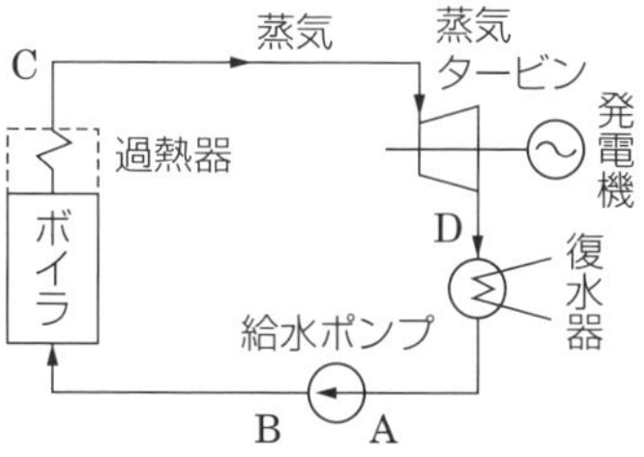

ランキンサイクル

① A → B：復水を給水ポンプで圧縮する．

② B → C：給水をボイラに供給し，過熱器で過熱蒸気とする．

③ C → D：過熱蒸気で蒸気タービンを回し，**断熱膨張**させる．

④ D → A：蒸気は復水器で凝縮され水に戻る．

【解答（3）】

重要

C → D：蒸気タービンで復水器の圧力まで断熱膨張

問題 15 ランキンサイクル（2） ［平成 26 年］

図に示す汽力発電所の熱サイクルにおいて，各過程に関する記述として，誤っているものは次のうちどれか．

(1) A → B：給水が給水ポンプによりボイラ圧力まで高められる断熱膨張の過程である．

(2) B → C：給水がボイラ内で熱を受けて飽和蒸気になる等圧受熱の過程である．

(3) C → D：飽和蒸気がボイラの過熱器により過熱蒸気になる等圧受熱の過程である．

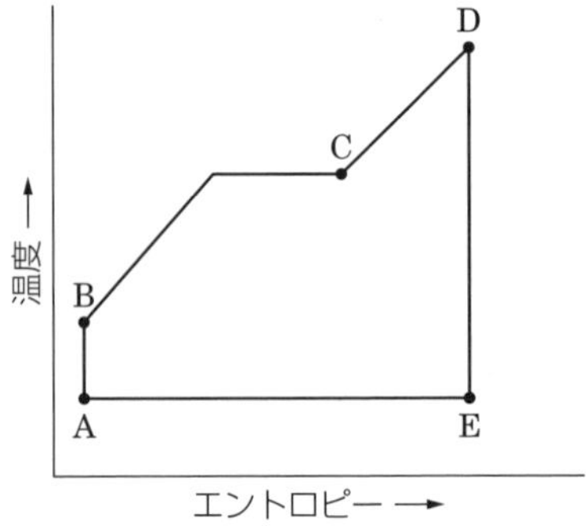

(4) D → E：過熱蒸気が蒸気タービンに入り復水器内の圧力まで断熱膨張する過程である．

(5) E → A：蒸気が復水器内で海水などにより冷やされ凝縮した水となる等圧放熱の過程である．

解説

① 図は，汽力発電の基本サイクルであるランキンサイクルについての T-S（温度-エントロピー）線図である．ランキンサイクルには，**二つの等圧過程**（ボイラ，復水器）と**二つの断熱過程**（給水ポンプ，タービン）がある．

② A → B：給水ポンプで **断熱圧縮**，B → C → D：B → C はボイラ，C → D は過熱器で等圧受熱，D → E：蒸気タービンで断熱膨張，E → A：復水器で等圧放熱である．

参考 平成 20 年に類似問題が出題されている．

【解答（1）】

重要 ランキンサイクル：断熱→等圧→断熱→等圧の繰返し

[平成 23 年]

問題 16 ボイラ設備

火力発電所のボイラ設備の説明として，誤っているものを次の（1）～（5）のうちから一つ選べ．

（1）ドラムとは，水分と飽和蒸気を分離するほか，蒸発管への送水などをする装置である．

（2）過熱器とは，ドラムなどで発生した飽和蒸気を乾燥した蒸気にするものである．

（3）再熱器とは，熱効率の向上のため，一度高圧タービンで仕事をした蒸気をボイラに戻して加熱するためのものである．

（4）節炭器とは，ボイラで発生した蒸気を利用して，ボイラ給水を加熱し，熱回収することによって，ボイラ全体の効率を高めるためのものである．

（5）空気予熱器とは，火炉に吹き込む燃焼用空気を，煙道を通る燃焼ガスによって加熱し，ボイラ効率を高めるための熱交換器である．

解説

ボイラ設備には，**ボイラ本体，過熱器，再熱器，節炭器，空気予熱器**があり，この順に配置され，空気予熱器を通過した燃焼ガスは煙突から排出される．ボイラ設備には，そのほか，通風装置や安全弁もある．

① **過熱器**：ボイラ本体からの飽和蒸気を過熱して，高温高圧の蒸気とする．

② **再熱器**：再熱サイクルに必要となるもので，高圧タービンを出た湿り蒸気をボイラに戻して再熱し，温度を高めて中・低圧タービンに送る．

③ **節炭器**：煙道内に設置し，**ボイラ排ガスの余熱を利用してボイラ給水を加熱する**ことで熱効率の向上を図る熱交換器である．節炭器出口の水の温度は，節炭器内で蒸発が生じないよう，飽和温度よりやや低めである．

④ **空気予熱器**：煙道内に設置し，煙道ガスの余熱を利用して燃焼用空気を加熱する熱交換器である．

参考 平成 28 年に類似問題が出題されている．

【解答（4）】

重要 過熱器，再熱器はボイラ，節炭器，空気予熱器は煙道に施設

ここが肝心！ 基礎固め！

3 ボイラの種類と特徴

汽力発電所のボイラには下表の 3 種類があり，貫流ボイラが主流である．

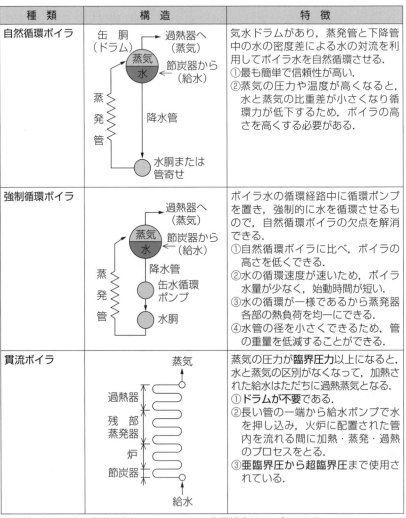

種　類	構　造	特　徴
自然循環ボイラ	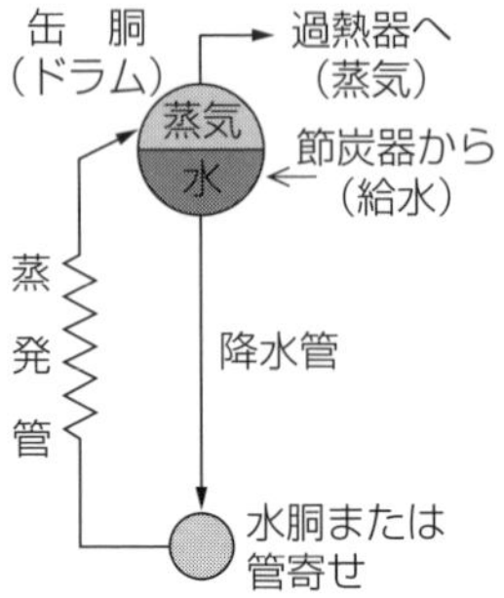	気水ドラムがあり，蒸発管と下降管中の水の密度差による水の対流を利用してボイラ水を自然循環させる． ①最も簡単で信頼性が高い． ②蒸気の圧力や温度が高くなると，水と蒸気の比重差が小さくなり循環力が低下するため，ボイラの高さを高くする必要がある．
強制循環ボイラ	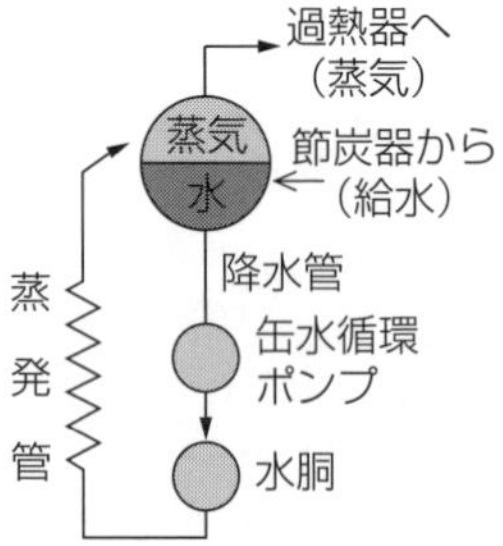	ボイラ水の循環経路中に循環ポンプを置き，強制的に水を循環させるもので，自然循環ボイラの欠点を解消できる． ①自然循環ボイラに比べ，ボイラの高さを低くできる． ②水の循環速度が速いため，ボイラ水量が少なく，始動時間が短い． ③水の循環が一様であるから蒸発器各部の熱負荷を均一にできる． ④水管の径を小さくできるため，管の重量を低減することができる．
貫流ボイラ	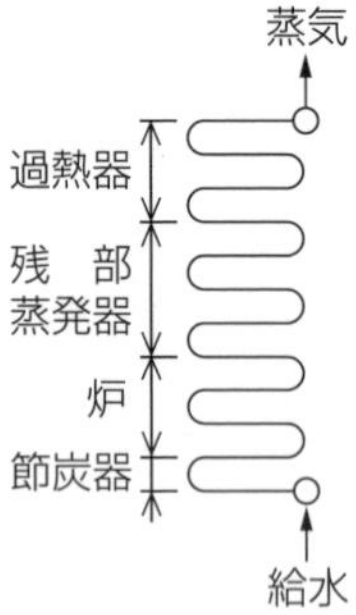	蒸気の圧力が**臨界圧力**以上になると，水と蒸気の区別がなくなって，加熱された給水はただちに過熱蒸気となる． ①**ドラムが不要**である． ②長い管の一端から給水ポンプで水を押し込み，火炉に配置された管内を流れる間に加熱・蒸発・過熱のプロセスをとる． ③**亜臨界圧から超臨界圧**まで使用されている．

（参考）水の場合の**臨界圧力**は **22.1 MPa** で，**臨界温度**は **374℃** である．

問題 17 ボイラの種類と特徴

[平成 17 年]

汽力発電所のボイラに関する記述として，誤っているのは次のうちどれか．

(1) 自然循環ボイラは，蒸発管と降水管中の水の比重差によってボイラ水を循環させる．

(2) 強制循環ボイラは，ボイラ水を循環ポンプで強制的に循環させるため，自然循環ボイラに比べて各部の熱負荷を均一にでき，急速起動に適する．

(3) 強制循環ボイラは，自然循環ボイラに比べてボイラ高さは低くすることができるが，ボイラチューブの径は大きくなる．

(4) 貫流ボイラは，ドラムや大形管などが不要で，かつ，小口径の水管となるので，ボイラ重量を軽くできる．

(5) 貫流ボイラは，亜臨界圧から超臨界圧まで適用されている．

解説

汽力発電所のボイラには，次の 3 種類があり，**適用圧力は①<②<③**である．

① **自然循環ボイラ**：ドラムボイラで，蒸発管と降水管中の水の密度差（比重差）によってボイラ水を循環させる．

② **強制循環ボイラ**：ドラムボイラで，自然循環ボイラに比べて，水の循環がよくなるのでボイラの高さを低くでき，**ボイラチューブ径も小さくできる**．適用は亜臨界圧までである．

③ **貫流ボイラ**：ドラムがなく，亜臨界圧から超臨界圧まで採用されている．

【解答 (3)】

重要 超臨界圧クラスのボイラは貫流ボイラのみ

[平成15年]

問題 18 蒸気タービンの分類

蒸気の使用状態による蒸気タービンの分類に関する記述として，誤っているのは次のうちどれか．

(1) 復水タービン：タービンの排気を復水器で復水させて高真空を得ることにより，蒸気をタービン内で十分低圧まで膨張させるタービン．

(2) 背圧タービン：タービンで仕事をさせた後の排気を，工場用蒸気その他に利用するタービン．

(3) 抽気タービン：タービンの中間から膨張途中の蒸気を取り出し，工場用蒸気その他に利用するタービン．

(4) 再生タービン：タービンの中間から一部膨張した蒸気を取り出し，再加熱してタービンの低圧段に戻し，さらに仕事をさせるタービン．

(5) 混圧タービン：異なった圧力の蒸気を同一タービンに入れて仕事をさせるタービン．

解説 ① **再熱サイクル**：高圧タービンの排気を**再熱器**で再加熱して**中圧**または**低圧タービン**で仕事をさせるサイクルで，これを利用したものは**再熱タービン**である．

② **再生サイクル**：タービンの中間から一部膨張した蒸気を取り出し（抽気），給水加熱器で給水を加熱するサイクルである．

③ **衝動タービン**は，図の4ノズルの例のように蒸気の衝動力を利用して動翼を回転させる．**反動タービン**は，反動力を利用して回転させる．

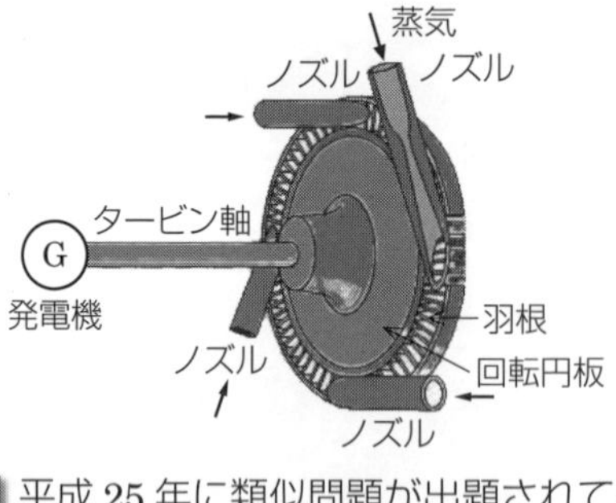

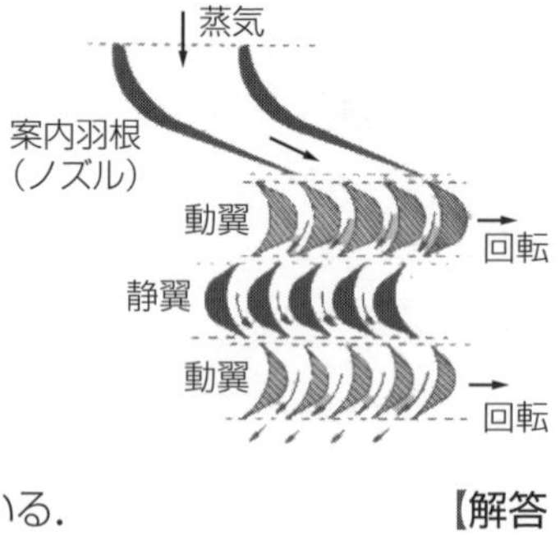

参考 平成25年に類似問題が出題されている． 【解答（4）】

重要 再熱⇔再熱器，低圧タービン，再生⇔給水加熱器

[平成 23 年]

問題 19 復 水 器

汽力発電所の復水器に関する一般的説明として，誤っているものを次の (1)～(5) のうちから一つ選べ．

(1) 汽力発電所で最も大きな損失は，復水器の冷却水に持ち去られる熱量である．

(2) 復水器の冷却水の温度が低くなるほど，復水器の真空度は高くなる．

(3) 汽力発電所では一般的に表面復水器が多く用いられている．

(4) 復水器の真空度を高くすると，発電所の熱効率が低下する．

(5) 復水器の補機として，復水器内の空気を排出する装置がある．

解説

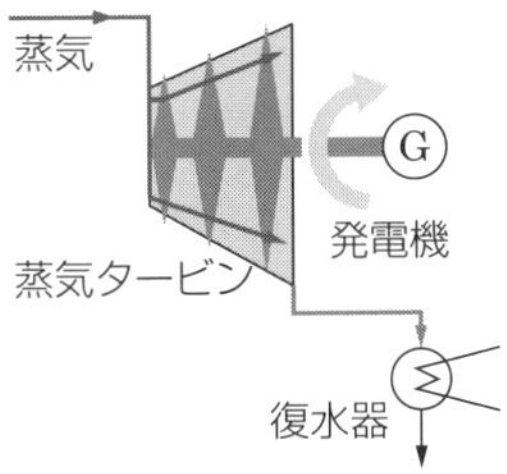

① 復水器は，蒸気タービンで使用した蒸気を，海水との熱交換によって冷却凝縮して高い真空状態を作り圧力差を大きくすることで発電所の熱効率を向上させる装置である．

② 次のような空白記入タイプの類似問題が，**平成 18 年**に出題されている．

汽力発電所の復水器はタービンの 排気 蒸気を冷却水で冷却凝結し，真空を作るとともに復水して回収する装置である．復水器によるエネルギー損失は熱サイクルの中でも最も 大きく ，復水器内部の真空度を 高く 保持してタービンの 排気圧力 を低下させることにより， 熱効率 の向上を図ることができる．

【解答 (4)】

重要 復水器：真空度を高めタービンの圧力差を大きくする

問題 20 燃焼ガスの回収利用

[平成 15 年]

火力発電所において，ボイラから煙道に出ていく燃焼ガスの余熱を回収するために，煙道に多数の管を配置し，これにボイラへの （ア） を通過させて加熱する装置が （イ） である．同じく煙道に出ていく燃焼ガスの余熱をボイラへの （ウ） 空気に回収する装置が， （エ） である．

上記の記述中の空白箇所（ア），（イ），（ウ）および（エ）に記入する語句として，正しいものを組み合わせたのは次のうちどれか．

	（ア）	（イ）	（ウ）	（エ）
(1)	給水	再熱器	燃焼用	過熱器
(2)	蒸気	節炭器	加熱用	過熱器
(3)	給水	節炭器	加熱用	過熱器
(4)	蒸気	再熱器	燃焼用	空気予熱器
(5)	給水	節炭器	燃焼用	空気予熱器

解説

① 火力発電所の空気の流れは次のとおりである．

火炉 ⇒ 過熱器 ⇒ 再熱器 ⇒ 節炭器 ⇒ 空気予熱器 ⇒ 集じん器 ⇒ 煙突

② **節炭器(エコノマイザ)**：ボイラへの給水を煙道ガスの余熱を利用して加熱する装置である．

③ **空気予熱器**：燃焼用の空気を煙道ガス中の節炭器出口付近で加熱する装置である．

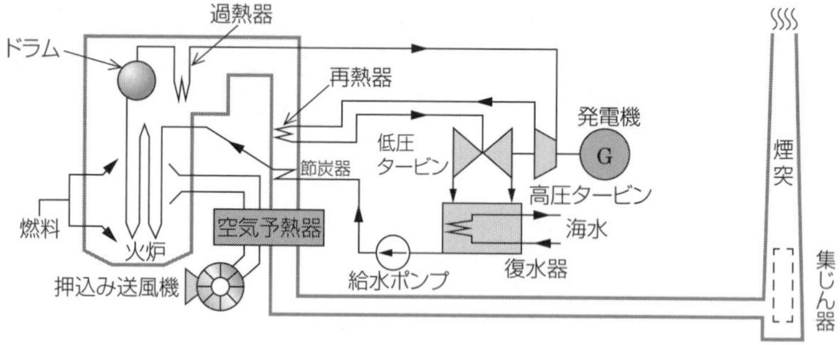

【解答（5）】

煙道ガス回収＝（上流）節炭器＋（下流）空気予熱器

重要

問題 21 熱効率向上対策

[平成 21 年]

汽力発電所における，熱効率の向上を図る方法として，誤っているのは次のうちどれか．

(1) タービン入口の蒸気として，高温・高圧のものを採用する．

(2) 復水器の真空度を低くすることで蒸気はタービン内で十分に膨張して，タービンの羽根車に大きな回転力を与える．

(3) 節炭器を設置し，排ガスエネルギーを回収する．

(4) 高圧タービンから出た湿り飽和蒸気をボイラで再熱し，再び高温の乾き飽和蒸気として低圧タービンに用いる．

(5) 高圧および低圧のタービンから蒸気を一部取り出し，給水加熱器に導いて給水を加熱する．

解説 ① 復水器はタービンの排気蒸気を冷却水（海水）で冷却凝縮して水に戻し，復水として回収する装置である．復水器の真空度を高くすると，タービン入口蒸気と出口蒸気の圧力差が大きくなり，タービンの羽根車に大きな回転力を与え，タービンの効率が高くなる．

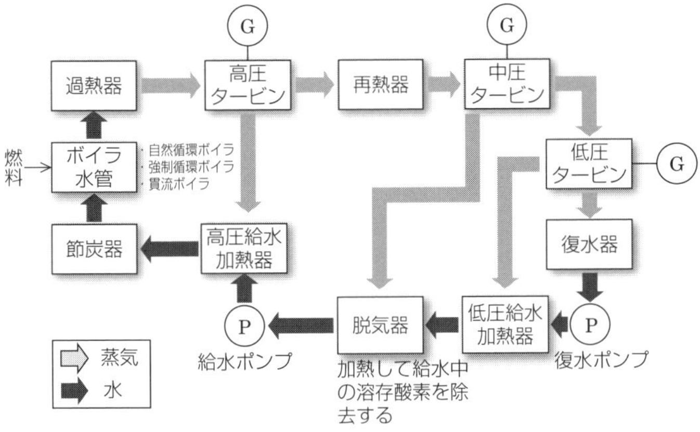

② (4) は再熱サイクル，(5) は再生サイクルの説明である．

参考 平成 27 年，令和元年に類似問題が出題されている．

【解答 (2)】

重要 復水器の真空度を高くする＝より低圧にする

問題 22 発電機の水素冷却方式

[平成 21 年]

タービン発電機の水素冷却方式について，空気冷却方式と比較した場合の記述として，誤っているのは次のうちどれか．

(1) 水素は空気に比べ比重が小さいため，風損を減少することができる．

(2) 水素を封入し全閉形となるため，運転中の騒音が少なくなる．

(3) 水素は空気より発電機に使われている絶縁物に対して化学反応を起こしにくいため，絶縁物の劣化が減少する．

(4) 水素は空気に比べ比熱が小さいため，冷却効果が向上する．

(5) 水素の漏れを防ぐため，密封油装置を設けている．

解説

① **水素冷却の必要性**：発電機の冷却方式には，空気冷却方式，水素冷却方式，水冷却方式があり，100 MV·A を超えるタービン発電機では，界磁巻線や電機子巻線に大電流が流れるため，冷却効果の高い水素冷却方式や水冷却方式が採用されている．

② **水素冷却方式の特徴**：水素冷却方式の長所と短所は下表のとおりである．

長　所	短　所
① **比熱**，熱伝導率，熱伝達率が大きく，冷却効果が高い． ② **比重** が小さいため風損が小さい ③**不活性ガス**であり，コロナ発生電圧が高く，コイルなどに与える影響が少ない． ④発電機の構成材料を酸化させにくい．	水素は空気や酸素など助燃性気体と混合すると爆発・可燃するおそれがある． 対策①水素はタービン発電機内で大気圧より 2～5 倍の高圧力にし，空気の侵入を防ぐとともに，水素濃度を **90%** 以上に維持している． 対策②軸受の内側に **油膜** によるシール機能を備えている．

参考 □部の空白問題が平成 30 年に出題されている．　【解答 (4)】

重要 水車発電機：空気冷却 ⇔ タービン発電機：水素冷却

[平成 16 年]

問題 23 同期発電機の並行運転

同期発電機を電力系統に並列する際，電力系統と一致させなければならない条件がある．その条件として，正しいものを組み合わせたものは次のうちどれか．

(1)	電圧	力率	周波数
(2)	電流	位相	インピーダンス
(3)	電圧	位相	周波数
(4)	電流	力率	周波数
(5)	電圧	力率	インピーダンス

解説

① 同期発電機を並行運転するには，次の五つの条件を満足させなければならない．

- **電圧の大きさが等しい**
- **周波数が等しい**
- **電圧が同相である**
- **電圧の波形が等しい**
- **相回転が等しい**

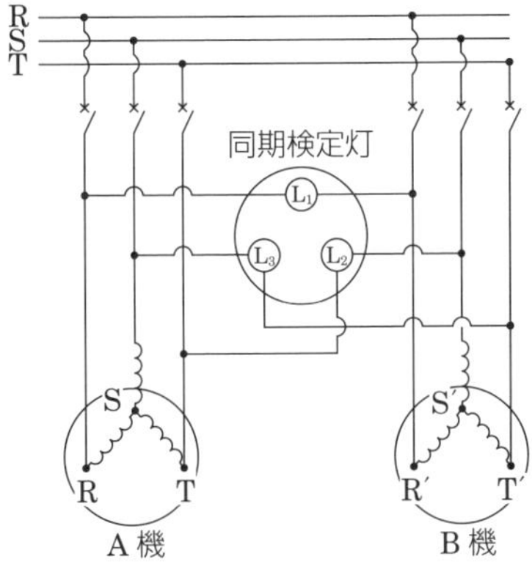

② 特に，電圧，周波数，位相が一致していないときに電力系統に並列すると，過大な電機子電流，トルク，電磁力が発生して系統のじょう乱や同期機本体に大きな損害を与える．

③ 電力系統と並行運転する際には，自動同期装置や同期検定装置によって電圧・周波数・位相の一致を確認する必要がある．

④ 同期検定装置は，ランプ L_1 電灯が消え，L_2，L_3 が同じ明るさとなれば，同期がとれていることを表す．

【解答 (3)】

同期発電機の並行運転⇔電圧・周波数・位相などの一致　重要

問題 24 コンバインドサイクル（1）

［平成 18 年］

排熱回収方式のコンバインドサイクル発電におけるガスタービンの燃焼用空気に関する流れとして，正しいのは次のうちどれか．

（1） 圧縮機→タービン→排熱回収ボイラ→燃焼器

（2） 圧縮機→燃焼器→タービン→排熱回収ボイラ

（3） 燃焼器→タービン→圧縮機→排熱回収ボイラ

（4） 圧縮機→タービン→燃焼器→排熱回収ボイラ

（5） 燃焼器→圧縮機→排熱回収ボイラ→タービン

解説

① コンバインドサイクル発電（CC 発電）は，ガスタービン発電と蒸気タービン発電を組み合わせた発電方式で，起動時間が短く，負荷追従性がよい．

② 単位ユニットの運転台数を変えられ，部分負荷での効率の低下が少ない．

③ 高温部に 1 500℃ 級のガスタービンを適用し，排熱回収ボイラで回収したエネルギーを蒸気系で有効に回収することにより，総合熱効率を 60% にできる．

④ 燃料の消費も少なく二酸化炭素の排出量も少ないうえ，復水器の冷却水量が少ないので温排水も少なく環境にやさしい発電方式である．

⑤ コンバインドサイクルにおける，ガスタービン側の燃焼用空気の流れの順は，**圧縮機**→**燃焼器**→**タービン**→**排熱回収ボイラ**→**煙突**である．

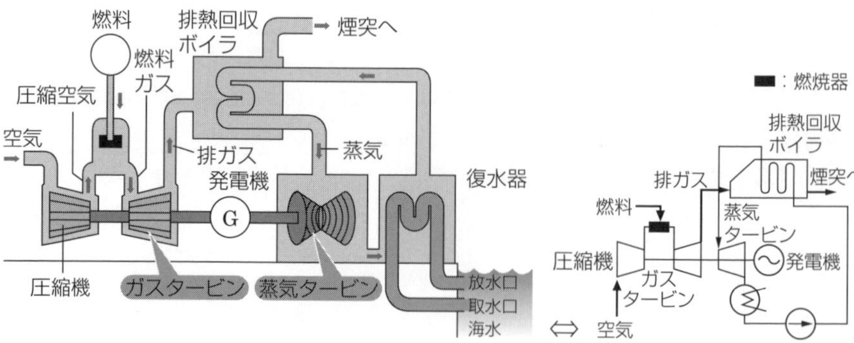

参考 令和元年に類似問題が出題されている．

【解答（2）】

重要
ガスタービン側：圧縮→加熱→膨張→放熱の 4 過程

[平成 16 年]

問題 25 コンバインドサイクル（2）

排熱回収方式のコンバインドサイクル発電所が定格出力で運転している．そのときのガスタービン発電効率が η_g，ガスタービンの排気の保有する熱量に対する蒸気タービン発電効率が η_s であった．このコンバインドサイクル発電全体の効率を表わす式として，正しいのは次のうちどれか．

ただし，ガスタービン排気はすべて蒸気タービン発電側に供給されるものとする．

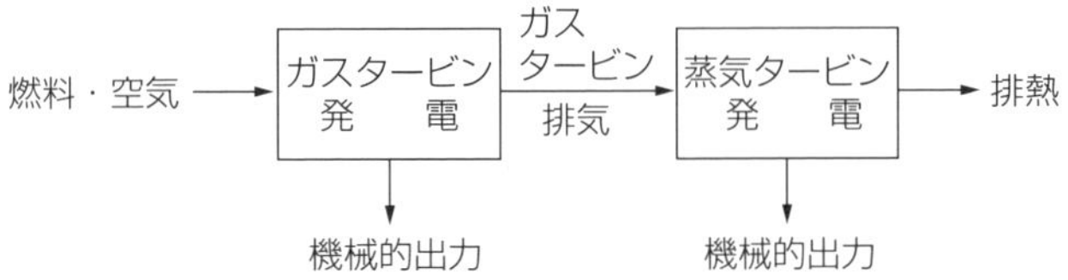

(1) $\eta_g + \eta_s$　　(2) $\eta_s + (1 - \eta_g)\eta_g$

(3) $\eta_s + (1 - \eta_g)\eta_s$　　(4) $\eta_g + (1 - \eta_g)\eta_s$

(5) $\eta_g + (1 - \eta_s)\eta_g$

解説

① コンバインドサイクル発電全体の効率 η は，次のように求められる．

η = ガスタービン発電効率＋排気分の熱量比率×蒸気タービン発電効率

$= \boxed{\eta_G + (1 - \eta_G)\eta_s}$

② コンバインドサイクル発電は，ガスタービン発電より第二項分 $(1 - \eta_G)\eta_s$ だけ効率が高く，全体の効率は 1 300℃級で 55%，1 500℃級で約 60% と高い．

③ ガスタービンの効率を高めるには，タービン入口のガス温度を高めること，空気圧縮機の出口と入口の圧力比を増加させる方法がある．このためには，高温材料の開発や部品の冷却技術の向上が必要となる．【解答（4）】

重要 効率：汽力発電所 40%，コンバインドサイクル 55%

[平成 19 年]

問題 26 コンバインドサイクル (3)

排熱回収形コンバインサイクル発電方式と同一出力の汽力発電方式とを比較した次の記述のうち，誤っているのはどれか．

(1) コンバインドサイクル発電方式のほうが，熱効率が高い．

(2) 汽力発電方式のほうが，単位出力当たりの排ガス量が少ない．

(3) コンバインドサイクル発電方式のほうが，単位出力当たりの復水器の冷却水量が多い．

(4) 汽力発電方式のほうが大形所内補機が多く，所内率が大きい．

(5) コンバインドサイクル発電方式のほうが，最大出力が外気温度の影響を受けやすい．

解説 コンバインドサイクル発電は，次のような特徴がある．

① **熱効率が高い***：汽力発電は 40% 程度，コンバインドサイクルは 60% 程度である．また，部分負荷に対して，単位ユニットの増減を行えるため，熱効率の低下も少ない．

② **排ガス量が多い**：単位出力当たりの排ガス量が多い．

③ **復水器の冷却水量が少ない***：蒸気タービンの分担出力は全出力の 1/3 程度で，単位出力当たりの冷却水量が 60% 程度となり，温排水量が少なくなる．

④ **大形所内補機が少なく所内率も小さい**：補機が少なく，復水器や給水ポンプの動力容量が少なくてよい．

⑤ **最大出力が外気温度の影響を受けやすい***：採り入れた外気を圧縮機で圧縮するが，夏場は空気の密度が小さいため最大出力は冬場に比べて小さくなる．このため，定格出力を決定する際にはこれを考慮しなければならない．

⑥ **起動・停止時間が短い***：100 万 kW 級の汽力発電が 3 時間に対し約 1 時間と短時間で起動・停止できるため，速応性が高い．

⑦ **使用燃料により性能の影響を受ける**：使用できる燃料は気体燃料と液体燃料で，石炭のような固体燃料は使用できない．LNG，LPG，灯油など良質のクリーンな燃料が使用される．　　（＊は平成 22 年出題）【解答 (3)】

重要

コンバインドサイクル：ガスタービン＋蒸気タービン

問題 27 火力発電所の環境対策（1）

[平成 22 年]

火力発電所の環境対策に関する記述として，誤っているのは次のうちどれか．

(1) 燃料として天然ガス（LNG）を使用することは，硫黄酸化物による大気汚染防止に有効である．

(2) 排煙脱硫装置は，硫黄酸化物を粉状の石灰と水との混合液に吸収させ除去する．

(3) ボイラにおける酸素濃度の低下を図ることは，窒素酸化物低減に有効である．

(4) 電気集じん器は，電極に高電圧をかけ，ガス中の粒子をコロナ放電で放電電極から放出される正イオンによって帯電させ，分離・除去する．

(5) 排煙脱硝装置は，窒素酸化物を触媒とアンモニアにより除去する．

解説 ① 火力発電所の環境対策を整理すると，下表のようになる．

種　類	防止対策	概　要
硫黄酸化物（SO_x）	低硫黄燃料	重油に代え原油・ナフサ・LNG を使用する
	排煙脱硫装置	石灰石こう法などで排ガス中の SO_x を除去する
窒素酸化物（NO_x）	二段燃焼法	燃焼温度を低下させて NO_x を低減する
	排ガス混合法	燃焼用空気に再循環ガスを混合して酸素の含有率を軽減する
	排煙脱硝装置	アンモニア法などで排ガス中の NO_x を除去する
ばいじん	集じん装置	排ガス中のばいじんを除去する

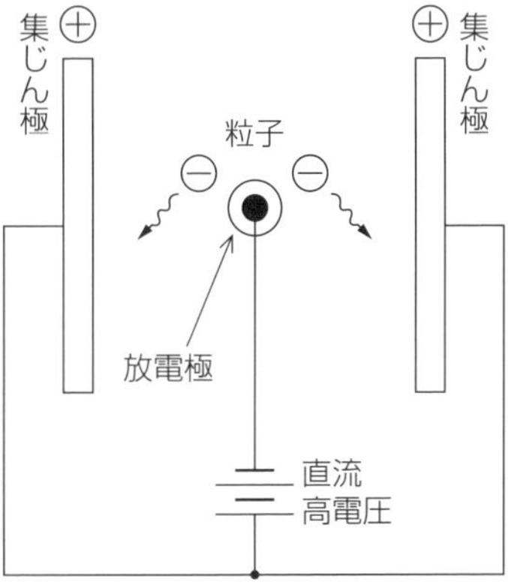

② **電気集じん器**は，正，負電極間に直流 40 ～ 60 kV の高電圧を印加し，ガス中の粒子を**負電荷に帯電**させ正電極で集塵する．　【解答（4）】

重要

ばいじんの集じんは，機械集じんの後段で電気集じん

問題 28 火力発電所の環境対策（2）

［平成 29 年］

火力発電所の環境対策に関する記述として，誤っているものは次のうちどれか．

(1) 接触還元法は，排ガス中にアンモニアを注入し，触媒上で窒素酸化物を窒素と水に分解する．

(2) 湿式石灰石（石灰）- 石こう法は，石灰と水との混合液で排ガス中の硫黄酸化物を吸収・除去し，副生品として石こうを回収する．

(3) 二段燃焼法は，燃焼用空気を二段階に分けて供給し，燃料過剰で一次燃焼させ，二次燃焼域で不足分の空気を供給し燃焼させ，窒素酸化物の生成を抑制する．

(4) 電気集じん器は，電極に高電圧をかけ，コロナ放電で放電電極から放出される負イオンによってガス中の粒子を帯電させ，分離・除去する．

(5) 排ガス混合（再循環）法は，燃焼用空気に排ガスの一部を再循環，混合して燃焼温度を上げ，窒素酸化物の生成を抑制する．

解説

接触還元法，二段燃焼法および排ガス混合法は，いずれも窒素酸化物の抑制対策である．

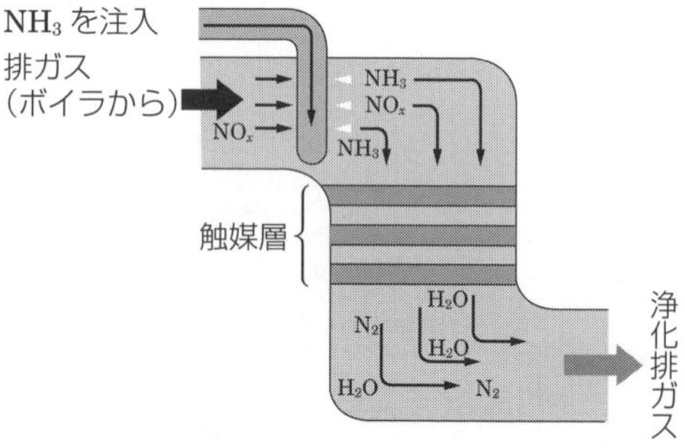

① **接触還元法**：節炭器出口の排ガスに NH_3（アンモニア）を加え，触媒の作用で化学反応を促進させて，NO_x を還元して N_2（窒素）と H_2O（水）に分解する．

② **二段燃焼法**：燃焼用空気を二段階に分けて供給し，燃焼温度の均一化と低温化を図っている．

③ **排ガス混合法**：燃焼排ガスの一部を燃焼用空気に混合して酸素濃度を低下させ，**燃焼温度を下げる**．

参考 平成 17 年に類似問題が出題されている．

【解答（5）】

重要 窒素酸化物対策：燃焼温度の低下，酸素濃度の低下

問題 29 二酸化炭素と発電設備

［平成 19 年］

地球温暖化の主な原因の一つといわれる二酸化炭素の排出量削減が，国際的な課題となっている．発電時の発生電力量当たりの二酸化炭素排出量が少ない順に発電設備を並べたものとして，正しいのは次のうちどれか．

ただし，発電所の記号を次のとおりとし，ここでは，汽力発電所の発電効率は同一であるとする．

a. 原子力発電所

b. LNG 燃料を用いたコンバインドサイクル発電所

c. 石炭専焼汽力発電所

d. 重油専焼汽力発電所

（1） a < b < c < d　（2） a < d < c < b　（3） b < a < d < c

（4） a < b < d < c　（5） b < a < c < d

解説

二酸化炭素の排出量の比較

我が国の発電設備別の 1 kW·h 当たりの二酸化炭素の排出量は下図のとおりである．（出典：電力中央研究所資料）

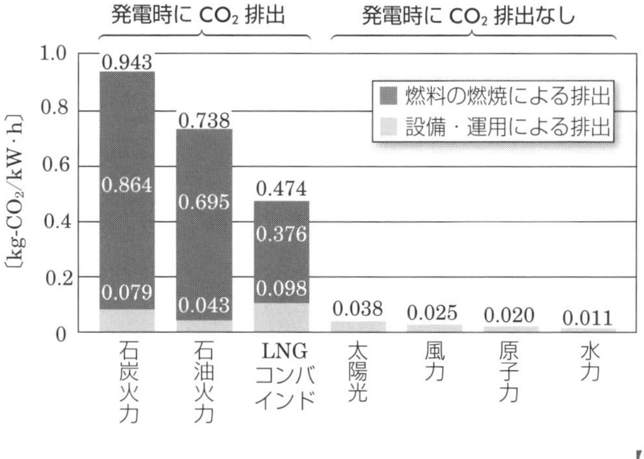

【解答（4）】

重要

石炭火力・石油火力の二酸化炭素発生量は多い

ここが肝心！基礎固め！

4 原子力発電の核分裂と構成機材

1. 原子核分裂

ウラン 235 の原子核 1 個に**低速中性子**（**熱中性子**）が当たると，**2 種類**の原子核に分裂し，中性子や γ 線とともに**質量欠損**に相当する**約 200 MeV** の膨大なエネルギーが放出される．このとき，2 個または 3 個の高速中性子が放出され，これらの中性子が次の核分裂を呼び起こすようにし，**連鎖反応**を継続させながら放出されるエネルギーを得る装置が原子炉である．

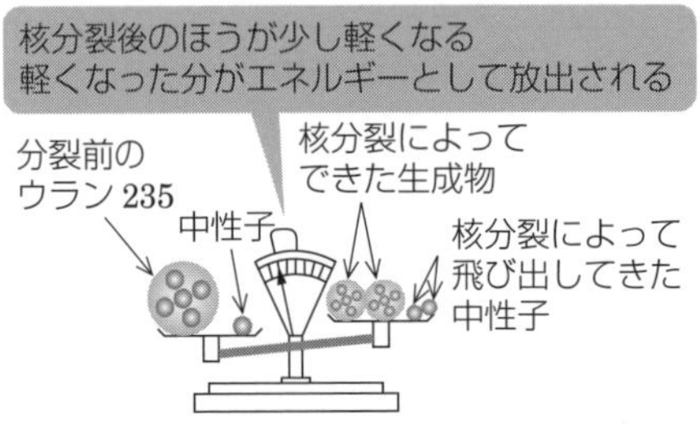

質量欠損

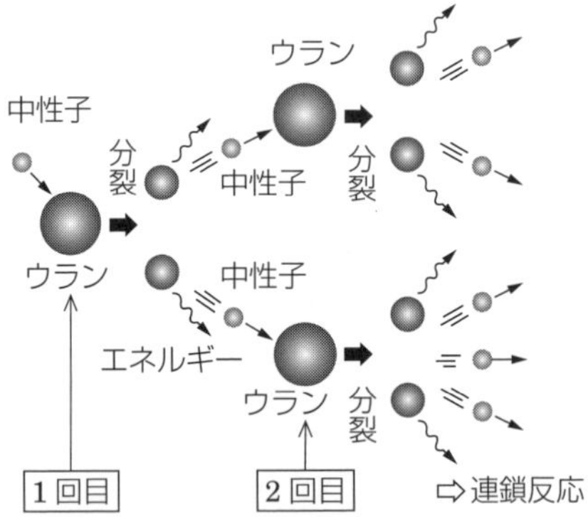

2. 原子炉の構成材

構成材	役　目	構成材の種類
核燃料	核分裂によって**熱を発生**させる.	**ウラン**（U^{235}），プルトニウム（Pu）
減速材	**高速中性子を減速**して，核分裂を促進できる**熱中性子**にする．（中性子の吸収の少ないものがよい）	**軽水**（普通の水），重水，黒鉛，ベリリウム
冷却材	炉心で発生した**熱を炉外に取り出す**.	**軽水**，炭酸ガス，ナトリウム，ヘリウム
制御材	**中性子を吸収して核分裂反応を制御する**．（中性子を吸収するものがよい）	**カドミウム**，**ほう素**，ハフニウム，インジウム
反射材	炉心から漏れる**中性子を反射**させ，炉心に戻す.	**軽水**，重水，黒鉛，ベリリウム
遮へい材	炉心からの**放射線を遮へい**し，炉内に閉じ込める.	鉛，コンクリート

[平成21年]

問題 30 原子力発電の原理

次の文章は，原子力発電に関する記述である．

原子力発電は，原子燃料が出す熱で水を蒸気に変え，これをタービンに送って熱エネルギーを機械エネルギーに変えて，発電機を回転させることにより電気エネルギーを得るという点では，（ア）と同じ原理である．原子力発電では，ボイラの代わりに（イ）を用い，（ウ）の代わりに原子燃料を用いる．現在，多くの原子力発電所で燃料として用いている核分裂連鎖反応する物質は（エ）であるが，天然に産する原料では核分裂連鎖反応しない（オ）が99%以上を占めている．このため，発電用原子炉にはガス拡散法や遠心分離法などの物理学的方法で（エ）の含有率を高めた濃縮燃料が用いられている．

上記の記述中の空白箇所（ア），（イ），（ウ），（エ）および（オ）に当てはまる語句として，正しいものを組み合わせたのは次のうちどれか．

	（ア）	（イ）	（ウ）	（エ）	（オ）
(1)	汽力発電	原子炉	自然エネルギー	プルトニウム 239	ウラン 235
(2)	汽力発電	原子炉	化石燃料	ウラン 235	ウラン 238
(3)	内燃力発電	原子炉	化石燃料	プルトニウム 239	ウラン 238
(4)	内燃力発電	燃料棒	化石燃料	ウラン 238	ウラン 235
(5)	太陽熱発電	燃料棒	自然エネルギー	ウラン 235	ウラン 238

解説

① 汽力発電所のボイラの役目は，原子力発電所では原子炉が行う．

② 汽力発電所で使用する化石燃料の役目は，原子力発電所ではウランが行う（ウランは自然界に存在するが，プルトニウムは自然界には存在しない．ウラン235を1g核分裂させたときに発生するエネルギーは，石炭3～4tに相当する）．

③ 天然ウランには，ウラン235は0.7%しか含まれていないため，ガス拡散法や遠心分離法で3～5%程度に濃縮した低濃縮ウランを使用している．

【解答 (2)】

重要

天然ウランの含有率：U^{235} が 0.7%，U^{238} が 99.3%

[平成13年]

問題31 原子核とエネルギー

原子核は，正の電荷を持つ陽子と電荷を持たない［（ア）］とが結合したものである．原子核の質量は，陽子と［（ア）］の個々の質量の合計より［（イ）］．

この差を［（ウ）］といい，結合時にはこれに相当する結合エネルギーが放出される．この質量の差を m〔kg〕，光の速度を c〔m/s〕とすると，放出されるエネルギー E〔J〕は［（エ）］に等しい．

原子力発電は，ウランなど原子燃料の［（オ）］の前後における原子核の結合エネルギーの差を利用したものである．

上記の記述中の空白箇所に記入する語句または式として，正しいものを組み合わせたのは次のうちどれか．

	（ア）	（イ）	（ウ）	（エ）	（オ）
(1)	電　子	小さい	質量欠損	mc	核分裂
(2)	電　子	大きい	質量増加	mc	核融合
(3)	中性子	大きい	質量増加	mc^2	核融合
(4)	中性子	小さい	質量欠損	mc^2	核分裂
(5)	中性子	小さい	質量欠損	mc	核分裂

解説

原子核は，陽子と中性子とで構成されており，質量は陽子と中性子の質量の合計より小さく，この差が**質量欠損 m** である．

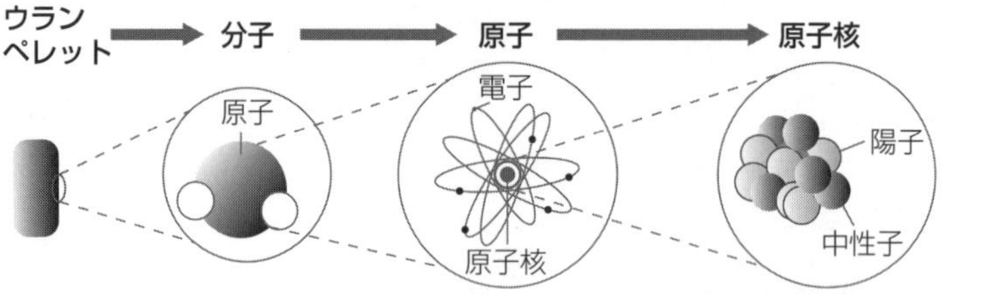

質量数＝陽子数＋中性子数

【解答（4）】

重要 原子力発電は，$E=mc^2$〔J〕のエネルギーを利用

問題 32 軽水炉での使用燃料

[平成 15 年]

軽水炉で使用されている原子燃料に関する記述として，誤っているのは次のうちどれか．

(1) 中性子を吸収して核分裂を起こすことのできる核分裂性物質には，ウラン 235 やプルトニウム 239 がある．

(2) ウラン燃料は，二酸化ウランの粉末を焼き固め，ペレット状にして使用される．

(3) ウラン燃料には，濃縮度 90%程度の高濃縮ウランが使用される．

(4) ウラン 238 は中性子を吸収してプルトニウム 239 に変わるので，親物質と呼ばれる．

(5) 天然ウランは約 0.7%のウラン 235 を含み，残りはほとんどウラン 238 である．

解説

① ウラン燃料には，ウラン 235 の濃縮度が **3 ～ 5%程度の低濃縮ウラン**が使用されている．

② 高速増殖炉では，核燃料としてプルトニウム 239 を用いる．

③ ウランとプルトニウムを混合した **MOX 燃料**を軽水炉の燃料として用いることを**プルサーマル**という．

【解答（3)】

重要

軽水炉で使用する核燃料：濃縮度 3 ～ 5%の U^{235}

点数アップ♪

ワンポイント知識 — 原子力発電所の臨界

原子炉内で起こる核反応で，核分裂の反応を起こす核燃料の量がある量以下であると，中性子の発生が消失と漏えいの和より小さくなり，連鎖反応が持続しない．この燃料の量を増やしていくと，単位時間当たりの中性子の発生がその消失と漏えいの和に等しい状態に達する．この状態を**臨界**といい，そのときの燃料の量を**臨界質量**という．

問題 33 沸騰水型軽水炉の特徴

［平成 17 年］

沸騰水型軽水炉（BWR）に関する記述として，誤っているのは次のうちどれか．

(1) 燃料には低濃縮ウランを，冷却材および減速材には軽水を使用する．

(2) 加圧水型軽水炉（PWR）に比べて出力密度が大きいので，炉心および原子炉圧力容器は小さくなる．

(3) 出力調整は，制御棒の抜き差しと再循環ポンプの流量調整により行う．

(4) 加圧水型軽水炉に比べて原子炉圧力が低く，蒸気発生器がないので構成が簡単である．

(5) タービン系に放射性物質が持ち込まれるため，タービンなどに遮へい対策が必要である．

解説

① 沸騰水型は，原子炉内において再循環ポンプで炉水を再循環させながら沸騰させ，発生した蒸気を湿分分離して直接タービンに送り込む．

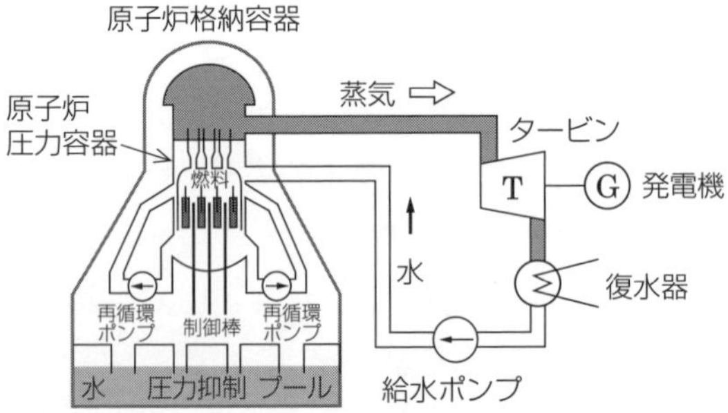

② 沸騰水型軽水炉の蒸気条件は，加圧水型軽水炉よりも悪く，圧力は 1/2 程度である．圧力容器の内部に汽水分離器や蒸気乾燥器が収納されているため圧力容器も大きくなり，出力密度も 1/2 程度である．　【解答（2）】

重要　沸騰水型：圧力容器が大きく，出力密度も小さい

[平成 22 年]

問題 34　加圧水型軽水炉の特徴

我が国における商業発電用の加圧水型原子炉（PWR）の記述として，正しいのは次のうちどれか．

(1) 炉心内で水を蒸発させて，蒸気を発生する．
(2) 再循環ポンプで炉心内の冷却水流量を変えることにより，蒸気泡の発生量を変えて出力を調整できる．
(3) 高温・高圧の水を，炉心から蒸気発生器に送る．
(4) 炉心と蒸気発生器で発生した蒸気を混合して，タービンに送る．
(5) 炉心を通って放射線を受けた蒸気が，タービンを通過する．

解説

① 加圧水型には，一次系と二次系があり，一次系から炉心外に置かれた蒸気発生器（熱交換器）を界して二次系に熱伝達している．
② 一次系では加圧器で加圧して沸騰させないで熱水状態に保ち，圧力の低い二次系で蒸気を発生させ，湿分分離してタービンに送り込む．
③ 沸騰水型，加圧水型とも，冷却材と減速材に軽水を使用している．
　なお，選択肢（1），（2），（5）は，沸騰水型原子炉（BWR）についての記述である．

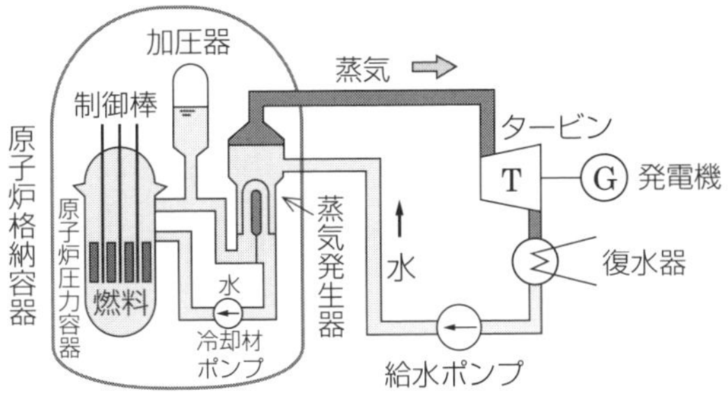

参考　平成 27 年に類似問題が出題されている．　【解答（3）】

重要
加圧水型：炉水を加圧し，蒸気発生器で熱交換を行う

問題 35 軽水炉の出力調整

［平成 20 年］

我が国の商業発電用原子炉のほとんどは，軽水炉と呼ばれる型式であり，それには加圧水型原子炉（PWR）と沸騰水型原子炉（BWR）の 2 種類がある．

PWR の熱出力調整は主として炉水中の［（ア）］の調整によって行われる．一方，BWR では主として［（イ）］の調整によって行われる．なお，両型式とも起動または停止時のような大幅な出力調整は制御棒の調整で行い，制御棒の［（ウ）］によって出力は上昇し，［（エ）］によって出力は下降する．

上記の記述中の空白箇所（ア），（イ），（ウ）および（エ）に当てはまる語句として，正しいものを組み合わせたのは次のうちどれか．

	（ア）	（イ）	（ウ）	（エ）
(1)	ほう素濃度	再循環流量	挿　入	引抜き
(2)	再循環流量	ほう素濃度	引抜き	挿　入
(3)	ほう素濃度	再循環流量	引抜き	挿　入
(4)	ナトリウム濃度	再循環流量	挿　入	引抜き
(5)	再循環流量	ほう素濃度	挿　入	引抜き

解説

軽水炉では，起動停止のような大幅な熱出力の調整は**制御棒の引抜き**（出力上昇）や**挿入**（出力低下）によるが，通常時は次の方法で行う．

① **加圧水型**：炉水中の**ほう素濃度の調整**による．（濃度低下⇒出力上昇）

② **沸騰水型**：再循環ポンプでの**再循環流量の調整**による．（流量増加⇒出力上昇）

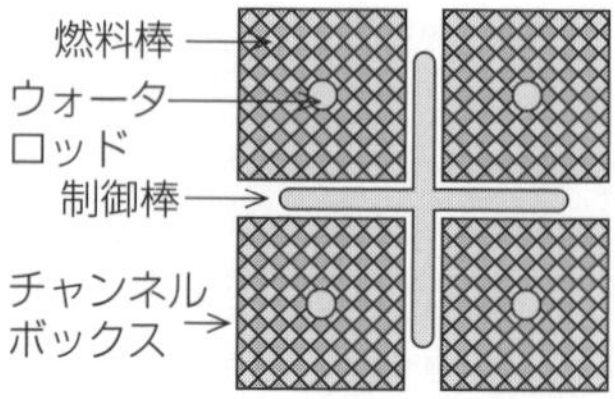

【解答（3）】

重要　（大幅）制御棒（小幅）ほう素濃度・再循環流量

[平成 14 年]

問題 36 軽水炉の自己制御性（1）

我が国の原子力発電所で用いられる軽水炉では，水が （ア） と減速材を兼ねている．もし，何らかの原因で核分裂反応が増大し出力が増加し水の温度が上昇すると，水の密度が （イ） し，中性子の減速効果が低下する．その結果，核分裂に寄与する （ウ） が減少し，核分裂は自動的に （エ） される．このような特性を軽水炉の固有の安全性または自己制御性という．

上記の記述中の空白箇所に記入する語句として，正しいものを組み合わせたのは次のうちどれか．

	（ア）	（イ）	（ウ）	（エ）
(1)	冷却材	減少	熱中性子	抑制
(2)	遮へい材	減少	熱中性子	加速
(3)	遮へい材	減少	高速中性子	抑制
(4)	冷却材	増加	熱中性子	抑制
(5)	遮へい材	増加	高速中性子	加速

解説 **軽水炉の自己制御性（固有の安全性）**についての説明文である．

軽水炉では，水が **冷却材** と減速材を兼ねており，核分裂反応が増大し出力が増加し水の温度が上昇すると，水の密度が **減少** し，中性子の減速効果が低下する．その結果，核分裂に寄与する **熱中性子** が減少し，核分裂は自動的に **抑制** される負の反応度がある．

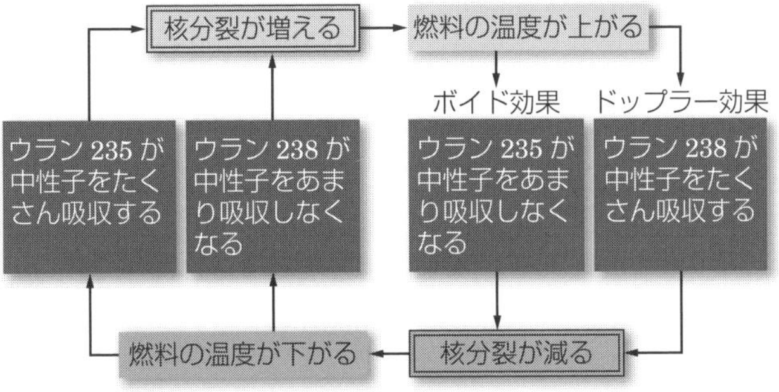

【解答（1）】

重要

軽水炉の自己制御性 ⇔ 負の反応度

[平成 19 年]

問題 37 軽水炉の自己制御性（2）

軽水炉は，［（ア）］を原子燃料とし，冷却材と［（イ）］に軽水を用いた原子炉であり，我が国の商用原子力発電所に広く用いられている．この軽水炉には，蒸気を原子炉の中で直接発生する［（ウ）］原子炉と蒸気発生器を介して蒸気を作る［（エ）］原子炉とがある．

沸騰型原子炉では，何らかの原因により原子炉の核分裂反応による熱出力が増加して，炉内温度が上昇した場合でも，それに伴う冷却材沸騰の影響でウラン235 に吸収される熱中性子が自然に減り，原子炉の暴走が抑制される．

これは，［（オ）］と呼ばれ，原子炉固有の安全性をもたらす現象の一つとして知られている．

上記の空白箇所に当てはまる語句として，正しい組合せは次のうちどれか．

	（ア）	（イ）	（ウ）	（エ）	（オ）
(1)	低濃縮ウラン	減速材	沸騰水型	加圧水型	ボイド効果
(2)	高濃縮ウラン	減速材	沸騰水型	加圧水型	ノイマン効果
(3)	プルトニウム	加速材	加圧水型	沸騰水型	キュリー効果
(4)	低濃縮ウラン	減速材	加圧水型	沸騰水型	キュリー効果
(5)	高濃縮ウラン	加速材	沸騰水型	加圧水型	ボイド効果

解説

① 軽水炉は，**低濃縮ウラン** を原子燃料とし，冷却材と **減速材** に軽水を用いた原子炉であり，我が国の商用原子力発電所に広く用いられている．

② この軽水炉には，蒸気を原子炉の中で直接発生する **沸騰水型** 原子炉と蒸気発生器を介して蒸気を作る **加圧水型** 原子炉とがある．

③ 軽水炉では，何らかの原因により原子炉の核分裂反応による熱出力が増加して，炉内温度が上昇した場合でも，それに伴う冷却材沸騰の影響でウラン235 に吸収される熱中性子が自然に減り，原子炉の暴走が抑制される．

これは，**ボイド効果** と呼ばれ，原子炉固有の安全性をもたらす現象の一つとして知られている．

【解答（1）】

重要

ボイド効果：炉温上昇→熱中性子数の減少→出力低下

問題 38 核燃料サイクル

[平成 11 年]

図は，我が国の我が国の軽水型原子力発電における核燃料サイクルの概要を示したものである．図中の空白箇所に記入する字句として，正しいものを組み合わせたのは次のうちどれか．

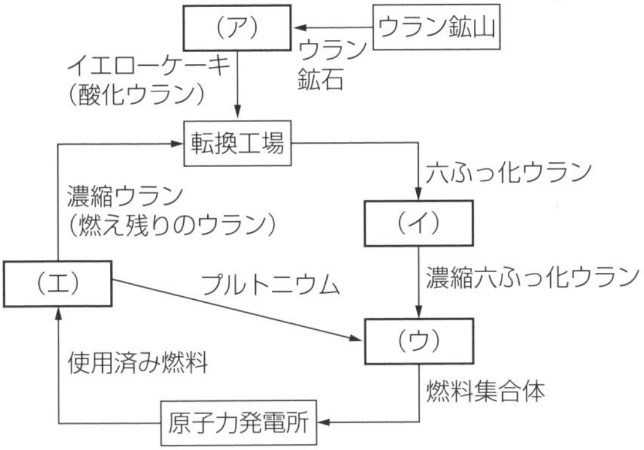

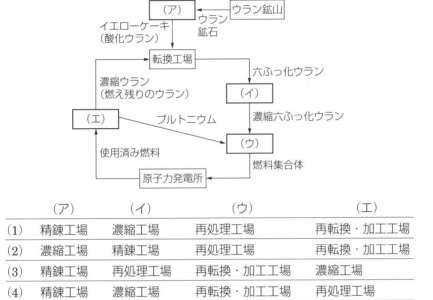

	（ア）	（イ）	（ウ）	（エ）
(1)	精錬工場	濃縮工場	再処理工場	再転換・加工工場
(2)	濃縮工場	精錬工場	再処理工場	再転換・加工工場
(3)	精錬工場	再処理工場	再転換・加工工場	濃縮工場
(4)	精錬工場	濃縮工場	再転換・加工工場	再処理工場
(5)	再転換・加工工場	濃縮工場	精錬工場	再処理工場

解説 ①（ア）はウラン鉱石からイエローケーキにする **精錬工場** である．

②（イ）は六ふっ化ウランを濃縮度 3 ～ 5%程度にする **濃縮工場** である．

③（ウ）は濃縮した六ふっ化ウラン二酸化ウランに変えて焼き固めペレットを作り，金属被覆管に収め燃料棒にする **再転換・加工工場** である．

④（エ）は原子力発電所で使用済みの燃料をプルトニウム，減損ウラン，放射性廃棄物などに分離する **再処理工場** である．

【解答（4）】

重要

精錬→転換→濃縮→再転換・加工→発電所→再処理

問題39 新エネルギー発電等（1）

［平成18年］

電力の発生に関する記述として，誤っているのは次のうちどれか．

（1）地熱発電は，地下から発生する蒸気の持つエネルギーを利用し，タービンで発電する方式である．

（2）廃棄物発電は，廃棄物焼却時の熱を利用して発電を行うもので，最近ではスーパーごみ発電など，高効率化を目指した技術開発が進められている．

（3）太陽光発電は，最新の汽力発電なみの高い発電効率を持つ，クリーンなエネルギー源として期待されている．

（4）燃料電池発電は，水素と酸素を化学反応させ電気エネルギーを発生させる方式で，騒音，振動が小さく分散型電源として期待されている．

（5）風力発電は，比較的安定して強い風が吹く場所に設置されるクリーンな小規模発電として開発され，近年では単機容量の増大が図られている．

解説

① **汽力発電所の効率は40％程度**であるのに対し，**太陽光発電の変換効率は20％以下と低い**．また，太陽電池は温度が高くなると電圧が低下する．

$$\textbf{変換効率} = \frac{\text{出力電気エネルギー}}{\text{入射する光エネルギー}} \times 100\ 〔\%〕$$

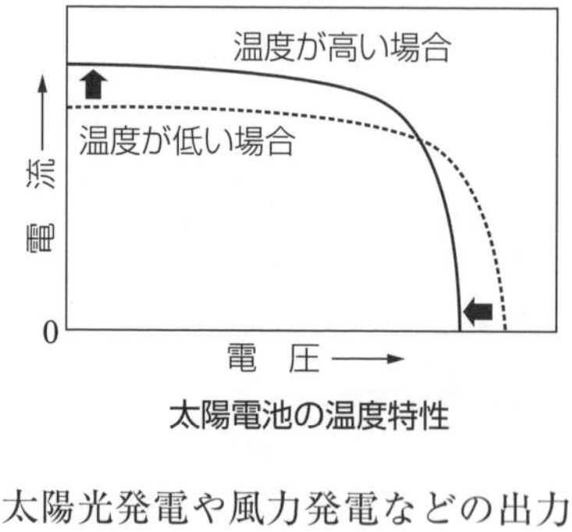

太陽電池の温度特性

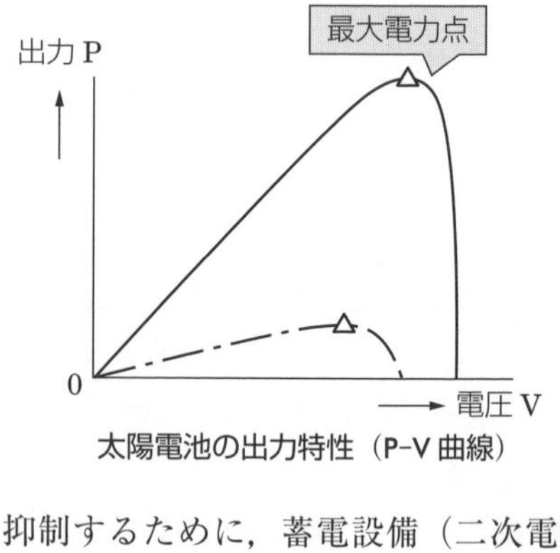

太陽電池の出力特性（P-V曲線）

② 太陽光発電や風力発電などの出力を抑制するために，蓄電設備（二次電池）を併設することが多い．

【解答（3）】

重要 太陽光発電の変換効率は20％以下と低い

問題 40 新エネルギー発電等（2）

［平成 17 年］

各種の発電に関する記述として，誤っているのは次のうちどれか.

(1) 溶融炭酸塩形燃料電池は，電極触媒劣化の問題が少ないことから，石炭ガス化ガス，天然ガス，メタノールなど多様な燃料を容易に使用することができる.

(2) シリコン太陽電池には，結晶系の単結晶太陽電池や多結晶太陽電池と非結晶系のアモルファス太陽電池などがある.

(3) 地熱発電所においては，蒸気井から得られる熱水が混じった蒸気を，直接蒸気タービンに送っている.

(4) 風力発電は，一般に風速に関して発電を開始する発電開始風速（カットイン風速）と停止する発電停止風速（カットアウト風速）が設定されている.

(5) 廃棄物発電は，廃棄物を焼却するときの熱を利用して蒸気を作り，蒸気タービンを回して発電をしている.

解説

① **地熱資源の種類**：地下深部から上昇してくる熱水によって熱が運ばれる**対流形**と，熱水の上昇がなく熱伝導によって熱が運ばれる**高温岩体形**とがあり，商用にはもっぱら対流形が使用されている.

② **対流形の種類**：坑井から蒸気のみ噴出する**蒸気卓越形**と熱水まじりの蒸気が噴出する熱水卓越形とがあり，熱水卓越形では汽水分離器を用いて蒸気を分離し，分離した蒸気で蒸気タービンを回す．したがって，**熱水卓越形では蒸気を直接蒸気タービンに送るわけではない.**

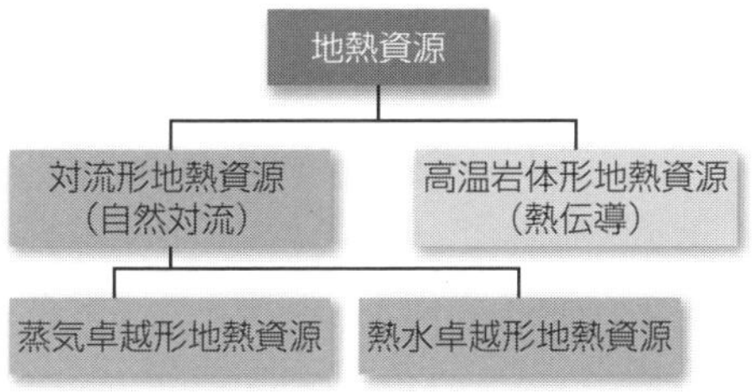

【解答（3）】

重要

地熱発電の熱水形：汽水分離器で蒸気と熱水を分離

問題41 新エネルギー発電等（3）

［平成20年］

電気エネルギーの発生に関する記述として，誤っているのは次のうちどれか.

(1) 風力発電装置は風車，発電機，支持物などで構成され，自然エネルギー利用の形態として注目されているが，発電電力が風速の変動に左右されるという特徴を持つ.

(2) 我が国は火山国でエネルギー源となる地熱が豊富であるが，地熱発電の商用発電所は稼働していない.

(3) 太陽電池の半導体材料として，主に単結晶シリコン，多結晶シリコン，アモルファスシリコンが用いられており，製造コスト低減や変換効率を高めるための研究が継続的に行われている.

(4) 燃料電池は振動や騒音が少ない，大気汚染の心配が少ない，熱の有効利用によりエネルギー利用率を高められるなどの特長を持ち，分散形電源の一つとして注目されている.

(5) 日本はエネルギー資源の多くを海外に依存するので，石油，天然ガス，石炭，原子力，水力など多様なエネルギー源を発電に利用することがエネルギー安定供給の観点からも重要である.

解説

① 地熱発電は，地下のマグマの熱エネルギーを利用する．地下から取り出した蒸気によってタービンを回して発電する方式である.

② 我が国は火山国で，地熱資源を利用した商用の地熱発電は，東北や九州などで実施されている.

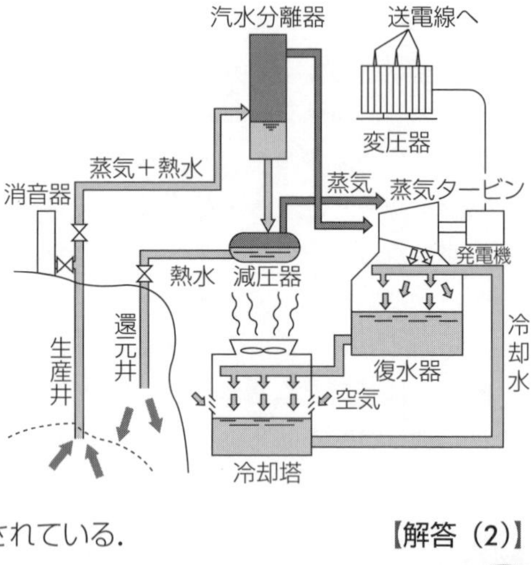

参考 平成29年に類似問題が出題されている.

【解答（2）】

重要 地熱発電は再生可能エネルギーの一種として注目

問題 42 太陽光発電

[平成 23 年]

太陽光発電は，[（ア）]を用いて，光の持つエネルギーを電気に変換している．エネルギー変換時には，[（イ）]のように[（ウ）]を出さない．

すなわち，[（イ）]による発電では，数千万年から数億年間の太陽エネルギーの照射や，地殻における変化などで優れた燃焼特性になった燃料を電気エネルギーに変換しているが，太陽光発電では変換効率は低いものの，光を電気エネルギーへ瞬時に変換しており長年にわたる[（エ）]の積み重ねにより生じた資源を消費しない．そのため環境への影響は小さい．

上記の記述中の空白箇所（ア），（イ），（ウ）および（エ）に当てはまる組合せとして，最も適切なものを次の（1）～（5）のうちから一つ選べ．

	（ア）	（イ）	（ウ）	（エ）
（1）	半導体	化石燃料	排気ガス	環境変化
（2）	半導体	原子燃料	放射線	大気の対流
（3）	半導体	化石燃料	放射線	大気の対流
（4）	タービン	化石燃料	廃熱	大気の対流
（5）	タービン	原子燃料	排気ガス	環境変化

解説

太陽光発電の発電原理：半導体の pn 接合部に光が当たると接合面に正孔と電子の対ができ，正孔は p 側に，電子は n 側に移動して**光起電力効果**により電位差ができ，両電極を接続すると直流電流が流れる（1 セル当たり 0.6 V）．

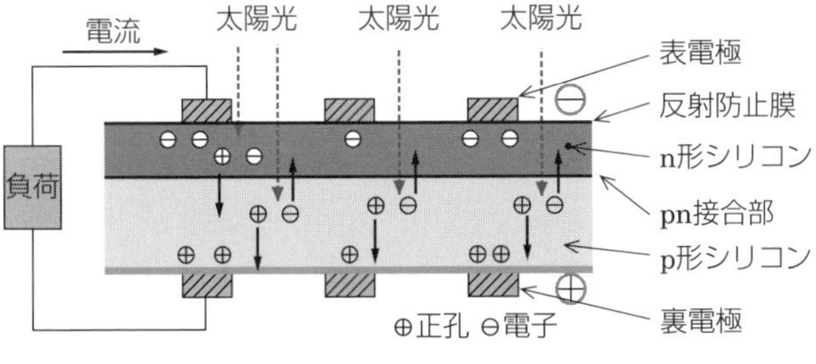

【解答（1）】

太陽電池アレイ：複数の太陽電池セルを直・並列接続

重要

問題43 風力発電と太陽光発電

[平成16年]

風力発電および太陽光発電に関する記述として，誤っているのは次のうちどれか.

(1) 自然エネルギーを利用したクリーンな発電方式であるが，現状では発電コストが高い.

(2) エネルギー源は地球上どこにでも存在するが，エネルギー密度が低い.

(3) 気象条件による出力の変動が大きく，電力への変換効率が低い.

(4) 太陽電池の出力は直流であり，一般の用途にはインバータによる変換が必要である.

(5) 風車によって取り出せるエネルギーは，風車の受風面積および風速にそれぞれ正比例する.

解説 ① 風力発電と太陽光発電は自然エネルギーを使用しているため，それ自体二酸化炭素の排出もなくクリーンな発電方式である.

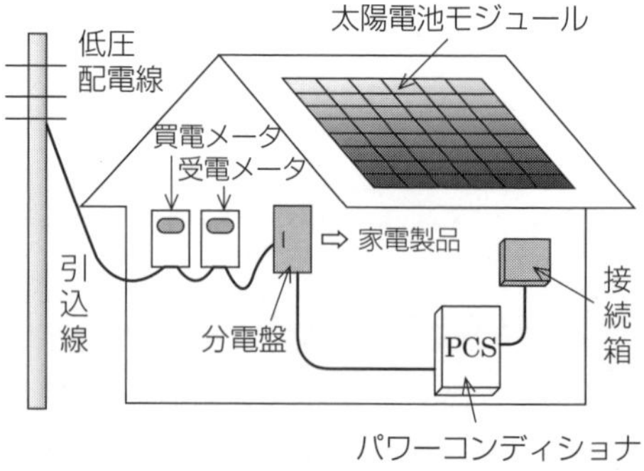

② 現状では発電電力量当たりのコストが高く，エネルギー密度が低い.

③ 風力発電では無風時や台風などの強風時には発電できず，太陽光発電では，曇天・雨天時，パネルに積雪した場合は発電量が低下し，夜間の発電はできない.

④ 太陽光発電の出力は直流のため，インバータによって交流に変換する.

⑤ 風車によって取り出せるエネルギーは，**風車の受風面積に比例し**，**風速の3乗に比例**する（風力発電の最大効率は40%程度).

⑥ 風力発電の翼が風を切ることによって発生する低周波音による騒音対策は，翼の形を工夫する.

参考 平成24年に類似問題が出題されている.

【解答 (5)】

重要 風車のエネルギーは受風面積と風速で決まる

[平成22年]

問題44 風力発電

次の文章は，風力発電に関する記述である．

風として運動している同一質量の空気が持っている運動エネルギーは，風速の　(ア)　乗に比例する．また，風として風力発電機の風車面を通過する単位時間当たりの空気の量は，風速の　(イ)　乗に比例する．したがって，風車面を通過する空気の持つ運動エネルギーを電気エネルギーに変換する風力発電機の変換効率が風速によらず一定とすると，風力発電機の出力は風速の　(ウ)　乗に比例することとなる．

上記の記述中の空白箇所（ア），（イ）および（ウ）に当てはまる数値として，正しいものを組み合わせたのは次のうちどれか．

	（ア）	（イ）	（ウ）
(1)	2	2	4
(2)	2	1	3
(3)	2	0	2
(4)	1	2	3
(5)	1	1	2

解説

① 質量を m〔kg〕，風速を v〔m/s〕とすると，運動エネルギー $W=\frac{1}{2}mv^2$〔J〕となり，**風速の2乗に比例**する．

② 力発電機の風車面を通過する空気量 Q は，風速を v〔m/s〕，受風面積を S〔m^2〕とすると，$Q=vS$〔m^3/s〕となり，**風速の1乗に比例**する．

③ t〔s〕間に通過する空気の質量は，空気の密度を ρ〔kg/m^3〕とすると

$\frac{m}{t}=\rho Q=\rho vS$〔kg/s〕であるので，風力発電機の出力 P は

$P=\frac{W}{t}=\frac{1}{2}\frac{m}{t}v^2=\frac{1}{2}\rho Sv^3$〔W〕で，**風速の3乗に比例**する．

【解答 (2)】

重要

風車発電機の出力は風速の3乗に比例する

［平成 14 年］

問題 45 風力発電と誘導発電機

中小水力や風力発電に使用されている誘導発電機の特徴について，同期発電機と比較した記述として，誤っているのは次のうちどれか．

(1) 励磁装置が不要で，建設および保守のコスト面で有利である．
(2) 始動，系統への並列などの運転操作が簡単である．
(3) 負荷や系統に対して遅れ無効電力を供給することができる．
(4) 単独で発電することができず，電力系統に並列して運転する必要がある．
(5) 系統への並列時に大きな突入電流が流れる．

解説

① 誘導発電機は，同期発電機に必要な励磁装置が不要でコストが安い．
② 同期をとる必要がなく，始動や系統への並列などの運転操作が簡単である．
③ 誘導発電機は，発電機の容量の増大とともに無効電力の消費が増加する．
④ 単独運転ができないため，電力系統に並列して運転する必要がある．
⑤ 系統並列時に大きな突入電流が流れるため，限流リアクトルを設置し，電圧変動を抑制する必要がある．

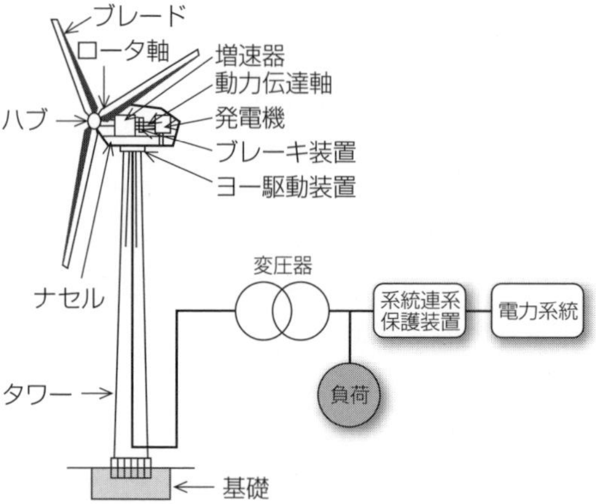

【解答（3）】

誘導発電機は単独運転と無効電力の調整ができない 重要

[平成 15 年]

問題46 燃料電池

燃料電池に関する記述として，誤っているのは次のうちどれか．

(1) 水の電気分解と逆の化学反応を利用した発電方式である．

(2) 燃料は外部から供給され，直接，交流電力を発生する．

(3) 燃料として，水素，天然ガス，メタノールなどが使用される．

(4) 太陽光発電や風力発電に比べて，発電効率が高い．

(5) 電解質により，りん酸形，溶融炭酸塩形，固体高分子形などに分類される．

解説

① **燃料電池の原理**：燃料電池（FC：Fuel Cell）は，水素と酸素とを化学反応させる**水の電気分解の逆反応を利用**して，直流を取り出す．

水素（H_2）＋ 酸素 $\left(\frac{1}{2}O_2\right)$ → 水（H_2O）＋電気エネルギー

負極（水素）　正極（酸素）

- **負極の水素**：天然ガス，メタノール，ナフサなどの燃料を改質して得る．
- **正極の酸素**：空気中の酸素を利用する．

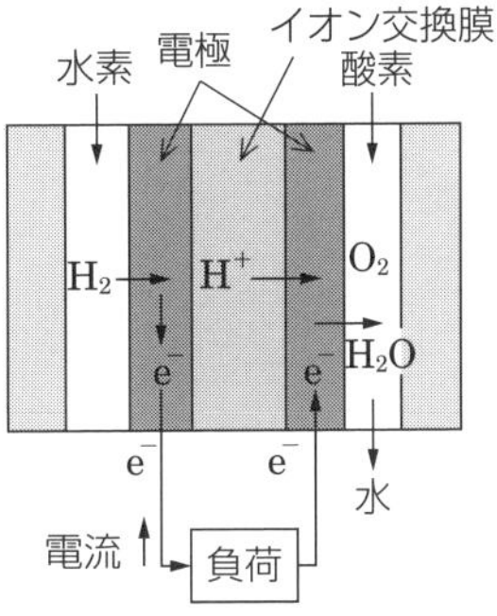

② **燃料電池の特徴**

- 燃料電池は使用する電解質の種類で分類され，りん酸形，溶融炭酸塩形，固体高分子形，固体酸化物形がある．
- 固体高分子形は 80 ～ 100℃で動作し，家庭用などに使われている．
- 発電効率が高い（りん酸形で 40 ～ 45%，溶融炭酸塩形で 50 ～ 65%）．
- 得られた**直流を交流に変換するためにはインバータが必要**である．

【解答（2）】

重要　燃料電池の発電原理は水の電気分解の逆反応を利用

問題47 バイオマス発電

［平成21年］

バイオマス発電は，植物などの［（ア）］性資源を用いた発電と定義することができる．森林樹木，サトウキビなどはバイオマス発電用のエネルギー作物として使用でき，その作物に吸収される［（イ）］量と発電時の［（イ）］発生量を同じとすることができれば，環境に負担をかけないエネルギー源となる．ただ，現在のバイオマス発電では，発電事業として成立させるためのエネルギー作物などの［（ウ）］確保の問題や［（エ）］をエネルギーとして消費することによる作物価格への影響が課題となりつつある．

上記の記述中の空白箇所（ア），（イ），（ウ）および（エ）に当てはまる語句として，正しいものを組み合わせたのは次のうちどれか．

	（ア）	（イ）	（ウ）	（エ）
(1)	無機	二酸化炭素	量的	食料
(2)	無機	窒素化合物	量的	肥料
(3)	有機	窒素化合物	質的	肥料
(4)	有機	二酸化炭素	質的	肥料
(5)	有機	二酸化炭素	量的	食料

解説

① **バイオマスの種類**：バイオマスには，廃棄物系バイオマス（家畜糞尿など）とエネルギー作物系バイオマス（木材・サトウキビなど）とがある．

② **カーボンニュートラル**：バイオマスを燃焼させると二酸化炭素を発生するが，これは植物の光合成により大気中の二酸化炭素を炭素として固定していたものである．したがって，燃焼により大気中の二酸化炭素が増えるわけではない．

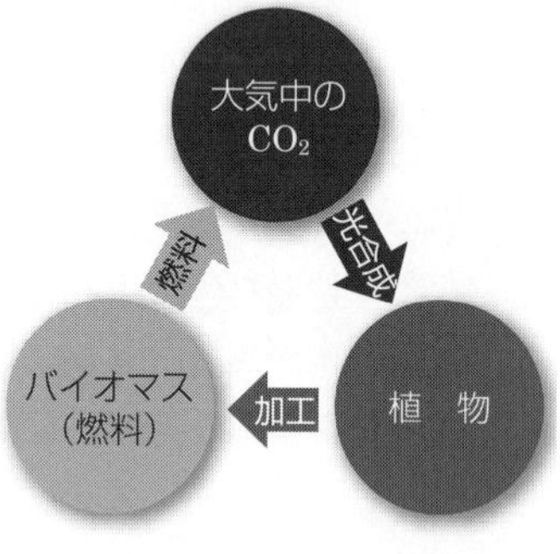

参考 平成29年に類似問題が出題されている．

【解答（5）】

重要 バイオマス発電はカーボンニュートラル

ここが肝心！基礎固め！

5 変電所の主要設備と役割

変電所の設備の主役は変圧器であるが，その他にもさまざまな設備が設置されており，主要設備の役割は下表のとおりである．

主要設備	設備名	役割など
変圧器	単相変圧器 三相変圧器	送電では昇圧，受電では降圧し，送配電に適した電圧に変換・調整（LRT など）する．
開閉設備	断路器（DS）	無負荷回路の開閉を行う． （負荷電流の開閉機能はない！）
	遮断器（CB）	①常時は系統の切替えをして電力潮流を調整し，事故時は故障電流の遮断を行う． ②短絡電流の遮断時に発生するアークを消弧するため，六ふっ化硫黄（SF_6）ガスを用いたガス遮断器や真空遮断器などがある．
調相設備	電力用コンデンサ（SC） 分路リアクトル（ShR） 同期調相機 静止形無効電力補償装置（SVC）	①電圧調整と力率改善のための無効電力を調整する． ②遅れ力率の改善には SC を，進み力率の改善には ShR を使用する． ③同期調相機と SVC は，負荷が遅れ力率でも進み力率でも連続的に改善できる． ④同期調相機は，負荷に応じて界磁電流を調整する．
変成器	計器用変圧器（VT）	①高電圧を 110 V に変成し，電圧計や継電器と接続する． ②二次側は短絡してはならない． （一次側のヒューズの溶断を招く）
	変流器（CT）	①大電流を 5 A に変成し，電流計や継電器と接続する． ②二次側は開放してはならない． （一次側が励磁電流のみとなり焼損に至る）
避雷設備	避雷器（LA） サージアブソーバ	①保護される機器の電圧端子と大地間に設置し，異常電圧が加わったときに波高値を低減して機器を保護する． ②落雷を防止する機能はない．
ガス絶縁開閉装置（GIS）		①遮断器，断路器，母線などを金属容器に収納し，六ふっ化硫黄（SF_6）ガスを封入してコンパクト化を図ったもので，縮小形変電所に適用されている． ②高信頼度であるが，内部故障時の復旧時間は長くなる．

[平成 21 年]

問題 48 変電所の役割と機能

電力系統における変電所の役割と機能に関する記述として，誤っているのは次のうちどれか.

(1) 構外から送られる電気を，変圧器やその他の電気機械器具などにより変成し，変成した電気を構外に送る.

(2) 送電線路で短絡や地絡事故が発生したとき，保護継電器により事故を検出し，遮断器にて事故回線を系統から切り離し，事故の波及を防ぐ.

(3) 送変電設備の局部的な過負荷運転を避けるため，開閉装置により系統切換を行って電力潮流を調整する.

(4) 無効電力調整のため，重負荷時には分路リアクトルを投入し，軽負荷時には電力用コンデンサを投入して，電圧をほぼ一定に保持する.

(5) 負荷変化に伴う供給電圧の変化時に，負荷時タップ切換変圧器などにより電圧を調整する.

解説

① 無効電力調整のため，重負荷時（遅れ力率）には電力用コンデンサ（SC）を投入し，軽負荷時（進み力率）には分路リアクトル（ShR）を投入して，電圧を一定に保持する.

② 周波数変換所や直流送電のための交直変換所も変電所の一種である.

参考 令和元年に類似問題が出題されている.

【解答（4）】

重要

電力用コンデンサ←反対の作用→分路リアクトル

点数アップ♪

ワンポイント知識 — SVC による制御

① **静止形無効電力補償装置（SVC）の構成**：電力用コンデンサ，分路リアクトル，光サイリスタから構成されている.

② **SVCによる無効電流の制御**：電力用コンデンサまたは分路リアクトルの電流を半導体スイッチで高速かつ連続的に制御し，遅れ力率から進み力率に至るまで対応できる.

[平成20年]

問題49 変電所の設置機器（1）

変電所に設置される機器に関する記述として，誤っているのは次のうちどれか．

(1) 周波数変換装置は，周波数の異なる系統間において，系統または電源の事故後の緊急応援電力の供給や電力の融通などを行うために使用する装置である．

(2) 線路開閉器（断路器）は，平常時の負荷電流や異常時の短絡電流および地絡電流を通電でき，遮断器が開路した後，主として無負荷状態で開路して，回路の絶縁状態を保つ機器である．

(3) 遮断器は，負荷電流の開閉を行うだけではなく，短絡や地絡などの事故が生じたとき事故電流を迅速確実に遮断して，系統の正常化を図る機器である．

(4) 三巻線変圧器は，一般に一次側および二次側をY結線，三次側を△結線とする．三次側に調相設備を接続すれば，送電線の力率調整を行うことができる．

(5) 零相変流器は，三相の電線を一括したものを一次側とし，三相短絡事故や3線地絡事故が生じたときのみ二次側に電流が生じる機器である．

解説

零相変流器（ZCT）は，1線地絡事故など二次側電流のベクトル和が零でない（$\dot{I}_a+\dot{I}_b+\dot{I}_c \neq 0$）場合に，二次側に零相電流が流れる機器である．なお，三相短絡時には，$\dot{I}_a+\dot{I}_b+\dot{I}_c=0$ となるため，ZCTの二次側には電流は流れない．

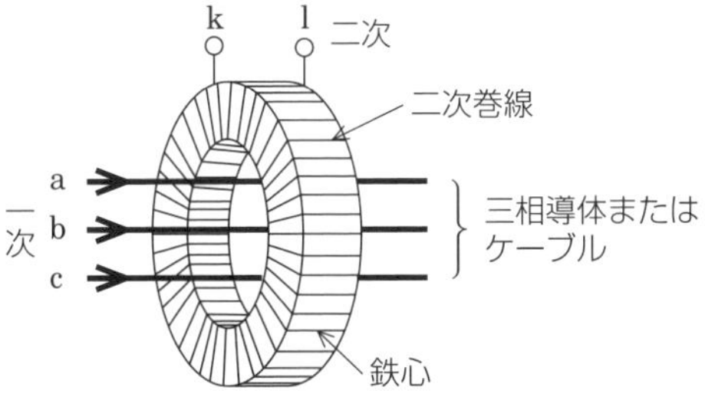

【解答（5）】

零相変流器（ZCT）は地絡電流（零相電流）を検出 重要

問題 50　変電所の設置機器（2）

［平成 18 年］

変電所に設置される機器に関する記述として，誤っているのは次のうちどれか.

(1) 活線洗浄装置は，屋外に設置された変電所のがいしを常に一定の汚損度以下に維持するため，台風が接近している場合や汚損度が所定のレベルに達したときなどに充電状態のまま注水洗浄が行える装置である.

(2) 短絡，過負荷，地絡を検出する保護継電器は，系統や機器に事故や故障などの異常が生じたとき，速やかに異常状況を検出し，異常箇所を切り離す指示信号を遮断器に送る機器である.

(3) 負荷時タップ切換変圧器は，電源電圧の変動や負荷電流による電圧変動を補償して，負荷側の電圧をほぼ一定に保つために，負荷状態のままタップ切換えを行える装置を持つ変圧器である.

(4) 避雷器は，誘導雷および直撃雷による雷過電圧や電路の開閉などで生じる過電圧を放電により制限し，機器を保護するとともに直撃雷の侵入を防止するために設置される機器である.

(5) 静止形無効電力補償装置（SVC）は，電力用コンデンサと分路リアクトルを組み合わせ，電力用半導体素子を用いて制御し，進相から遅相までの無効電力を高速で連続制御する装置である.

解説

① **避雷器の動作責務**：誘導雷および直撃雷による雷過電圧や電路の開閉などで生じる過電圧を放電により制限し，サージ通過後の商用周波数の続流を遮断する.

② **避雷器**：被保護機器の電圧端子と大地間に設置し，特性要素として ZnO 素子を用いたギャップレスアレスタが主流である.

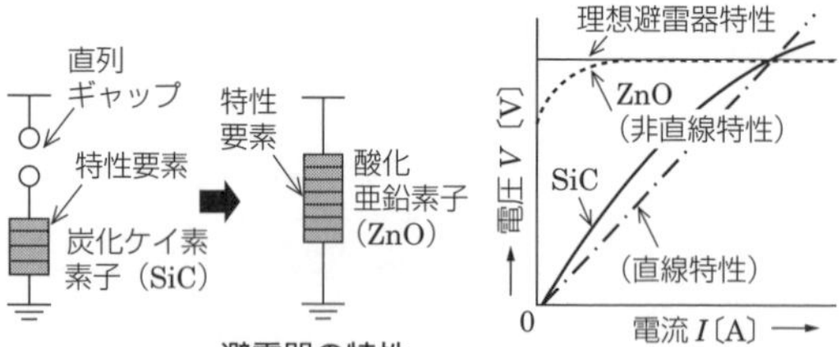

避雷器の特性

【解答（4）】

避雷器には直撃雷の侵入の防止の機能はない　重要

[平成 22 年]

問題 51 変圧器の三相結線

大容量発電所の主変圧器の結線を一次側三角形，二次側星形とするのは，二次側の線間電圧は相電圧の （ア） 倍，線電流は相電流の （イ） 倍であるため，変圧比を大きくすることができ， （ウ） に適するからである．また，一次側の結線が三角形であるから， （エ） 電流は巻線内を環流するので二次側への影響がなくなるため，通信障害を抑制できる．

一次側を三角形，二次側を星形に接続した主変圧器の一次電圧と二次電圧の位相差は， （オ） 〔rad〕である．

上記の記述中の空白箇所（ア），（イ），（ウ），（エ）および（オ）に当てはまる語句，式または数値として，正しいものを組み合わせたのは次のうちどれか．

	（ア）	（イ）	（ウ）	（エ）	（オ）
(1)	$\sqrt{3}$	1	昇圧	第 3 調波	$\frac{\pi}{6}$
(2)	$\frac{1}{\sqrt{3}}$	$\sqrt{3}$	降圧	零相	0
(3)	$\sqrt{3}$	$\frac{1}{\sqrt{3}}$	昇圧	高周波	$\frac{\pi}{3}$
(4)	$\sqrt{3}$	$\frac{1}{\sqrt{3}}$	降圧	零相	$\frac{\pi}{3}$
(5)	$\frac{1}{\sqrt{3}}$	1	昇圧	第 3 調波	0

解説

① Y結線は，**線間電圧は相電圧の$\sqrt{3}$倍**となり，**線電流＝相電流**となる．

② Y結線は，変圧比が大きく**角変位は$\pi/6$〔rad〕進み**で，**昇圧**に適している．

③ 一次側の△結線部は**第 3 調波**電流を環流させられ，起電力は正弦波となる（Y-Y結線は，相電圧に第三調波を含み，中性点を接地すると第三調波電流が線路の静電容量を介して大地に流れる．これによって，通信線に電磁誘導障害を引き起こす．→対策は，Y-Y-△結線とする）． 【解答（1）】

重要 △-Y結線は昇圧用，Y-△結線は降圧用

問題 52 中性点接地方式（1）

[平成 17 年]

送配電線路に接続する変圧器の中性点接地方式に関する記述として，誤っているのは次のうちどれか．

(1) 非接地方式は，高圧配電線路で広く用いられている．

(2) 消弧リアクトル接地方式は，電磁誘導障害が小さいという特長があるが，設備費は高めになる．

(3) 抵抗接地方式は，変圧器の中性点を 100 Ω から 1 kΩ 程度の抵抗で接地する方式で，66 kV から 154 kV の送電線路に主に用いられている．

(4) 直接接地方式や低抵抗接地方式は，接地線に流れる電流が大きくなり，その結果として電磁誘導障害が大きくなりがちである．

(5) 直接接地方式は，変圧器の中性点を直接大地に接続する方式で，その簡便性から電圧の低い送電線路や配電線路に広く用いられている．

解説

① **直接接地方式**：地絡事故時に地絡電流は大きいが，健全相の電位上昇が少ないため絶縁レベルを低減できる．この特長を生かして電圧の高い**超高圧送電系統**（187 kV 以上）で採用されている．

② **抵抗接地方式**：直接接地方式と非接地方式の中間的な特性を持ち，154 kV 以下の送電系統で採用されている．

③ **消弧リアクトル接地方式**：対地静電容量との並列共振を利用しているため，地絡電流が最も小さい．このため，地絡事故時の通信線に対する電磁誘導障害が少ない．

④ **非接地方式**：地絡事故時に地絡電流が小さく地絡の検出が困難であるが，通信線への電磁誘導障害が発生しにくい．この特長を生かして **6.6 kV 高圧配電系統**では**△結線の非接地方式**が採用されており，1 線地絡電流は数～数十〔A〕であり，通信障害もほとんど問題にならない．

参考 平成 26 年に類似問題が出題されている．

【解答（5）】

重要

直接接地方式⇔超高圧系統，非接地方式⇔配電系統

問題 53 中性点接地方式（2）

[平成 22 年]

一般に，三相相配電線に接続される変圧器はY-△結線されることが多く，Y結線の中性点は接地インピーダンス Z_n で接地される．この接地インピーダンス Z_n の大きさや種類によって種々の接地方式がある．中性点の接地方式に関する記述として，誤っているのは次のうちどれか．

(1) 中性点接地の主な目的は，1 線地絡などの故障に起因する異常電圧（過電圧）の発生を抑制したり，地絡電流を抑制して故障の拡大や被害の軽減を図ることである．中性点接地インピーダンスの選定には，故障点のアーク消弧作用，地絡リレーの確実な動作などを勘案する必要がある．

(2) 非接地方式（$Z_n \to \infty$）では，1 線地絡時の健全相電圧上昇倍率は大きいが，地絡電流の抑制効果が大きいのがその特徴である．我が国では，一般の需要家に供給する 6.6 kV 配電系統においてこの方式が広く採用されている．

(3) 直接接地方式（$Z_n \to 0$）では，故障時の異常電圧（過電圧）倍率が小さいため，我が国では，187 kV 以上の超高圧系統に広く採用されている．一方，この方式は接地が簡単なため，我が国の 77 kV 以下の下位系統でもしばしば採用されている．

(4) 消弧リアクトル接地方式は，送電線の対地静電容量と並列共振するように設定されたリアクトルで接地する方式で，1 線地絡時の故障電流はほとんど零に抑制される．このため，遮断器によらなくても地絡故障が自然消滅する．しかし，調整が煩雑なため近年この方式の新たな採用は多くない．

(5) 抵抗接地方式（Z_n = ある適切な抵抗値 R〔Ω〕）は，我が国では主として 154 kV 以下の送電系統に採用されており，中性点抵抗により地絡電流を抑制して，地絡時の通信線への誘導電圧抑制に大きな効果がある．しかし，地絡リレーの検出機能が低下するため，何らかの対応策を必要とする場合もある．

解説 直接接地方式が採用されるのは，**187 kV 以上の超高圧系統**である．**154 kV 以下の送電系統**には抵抗接地方式や消弧リアクトル接地方式が採用され，6.6 kV の配電系統は非接地方式である．

【解答（3）】

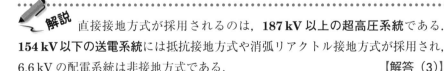

重要 **直接接地方式の採用は超高圧系統と 400 V 配電**

問題 54 調相設備（1）

[平成 18 年]

交流送配電系統では，負荷が変動しても受電端電圧値をほぼ一定に保つために，変電所などに力率を調整する設備を設置している．この装置を調相設備という．

調相設備には，（ア），（イ），同期調相機などがある．（ウ）には（ア）により調相設備に進相負荷をとらせ，（エ）には（イ）により遅相負荷をとらせて，受電端電圧を調整する．同期調相機は界磁電流を調整することにより，上記いずれの調整も可能である．

上記の記述の空白箇所に当てはまる語句として，正しいものを組み合わせたのは次のうちどれか．

	（ア）	（イ）	（ウ）	（エ）
(1)	電力用コンデンサ	分路リアクトル	重負荷時	軽負荷時
(2)	電力用コンデンサ	分路リアクトル	軽負荷時	重負荷時
(3)	直列リアクトル	電力用コンデンサ	重負荷時	軽負荷時
(4)	分路リアクトル	電力用コンデンサ	軽負荷時	重負荷時
(5)	電力用コンデンサ	直列リアクトル	重負荷時	軽負荷時

解説 調相設備は，**負荷と並列に接続**して力率を改善し，皮相電力を小さくする働きをする．調相設備の設置により，系統電圧の適正維持・電力損失の軽減・送電容量の確保を図ることができる．

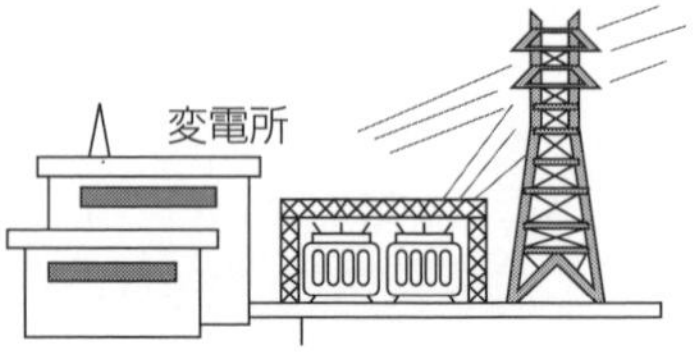

調相設備の比較

比較項目	電力用コンデンサ	分路リアクトル	同期調相機
無効電力の吸収能力	進相用 （遅れ負荷に適用）	遅相用 （進み負荷に適用）	進相～遅相用
調整段階	段階的	段階的	連続
電圧維持能力	同期調相機より小	同期調相機より小	大

参考 平成 24 年に類似問題が出題されている．

【解答（1）】

重要 調相設備は電圧・電力損失・送電容量面で効果を発揮

[平成 16 年]

問題 55 調相設備（2）

一般に電力系統では，受電端電圧を一定に保つため，調相設備を負荷と （ア） に接続して無効電力の調整を行っている．

電力用コンデンサは力率を （イ） ために用いられ，分路リアクトルは力率を （ウ） ために用いられる．

同期調相機は，その （エ） を加減することによって，進みまたは遅れの無効電力を連続的に調整することができる．

静止形無効補償装置は， （オ） でリアクトルに流れる電流を調整することにより，無効電力を高速に制御することができる．

上記の記述中の空白箇所に記入する語句として，正しいものを組み合わせたのは次のうちどれか．

	（ア）	（イ）	（ウ）	（エ）	（オ）
(1)	並列	進める	遅らせる	界磁電流	半導体スイッチ
(2)	直列	遅らせる	進める	電機子電流	半導体整流装置
(3)	並列	遅らせる	進める	界磁電流	半導体スイッチ
(4)	直列	進める	遅らせる	電機子電流	半導体整流装置
(5)	並列	遅らせる	進める	電機子電流	半導体スイッチ

解説 4 種類の調相設備のポイントは，次のとおりである．

① **電力用コンデンサ(SC)**：遅れ力率負荷に並列に接続→力率を進める．

② **分路リアクトル(ShR)**：進み力率負荷に並列に接続→力率を遅らせる．

③ **同期調相機(RC)**：負荷に並列に接続して界磁電流を調整→遅れ力率のときは力率を進め，進み力率のときは力率を遅らせる．

④ **静止形無効電力補償装置(SVC)**：半導体スイッチにより電流を調整→遅れ力率のときは力率を進め，進み力率のときは力率を遅らせる．

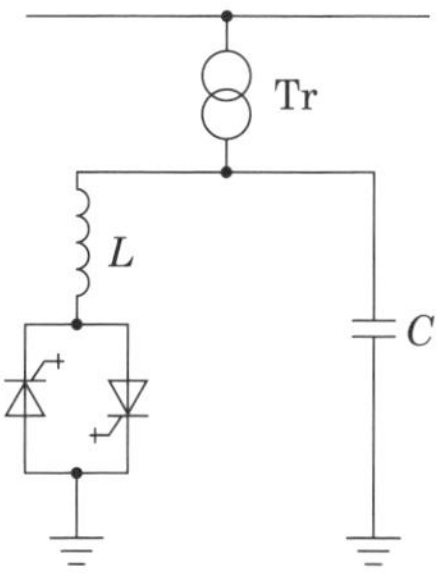

【解答（1）】

重要 調相設備→負荷に並列に接続して使用する

[平成 23 年]

問題 56 リアクトルの種類

受変電設備や送配電設備に設置されるリアクトルに関する記述として，誤っているものを次の (1) ～ (5) のうちから一つ選べ．

(1) 分路リアクトルは，電力系統から遅れ無効電力を吸収し，系統の電圧調整を行うために設置される．母線や変圧器の二次側・三次側に接続し，負荷変動に応じて投入したり切り離したりして使用される．

(2) 限流リアクトルは，系統故障時の故障電流を抑制するために用いられる．保護すべき機器と直列に接続する．

(3) 電力用コンデンサに用いられる直列リアクトルは，コンデンサ回路投入時の突入電流を抑制し，コンデンサによる高調波障害の拡大を防ぐことで，電圧波形のひずみを改善するために設ける．コンデンサと直列に接続し，回路に並列に設置する．

(4) 消弧リアクトルは，三相電力系統において送電線路にアーク地絡を生じた場合，進相電流を補償し，アークを消滅させ，送電を継続するために用いられる．三相変圧器の中性点と大地間に接続する．

(5) 補償リアクトル接地方式は，66 kV から 154 kV の架空送電線において，対地静電容量によって発生する地絡故障時の充電電流による通信機器への影響を抑制するために用いられる．中性点接地抵抗器と直列に補償リアクトルを接続する．

解説

① 架空送電線と比べ，地中送電線は電力ケーブルを使用しているため，対地静電容量は数十倍と大きい．このため，地絡電流は，中性点接地抵抗器に流れる有効電流と大きな充電電流（無効電流）とのベクトル和となる．

② **補償リアクトル**は，中性点接地抵抗器に並列に施設して，充電電流を補償し，誘導障害の軽減，保護継電器の動作の確実化を図るものである．

【解答 (5)】

重要 補償リアクトル接地方式→抵抗とリアクトルを並列

[平成 28 年]

問題 57 遮断器の特徴

遮断器に関する記述として，誤っているものはどれか.

(1) 遮断器は，送電線路の運転・停止，故障電流の遮断などに用いられる.

(2) 遮断器では一般的に，電流遮断時にアークが発生する．ガス遮断器では圧縮ガスを吹き付けることで，アークを早く消弧することができる.

(3) ガス遮断器で用いられる六ふっ化硫黄（SF_6）ガスは温室効果ガスであるため，使用量の削減や回収が求められている.

(4) 電圧が高い系統では，真空遮断器に比べてガス遮断器が広く使われている.

(5) 直流電流には電流零点がないため，交流電流に比べ電流の遮断が容易である.

解説

① 遮断器は送配電線路，変電所母線，電気機器などの短絡故障時にその回路を遮断するものであるが，平常時は回路の開閉操作にも用いられる.

② 遮断器にはいくつかの種類があるが，22 kV 以下のものでは主に真空バルブを有する真空遮断器（VCB）が，22 kV を超えるものには優れた遮断性をもつ SF_6（六ふっ化硫黄）ガスを使用したガス遮断器（GCB）が多く用いられている.

③ 開閉装置類の開閉性能は下表のとおりである．このうち，遮断器は開閉能力が最も優れており，短絡事故や地絡事故が発生したとき継電器が動作し，自動的に遮断する.

種　類	励磁電流	負荷電流	短絡電流	使用目的および使用場所
断路器	○	×	×	**無負荷開閉 遮断器や開閉器の電源側**
開閉器	○	○	×	負荷の開閉
遮断器	○	○	○	**短絡電流～小電流の開閉**
ヒューズ	×	×	○	回路の保護

④ 交流電流は半サイクルごとに電流零点があるが，**直流電流**にはこれがないので**電流の遮断は困難**である.

【解答（5）】

重要

交流電流⇒半サイクルごとの電流零点で遮断が容易

[平成 15 年]

問題 58 ガス絶縁開閉装置（1）

ガス絶縁開閉装置（GIS）は，金属容器に遮断器，断路器，母線などを収納し，絶縁耐力および消弧性能の優れた［（ア）］を充填したもので，充電部を支持するスペーサなどの絶縁物には，主に［（イ）］が用いられる．また，気中絶縁の設備に比べて GIS には次のような特徴がある．

① コンパクトである．

② 充電部が密閉されており，安全性が高い．

③ 大気中の汚染物などの影響を受けないため，信頼性が［（ウ）］．

④ 内部事故時の復旧時間が［（エ）］．

上記の空白箇所に記入する語句として，正しい組合せは次のうちどれか．

	（ア）	（イ）	（ウ）	（エ）
(1)	SF_6 ガス	磁器がいし	高い	短い
(2)	SF_6 ガス	エポキシ樹脂	高い	長い
(3)	SF_6 ガス	エポキシ樹脂	低い	短い
(4)	窒素ガス	磁器がいし	低い	長い
(5)	窒素ガス	エポキシ樹脂	高い	短い

解説 ガス絶縁開閉装置（GIS）の重要なキーワードは，次のとおりである．

絶　縁	六ふっ化硫黄（SF_6）ガス＋エポキシ樹脂スペーサ
コンパクト	相間と対地間の絶縁距離を減少でき装置と建物を縮小化できる
品質面	高信頼度で環境調和性が優れている
安全面	充電露出部がなく金属容器部を接地しているため感電の危険性がほとんどない
工事・保守	工期が短縮でき保守点検の省力化が図れる
事故復旧	内部事故時は復旧時間が長い

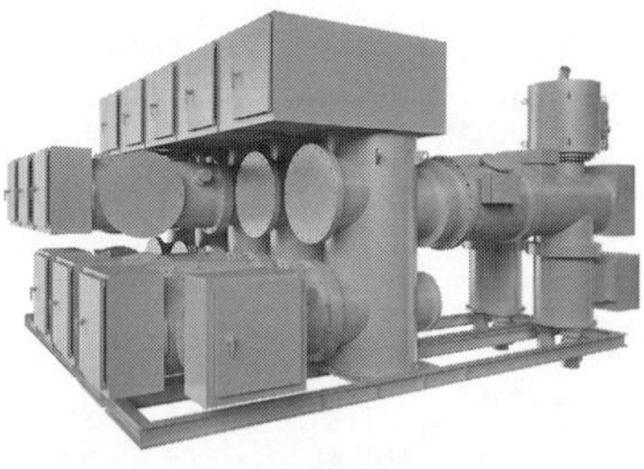

写真提供：(株)明電舎「123/145 kV VCB 搭載ガス絶縁開閉装置 V-GIS」

参考 平成 24 年に類似問題が出題されている．

【解答（2）】

重要 GIS への収納⇒遮断器＋断路器＋避雷器＋母線など

[平成19年]

問題 59 ガス絶縁開閉装置（2）

ガス絶縁開閉装置に関する記述として，誤っているのは次のうちどれか．

(1) 金属製容器に遮断器，断路器，避雷器，変流器，母線，接地装置などの機器を収納し，絶縁ガスを充填した装置である．

(2) ガス絶縁開閉装置に充填する絶縁ガスは，六ふっ化硫黄（SF_6）ガスなどが使用される．

(3) 開閉装置が絶縁ガス中に密閉されているため，塩害，塵埃（じんあい）など外部の影響を受けにくい．

(4) ガス絶縁開閉装置はコンパクトに製作でき，変電設備の縮小化が図られる．

(5) 現地の据付け作業後にすべての絶縁ガスの充填を行い，充填後は絶縁試験，動作試験などを実施するため，据付け作業工期は長くなる．

解説

① ガス絶縁開閉装置（GIS）は，工場での複合化により金属容器内に**0.3〜0.6 MPa**の六ふっ化硫黄ガスを封入しオールインワンの構造としている．このため，工場で製作したものをトレーラなどで現地にそのまま輸送して据え付ける．現地でのドライエア処理も不要で，接続作業部分も少なく**据付け作業の工期を短縮**できる．

② ガス絶縁開閉装置の金属容器内部に，金属異物が混入すると，絶縁性能が低下することがあるため，製造時や据え付け時には，金属異物が混入しないように注意しなければならない．

③ 京都議定書では，メタン（CH_4），一酸化二窒素（N_2O），ハイドロフルオロカーボン類（HFCs），パーフルオロカーボン類（PFCs），**六ふっ化硫黄（SF_6）**を含めた6種類を削減すべき**温室効果ガス**と定義している．

④ ガス絶縁開閉装置の**六ふっ化硫黄（SF_6）ガス**は，廃棄の際には確実に回収しなければならない．

⑤ GISは，大都市の地下変電所や塩害対策の開閉装置として適している．

参考 令和元年に類似問題が出題されている．

【解答（5）】

重要 ガス絶縁開閉装置（GIS）の据付け作業は短期間

問題60 断路器

[平成17年]

次の文章は，送変電設備の断路器に関する記述である．

断路器は［(ア)］を持たないため，定格電圧のもとにおいて［(イ)］の開閉をたてまえとしないものである．［(イ)］が流れている断路器を誤って開くと，接触子間にアークが発生して接触子は損傷を受け，焼損や短絡事故を生じる．したがって，誤操作防止のため，直列に接続されている遮断器の開放後でなければ断路器を開くことができないように［(ウ)］機能を設けてある．

なお，断路器の種類によっては，短い線路や母線の［(エ)］およびループ電流の開閉が可能な場合もある．

上記の記述中の空白箇所（ア），（イ），（ウ）および（エ）に記入する語句として，正しいものを組み合わせたのは次のうちどれか．

	(ア)	(イ)	(ウ)	(エ)
(1)	消弧装置	励磁電流	インタロック	地絡電流
(2)	冷却装置	励磁電流	インタロック	充電電流
(3)	消弧装置	負荷電流	インタフェース	地絡電流
(4)	冷却装置	励磁電流	インタフェース	充電電流
(5)	消弧装置	負荷電流	インタロック	充電電流

解説

① 断路器(DS) には電流開閉時に生じるアークを消す**消弧機能がない**

↓

② 断路器は原則として**負荷電流の開閉ができない**(アークによるやけどのおそれ)

↓

③ 電流開閉操作ができないよう**インタロック機能を設けている**

*:短い線路や母線の充電電流，変圧器の励磁電流の開閉が可能な断路器もある．

【解答（5)】

重要 断路器→電流の開閉は原則禁止・無負荷開閉なら可能

問題 61　避雷器と絶縁協調（1）

[平成 16 年]

変電所では主要機器をはじめ多数の電力機器が使用されているが，変電所に異常電圧が侵入したとき，避雷器は直ちに動作して大地に放電し，異常電圧をある値以下に抑制する特性を持ち，機器を保護する．この抑制した電圧を，避雷器の （ア） と呼んでいる．この特性をもとに変電所全体の （イ） の設計を最も経済的，合理的に決めている．これを （ウ） という．

上記の述中の空白箇所に記入する語句して，正しいものを組み合わせたのは次のうちどれか．

	（ア）	（イ）	（ウ）
(1)	制限電圧	機器配置	保護協調
(2)	制御電圧	機器配置	絶縁協調
(3)	制限電圧	絶縁強度	絶縁協調
(4)	制御電圧	機器配置	保護協調
(5)	制御電圧	絶縁強度	絶縁協調

解説

① **放電開始電圧**：避雷器が放電を開始する電圧である．

② **制限電圧**：避雷器が放電しているときの端子間の電圧である．

③ **絶縁協調**：雷サージに対し，設備を構成する機器の絶縁強度に見合った制限電圧の避雷器を設置することにより，絶縁破壊を防止することを絶縁協調という．

④ **避雷器の保護効果**：避雷器の保護効果を高めるためには，保護対象機器の近くに設置するのがよい．

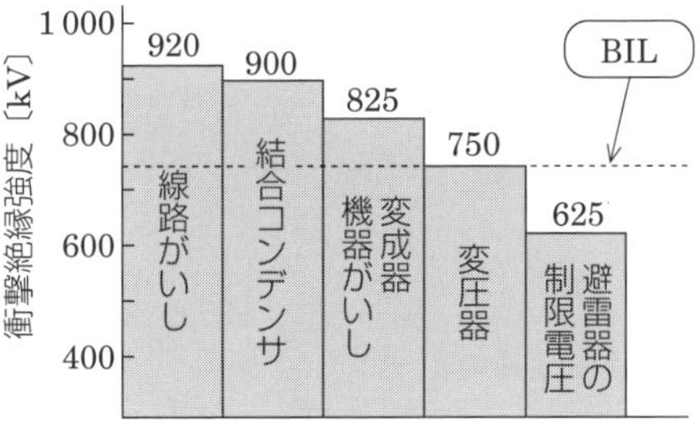

絶縁協調の例

【注意】 BIL：避雷器の制限電圧より余裕を持たせた基準衝撃絶縁強度のこと．

参考 平成 23 年に類似問題が出題されている．　　【解答（3）】

重要 機器類保護のため絶縁協調では避雷器の放電を優先

[平成 28 年]

問題 62 避雷器と絶縁協調（2）

次の文章は，避雷器とその役割に関する記述である．

避雷器とは，大地に電流を流すことで雷または回路の開閉などに起因する ［（ア）］ を抑制して，電気施設の絶縁を保護し，かつ，［（イ）］ を短時間のうちに遮断して，系統の正常な状態を乱すことなく，原状に復帰する機能をもつ装置である．

避雷器には，炭化けい素（SiC）素子や酸化亜鉛（ZnO）素子などが用いられるが，性能面で勝る酸化亜鉛素子を用いた酸化亜鉛形避雷器が，現在，電力設備や電気設備で広く用いられている．なお，発変電所用避雷器では，酸化亜鉛形 ［（ウ）］ 避雷器が主に使用されているが，配電用避雷器では，酸化亜鉛形 ［（エ）］ 避雷器が多く使用されている．

電力系統には，変圧器をはじめ多くの機器が接続されている．これらの機器を異常時に保護するための絶縁強度の設計は，最も経済的かつ合理的に行うとともに，系統全体の信頼度を向上できるよう考慮する必要がある．これを ［（オ）］ という．このため，異常時に発生する ［（ア）］ を避雷器によって確実にある値以下に抑制し，機器の保護を行っている．

上記の記述中の空白箇所に当てはまる組合せとして，正しいものは次のうちどれか．

	（ア）	（イ）	（ウ）	（エ）	（オ）
(1)	過電圧	続　流	ギャップレス	直列ギャップ付き	絶縁協調
(2)	過電流	電　圧	直列ギャップ付き	ギャップレス	電流協調
(3)	過電圧	電　圧	直列ギャップ付き	ギャップレス	保護協調
(4)	過電流	続　流	ギャップレス	直列ギャップ付き	絶縁協調
(5)	過電圧	続　流	ギャップレス	直列ギャップ付き	保護協調

解説 ① 避雷器は，［**過電圧**］ を抑制し，［**続流**］ を短時間に遮断して原状に復帰する．

② 現在の避雷器は，特性要素に電圧－電流特性（**非直線抵抗特性**）の優れた酸化亜鉛形が使用され，発変電用は ［**ギャップレス**］，配電用は ［**直列ギャップ付**］ が多く使用されている．

【解答（1）】

重要

避雷器の役割：過電圧の抑制と続流の遮断

[平成 19 年]

問題 63 避雷器と絶縁協調（3）

電力系統に現れる過電圧（異常電圧）はその発生原因により，外部過電圧と内部過電圧とに分類される．前者は，雷放電現象に起因するもので雷サージ電圧ともいわれる．後者は，電線路の開閉操作などに伴う開閉サージ電圧と地絡事故などに発生する短時間交流過電圧とがある．

各種過電圧に対する電力系統の絶縁設計の考え方に関する記述として，誤っているのは次のうちどれか．

(1) 送電線路の絶縁および発変電所に設置される電力設備などの絶縁は，いずれも原則として内部過電圧に対しては十分に耐えるように設計される．

(2) 架空送電線路の絶縁は，外部過電圧に対しては，必ずしも十分に耐えるように設計されるとは限らない．

(3) 発変電所に設置される電力設備などの絶縁は，外部過電圧に対しては，避雷器によって保護されることを前提に設計される．その保護レベルは，避雷器の制限電圧に基づいて決まる．

(4) 避雷器は，過電圧の波高値がある値を超えた場合，特性要素に電流が流れることにより過電圧値を制限して電力設備の絶縁を保護し，かつ，続流を短時間のうちに遮断して原状に自復する機能を持った装置である．

(5) 絶縁協調とは，送電線路や発変電所に設置される電力設備などの絶縁について，安全性と経済性のとれた絶縁設計を行うために，外部過電圧そのものの大きさを低減することである．

解説

① **絶縁協調**とは，送電線路や発変電所に設置される電力設備などの絶縁について，経済的・合理的に絶縁設計を行うためのもので，**外部過電圧そのものの大きさを低減はできない**．

② **外部過電圧**に対する対策は，架空地線による遮蔽や避雷器の設置によっている．

【解答（5）】

重要

絶縁協調：経済的・合理的な絶縁設計

問題 64 変流器の取扱い

［平成 22 年］

計器用変成器において，変流器の二次端子は，常に （ア） 負荷を接続しておかなければならない．特に，一次電流（負荷電流）が流れている状態では，絶対に二次回路を （イ） してはならない．これを誤ると，二次側に大きな （ウ） が発生し （エ） が過大となり，変流器を焼損するおそれがある．また，一次端子のある変流器は，その端子を被測定線路に （オ） に接続する．

上記の記述中の空白箇所（ア），（イ），（ウ），（エ）および（オ）に当てはまる語句として，正しいものを組み合わせたのは次のうちどれか．

	（ア）	（イ）	（ウ）	（エ）	（オ）
(1)	高インピーダンス	開放	電圧	銅損	並列
(2)	低インピーダンス	短絡	誘導電流	銅損	並列
(3)	高インピーダンス	短絡	電圧	鉄損	直列
(4)	高インピーダンス	短絡	誘導電流	銅損	直列
(5)	低インピーダンス	開放	電圧	鉄損	直列

解説

① 変流器（CT）の二次側は，通常，電流計や継電器など低インピーダンスのもので短絡されている．

② 変流器の二次側を開放すると，一次側電流は全て励磁電流となって，鉄心が磁気飽和し，二次側に過電圧が発生する．

この結果，巻線や鉄心の過熱・焼損事故を招く．

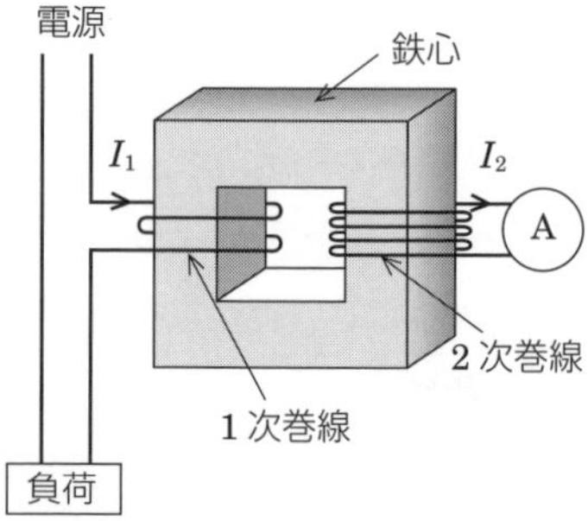

【解答 (5)】

重要 変流器は線路と直列に接続し，二次側は開放禁止

問題 65　過電流継電器の限時特性

［平成 16 年］

図に示す過電流継電器の各種限時特性に対する名称として，正しいものを組み合わせたものはどれか.

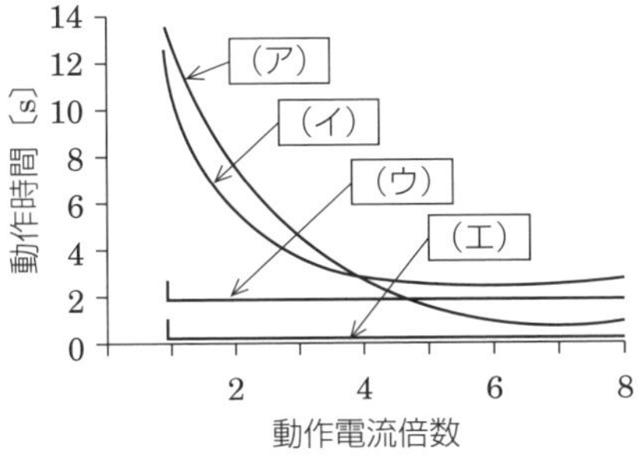

	（ア）	（イ）	（ウ）	（エ）
(1)	反限時	反限時定限時	定限時	瞬限時
(2)	反限時定限時	反限時	定限時	瞬限時
(3)	反限時	定限時	瞬限時	反限時定限時
(4)	定限時	反限時定限時	反限時	瞬限時
(5)	反限時定限時	反限時	瞬限時	定限時

解説

過電流継電器は，過負荷や短絡事故時に動作して遮断器を引き外す.

反限時の意味合いは，動作電流が大きくなると動作時間が短くなる**反比例の特性**で，**定限時の意味合い**は，**動作時間が一定**であることである.

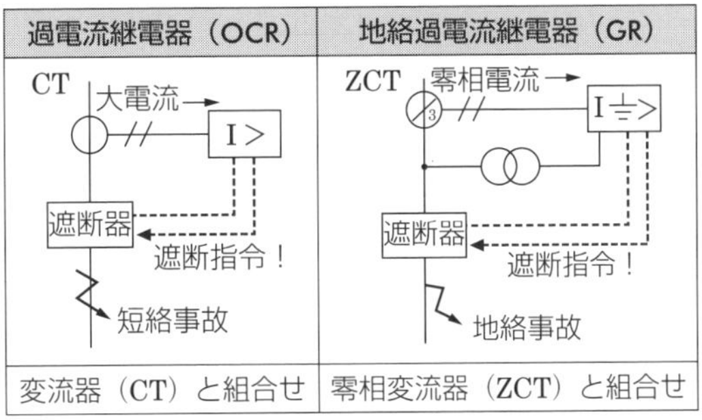

【解答（1）】

重要

過電流継電器の特性＝反限時定限時特性＋瞬限時特性

問題 66 変電所の保護継電器（1）

［平成 27 年］

保護リレーに関する記述として，誤っているものは次のうちどれか．

(1) 保護リレーは電力系統に事故が発生したとき，事故を検出し，事故の位置や種類を識別して，事故箇所を系統から直ちに切り離す指令を出して遮断器を動作させる制御装置である．

(2) 高圧配電線路に短絡事故が発生した場合，配電用変電所に設けた過電流リレーで事故を検出し，遮断器に切り離し指令を出し事故電流を遮断する．

(3) 変圧器の保護に最も一般的に適用される電気式リレーは，変圧器の一次側と二次側の電流の差から異常を検出する差動リレーである．

(4) 後備保護は，主保護不動作や遮断器不良など，何らかの原因で事故が継続する場合に備え，最終的に事故除去する補完保護である．

(5) 高圧需要家に構内事故が発生した場合，同需要家の保護リレーよりも先に配電用変電所の保護リレーが動作して遮断器に切り離し指令を出すことで，確実に事故を除去する．

解説 ① 高圧配電系統の例では，系統に短絡事故や地絡事故が発生したとき，短絡事故では過電流継電器，地絡事故では地絡方向継電器が動作して遮断器で系統を遮断させる．

② 保護方式が CB 形の高圧需要家で短絡事故が発生した場合は，主保護として高圧需要家の過電流継電器が動作して遮断器に引き外し指令を与えて遮断させる．万一，遮断しない場合には，後備保護として配電用変電所の過電流継電器が動作して遮断器に引き外し指令を与えて遮断させる．

③ 変圧器の内部事故の保護には，一般に比率差動継電器が使用される．

④ 後備保護は，主保護が動作しない場合のバックアップの働きをする．このため，主保護の動作時間は短く，後備保護の動作時間は長くしている．

⑤ 高圧需要家に構内事故が発生した場合，**配電用変電所の保護リレーより先に同需要家の保護リレーが動作して遮断器に切り離し指令を出す**ことで，確実に事故を除去する．これが，保護協調の考え方である． 【解答（5）】

重要

需要家構内事故→需要家の保護リレーが先に動作

[平成 14 年]

問題 67 変電所の保護継電器（2）

変電所に使用されている主変圧器の内部故障を確実に検出するためには，電気的な保護継電器や機械的な保護継電器が用いられる．電気的な保護継電器としては，主に （ア） 継電器が用いられ，機械的な保護継電器としては， （イ） の急変や分解ガス量を検出するブッフホルツ継電器， （ウ） の急変を検出する継電器などが用いられる．

また，故障時の変圧器内部の圧力上昇を緩和するために， （エ） が取り付けられている．

上記の記述中の空白箇所に記入する字句として，正しいものを組み合わせたのは次のうちどれか．

	(ア)	(イ)	(ウ)	(エ)
(1)	過電流	油温	振動	減圧弁
(2)	比率差動	油流	油圧	放圧装置
(3)	比率差動	油流	振動	放圧装置
(4)	過電流	油温	振動	減圧弁
(5)	比率差動	油温	油圧	放圧装置

解説

継電器の役割は，以下のとおりである．

① **比率差動継電器** ⇔変圧器の一次電流と二次電流の大きさを変流器（CT）で検出し，動作コイルと抑制コイルに流れる電流の比率 $|(i_1 - i_2)|/i_2$ を検出する．比率が一定以上になると動作する．

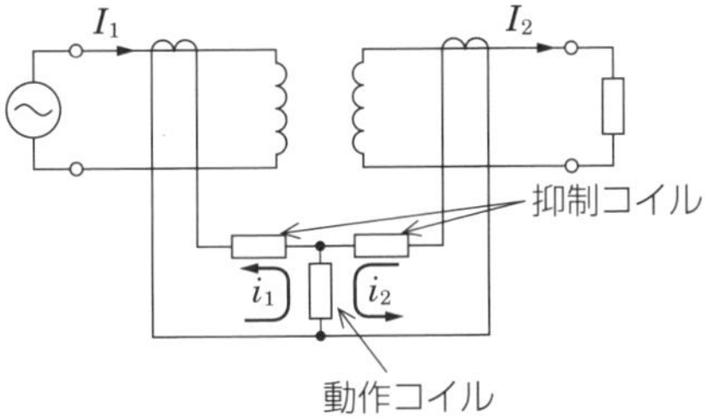

② **ブッフホルツ継電器**

⇔油流の急変や分解ガス量を検出する．

③ **衝撃油圧継電器** ⇔油圧の急変を検出する．

【解答（2）】

比率差動継電器⇒変圧器の内部故障の検出

重要

[平成15年]

問題 68 変電所の保護継電器（3）

配電用変電所における 6.6 kV 非接地方式配電線の一般的な保護に関する記述として，誤っているのは次のうちどれか．

(1) 短絡事故保護のため，各配電線に過電流継電器が設置される．

(2) 地絡事故の保護のため，各配電線に地絡方向継電器が設置される．

(3) 地絡事故の検出のため，6.6 kV 母線には地絡過電圧継電器が設置される．

(4) 配電線の事故時には，配電線引出口遮断器は，事故遮断して一定時間（通常1分）の後に再閉路継電器により自動再閉路される．

(5) 主要変圧器の二次側を遮断させる過電流継電器の動作時限は，各配電線を遮断させる過電流継電器の動作時限より短く設定される．

解説

時限協調の問題であり，過電流継電器の動作時限は配電線の動作時限を変圧器の二次側の動作時限より短くして先に動作させなければならない．【解答（5）】

過電流継電器の動作時限：電源に近いほど長くする 重要

点数アップ♪

ワンポイント知識 — 電力系統の保護継電器

① **過電流継電器**：過負荷・短絡保護に用い，整定値以上の電流で動作する．

② **距離継電器**：故障点までのインピーダンスが一定値以下の場合に動作する．

③ **差動継電器**：保護区間内に流入する電流と流出する電流とのベクトル差が整定値以上になったとき動作する．比率差動継電器は変圧器の内部故障の保護をする．

④ **不足電圧継電器**：一定電圧値以下で動作する．

⑤ **短絡方向継電器**：一定方向に一定値以上の短絡電流が流れた場合に動作する．

[平成 17 年]

問題 69 交流送電

送配電方式として広く採用されている交流三相方式に関する記述として，誤っているのは次のうちどれか．

(1) 三相回路が平衡している場合，三相交流全体の瞬時電力は時間に無関係な一定値となり，単相交流の場合のように脈動しないという利点がある．

(2) 同一材料の電線を使用して，同じ線間電圧で同じ電力を同じ距離に，同じ損失で送電する場合に必要な電線の総重量は，三相 3 線式でも単相 2 線式と同等である．

(3) 電源側をY結線としたうえで，中性線を施設して三相 4 線式とすると，線間電圧と相電圧の両方を容易に取り出して利用できるようになる．

(4) 発電機では，同じ出力ならば，単相の場合に比べるとより小形に設計できて効率がよい．

(5) 回転磁界が容易に得られるため，動力源として三相誘導電動機の活用に便利である．

解説

単相 2 線式の電圧を V，電流を I_2，三相 3 線式の線間電圧を V，電流を I_3，負荷力率を $\cos\theta$ とすると

電力 $P = VI_2\cos\theta = \sqrt{3}\,VI_3\cos\theta \qquad \therefore \quad I_2 = \sqrt{3}\,I_3$

であり，単相 2 線式の電線の抵抗を R_2，三相 3 線式の電線の抵抗を R_3 とすると

電力損失 $p = 2R_2I_2^2 = 3R_3I_3^2 = 2R_2(\sqrt{3}\,I_3)^2 \qquad \therefore \quad R_3 = 2R_2$

電線の抵抗率 ρ，長さ l が両方式で等しく，単相 2 線式の電線の断面積を S_2，三相 3 線式の電線の断面積を S_3 とすると，$S_2 = 2S_3$ となる．電線の総重量比は，**単相 2 線式：三相 3 線式** $= 2S_2 : 3S_3 = 4S_3 : 3S_3 =$ **4：3** となる．

【解答 (2)】

重要 電圧・電力・距離が同じなら単 2 より 3ϕ3W が有利

機械の論説問題

法規の論説問題

ここが肝心！基礎固め！

6 直流送電

1. 直流送電の設備構成

直流送電では，送電側は交流系統の電圧を変圧器で変換に適した電圧とし，順変換器（コンバータ）で交流を直流に変換して送電する．

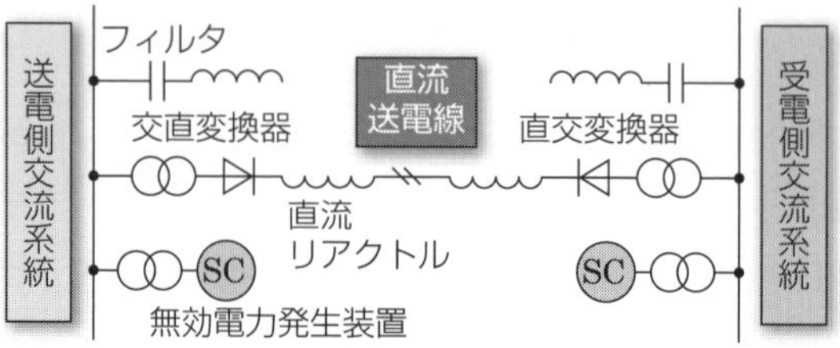

直流送電の設備構成

受電側では，逆変換器（インバータ）で直流を交流に逆変換する．

- **サイリスタバルブ**：交流から直流および直流から交流への変換を行う．
- **直流リアクトル**：直流電流のリップルを平滑化する．
- **高調波フィルタ**：変換器で発生する高調波ひずみを抑制する．

2. 直流送電の長所と短所

直流送電の交流送電に対する長所と短所は，下表のとおりである．

長　所	短　所
①安定度の問題がないため，送電線の熱的許容電流まで送電できる． ②対地間の**絶縁強度を交流の $1/\sqrt{2}$ 倍に低減**でき，長距離線路で有利である． ③異周波系統の非同期連系が可能である． ④サイリスタバルブによる潮流制御が容易で，短絡容量が増加しない． ⑤表皮効果による電線抵抗の増加がなく，架空電線ではコロナ損も小さい． ⑥静電容量の影響を受けず，充電電流が流れないことから，絶縁物での誘電体損がなく，ケーブルでの送電に適する． ⑦２条での送電が可能である．	①**変換装置が高価**なため，短距離送電線では採算的に不利となる． ②有効電力しか送電できないため，交流系統側に無効電力供給源が必要になる． ③交流電流のようにゼロクロスポイントがないため，**アークの遮断が困難**である． ↓ 交直変換器の点弧パルスを停止し，直流送電システムを一旦停電させる． ④変換装置は高調波発生源となり，高調波対策が必要である． ⑤大地帰路とした場合は，電食の問題がある． ⑥直流は，がいしなどの絶縁物にじんあいが付着しやすい．

[平成15年]

問題 70 直流送電（1）

直流送電に関する記述として，誤っているのは次のうちどれか．

(1) 交流送電と比べて，送電線路の建設費は安いが，交直変換所の設置が必要となる．

(2) 交流送電のような安定度の問題がないので，長距離送電に適している．

(3) 直流の高電圧大電流の遮断は，交流の場合より容易である．

(4) 直流は，変圧器で簡単に昇圧や降圧ができない．

(5) 交直変換器からは高調波が発生するので，フィルタ設備などの対策が必要である．

解説

① 交流送電と比べて，絶縁レベルが低く導体本数が少なくてよいため線路の建設費は安いが，高価な交直変換所の設置が必要となる．

② 交流送電のような送電線のリアクタンスなどによる発電機間の安定度の問題がないので，長距離送電に適している．

③ 直流電流は，交流電流のように半周期ごとのゼロクロスポイントがないため，**アークの遮断が困難**である．

④ 交流は変圧器で簡単に昇圧や降圧ができるが，直流はできない．

⑤ 交直変換器は半導体制御機器であり，高調波が発生するのでフィルタ設備などの対策が必要である．

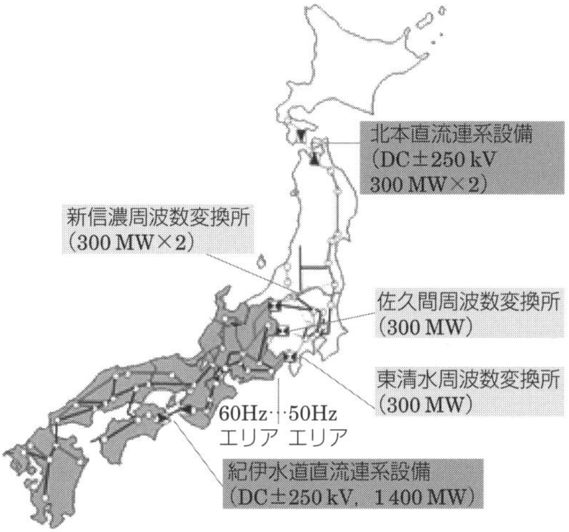

参考 平成24年に類似問題が出題されている．

【解答（3）】

重要 直流送電は長距離の海底ケーブルの送電線に適する

[平成 29 年]

問題 71 直流送電（2）

電力系統で使用される直流送電系統の特徴に関する記述として，誤っているものは次のうちどれか．

(1) 直流送電系統は，交流送電系統のように送電線のリアクタンスなどによる発電機間の安定度の問題がないため，長距離・大容量送電に有利である．

(2) 一般に，自励式交直変換装置では，運転に伴い発生する高調波や無効電力の対策のために，フィルタや調相設備の設置が必要である．一方，他励式交直変換装置では，自己消弧形整流素子を用いるため，フィルタや調相設備の設置が不要である．

(3) 直流送電系統では，大地帰路電流による地中埋設物の電食や直流磁界に伴う地磁気測定への影響に注意を払う必要がある．

(4) 直流送電系統では，交流送電系統に比べ，事故電流を遮断器により遮断することが難しいため，事故電流の遮断に工夫が行われている．

(5) 一般に，直流送電系統の地絡事故時の電流は，交流送電系統に比べ小さいため，がいしの耐アーク性能が十分な場合，がいし装置からアークホーンを省くことができる．

解説

① 自己消弧素子とは，半導体素子のオン状態，オフ状態を外部から与える信号によって任意に切り替えできる素子である．サイリスタは自己消弧素子でないが，GTO，トランジスタ，IGBT，MOSFET などは自己消弧素子である．

② **自励式交直変換装置には自己消弧素子が使用されるが，他励式交直変換装置にはサイリスタが使用され自己消弧素子は使用されない．**

③ 自励式交直変換装置，他励式交直変換装置に関わらず，半導体制御機器による高調波の発生を抑制するためのフィルタや無効電力の供給を行う調相設備は必要となる．

参考 平成 21 年に類似問題が出題されている． 【解答（2）】

重要

自励式は自己消弧素子，他励式は自己消弧素子以外

[平成24年]

問題 72 送電線の送電容量

送電線の送電容量に関する記述として，誤っているものは次のうちどれか．

(1) 送電線の送電容量は，送電線の電流容量や送電系統の安定度制約などで決定される．

(2) 長距離送電線の送電電力は，原理的に送電電圧の2乗に比例するため，送電電圧の格上げは，送電容量の増加に有効な方策である．

(3) 電線の太線化は，送電線の電流容量を増すことができるので，短距離送電線の送電容量の増加に有効な方策である．

(4) 直流送電は，交流送電のような安定度の制約がないため，理論上，送電線の電流容量の限界まで電力を送電することができるので，長距離・大容量送電に有効な方策である．

(5) 送電系統の中性点接地方式に抵抗接地方式を採用することは，地絡電流を効果的に抑制できるので，送電容量の増加に有効な方策である．

解説

① 送電線の送電容量は，直流では電流容量によって，交流では主に安定度の制約によって決定される．

② 送電電力 P は，リアクタンスを X，送電端電圧を V_S，受電端電圧を V_R，相差角を δ とすると，$P=\dfrac{V_S V_R \sin\delta}{X}$ で表される．$V_S \fallingdotseq V_R$ であるので，P はおおむね V_S の2乗に比例する．

③ 電線の太線化によって断面積が増えるため，許容電流が大きくなる．

④ 直流送電は，異周波数の連系（1構内のみの周波数変換所）や長距離の海底ケーブルの系統などで採用されている．

⑤ 中性点接地方式は，採用する方式によって地絡電流を抑制できるが，送電容量の増加とは直接関係しない．

【解答 (5)】

重要 中性点接地方式→送電容量でなく地絡電流と関係

[平成 20 年]

問題 73 送電線路の構成機材

架空送電線路の構成要素に関する記述として，誤っているのは次のうちどれか．

(1) アークホーン：がいしの両端に設けられた金属電極をいい，雷サージによるフラッシオーバの際生じるアークを電極間に生じさせ，がいし破損を防止するものである．

(2) トーショナルダンパ：着雪防止が目的で電線に取り付ける．風による振動エネルギーで着雪を防止し，ギャロッピングによる電線間の短絡事故などを防止するものである．

(3) アーマロッド：電線の振動疲労防止やアークスポットによる電線溶断防止のため，クランプ付近の電線に同一材質の金属を巻き付けるものである．

(4) 相間スペーサ：強風による電線相互の接近および衝突を防止するため，電線相互の間隔を保持する器具として取り付けるものである．

(5) 埋設地線：塔脚の地下に放射状に埋設された接地線，あるいは，いくつかの鉄塔を地下で連結する接地線をいい，鉄塔の塔脚接地抵抗を小さくし，逆フラッシオーバを抑止する目的などのため取り付けるものである．

解説

ダブルトーショナルダンパ	難着雪リング
架空送電線の振動防止対策として電線支持点付近に取り付けるものである．	架空送電線への着雪防止対策として取り付けるものである．
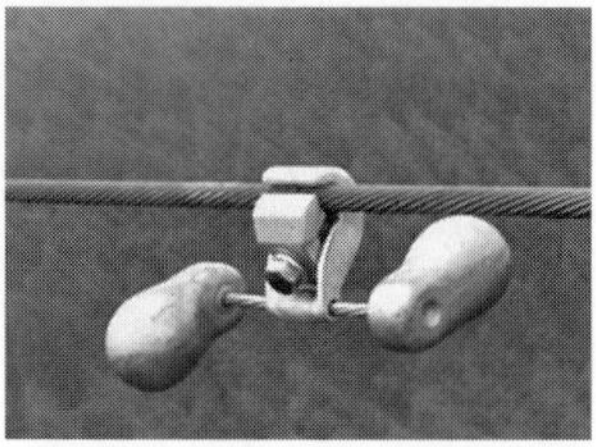 (写真提供：古河電工パワーシステムズ(株))	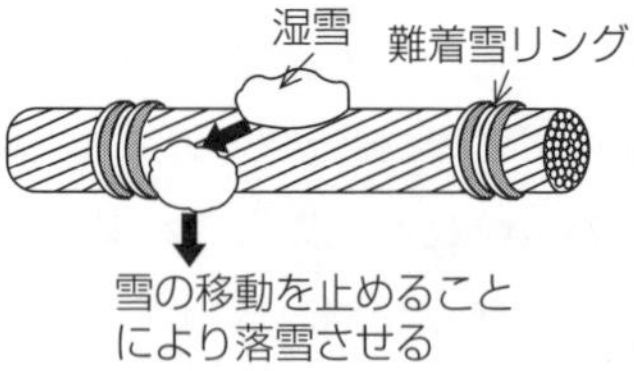

【解答 (2)】

ダンパ：振動防止のため送電線の径間途中に取り付ける 重要

問題 74 送電線路の雷害対策（1）

[平成 15 年]

送電線路の鉄塔の上部に十分な強さを持った［（ア）］を張り，鉄塔を通じて接地したものを架空地線といい，送電線への直撃雷を防止するために設置される．

図において，架空地線と送電線とを結ぶ直線と，架空地線から下ろした鉛直線との間の角度 θ を［（イ）］と呼んでいる．この角度が［（ウ）］ほど直撃雷を防止する効果が大きい．

架空地線や鉄塔に直撃雷があった場合，鉄塔から送電線に［（エ）］を生じることがある．

これを防止するために，鉄塔の接地抵抗を小さくするような対策が講じられている．

上記の記述中の空白箇所に記入する語句として，正しいものを組み合わせたものは次のうちどれか．

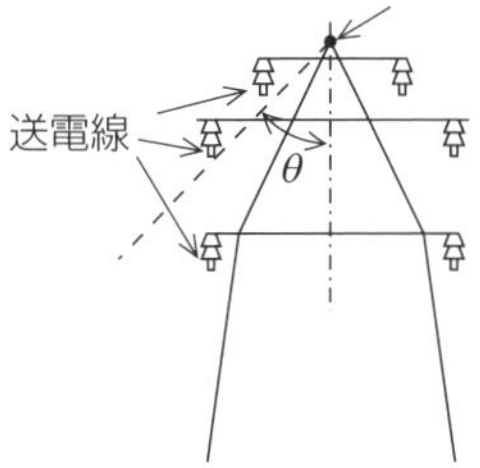

	（ア）	（イ）	（ウ）	（エ）
(1)	裸　線	遮へい角	小さい	逆フラッシオーバ
(2)	絶縁抵抗	遮へい角	大きい	進行波
(3)	裸　線	進入角	小さい	進行波
(4)	絶縁電線	進入角	大きい	進行波
(5)	裸　線	進入角	大きい	逆フラッシオーバ

解説

① **架空地線の材質**：裸線で，亜鉛めっき鋼より線や鋼心イ号アルミ合金より線・アルミ覆鋼より線などが用いられている．

② **遮へい角**：遮へい角 θ は小さいほど，送電線への直撃雷の防止効果がある．θ は一般的には 45° 以下であるが，重要な送電線では架空地線を 2 条敷設して 15° 以下とし，遮へい効果を上げている．

③ **逆フラッシオーバ**：架空地線や鉄塔に直撃雷があった場合，鉄塔から送電線に生じる閃絡である．防止対策として，埋設地線の接地抵抗を小さくする．

【解答（1）】

重要

架空地線に光ファイバを複合したもの＝OPGW

機械の論説問題
法規の論説問題

問題 75 送電線路の雷害対策（2）

［平成 26 年］

架空送電線路の雷害対策に関する記述として，誤っているのは次のうちどれか．

(1) 直撃雷から架空送電線を遮へいする効果を大きくするためには，架空地線の遮へい角を小さくする．

(2) 送電用避雷装置は雷撃時に発生するアークホーン間電圧を抑制できるので，雷による事故を抑制できる．

(3) 架空地線を多条化することで，架空地線と電力線間の結合率が増加し，鉄塔雷撃時に発生するアークホーン間電圧が抑制できるので，逆フラッシオーバの発生が抑制できる．

(4) 二回線送電線路で，両回線の絶縁に格差を設け，二回線にまたがる事故を抑制する方法を不平衡絶縁方式という．

(5) 鉄塔塔脚の接地抵抗を低減させることで，電力線への雷撃に伴う逆フラッシオーバの発生を抑制できる．

解説

鉄塔の接地抵抗が高いと，架空地線や鉄塔への直撃雷に伴う雷撃電流によって鉄塔の電位が上昇し，逆フラッシオーバを起こす．鉄塔の接地抵抗を低減させることで，**架空地線や鉄塔への雷撃に伴う逆フラッシオーバの発生を抑制**できる．

参考 平成 19 年に類似問題が出題されている．　【解答（5）】

逆フラッシオーバ：鉄塔側から電力線側への閃絡　重要

点数アップ♪

ワンポイント知識 — 架空送電線の絶縁設計

① **絶縁設計面での異常電圧の対象**：直撃雷によるフラッシオーバ事故を皆無にするのは困難であるが，少なくとも内部異常電圧（開閉サージや短時間過電圧）に対して耐える設計としている．

② **耐雷対策**：架空地線の設置，多雷地域でのがいしの連結個数の増加，がいしへのアークホーンの取付け，送電線用避雷器の設置，埋設地線での塔脚接地抵抗の低下などによっている．

[平成27年]

問題76 がいしの塩害対策

架空送電線路のがいしの塩害現象およびその対策に関する記述として，誤っているものは次のうちどれか．

(1) がいし表面に塩分などの導電性物質が付着した場合，漏れ電流の発生により，可聴雑音や電波障害が発生する場合がある．

(2) 台風や季節風などにより，がいし表面に塩分が急速に付着することで，がいしの絶縁が低下して漏れ電流の増加やフラッシオーバが生じ，送電線故障を引き起こすことがある．

(3) がいしの塩害対策として，がいしの洗浄，がいし表面へのはっ水性物質の塗布の採用や多導体方式の適用がある．

(4) がいしの塩害対策として，雨洗効果の高い長幹がいし，表面漏れ距離の長い耐霧がいしや耐塩がいしが用いられる．

(5) 架空送電線路の耐汚損設計において，がいしの連結個数を決定する場合には，送電線路が通過する地域の汚損区分と電圧階級を加味する必要がある．

解説

① **塩害とは？**：絶縁物の表面に塩分が付着し，フラッシオーバによる地絡事故を起こすと同時に電波障害を引き起こすもので，季節風や台風時の被害が大きい．

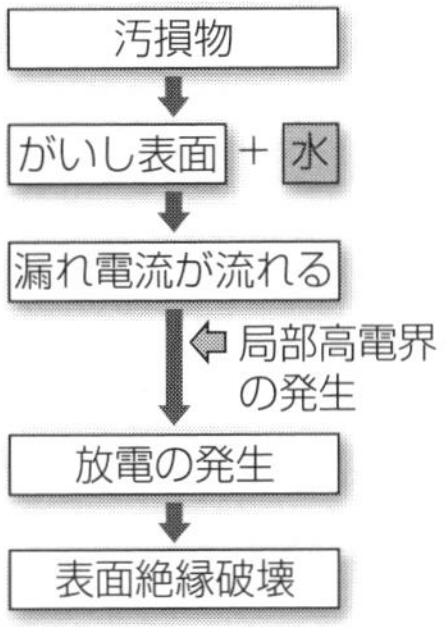

② **がいしの塩害対策**

- 懸垂がいしの直列連結個数の増加，長幹がいし，耐霧がいし，耐塩がいしの使用
- がいしの洗浄
- はっ水性物質（シリコーンコンパウンド）の塗布
- GISによる隠ぺい化や電力設備の屋内化

③ **多導体**：電線表面の電位の傾きを低下させるコロナ発生防止対策で，塩害と直接関係ない．

【解答 (3)】

重要

多導体：超高圧系統でのコロナの発生防止対策

問題 77 架空送電線路のがいし

[平成 18 年]

送電線路に使用するがいしの性能を表す要素として，特に関係のない事項は次のうちどれか.

（1）系統短絡電流　（2）フラッシオーバ電圧　（3）汚損特性
（4）油中破壊電圧　（5）機械的強度

解説

① 系統の短絡電流は，系統の電圧やパーセントインピーダンス（%Z）により決まるもので，がいしの性能を表す要素ではない.

② 写真のような懸垂がいしは，送電電圧が高くなるほど連結個数が増加する.

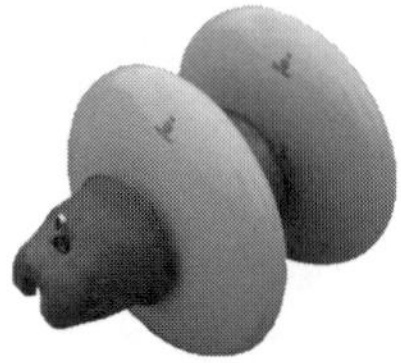

【解答（1）】

重要

がいしの性能の要素：電圧，汚損特性，機械的強度

点数アップ♪

ワンポイント知識 — 送電線路の電線

硬銅線（HDCC）	鋼心アルミニウムより線（ACSR）

導電率は 97%と高いが，比重が大きいため一部に使用されている程度である.	・アルミの導電率は 61%程度で，硬銅線に比べて低いが，軽量・安価で中心部が鋼線であるため引張荷重が大きい. ・架空送電線では，標準的に使用されている.

ここが肝心！基礎固め！

7 架空送電線路の振動

架空送電線路の振動には，下表のような種類があり，電線の素線切れや接触・断線事故につながる．

要　因	振動の名称	現　象
風	微風振動	電線と直角方向からの微風が吹いたとき，風下側にカルマン渦が生じ，これと電線の固有振動数が一致すると共振振動を起こす．（対策はダンパの取付け）
雨や霧	コロナ振動	電線の下面に水滴が付着していると，下面の表面電位の傾きが高くなり，荷電した水の微粒子が射出され，電線に水滴の射出の反力として上向きの力が働き振動する．（対策は電線の太線化や多導体の採用）
氷雪または氷雪と風	スリートジャンプ	送電線に付着した氷雪が脱落するときに，反動で電線が跳ね上がる．（対策はオフセットを設ける）
	ギャロッピング	断面積の大きい電線や多導体に氷雪が付着している場合，水平方向から送電線に風が当たると上下に振動する．（対策は相間スペーサの取付け）
	サブスパン振動	多導体において，スペーサとスペーサとの間（サブスパン）で，風上側の電線によって風下側の電線が空気力学的に不安定となって振動する．（対策はダンパの取付けやスペーサの取付け）

問題 78 架空送電線路の付属品

［平成 16 年］

架空送電線路の付属品に関する記述として，誤っているのは次のうちどれか．

(1) スリーブ：電線相互の接続に用いられる．

(2) ジャンパ：電線を保持し，がいし装置に取り付けるために用いられる．

(3) スペーサ：多導体方式において，強風などによる電線相互の接近・衝突を防止するために用いられる．

(4) アーマロッド：懸垂クランプの内の電線に巻き付けて，電線振動による応力の軽減やアークによる電線損傷の防止のために用いられる．

(5) ダンパ：電線の振動を抑制して，断線を防止するために用いられる．

解説 ジャンパは，電線をクランプ（金具）に取り付けるものである．【解答 (2)】

重要　振動防止対策：ダンパ，スペーサ，オフセット

問題 79 電線の振動と防止対策

［平成 22 年］

架空電線が電線と直角方向に毎秒数メートル程度の風を受けると，電線の後方に渦を生じて電線が上下に振動することがある．これを微風振動といい，これが長時間継続すると電線の支持点付近で断線する場合もある．微風振動は［（ア）］電線で，径間が［（イ）］ほど，また，張力が［（ウ）］ほど発生しやすい．対策としては，電線にダンパを取り付けて振動そのものを抑制したり，断線防止策として支持点近くをアーマロッドで補強したりする．電線に翼形に付着した氷雪に風が当たると，電線に揚力が働き複雑な振動が生じる．これを［（エ）］といい，この振動が激しくなると相間短絡事故の原因となる．主な防止策として，相間スペーサの取付けがある．また，電線に付着した氷雪が落下したときに発生する振動は，［（オ）］と呼ばれ，相間短絡防止策としては，電線配置にオフセットを設けることなどがある．

上記の記述中の空白箇所（ア），（イ），（ウ），（エ）および（オ）に当てはまる語句として，正しいものを組み合わせたのは次のうちどれか．

	（ア）	（イ）	（ウ）	（エ）	（オ）
(1)	軽い	長い	大きい	ギャロッピング	スリートジャンプ
(2)	重い	短い	小さい	スリートジャンプ	ギャロッピング
(3)	軽い	短い	小さい	ギャロッピング	スリートジャンプ
(4)	軽い	長い	大きい	スリートジャンプ	ギャロッピング
(5)	重い	長い	大きい	ギャロッピング	スリートジャンプ

解説 ① 微風振動は，**軽い電線**で，**径間が長い**ほど，**張力が大きい**ほど発生しやすい．

② ギャロッピングやスリートジャンプは，着氷雪のあるときに発生する電線振動である．

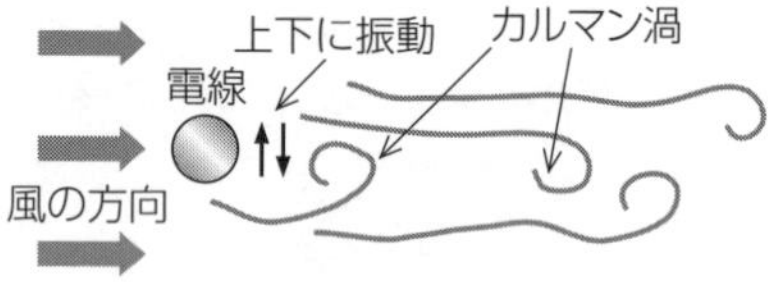

カルマン渦の発生

③ サブスパン振動は，多導体送電線で，風速が数～ 20 m/s で発生し，10 m/s を超えると振動が激しくなる．

参考 平成 30 年に類似問題が出題されている．

【解答（1）】

重要 ギャロッピングの防止対策：相間スペーサの取付け

[平成 16 年改題]

問題 80 コロナによる障害（1）

架空電線路におけるコロナ放電に関する記述として，誤っているのは次のうちどれか．

(1) コロナ放電が発生すると，電気エネルギーの一部が音，光，熱などに形を変えて現れ，コロナ損という電力損失を伴う．
(2) コロナ放電は，電圧が高いほど，また，電線が太いほど発生しやすくなる．
(3) 多導体方式は，単導体に比べてコロナ放電の発生が少ないので，電力損失が少なくなる．
(4) 電線表面の電位の傾き（電界強度）がコロナ臨界電圧を超えると，コロナ放電が生じるようになる．
(5) コロナ放電が発生すると，電波障害や通信障害が生じる．

解説 ① コロナ放電 ：送電線路において，送電電圧に比べて**電線が細い場合**や気象条件が悪いときに，コロナ臨界電圧が低下し，電線の表面の空気が絶縁破壊して青白い発光やノイズが出る．また，放電により電線や取付金具の腐食を招く．

② コロナの対策 ：電線が太いほど発生しにくいため，送電線では **ACSR（鋼心アルミニウムより線**）や電線の見かけの直径（等価断面積）の増加が期待できる**多導体が採用**される．線間距離を大きくする方法も効果がある．また，金具類は突起をなくし，シールド金具を付加する．

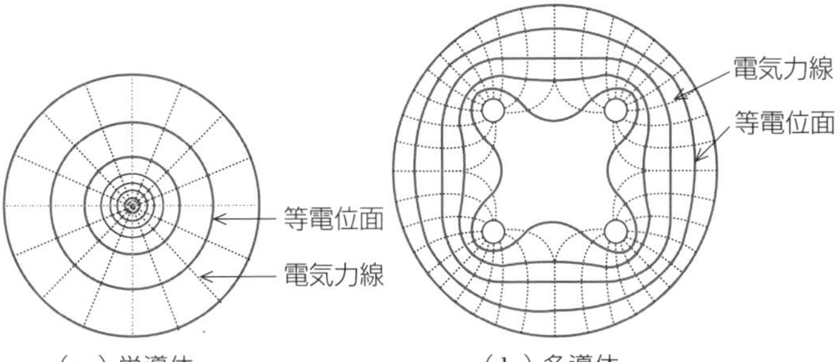

（a）単導体　（b）多導体

（出典：（公社）日本電気技術者協会 Web より）

【解答（2）】

重要 コロナ損＝コロナ放電で失われる光・音などの損失

問題 81 コロナによる障害（2）

［平成 20 年］

送配電線路や変電機器などにおけるコロナ障害に関する記述として，誤っているのは次のうちどれか．

(1) 導体表面にコロナが発生する最小の電圧はコロナ臨界電圧と呼ばれる．その値は，標準の気象条件（気温 20℃，気圧 1 013 hPa，絶対湿度 11 g/m^3）では，導体表面での電位の傾きが波高値で約 30 kV/cm に相当する．

(2) コロナ臨界電圧は，気圧が高くなるほど低下し，また，絶対湿度が高くなるほど低下する．

(3) コロナが発生すると，電力損失が発生するだけでなく，導体の腐食や電線の振動などを生じるおそれもある．

(4) コロナ電流には高周波成分が含まれるため，コロナの発生は可聴雑音や電波障害の原因にもなる．

(5) 電線間隔が大きくなるほど，また，導体の等価半径が大きくなるほどコロナ臨界電圧は高くなる．このため，相導体の多導体化はコロナ障害対策として有効である．

解説

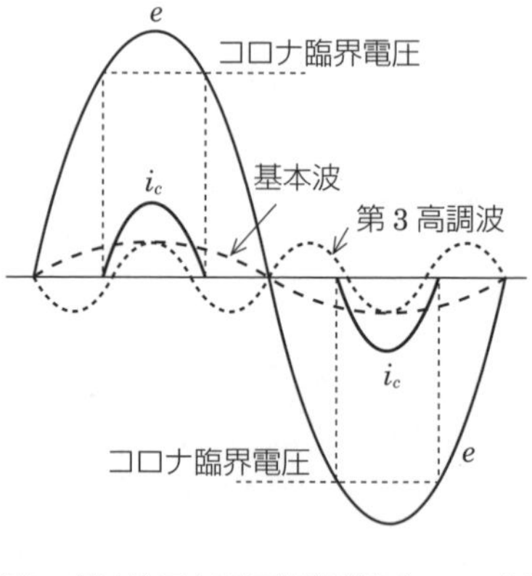

（出典：(公社)日本電気技術者協会 Web より）

① コロナ臨界電圧は，標準気象条件（気温 20℃，気圧 1013 hPa）では波高値約 30 kV/cm，実効値で 21.1 kV/cm の電位の傾きに達する電圧を指す．

② コロナ臨界電圧は，**気圧が高くなると上昇**し，晴天のときよりも雨，雪，霧などのときのほうが発生しやすいため，**絶対湿度が高くなるほど低下**する．

参考 平成 26 年に類似問題が出題されている．

【解答（2）】

重要 送電線のコロナ⇒高周波成分でラジオに雑音障害

[平成 30 年]

問題 82 超高圧系統の多導体

次の文章は，架空送電線の多導体方式に関する記述である．

送電線において，1 相に複数の電線を （ア） を用いて適度な間隔に配置したものを多導体と呼び，主に超高圧以上の送電線に用いられる．多導体を用いることで，電線表面の電位の傾きが （イ） なるので，コロナ開始電圧が （ウ） なり，送電線のコロナ損失，雑音障害を抑制することができる．

多導体は合計断面積が等しい単導体と比較すると，表皮効果が （エ） ．また，送電線の （オ） が減少するため，送電容量が増加し系統安定度の向上につながる．

上記の記述中の空白箇所に当てはまる組合せとして，正しいものは次のうちどれか．

	(ア)	(イ)	(ウ)	(エ)	(オ)
(1)	スペーサ	大きく	低く	大きい	インダクタンス
(2)	スペーサ	小さく	高く	小さい	静電容量
(3)	シールドリング	大きく	高く	大きい	インダクタンス
(4)	スペーサ	小さく	高く	小さい	インダクタンス
(5)	シールドリング	小さく	低く	大きい	静電容量

解説

① 多導体では，素導体同士が風圧や短絡時の電磁力などによって接触しないようにするため，適当な間隔をとる スペーサ を設けている．

② 多導体は，同じ断面積の単導体に比べて等価半径が大きくなるため電線表面の**電位の傾きが** 小さく なり，**コロナ開始電圧が** 高く なる．

③ 多導体は，同じ断面積の単導体に比べ，各素線の内部をより一様に電流が流れるので**表皮効果が** 小さい ．

④ 多導体は，単導体に比べて静電容量が増加し， インダクタンス が減少する（送電線のリアクタンス X が減少）ので，送電容量が増す． **【解答 (4)】**

重要

多導体⇒超高圧系統のコロナ防止対策

問題 83 線路定数 (1)

[平成 17 年]

架空送電線路の線路定数には，抵抗 R，作用インダクタンス L，作用静電容量 C および漏れコンダクタンス G がある．このうち，G は実用上無視できるほど小さい場合が多い．R の値は電線断面積が大きくなると小さくなり，温度が高くなれば （ア） なる．また，一般に電線の交流抵抗値は直流抵抗値より （イ） なる．L と C は等価線間距離 D と電線半径 r の比 (D/r) により大きく影響される．比 (D/r) の値が大きくなれば，L の値は （ウ） なり，C の値は （エ） なる．

上記の記述中の空白箇所（ア），（イ），（ウ）および（エ）に記入する語句として，正しいものを組み合わせたのは次のうちどれか．

	（ア）	（イ）	（ウ）	（エ）
(1)	大きく	大きく	大きく	小さく
(2)	大きく	小さく	大きく	大きく
(3)	小さく	大きく	小さく	小さく
(4)	小さく	大きく	大きく	小さく
(5)	大きく	大きく	小さく	大きく

解説

① 線路定数には，R，L，C，G の四つがある．

② 導体は金属であるので，抵抗の温度係数が正であり，温度が上昇すると抵抗 R は**大きく**なる．また，交流では表皮効果があるため，直流抵抗よりも大きくなる．

$$D=\sqrt[3]{D_{ab}\cdot D_{bc}\cdot D_{ca}}$$

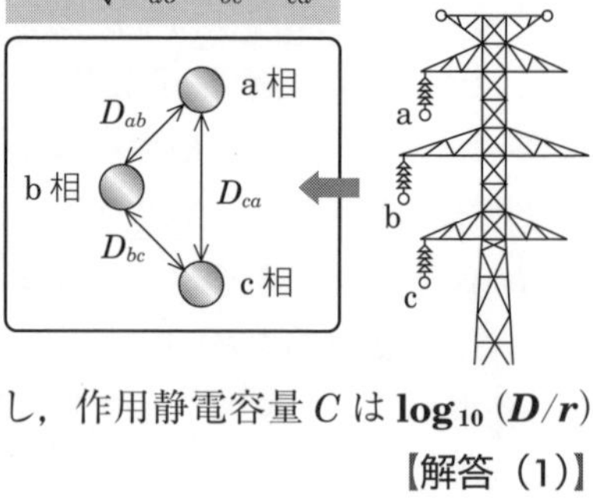

③ インダクタンス L は $\log_{10}(D/r)$ **に比例**し，作用静電容量 C は $\log_{10}(D/r)$ **に反比例**する．

【解答 (1)】

重要 架空送電線は L が大きく，地中送電線は C が大きい

［平成14年］

問題84 線路定数（2）

架空送電線路の線路定数には，抵抗，インダクタンス，静電容量などがある．導体の抵抗は，その材質，長さおよび断面積によって定まるが，（ア）が高くなれば若干大きくなる．

また，交流電流での抵抗は（イ）効果により直流電流での値に比べて増加する．インダクタンスと静電容量は，送電線の長さ，電線の太さや（ウ）などによって決まる．一方，各相の線路定数を平衡させるため，（エ）が行われる．

上記の記述中の空白箇所に記入する語句として，正しいものを組み合わせたのは次のうちどれか．

	（ア）	（イ）	（ウ）	（エ）
(1)	温度	フェランチ	材質	多導体化
(2)	電圧	表皮	配置	多導体化
(3)	温度	表皮	材質	多導体化
(4)	電圧	フェランチ	材質	ねん架
(5)	温度	表皮	配置	ねん架

解説

① **抵抗 R**：電線の抵抗の**温度係数が正**であるため，温度上昇により値が増加する．また，交流電流では，**表皮効果**のため直流電流のときより実効抵抗が増加する．さらに，多導体のように近接した2本の素導体に同方向の電流が流れると，電流は素導体の接していない側を流れようとする**近接効果**で実効抵抗は増加する．

② **インダクタンス L**：電線が太いと値が小さく，線間距離が増すと値が大きく，送電線が長くなると値が大きくなる．

③ **静電容量 C**：電線が太いと値が大きく，線間距離が増すと値が小さく，送電線が長くなると値が大きくなる．

④ **ねん架**：線路定数を平衡させて，電気的不平衡を解消する．　【解答（5）】

重要　線路定数：R と L は電線に直列，C と G は電線に並列

[平成 18 年]

問題 85 誘導障害（1）

架空送電線路が通信線路に接近していると，通信線路に電圧が誘導されて設備やその取扱者に危害を及ぼすなどの障害が生じるおそれがある．この障害を誘導障害といい，次の 2 種類がある．

① 架空送電線路の電圧により通信線路に誘導電圧を発生させる［（ア）］障害．

② 架空送電線路の電流が，架空送電線路と通信線路間の［（イ）］を介して通信線路に誘導電圧を発生させる［（ウ）］障害．

三相架空送電線路が十分にねん架されていれば，平常時は，電圧や電流によって通信線路に現れる誘導電圧は［（エ）］となるので 0 V となる．

三相架空送電線路に［（オ）］事故が生じると，電圧や電流が不平衡になり，通信線路に誘導電圧が現れ，誘導障害が生じる．

上記の記述の空白箇所に当てはまる語句として，正しいものを組み合わせたのは次のうちどれか．

	（ア）	（イ）	（ウ）	（エ）	（オ）
(1)	静電誘導	相互インダクタンス	電磁誘導	ベクトルの和	1 線地絡
(2)	磁気誘導	誘導リアクタンス	ファラデー	ベクトルの差	2 線地絡
(3)	磁気誘導	誘導リアクタンス	ファラデー	大きさの差	三相短絡
(4)	静電誘導	自己インダクタンス	電磁誘導	大きさの和	1 線地絡
(5)	磁気誘導	相互インダクタンス	電荷誘導	ベクトルの和	三相短絡

解説

① **誘導障害**：送電線と通信線とが並行または接近して施設された場合に，送電線の電圧と静電容量による**静電誘導障害**や電流と**相互インダクタンス**による**電磁誘導障害**を引き起こす．具体的には，通信線に起電力が生じ雑音障害や作業員の感電の危険がある．

② **ねん架**：電線路の適当な区間で電線の配置を入れ替え，全区間で各電線の位置が完全に一巡するようにすることをいう．ねん架によって各相のインダクタンスや静電容量の電気的不平衡を解消でき，誘導障害を軽減できる．

【解答（1）】

重要

ねん架の目的＝誘導障害防止＋中性点残留電圧の低減

問題86 誘導障害（2）

［平成23年］

架空送配電線路の誘導障害に関する記述として，誤っているものを次の(1)～(5)のうちから一つ選べ．

(1) 誘導障害には，静電誘導障害と電磁誘導障害とがある．前者は電力線と通信線や作業者などとの間の静電容量を介しての結合に起因し，後者は主として電力線側の電流経路と通信線や他の構造物との間の相互インダクタンスを介しての結合に起因する．

(2) 平常時の三相3線式送配電線路では，ねん架が十分に行われ，かつ，各電力線と通信線路や作業者などとの距離がほぼ等しければ，誘導障害はほとんど問題にならない．しかし，電力線のねん架が十分でも，一線地絡故障を生じた場合には，通信線や作業者などに静電誘導電圧や電磁誘導電圧が生じて障害の原因となることがある．

(3) 電力系統の中性点接地抵抗を高くすることおよび故障電流を迅速に遮断することは，ともに電磁誘導障害防止策として有効な方策である．

(4) 電力線と通信線の間に導電率の大きい地線を布設することは，電磁誘導障害対策として有効であるが，静電誘導障害に対してはその効果を期待することはできない．

(5) 通信線の同軸ケーブル化や光ファイバ化は，静電誘導障害に対しても電磁誘導障害に対しても有効な対策である．

解説

① 電力線と通信線との間に導電率の大きい地線（架空地線や遮へい線）を布設することは，電磁誘導障害と静電誘導障害の両者の軽減に効果がある．

② 地線による電磁誘導障害に対する効果の理由は，地線に生じた電磁誘導電圧で地線に誘導電流を流し，この電流が電力線による磁束を打消し，通信線への誘導電圧が小さくなるからである．

③ 地線を設けると通信線と大地間の静電容量が大きくなり，コンデンサ分圧により誘導電圧が小さくなり，静電誘導障害を軽減する．【解答（4）】

重要

導電率の大きい地線⇒電磁誘導・静電誘導対策

[平成 30 年]

問題 87 送配電系統の過電圧

送配電系統における過電圧の特徴に関する記述として，誤っているものは次のうちどれか．

(1) 鉄塔または架空地線が直撃雷を受けたとき，鉄塔の電位が上昇し，逆フラッシオーバが起きることがある．

(2) 直撃でなくても電線路の近くに落雷すれば，電磁誘導や静電誘導で雷サージが発生することがある．これを誘導雷と呼ぶ．

(3) フェランチ効果によって生じる過電圧は，受電端が開放または軽負荷のとき，進み電流が線路に流れることによって起こる．この現象は，送電線のこう長が長いほど著しくなる．

(4) 開閉過電圧は，遮断器や断路器などの開閉操作によって生じる過電圧である．

(5) 送電線の 1 線地絡時，健全相に現れる過電圧の大きさは，地絡場所や系統の中性点接地方式に依存する．直接接地方式の場合，非接地方式と比較すると健全相の電圧上昇倍率が低く，地絡電流を小さくすることができる．

解説

① 電力系統に現れる過電圧（異常電圧）は，外部異常電圧と内部異常電圧とに分類される．外部異常電圧（外雷）には，直撃雷，誘導雷，逆フラッシオーバに伴う過電圧があり，(1) と (2) はこれに該当する．内部異常電圧（内雷）には，遮断器や断路器の開閉動作に伴う開閉サージ電圧と地絡事故などに発生する短時間交流過電圧があり，(3)，(4)，(5) はこれに該当する．

② フェランチ効果は，無負荷や軽負荷時および長こう長ケーブル系統での進み電流（充電電流）によって，送電端より受電端側の電圧が高くなる現象である．

③ 選択肢 (5) の後半部は，正しくは，「直接接地方式の場合，中性点を直接接地するため非接地方式と比較すると健全相の電圧上昇倍率が低く，**地絡電流は大きくなる**」である．

参考 平成 23 年に類似問題が出題されている．　【解答 (5)】

重要 直接接地→健全相の電圧上昇は低く，地絡電流は大

[平成 19 年]

問題 88 フェランチ現象

交流送電線の受電端電圧値は送電端電圧より低いのが普通である．しかし，線路電圧が高く，こう長が［（ア）］なると，受電端が開放または軽負荷の状態では，線路定数のうち［（イ）］の影響が大きくなり，［（ウ）］電流が線路に流れる．

このため，受電端電圧値は送電端電圧値より大きくなることがある．これを［（エ）］現象という．このような現象を抑制するために，［（オ）］を接続するなどの対策が講じられる．

上記の記述の空白箇所に記入する語句として，正しいものを組み合わせたのは次のうちどれか．

	（ア）	（イ）	（ウ）	（エ）	（オ）
(1)	短く	静電容量	進み	フェランチ	直列リアクトル
(2)	長く	インダクタンス	遅れ	自己励磁	直列コンデンサ
(3)	長く	静電容量	遅れ	自己励磁	分路リアクトル
(4)	長く	静電容量	進み	フェランチ	分路リアクトル
(5)	短く	インダクタンス	遅れ	フェランチ	進相コンデンサ

解説　交流送電線の受電端電圧値は送電端電圧より低いのが普通である．しかし，線路電圧が高く，こう長が**長く**なると，受電端が開放または軽負荷の状態では，線路定数のうち**静電容量**の影響が大きくなり，**進み**電流が線路に流れる．

このため，受電端電圧値は送電端電圧値より大きくなることがある．これを**フェランチ**現象という．このような現象を抑制するために，**分路リアクトル**を接続するなどの対策が講じられる．

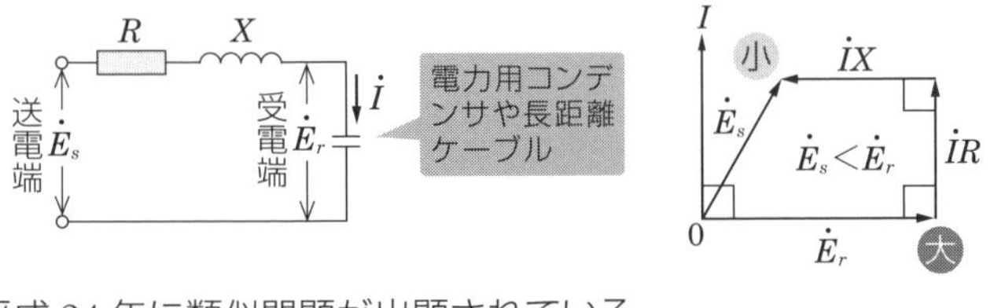

参考　平成 24 年に類似問題が出題されている．　【解答（4）】

フェランチ現象：長距離・無負荷送電線で発生する　重要

問題89 22(33) kV 配電系統

[平成21年]

22(33) kV 配電系統に関する記述として，誤っているのは次のうちどれか.

(1) 6.6 kV の配電線に比べ電圧対策や供給力増強対策として有効なので，長距離配電の必要となる地域や新規開発地域への供給に利用されることがある.

(2) 電気方式は，地絡電流抑制の観点から中性点を直接接地した三相3線方式が一般的である.

(3) 各需要家への電力供給は，特別高圧需要家へは直接に，高圧需要家へは途中に設けた配電塔で 6.6 kV に降圧して高圧架空配電線路を用いて，低圧需要家へはさらに柱上変圧器で 200 ～ 100 V に降圧して行われる.

(4) 6.6 kV の配電線に比べ 33 kV の場合は，負荷が同じで配電線の線路定数も同じなら，電流は 1/5 となり電力損失は 1/25 となる．電流が同じであれば，送電容量は5倍となる.

(5) 架空配電系統では保安上の観点から，特別高圧絶縁電線や架空ケーブルを使用することがある.

解説

① 22(33) kV 配電は，20 kV 級配電とも呼ばれ，郡部ではこう長の長い線路の電圧降下対策として，都市部では供給力増強対策として採用されている.

② 22(33) kV 配電系統では，地絡電流抑制の観点から中性点接地方式を**高抵抗接地方式**とした三相3線方式が一般的である.

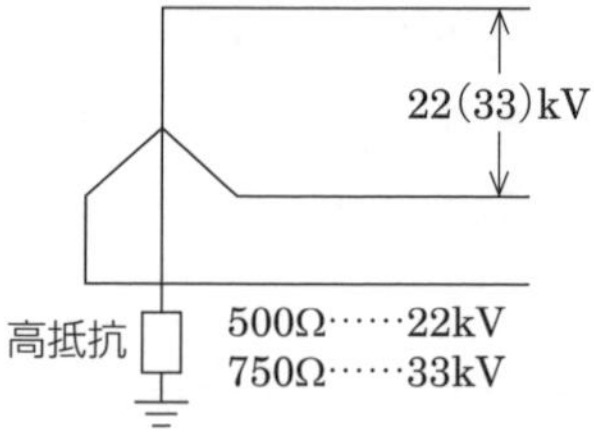

③ 三相負荷電力 $P=\sqrt{3}VI\cos\theta$ で，P と $\cos\theta$ が一定ならば，V が 33/6.6 = 5〔倍〕になると，電流 I は 1/5〔倍〕，電力損失は 1/25〔倍〕となる．電流 I が同じであれば，送電容量は5倍となる.

【解答 (2)】

重要 20 kV 級配電：電圧降下対策と供給力増強対策

[平成 28 年改題]

問題 90 配電方式の特徴

配電方式に関する次の記述のうち，誤っているものは次のうちどれか．

(1) 放射状方式は，配電用変圧器ごとに低圧幹線を引き出す方式で，構成が簡単で保守が容易なことから我が国では最も多く用いられている．

(2) バンキング方式は，同一の高圧配電線に接続された 2 台以上の配電用変圧器の二次側を連系するので，電圧降下や電力損失を減少させる利点がある．

(3) バンキング方式は，低圧側で短絡事故が発生した場合に，配電用変圧器が次々に系統から遮断されるカスケーディング現象を生じることがある．

(4) レギュラーネットワーク方式は，高圧側配電線の 1 回線が事故で停止すると，低圧側もすべて停電し，需要家に対して供給支障を起こす．

(5) スポットネットワーク方式は，フィーダ 1 回線が停止しても他回線の変圧器で運転できるような変圧器を選定する必要がある．

解説

① 配電方式には，放射状方式，バンキング方式，ネットワーク方式（レギュラーネットワーク方式とスポットネットワーク方式）がある．

② 放射状方式は，低圧の幹線や分岐線を需要に応じて延長していく．

③ バンキング方式で生じるカスケーディングの対策として，変圧器の一次側に設ける高圧カットアウトのヒューズの動作時間より変圧器の二次側の低圧連系箇所の区分ヒューズの動作時間を短くするように保護協調をとっておく．

④ レギュラーネットワーク方式は，供給信頼度を高めるために低圧配電線を格子状の構成とし，大都市中心部で面的に適用されている．レギュラーネットワーク方式では，**複数回線の高圧配電線の低圧側を並列にしているので，高圧側 1 回線の事故では低圧側は停電しない**ので，需要家に対する供給支障は発生しない．

⑤ スポットネットワーク方式は，供給電圧 22（33）kV/400 V での 3 回線の適用が多く，高負荷密度の大都市中心部の高層ビルなどの大口需要家に適用され，供給信頼度がきわめて高い．

【解答（4）】

重要

レギュラー NTW（面的），スポット NTW（点）

問題91 スポットネットワーク (1)

［平成14年］

図に示すスポットネットワーク受電設備において，(ア)，(イ) および (ウ) の設備として，最も適切なものを組み合わせたのは次のうちどれか.

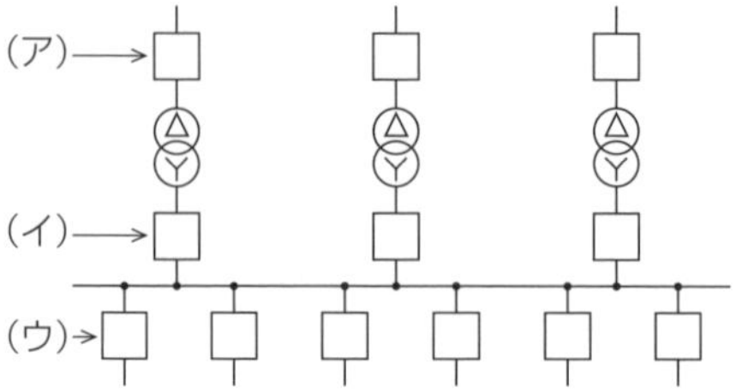

	(ア)	(イ)	(ウ)
(1)	ネットワークプロテクタ	断路器	幹線保護装置
(2)	ネットワークプロテクタ	断路器	プロテクタヒューズ
(3)	断路器	ネットワークプロテクタ	プロテクタ遮断器
(4)	断路器	幹線保護装置	プロテクタヒューズ
(5)	断路器	ネットワークプロテクタ	幹線保護装置

解説

① **スポットネットワーク受電方式の形態**：異なる2回線以上の配電線に接続された**ネットワーク変圧器の二次側を並列に接続**した形態の受電方式で，供給信頼度は極めて高く，1回線故障時でも無停電で受電可能である.

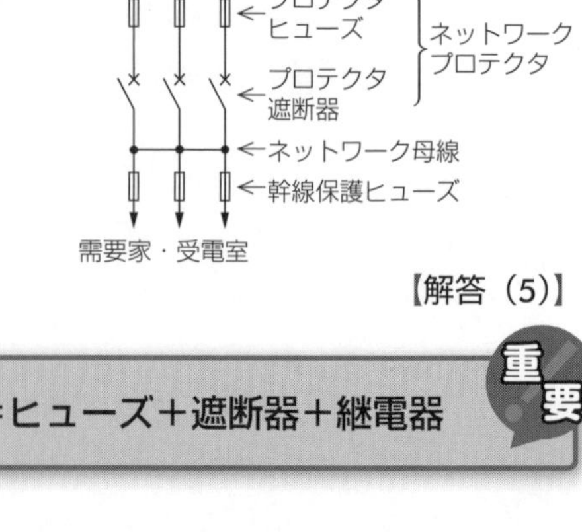

② **設備の接続形態**：接続形態は，電源側から負荷側に向かって，**断路器→ネットワーク変圧器→ネットワークプロテクタ→幹線保護装置**の順である.

【解答 (5)】

重要

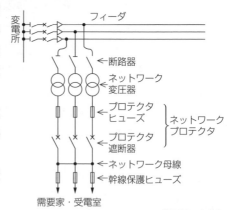

ネットワークプロテクタ＝ヒューズ＋遮断器＋継電器

[平成 23 年]

問題 92 スポットネットワーク（2）

次の文章は，スポットネットワーク方式に関する記述である．

スポットネットワーク方式は，ビルなどの需要家が密集している大都市の供給方式で，一つの需要家に［（ア）］回線で供給されるのが一般的である．

機器の構成は，特別高圧配電線から断路器，［（イ）］およびネットワークプロテクタを通じて，ネットワーク母線に並列に接続されている．

また，ネットワークプロテクタは，［（ウ）］，プロテクタ遮断器，電力方向継電器で構成されている．

スポットネットワーク方式は，供給信頼度の高い方式であり，［（エ）］の単一故障時でも無停電で電力を供給することができる．

上記の記述中の空白箇所（ア），（イ），（ウ）および（エ）に当てはまる組合せとして，正しいものを次の（1）～（5）のうちから一つ選べ．

	（ア）	（イ）	（ウ）	（エ）
（1）	1	ネットワーク変圧器	断路器	特別高圧配電線
（2）	3	ネットワーク変圧器	プロテクタヒューズ	ネットワーク母線
（3）	3	遮断器	プロテクタヒューズ	ネットワーク母線
（4）	1	遮断器	断路器	ネットワーク母線
（5）	3	ネットワーク変圧器	プロテクタヒューズ	特別高圧配電線

解説

① **スポットネットワークの回線数**：3 回線が標準である．

② **ネットワークプロテクタの構成**：次の 3 つで構成されている．

☆**プロテクタヒューズ**：ネットワーク変圧器の二次側での短絡事故時に溶断する．

☆**プロテクタ遮断器**：**無電圧投入，過電圧（差電圧）投入，逆電力遮断**を行う．

☆**ネットワーク継電器**：**電力方向継電器**と**位相比較継電器**を組み合わせており，無電圧投入，過電圧（差電圧）投入，逆電力遮断の **3 大特性を制御**する．

【解答（5）】

重要 無電圧投入，過電圧（差電圧）投入，逆電力遮断

問題93 スポットネットワーク（3）

［平成14年］

配電系統の構成方法の一つであるスポットネットワーク方式に関する記述として，誤っているのは次のうちどれか.

(1) 都市部の大規模ビルなど高密度大容量負荷に供給するための，2回線以上の配電線による信頼度の高い方式である.

(2) 万一，ネットワーク母線に事故が発生したときには，受電が不可能となる.

(3) 配電線の1回線が停止すると，ネットワークプロテクタが自動開放するが，配電線の復旧時にはこのプロテクタを手動投入する必要がある.

(4) 配電線事故で変電所遮断器が開放すると，ネットワーク変圧器に逆電流が流れ，逆電力継電器により事故回線のネットワークプロテクタを開放する.

(5) ネットワーク変圧器の一次側は，一般には遮断器が省略され，受電用断路器を介して配電線と接続される.

解説

プロテクタ遮断器には，ネットワークリレーの動作によって自動遮断・自動投入する機能がある.

ネットワークプロテクタの3大特性

① **無電圧投入特性**：高圧側に電圧があって，低圧側に電圧がないときに自動投入する.

② **過電圧(差電圧)投入特性**：低圧側に電力供給できる電圧状態にあるときに自動投入する.

③ **逆電力遮断特性**：配電線事故で変電所遮断器が開放すると，ネットワーク変圧器に逆電流が流れ，逆電力継電器により事故回線のネットワークプロテクタを自動開放する.

参考 平成27年に類似問題が出題されている.

【解答（3）】

重要 ネットワーク母線の事故は受電不可能になる

問題 94 配電線路の構成機材（1）

［平成 15 年］

高圧架空配電線路を構成する機器または材料として，使用されることのないものは，次のうちどれか．

（1）柱上開閉器　（2）避雷器　（3）DV 線
（4）中実がいし　（5）支線

解説

① **DV 線**：引込用ビニル絶縁電線で，Drop Vinyl の略称である．DV 線は，**低圧引込線**に使用される．

② **中実がいし**：高圧配電線の引通し部や分岐線の支持に用いられている．

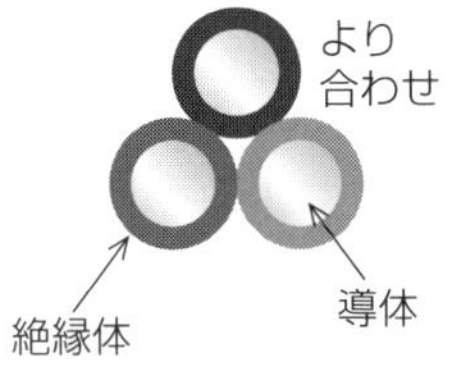

【解答（3）】

問題 95 配電線路の構成機材（2）

［平成 17 年］

高圧架空配電線路に使用する電線の太さを決定する要素として，特に必要のない事項は次のうちどれか．

（1）電力損失　（2）高調波　（3）電圧降下
（4）機械的強度　（5）許容電流

解説

高圧配電線路に流れる高調波電流の大きさは，基本波電流に比べて小さいため，電線の許容電流の決定に影響を及ぼすほどではない．

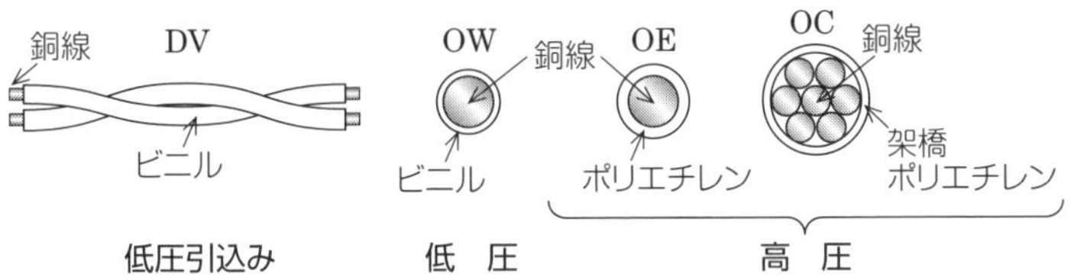

【解答（2）】

重要

電線の太さ⇔電圧降下，電力損失，強度，許容電流

問題96 配電線路の構成機材（3）

［平成17年］

高圧架空配電線路を構成する機器または材料に関する記述として，誤っているのは次のうちどれか．

(1) 配電線に用いられる電線には，原則として裸電線を使用することができない．

(2) 配電線路の支持物としては，一般に鉄筋コンクリート柱が用いられている．

(3) 柱上開閉器は，一般に気中形や真空形が用いられている．

(4) 柱上変圧器の鉄心は，一般に方向性けい素鋼帯を用いた巻鉄心の内鉄形が用いられている．

(5) 柱上変圧器は，電圧調整のため，負荷時タップ切換装置付きが用いられている．

解説

① 山間部や狭隘場所など運搬が困難な場合には，鋼板組立柱が用いられる．

② 柱上変圧器では，巻数比を変更するためのタップ切換えは，切換用の端子台で**人がショートバーの位置を変える作業**をしなければならない．したがって，タップは自動的に切り替わるものではない．　**【解答（5）】**

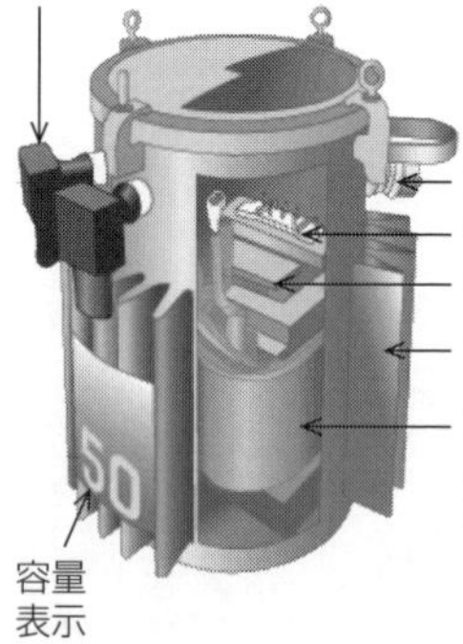

（出典：中部電力 Web より）

電圧調整：変電所は自動切換，柱上変圧器は手動切換　重要

点数アップ♪

ワンポイント知識 — 高圧開閉器

①配電線に施設される開閉器は，停電作業や事故時の操作を行うものである．

②開閉器には，手動開閉器と自動開閉器とがあり，アークの消弧面から気中開閉器（AS），真空開閉器（VS），SF_6 ガス内蔵のガス開閉器（GS）がある．

③開閉器は，負荷電流の開閉は可能であるが，短絡電流の遮断はできない．

問題 97 配電線路の構成機材（4）

［平成 18 年］

次に示す配電用機材（ア），（イ），（ウ）および（エ）とそれに関係の深い語句（a），（b），（c），（d）および（e）とを組み合わせたものとして，正しいのは次のうちどれか．

［配電用機材］
（ア）ギャップレス避雷器
（イ）ガス開閉器
（ウ）CV ケーブル
（エ）柱上変圧器

［語　句］
（a）水トリー
（b）鉄損
（c）酸化亜鉛（ZnO）
（d）六ふっ化硫黄ガス（SF_6）
（e）ギャロッピング

	（ア）	（イ）	（ウ）	（エ）
（1）	（c）	（d）	（e）	（a）
（2）	（c）	（d）	（a）	（e）
（3）	（c）	（d）	（a）	（b）
（4）	（d）	（c）	（a）	（b）
（5）	（d）	（c）	（e）	（a）

解説

（ア）ギャップレス避雷器 ⇔（c）酸化亜鉛（ZnO）

ギャップレス避雷器の特性要素には，酸化亜鉛（ZnO）が使用されている．

（イ）ガス開閉器 ⇔（d）六ふっ化硫黄ガス（SF_6）

ガス開閉器には，絶縁およびアークを吹き消すための消弧媒体として六ふっ化硫黄ガス（SF_6）が使用されている．

（ウ）CV ケーブル ⇔（a）水トリー

CVケーブルでは，水の存在と課電の条件で水トリーが発生する．

（エ）柱上変圧器 ⇔（b）鉄損

柱上変圧器の損失には，鉄損と銅損とがある．

（e）ギャロッピング

着雪・着氷と風によって電線に発生する自励振動である．

【解答（3）】

重要 ギャップレスアレスタの特性要素は酸化亜鉛（ZnO）

問題 98 配電線路の開閉器（1）

［平成 22 年］

配電線路の開閉器類に関する記述として，誤っているのは次のうちどれか．

(1) 配電線路用の開閉器は，主に配電線路の事故時の事故区間を切り離すためと，作業時の作業区間を区分するために使用される．

(2) 柱上開閉器は，気中形と真空形が一般に使用されている．操作方法は，手動操作による手動式と制御器による自動式がある．

(3) 高圧配電方式には，放射状方式（樹枝状方式），ループ方式（環状方式）などがある．ループ方式は結合開閉器を設置して線路を構成するので，放射状方式よりも建設費は高くなるものの，高い信頼度が得られるため負荷密度の高い地域に用いられる．

(4) 高圧カットアウトは，柱上変圧器の一次側の開閉器として使用される．その内蔵の高圧ヒューズは変圧器の過負荷時や内部短絡故障時，雷サージなどの短時間大電流の通過時に直ちに溶断する．

(5) 地中配電系統で使用するパッドマウント変圧器には，変圧器と共に開閉器などの機器が収納されている．

解説

高圧カットアウト（プライマリカットアウト）に内蔵されているヒューズはタイムラグヒューズで，雷サージなどの短時間の大電流に対しては溶断しにくい．

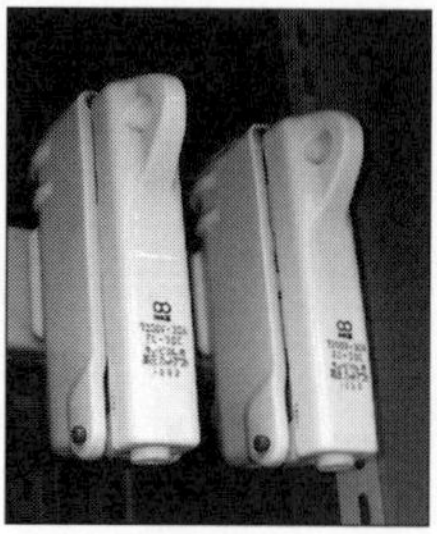

（a）高圧カットアウト

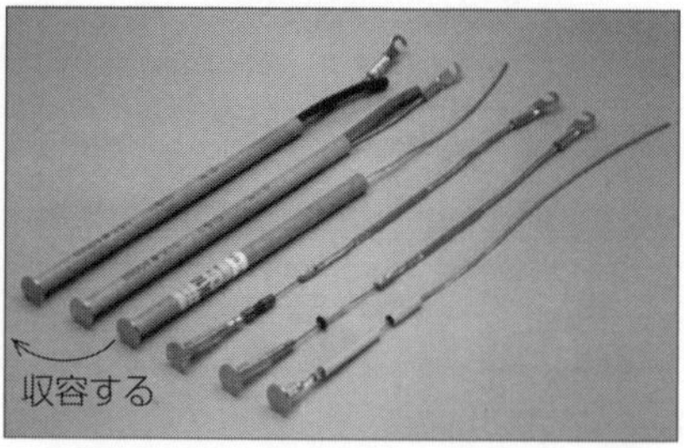

（b）タイムラグヒューズ

【解答（4）】

タイム（時間）ラグ（遅れ）⇔日本語との対比を重視 重要

[平成 16 年]

問題 99 配電線路の開閉器（2）

図のように，二つの高圧配電線路 A および B が連系開閉器 M（開放状態）で接続されている．いま，区分開閉器 N と連系開閉器 M との間の負荷への電力供給を，配電線路 A から配電線路 B に無停電で切り替えるため，連系開閉器 M を投入（閉路）して短時間ループ状態にした後，区分開閉器 N を開放した．

このように，無停電で配電線路の切替え操作を行う場合に，考慮しなくてもよい事項は次のうちどれか．

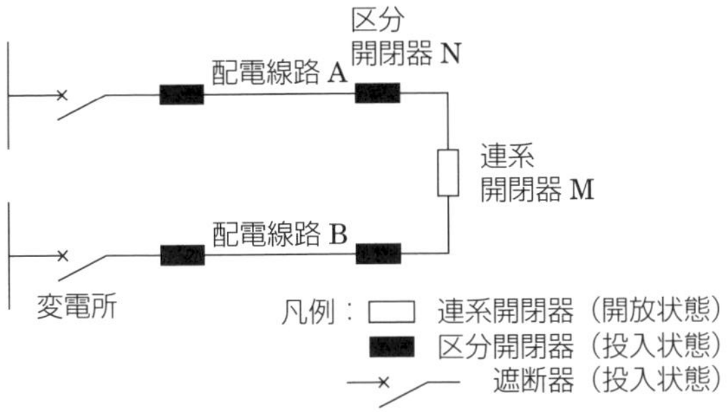

(1) ループ状態にする前の開閉器 N と M の間の負荷の大きさ
(2) ループ状態にする前の連系開閉器 M の両端の電位差
(3) ループ状態にする前の連系開閉器 M の両端の位相差
(4) ループ状態での両配電系統の短絡容量
(5) ループ状態での両配電系統の電力損失

解説

無停電で配電線路の切替え操作を行う場合，ループ状態での配電系統の損失は短時間のため kW·h 値も小さいので，考慮すべき事項とはならない．

【解答（5）】

重要

ループ時の配慮：電位差，位相差，短絡容量，負荷

[平成 29 年]

問題 100 配電系統の保護装置（1）

次の文章は，我が国の高低圧配電系統における保護について述べたものである．

6.6 kV 高圧配電線路は，60 kV 以上の送電線路や送電用変圧器に比べ，電線路や変圧器の絶縁が容易であるため，故障時に健全相の電圧上昇が大きくなっても特に問題にならない．また，1 線地絡電流を （ア） するため （イ） 方式が採用されている．

一般に，多回線配電線路では地絡保護に地絡方向継電器が用いられる．これは，故障時に故障線路と健全線路における地絡電流が （ウ） となることを利用し，故障回線を選択するためである．

低圧配電線路で短絡故障が生じた際の保護装置として （エ） が挙げられるが，これは，通常，柱上変圧器の （オ） 側に取り付けられる．

上記の記述中の空白箇所に当てはまる組合せとして，正しいものは次のうちどれか．

	（ア）	（イ）	（ウ）	（エ）	（オ）
(1)	大きく	非接地	逆位相	高圧カットアウト	二次
(2)	大きく	接地	逆位相	ケッチヒューズ	一次
(3)	小さく	非接地	逆位相	高圧カットアウト	一次
(4)	小さく	接地	同位相	ケッチヒューズ	一次
(5)	小さく	非接地	同位相	高圧カットアウト	二次

解説

① 6.6 kV 高圧配電系統では，1 線地絡電流を **小さく** するために **非接地** 方式が採用されている．その結果，1 線地絡電流は数～数十〔A〕程度である．

② 配電用変電所では，高圧配電線の引出口に地絡保護のため地絡方向継電器（DGR）が使用される．これは，故障線路と健全線路とでは地絡電流が **逆位相** となることを利用し，故障回線を選択遮断するためである．

③ 低圧配電線路での短絡故障や過電流保護のため，タイムラグヒューズを内蔵した **高圧カットアウト** が柱上変圧器の **一次** 側に取り付けられている．

参考 平成 19 年に類似問題が出題されている． 【解答（3）】

重要 地絡方向継電器：零相電圧と零相電流を検出して動作

問題101 配電系統の保護装置（2）

［平成21年］

次のa～dは配電設備や屋内設備における特徴に関する記述で，誤っているものが二つある．それらの組合せは次のうちどれか．

a. 配電用変電所において，過電流および地絡保護のために設置されているのは，継電器，遮断器および断路器である．

b. 高圧配電線は大部分，中性点が非接地方式の放射状系統が多い．そのため経済的で簡便な保護方式が適用できる．

c. 架空低圧引込線には引込用ビニル絶縁電線（DV電線）が用いられ，地絡保護を主目的にヒューズが取り付けてある．

d. 低圧受電設備の地絡保護装置として，電路の零相電流を検出し遮断する漏電遮断器が一般的に取り付けられている．

（1）aとb　（2）aとc　（3）bとc　（4）bとd　（5）cとd

解説

① 配電用変電所に設置されている断路器は，過電流や地絡保護のためのものでなく，回路の接続変更や電気機器の切離しを無負荷開閉するものである．

過電流・短絡保護 ＝**CT**（変流器）＋**OCR**（過電流継電器）＋**CB**（遮断器）

地絡保護 ＝**EVT**（接地形計器用変圧器）＋**ZCT**（零相変流器）
＋**DGR**（地絡方向継電器）＋**CB**（遮断器）

② 柱上変圧器の過電流保護には，一次側に高圧カットアウトを設置する．

③ 架空低圧引込線の柱側に取り付けるヒューズは，過負荷・短絡保護用である．従来，ケッチホルダが用いられてきたが，最近では電線ヒューズを使用している．

④ 屋内配線の過電流保護は配線用遮断器，地絡保護は漏電遮断器で行う．

【解答（2）】

重要

断路器の使用目的＝回路の接続変更＋機器切離し

問題 102 配電系統の保護装置（3）

［平成 25 年］

次の文章は，配電線の保護方式に関する記述である．

高圧配電線路に短絡故障または地絡故障が発生すると，配電用変電所に設置された（ア）により故障を検出して，遮断器にて送電を停止する．

この際，配電線路に設置された区分用開閉器は（イ）する．その後に配電用変電所からの送電を再開すると，配電線路に設置された区分用開閉器は電源側からの送電を検出し，一定時間後に動作する．その結果，電源側から順番に区分用開閉器は（ウ）される．

また，配電線路の故障が継続している場合は，故障区間直前の区分用開閉器が動作した直後に，配電用変電所に設置された（ア）により故障を検出して，遮断器にて送電を再度停止する．

この送電再開から送電を再度停止するまでの時間を計測することにより，配電線路の故障区間を判別することができ，この方式は（エ）と呼ばれている．

例えば，区分用開閉器の動作時限が 7 秒の場合，配電用変電所にて送電を再開した後，22 秒前後に故障検出により送電を再度停止したときは，図の配電線の（オ）の区間が故障区間であると判断される．

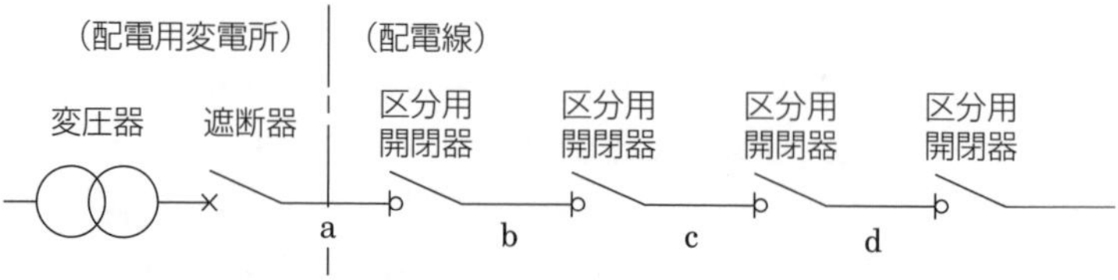

上記の記述中の空白箇所に当てはまる組合せとして，正しいものは次のうちどれか．

	（ア）	（イ）	（ウ）	（エ）	（オ）
(1)	保護継電器	開　放	投　入	区間順送方式	c
(2)	避雷器	開　放	投　入	時限順送方式	d
(3)	保護継電器	開　放	投　入	時限順送方式	d
(4)	避雷器	投　入	開　放	区間順送方式	c
(5)	保護継電器	投　入	開　放	時限順送方式	c

解説

① 高圧配電線の短絡故障時は過電流継電器, 地絡故障時は地絡方向継電器といった **保護継電器** により故障を検出し, 配電線用遮断器を遮断させる.

② ①の配電線用遮断器が遮断すると, 配電線路は無電圧となり, 配電線路に「施設されたすべての自動区分用開閉器（S_1 ～ S_4）は無電圧 **開放** する.

③ 配電線用遮断器を1分後に再閉路すると, 自動区分開閉器の電源側が充電され, 一定の時間後（7秒後）に順番に自動区分開閉器が **投入** される.

④ 配電線路のd区間で故障が継続している場合には, 故障区間直前の自動区分用開閉器 S_3 が投入され, 故障区間dが充電され検出時限（一般に5.5秒）内に **保護継電器** により故障を検出し配電線用遮断器が遮断すると自動区分用開閉器（S_1 ～ S_3）は無電圧開放し, 配電線は再度停電状態となる. このとき, 自動区分開閉器 S_3 は検出時限内であったのでロックする.

⑤ 再閉路後の停電の発生までの時間を計測することによって故障区間の判別ができることから, この方式は **時限順送方式** と呼ばれている.

⑥ 配電用変電所にて送電を再開した後, 22秒前後に故障検出により送電を再度停止したときは, 図の配電線の **d** の区間が故障区間であると判断される.

【根拠】 配電線用遮断器が投入されてから7秒後に S_1 が投入され, その7秒後に S_2 が投入される. さらに, その7秒後に S_3 が投入される. 配電線用遮断器が投入されてから, ここまでの経過時間は21秒で, S_3 の投入後1秒前後（S_3 の検出時限内）で故障検出されている. したがって, 故障区間はdである.

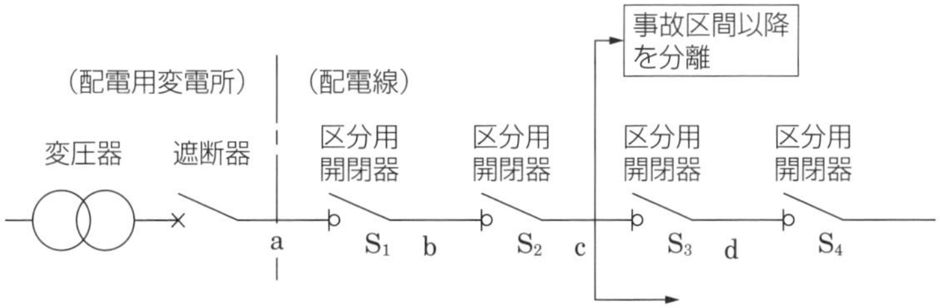

【解答（3）】

時限順送方式→自動区分開閉装置による故障の分離 重要

問題 103 配電線路の電圧調整（1）

［平成 20 年］

次の文章は，配電線路の電圧調整に関する記述である．

配電線路より電力供給している需要家への供給電圧を適正範囲に維持するため，配電用変電所では，一般に［（ア）］によって，負荷変動に応じて高圧配電線路への送出電圧を調整している．高圧配電線路においては，一般的に線路の末端になるほど電圧が低くなるため，高圧配電線路の電圧降下に応じ，柱上変圧器の［（イ）］によって二次側の電圧調整を行っていることが多い．また，高圧配電線路の距離が長い場合など，［（イ）］によっても電圧降下を許容範囲に抑えることができない場合は，［（ウ）］や，開閉器付電力用コンデンサなどを高圧配電線路の途中に施設することがある．さらに，電線の［（エ）］によって電圧降下そのものを軽減する対策をとることもある．

上記の記述中の空白箇所に当てはまる語句として，正しいものを組み合わせたのは次のうちどれか．

	（ア）	（イ）	（ウ）	（エ）
(1)	配線用自動電圧調整器	タップ調整	負荷時タップ切換変圧器	太線化
(2)	配線用自動電圧調整器	取　替	負荷時タップ切換変圧器	細線化
(3)	負荷時タップ切換変圧器	タップ調整	配電用自動電圧調整器	細線化
(4)	負荷時タップ切換変圧器	タップ調整	配電用自動電圧調整器	太線化
(5)	負荷時タップ切換変圧器	取　替	配電用自動電圧調整器	太線化

解説

① **配電用変電所**：**負荷時タップ切換変圧器**（LRT），負荷時電圧調整器（LRA）

② **高圧配電線路**：柱上変圧器の**タップ調整**，**配電用自動電圧調整器**（SVR），開閉器付電力用コンデンサ，電線の**太線化**

【解答（4）】

重要

需要家への供給電圧：101 ± 6 V，202 ± 20 V

[平成29年]

問題 104 配電線路の電圧調整（2）

次の文章は，配電線路の電圧調整に関する記述である．誤っているものは次のうちどれか．

(1) 太陽電池発電設備を系統連系させたときの逆潮流による配電線路の電圧上昇を抑制するため，パワーコンディショナには，電圧調整機能を持たせているものがある．

(2) 配電用変電所においては，高圧配電線路の電圧調整のため，負荷時電圧調整器（LRA）や負荷時タップ切換装置付変圧器（LRT）などが用いられる．

(3) 低圧配電線路の力率改善をより効果的に実施するためには，低圧配電線路ごとに電力用コンデンサを接続することに比べて，より上流である高圧配電線路に電力用コンデンサを接続したほうがよい．

(4) 高負荷による配電線路の電圧降下が大きい場合，電線を太くすることで電圧降下を抑えることができる．

(5) 電圧調整には，高圧自動電圧調整器（SVR）のように電圧を直接調整するもののほか，電力用コンデンサや分路リアクトル，静止形無効電力補償装置（SVC）などのように線路の無効電力潮流を変化させて行うものもある．

解説

① **力率改善の効果**：電力用コンデンサによって力率改善を行うと，連鎖的に次の効果が期待できる．

電流が減少する ⇒ 線路の電圧降下が減少するとともに電力損失も軽減する ⇒ 需要を増加できる

② **力率改善効果を高める電力用コンデンサの設置点**

×：**高圧配電線に施設**：高圧配電線の電圧降下の減少と電力損失の低減

○：**低圧配電線に施設**：低圧･高圧配電線の電圧降下の減少と電力損失の低減

参考 平成23年に類似問題が出題されている．　【解答（3）】

重要

電力用コンデンサ：低圧側に施設したほうが効果的

問題 105 分散型電源の系統連系

[平成 27 年]

分散型電源の配電系統連系に関する記述として，誤っているものは次のうちどれか．

(1) 分散型電源からの逆潮流による系統電圧の上昇を抑制するために，受電点の力率は系統側から見て進み力率とする．

(2) 分散型電源からの逆潮流などにより他の低圧需要家の電圧が適正値を維持できない場合は，ステップ式自動電圧調整器（SVR）を設置するなどの対策が必要になることがある．

(3) 比較的大容量の分散型電源を連系する場合は，専用線による連系や負荷分割等配電系統側の増強が必要になることがある．

(4) 太陽光発電や燃料電池発電などの電源は，電力変換装置を用いて電力系統に連系されるため，高調波電流の流出を抑制するフィルタなどの設置が必要になることがある．

(5) 大規模太陽光発電などの分散型電源が連系した場合，配電用変電所に設置されている変圧器に逆向きの潮流が増加し，配電線の電圧が上昇する場合がある．

解説

① 分散型電源からの逆潮流による系統電圧の上昇を抑制するには，受電点の力率は系統側から見て**遅れ力率**としなければならない．

② 比較的大容量の分散型電源が接続されると，配電線の電圧を適正値に維持することができなくなる．この場合には，専用線による連系や負荷分割，電圧調整器の取付け，電線の太線化，柱上変圧器のタップ調整などの対策を講じなければならない．

③ 電力変換装置は半導体制御機器であるため，高調波が発生する．このため，高調波電流の流出を抑制するためのフィルタの設置が必要になる場合がある．

④ 逆向きの潮流による配電線の電圧上昇が問題になる場合には，パワーコンディショナ（PCS）の電圧上昇抑制機能により対応している． 【解答 (1)】

重要 逆潮流への対策：系統側から見て受電点は遅れ力率

問題 106 配電用変圧器

[平成 21 年]

配電で使われる変圧器に関する記述として，誤っているのは次のうちどれか．下図を参考にして答えよ．

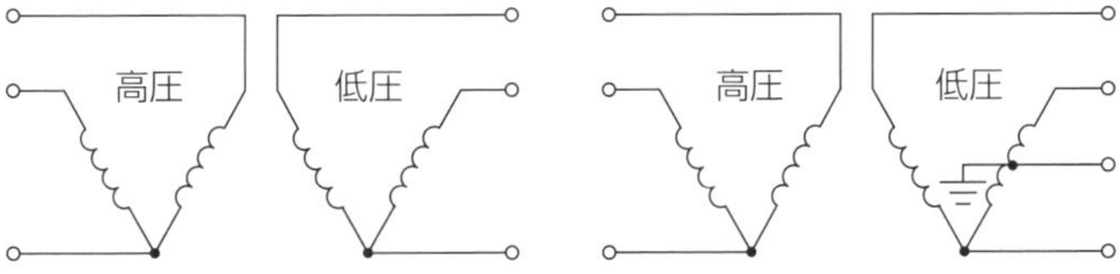

(1) 柱上に設置される変圧器の容量は，50 kV·A 以下の比較的小形のものが多い．

(2) 柱上に設置される三相 3 線式の変圧器は，一般的に同一容量の単相変圧器のV結線を採用しており，出力は△結線の $1/\sqrt{3}$ 倍となる．また．V結線変圧器の利用率は $\sqrt{3}/2$ となる．

(3) 三相 4 線式（V結線）の変圧器容量の選定は，単相と三相の負荷割合やその負荷曲線および電力損失を考慮して決定するので，同一容量の単相変圧器を組み合わせることが多い．

(4) 配電線路の運用状況や設備実態を把握するため，変圧器二次側の電圧，電流および接地抵抗の測定を実施している．

(5) 地上設置形の変圧器は，開閉器，保護装置を内蔵し金属製のケースに納めたもので，地中配電線供給エリアで使用される．

解説

① 三相 4 線式（V結線）の 2 台の単相変圧器は，動力のみに供給する専用相変圧器と電灯・動力負荷に供給する共用相変圧器があり，一般的に異容量となり共用相変圧器容量のほうが大きい．

② 単相変圧器を用いてV結線にすると，△結線方式の場合と比べ，変圧器の台数が 3 台から 2 台となるため，電柱の装柱が簡素化できる．

参考 平成 30 年に類似問題が出題されている．　【解答（3）】

重要 三相 4 線式V結線の変圧器の容量：共用相≧専用相

問題 107 配電設備全般

[平成 22 年]

配電設備に関する記述の正誤を解答群では「正:正しい文章」または「誤:誤っている文章」と書き表している．正・誤の組合せとして，正しいのは次のうちどれか．

a. V結線は，単相変圧器 2 台によって構成し，△結線と同じ電圧を変圧することができる．一方，△結線と比較し変圧器の利用率は$\sqrt{3}/2$となり出力は$\sqrt{3}/3$倍になる．

b. 長距離で負荷密度の比較的高い商店街のアーケードでは，上部空間を利用し変圧器を設置する場合や，アーケードの支持物上部に架空配電線を施設する場合がある．

c. 架空配電線と電話線，信号線などを，同一支持物に施設することを共架といい，全体的な支持物の本数が少なくなるので，交通の支障を少なくすることができ，電力線と通信線の離隔距離が緩和され，混触や誘導障害が少なくなる．

d. ケーブル布設の管路式は，トンネル状構造物の側面の受け棚にケーブルを布設する方式である．特に変電所の引出しなどケーブル条数が多い箇所には共同溝を利用する．

	a	b	c	d
(1)	正	誤	正	正
(2)	誤	正	正	誤
(3)	正	正	誤	誤
(4)	誤	正	誤	誤
(5)	誤	誤	正	正

解説

① 共架は，電力線と通信線の離隔距離が小さく，**混触・誘導障害の危険度が増**す．

② ケーブルをトンネル状の構造物の受け棚に敷設するのは**暗きょ式**である．

【解答 (3)】

重要

V結線変圧器：容量は $2VI$，出力は$\sqrt{3}VI$

[平成15年改題]

問題 108 単相3線式配電方式

100/200 V 単相 3 線式配電方式に関する記述として，誤っているものは次のうちどれか．

(1) 中性線が断線すると，異常電圧を発生することがある．

(2) 負荷の分布によっては，負荷電圧が不平衡になることがある．

(3) 配電容量が等しい場合，100 V 単相 2 線式配電方式より電線の銅量が少なくてすむ．

(4) バランサは，電源の近くに設けるほうが効果的である．

(5) 単相 100 V，単相 200 V の 2 種類の負荷の使用が可能である．

解説

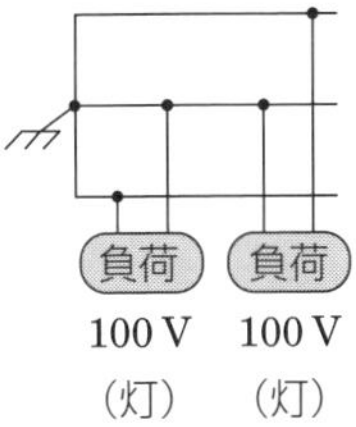

① 単相 3 線式は，変圧器の低圧巻線の両端と中点から合計 3 本の線を引き出して中点を接地している．

② **バランサ**は，巻数比 1：1 の単巻変圧器で，単相 3 線式**線路の末端に接続**して負荷のアンバランスによる電圧の不平衡を解消する．

【解答（4）】

バランサの接続：中性線電流が零になり電圧を改善 重要

点数アップ♪

ワンポイント知識 — 400 V 配電

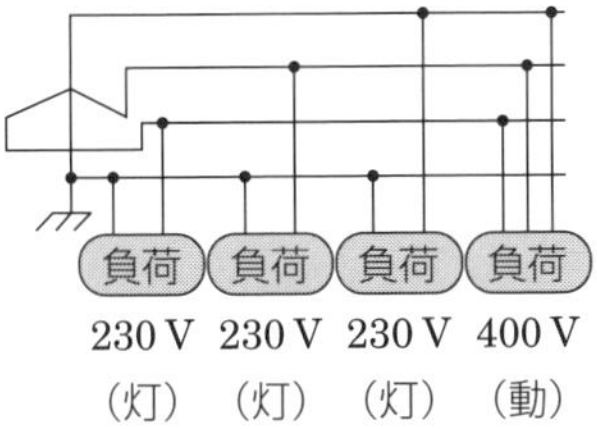

①中性点直接接地方式のY結線三相 4 線式で，400 V/230 V の電圧である．

②400 V は三相 3 線式で利用し，主に電動機などの動力負荷を接続する．

③230 V は電圧線と中性線間で得られ，蛍光灯や水銀灯などの照明負荷に利用する．

④白熱電灯やコンセント回路は，230 V/100 V の変圧器を介して供給する．

⑤規模の大きなビルなどの屋内配線に適用され，電灯・動力設備の共用でき，電圧格上げによる供給力の増加が可能である．

問題 109 地中配電線路の得失

［平成 27 年］

次の文章は，地中配電線路の得失に関する記述である．

地中配電線路は，架空配電線路と比較して，（ア）がよくなる，台風などの自然災害発生時において（イ）による事故が少ないなどの利点がある．

一方で，架空配電線路と比較して，地中配電線路は高額の建設費用を必要とするほか，掘削工事を要することから需要増加に対する（ウ）が容易ではなく，またケーブルの対地静電容量による（エ）の影響が大きいなどの欠点がある．

上記の記述中の空白箇所（ア），（イ），（ウ）および（エ）に当てはまる組合せとして，正しいものを次の（1）～（5）のうちから一つ選べ．

	（ア）	（イ）	（ウ）	（エ）
(1)	都市の景観	他物接触	設備増強	フェランチ効果
(2)	都市の景観	操業者過失	保護協調	フェランチ効果
(3)	需要率	他物接触	保護協調	電圧降下
(4)	都市の景観	他物接触	設備増強	電圧降下
(5)	需要率	操業者過失	設備増強	フェランチ効果

解説

① 架空設備が地中化されることによって，街並みの景観が向上する．

② 地中配電線路は，台風や雷などの自然現象による事故は発生しにいため，供給信頼度が高い．

③ 建設費用が高額で，需要増加に対する設備増強が容易でなく，いったん線路の損壊事故が発生した場合には，埋設物件であることより復旧に長時間を要する．

④ ケーブルの対地静電容量が大きいため，進み電流により送電端電圧より受電端電圧ほうが高くなるフェランチ効果の影響が大きくなる． 【解答（1）】

重要

ケーブル系統：フェランチ効果で受電端電圧が上昇

ここが肝心！基礎固め！ 8 電力ケーブルの布設方式

直接埋設式，管路式，暗きょ式があり，それぞれの特徴は表のとおりである．

布設方式	特　徴
直接埋設式	○工事費が安く，放熱効果が大きいため許容電流が大きい． ●外傷に弱く，ケーブルの張替え・増設が困難である．
管路式	○暗きょ式に対し建設費が安く，ケーブルの張替えも容易である． ●熱放散が悪く，ケーブル条数が増加すると送電容量が減少する．
暗きょ式	○空間が広く熱放散が良好で，保守点検作業も容易である． ●工事費が高いため，変電所引出し口などケーブル条数の特に多い場合にしか採用できない．（参考）共同溝も暗きょ式に含まれる．

○＝長所，●＝短所

問題 110 地中ケーブルの布設方式 ［平成 18 年］

地中ケーブルの布設方法には，大別して直接埋設式，管路式，暗きょ式などがある．これらに関する記述として，誤っているのは次のうちどれか．

(1) 工事費ならびに工期は直接埋設式が最も安価・短期であり，次に管路式，暗きょ式の順になる．

(2) 直接埋設式では，管路あるいは暗きょといった構造物を伴わないので，事故復旧は管路式，暗きょ式よりも容易に実施できる．

(3) 直接埋設式では，ケーブル外傷などの被害は管路式や暗きょ式と比べてその機会が多くなる．

(4) 暗きょ式，管路式は，布設後の増設が直接埋設方式に比べると一般に容易である．

(5) 暗きょ式の一種である共同溝は，電力ケーブル，電話ケーブル，ガス管，上下水道管などを共同の地下溝に施設するものである．

解説 ① 直接埋設式は，管路や暗きょなどの構造物がなく，トラフに収め埋設されている．② 直接埋設式の事故復旧は，アスファルトや土の掘削を伴うため長時間を要し，復旧後の埋戻しや復元に時間を要する．

参考 平成 26 年，令和元年に類似問題が出題されている．　【解答 (2)】

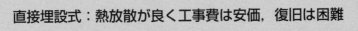

重要 直接埋設式：熱放散が良く工事費は安価，復旧は困難

問題111 OFケーブルとCVケーブル

[平成14年]

今日我が国で主に使用されている電力ケーブルは，紙と油を絶縁体に使用するOFケーブルと，（ア）を絶縁体に使用するCVケーブルである．

OFケーブルにおいては，充てんされた絶縁油を加圧することにより，（イ）の発生を防ぎ絶縁耐力の向上を図っている．このために，給油設備の設置が必要である．

一方，CVケーブルは絶縁体の誘電正接，比誘電率がOFケーブルよりも小さいために，誘電損や（ウ）が小さい．また，絶縁体の最高許容温度はOFケーブルよりも高いため，導体断面積が同じ場合，（エ）はOFケーブルよりも大きくすることができる．

上記の記述中の空白箇所（ア），（イ），（ウ）および（エ）に記入する語句として，正しいものを組み合わせたのは次のうちどれか．

	（ア）	（イ）	（ウ）	（エ）
(1)	架橋ポリエチレン	熱	充電電流	電流容量
(2)	ブチルゴム	ボイド	抵抗損	電流容量
(3)	ブチルゴム	熱	抵抗損	使用電圧
(4)	架橋ポリエチレン	ボイド	充電電流	電流容量
(5)	架橋ポリエチレン	ボイド	抵抗損	使用電圧

解説

① CVケーブルの絶縁体は，**架橋ポリエチレン**で，ポリエチレンを架橋して耐熱性を向上させている．終端接続には，ゴムモールド品やがい管を用いた差込形終端接続部が用いられている．

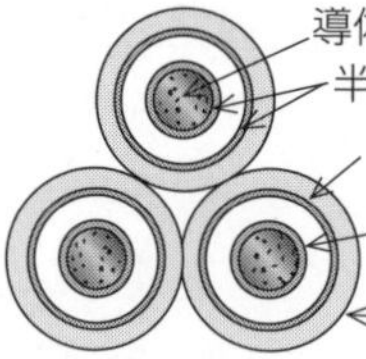

② OFケーブルには，油通路があり，**ボイド**（気泡）の発生を防ぐため，絶縁油を加圧している．

③ CVケーブルは，誘電損や**充電電流**が小さく，**電流容量**が大きい．

【解答（4）】

重要 最高許容温度：OFケーブル80℃，CVケーブル90℃

問題 112 CV ケーブル

[平成 14 年]

CV ケーブルに関する記述として，誤っているのは次のうちどれか.

(1) CV ケーブルは，給油設備が不要のため，保守性に優れている.

(2) 3 心の CV ケーブルは，CVT ケーブルに比べて接続作業性が悪い.

(3) CV ケーブルの絶縁体には，塩化ビニル樹脂が使用されている.

(4) CV ケーブルは，OF ケーブルに比べて許容最高温度が高い.

(5) CV ケーブルは，OF ケーブルに比べて絶縁の比誘電率が小さい.

解説

① CV ケーブルの絶縁体は**架橋ポリエチレン**で，シース（外装）はビニルである.

② 3 心共通シース形 CV ケーブルは，シース内に 3 心を一括収容した形である.

③ CVT（トリプレックス形）ケーブルは，単心 3 個より構造である 3 心共通シース型 CV ケーブルと比べて熱放散が大きくなるため，許容温度を大きくとることができる．また，熱伸縮の吸収が容易で曲げやすいため，接続箇所のマンホールの設計寸法を縮小化できる.

参考 平成 19 年に 3 心共通シース形 CV ケーブルと CVT ケーブルとの比較問題が出題されている.

【解答 (3)】

重要 CVT ケーブルの絶縁体：架橋ポリエチレン

点数アップ♪

ワンポイント知識 — CV ケーブルの水トリー

①CV ケーブルの水トリーは，架橋ポリエチレン絶縁体中に侵入した水と異物やボイド，突起などに加わる局部的な高電界との相乗作用で発生するもので，水の存在と課電とにより発生する劣化現象である.

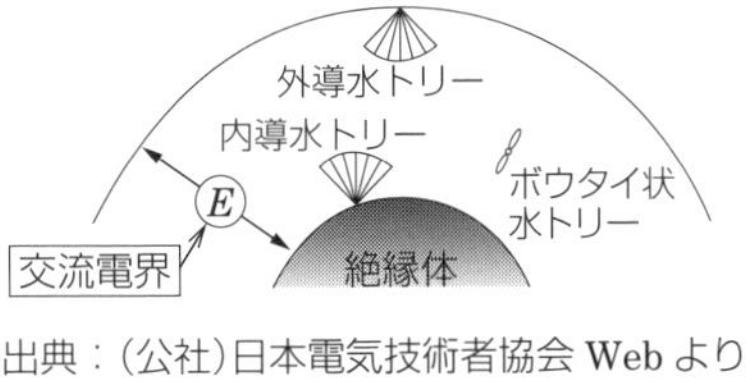

（出典：(公社)日本電気技術者協会 Web より）

②水トリーは，発生起点によって，内導水トリー，ボウタイ状水トリー，外導水トリーに分類される.

[平成 29 年]

問題 113 電力ケーブルの損失

交流の地中送電線路に使用される電力ケーブルで発生する損失に関する記述として，誤っているものは次のうちどれか．

(1) 電力ケーブルの許容電流は，ケーブル導体温度がケーブル絶縁体の最高許容温度を超えない上限の電流であり，電力ケーブル内での発生損失による発熱量や，ケーブル周囲環境の熱抵抗，温度などによって決まる．

(2) 交流電流が流れるケーブル導体中の電流分布は，表皮効果や近接効果によって偏りが生じる．そのため，電力ケーブルの抵抗損では，ケーブルの交流導体抵抗が直流導体抵抗よりも増大することを考慮する必要がある．

(3) 交流電圧を印加した電力ケーブルでは，電圧に対して同位相の電流成分がケーブル絶縁体に流れることにより誘電体損が発生する．この誘電体損は，ケーブル絶縁体の誘電率と誘電正接との積に比例して大きくなるため，誘電率および誘電正接の小さい絶縁体の採用が望まれる．

(4) シース損には，ケーブルの長手方向に金属シースを流れる電流によって発生するシース回路損と，金属シース内の渦電流によって発生する渦電流損とがある．クロスボンド接地方式の採用はシース回路損の低減に効果があり，導電率の高い金属シース材の採用は渦電流損の低減に効果がある．

(5) 電力ケーブルで発生する損失のうち，最も大きい損失は抵抗損である．抵抗損の低減には，導体断面積の大サイズ化のほかに分割導体，素線絶縁導体の採用などの対策が有効である．

解説 ① シース損には，金属シース内に発生する**シース渦電流損**と長手方向の電流による**シース回路損**とがある．

② クロスボンド接地方式は，シース回路損の低減に効果があり，**導電性の低い金属シース材**は渦電流損低減に効果がある．

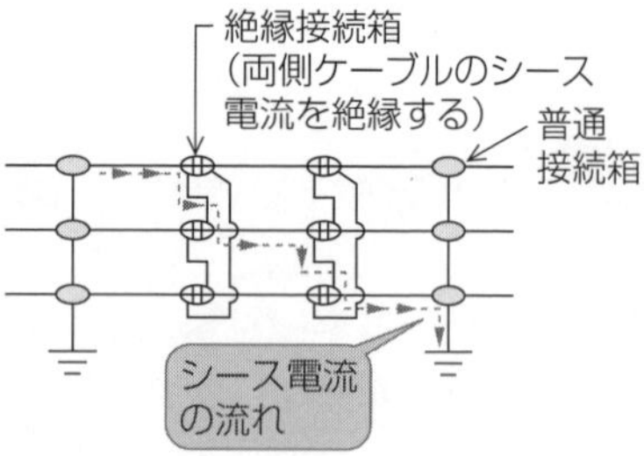

参考 平成 25 年に類似問題が出題されている．

【解答 (4)】

重要 導電性の低い金属シース材：渦電流の低減効果あり

点数アップ♪

ワンポイント知識 — 電力ケーブルの損失

電力ケーブルに生ずる損失には，導体内に発生する**抵抗損**，絶縁体内に発生する**誘電損**，鉛被などの金属シースに発生する**シース損**がある．

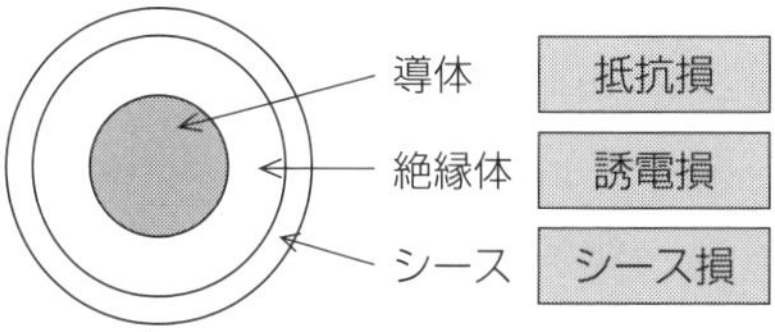

① **抵抗損**：導体部分に発生する損失で，導体抵抗を R，電流を I とすると RI^2 で表される**ジュール熱による損失**である．交流では表皮効果のため見かけの導体断面積が減少して損失が大きくなる．抵抗損を低減する方法として，導体断面積の大サイズ化，分割導体や素線絶縁導体の採用などがある．

② **誘電損**：ケーブルに交流電圧を印加した際の充電電流にはわずかであるが有効分が含まれる．この有効電流による絶縁体部分で発生する損失で，$\tan\delta$（**誘電正接**）**に比例**する．絶縁体が劣化すると誘電損は大きくなる．

$$\text{誘電損}\quad P_d = \omega CV^2 \tan\delta = 2\pi fCV^2 \tan\delta \text{〔W〕}$$

（架橋ポリエチレンのほうが油浸紙より誘電率が小さいため，CV ケーブルのほうが OF ケーブルより誘電損は小さい）

③ **シース損**：鉛被やアルミ被など導電性のシースに生じる損失で，金属シース内に発生する**シース渦電流損**と長手方向の電流による**シース回路損**とがある．

シース損が問題となるのは，単心ケーブルを複数用いて，単相または三相の供給を行う場合である．**クロスボンド接地**は，シース回路損の低減に効果がある．

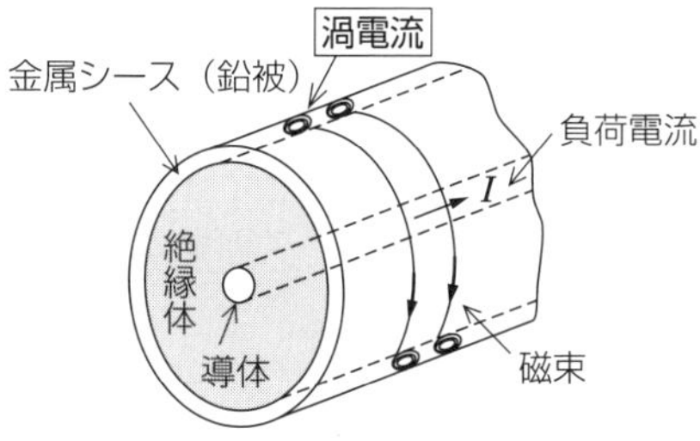

（a）シース渦電流損

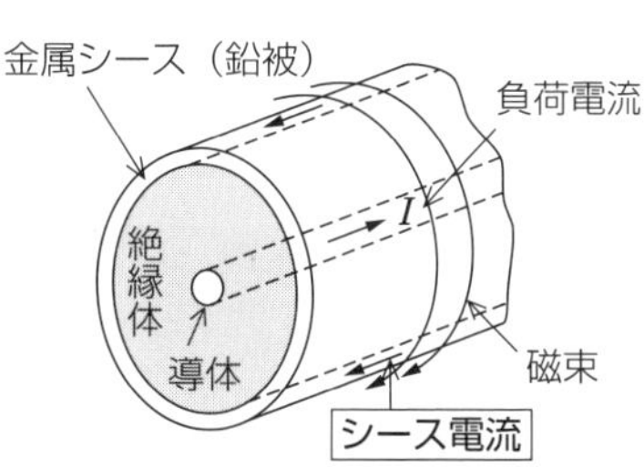

（b）シース回路損

問題 114 ケーブルの許容電流

[平成 16 年]

次に示す各種の損失のうち，ケーブルの許容電流の決定要因と直接関係のないものはどれか．

（1）抵抗損　（2）シース損　（3）誘電損
（4）渦電流損　（5）漂遊負荷損

解説 導体に抵抗損が，絶縁体に誘電損が，金属シースにシース損（シース渦電流損とシース回路損）が発生し，これらはいずれも許容電流の決定要因となる．

(5) の漂遊負荷損は漏れ磁束により発生した渦電流によるジュール熱での損失で，変圧器に負荷電流を流したときに外箱に発生したりする．　【解答（5)】

重要 ケーブルの損失＝抵抗損＋誘電損＋シース損

問題 115 許容電流の増大方法

[平成 22 年]

地中電力ケーブルの送電容量を増大させる現実的な方法に関する記述として，誤っているのは次のうちどれか．

（1）耐熱性を高めた絶縁材料を採用する．
（2）地中ケーブル線路に沿って布設した水冷管に冷却水を循環させ，ケーブルを間接的に冷却する．
（3）OF ケーブルの絶縁油を循環・冷却させる．
（4）CV ケーブルの絶縁体中に冷却水を循環させる．
（5）導体サイズを大きくする．

解説 完璧なひっかけ問題で，（4）のような方法はない．問題が，「CV ケーブルの絶縁体中に水が含まれる」なら，水トリーの話となる．　【解答（4)】

重要 送電容量の増大は導体の太サイズ化と放熱・冷却

問題116 ケーブルの絶縁劣化診断

［平成20年］

地中電線路の絶縁劣化診断方法として，関係のないものは次のうちどれか.

(1) 直流漏れ電流法　(2) 誘電正接法　(3) 絶縁抵抗法

(4) マーレーループ法　(5) 絶縁油中ガス分析法

解説

マーレーループ法は，ホイートストンブリッジの原理を利用して，地中電線路の地絡故障点を標定する測定法である.

【解答 (4)】

絶縁劣化診断方法：絶縁体の劣化の予防保全に活用

重要

点数アップ♪

ワンポイント知識 — ケーブルの絶縁劣化診断法

電力ケーブルの絶縁劣化診断法には，下表のような方法がある.

診断法	概要説明
絶縁抵抗測定法	絶縁体またはシースの絶縁抵抗を絶縁抵抗計（メガー）で測定する.
直流漏れ電流測定法	ケーブルの絶縁体に直流高電圧を印加し，検出される漏れ電流の大きさや電流の時間変化を測定し，絶縁体の劣化状況を調べる. 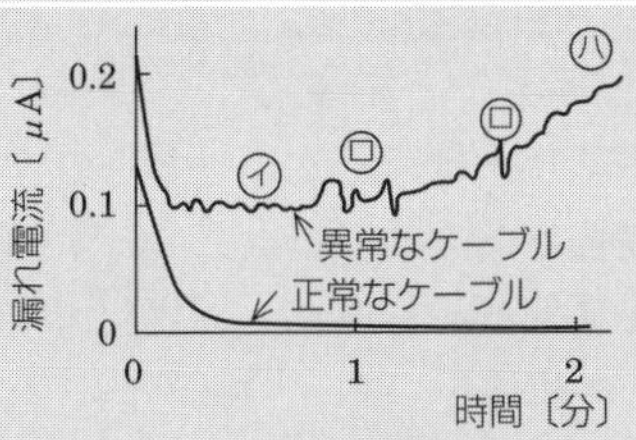 （ⅰ）漏れ電流の絶対値が大きい（㋑部） （ⅱ）キック現象がみられる（㋺部） （ⅲ）電流の増加傾向がみられる（㋩部） （出典：(公社)日本電気技術者協会 Web より）
誘電正接測定法	ケーブルの絶縁体に商用周波電圧を印加し，シェーリングブリッジなどにより誘電正接（$\tan\delta$）の電圧特性などを測定する.
部分放電測定法	ケーブルの絶縁体に使用電圧程度の商用周波電圧を印加し，異常部分から発生する部分放電を定量的にとらえ，絶縁状態を判定する（絶縁体中のボイド（空隙）や異物を定量的にとらえられる）.
絶縁油中ガス分析法	油入ケーブル（OFケーブル）の絶縁油のガス成分を分析することにより，油浸絶縁体の異常・劣化診断を行う.

点数アップ♪

ワンポイント知識 — ケーブルの故障点標定法

電力ケーブルを使用した電線路で，地絡・短絡・断線事故が発生した場合，架空線のように目視での事故点発見は困難で，故障点の標定が必要となる．この標定の代表的なものに，マーレーループ法とパルスレーダ法がある．

標定法	マーレーループ法	パルスレーダ法
原理図	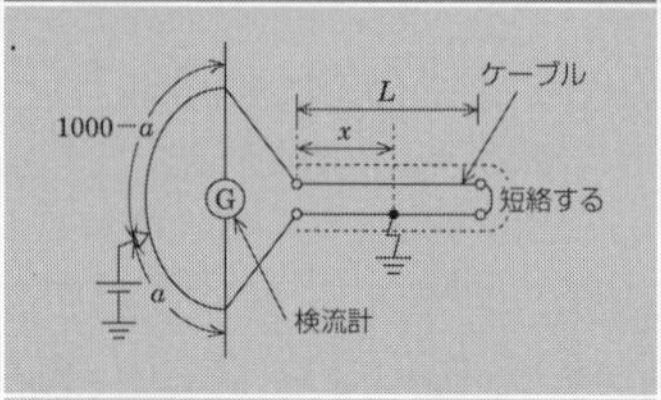	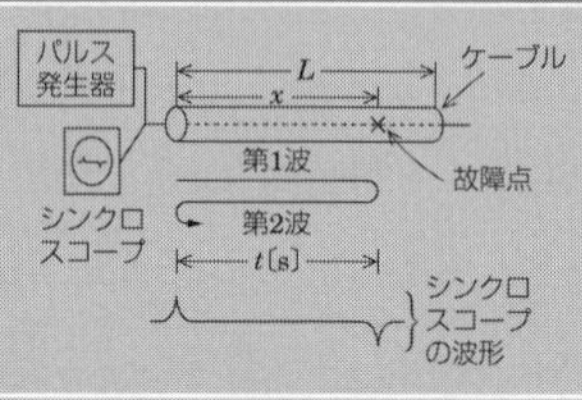
探査原理	導体抵抗を利用して，相対する抵抗の積は等しいという「ホイートストンブリッジ」の原理を用い，事故点までの距離を測定する．	事故ケーブルに速度 v でパルス電圧を送り出し，事故点からの反射パルスを検知してパルスの往復伝播時間 t から事故点までの距離を求める． $\boxed{l = vt/2}$
適用条件	並行健全ケーブルがあること．	並行健全ケーブルがなくても適用できる．
特徴	測定方法が簡便で，断線事故には適用できないが，1 線地絡事故に適用できる．	短絡，地絡，断線事故に適用できる．

点数アップ♪

ワンポイント知識 — 導電材料の必要条件

① 導電率が大きいこと＝抵抗率が小さい．（銅やアルミの採用）
② 引張強さが大きいこと．（鉄塔や電柱への架線面）
③ 線膨張率が小さい．（温度変化によるたるみの増減の関係）
④ 加工性のよいこと．（接続作業などの容易性）
⑤ 耐食性のよいこと．（塩害地域などでの耐腐食性）
⑥ 安価で豊富にあること．（経済面とリスク面）

[平成 28 年]

問題 117 地中電線路の故障点標定

地中送電線路の故障点位置標定に関する記述として，誤っているものは次のうちどれか．

(1) マーレーループ法は，並行する健全相と故障相の 2 本のケーブルにおける一方の導体端部間にマーレーループ装置を接続し，他方の導体端部間を短絡してブリッジ回路を構成することで，ブリッジ回路の平衡条件から故障点を標定する方法である．

(2) パルスレーダ法は，故障相のケーブルにおける健全部と故障点でのサージインピーダンスの違いを利用して，故障相のケーブルの一端からパルス電圧を入力し，同位置で故障点からの反射パルスが返ってくる時間を測定することで故障点を標定する方法である．

(3) 静電容量測定法は，ケーブルの静電容量と長さが比例することを利用し，健全相と故障相のケーブルの静電容量をそれぞれ測定することで故障点を標定する方法である．

(4) 測定原理から，マーレーループ法は地絡事故に，静電容量測定法は断線事故に，パルスレーダ法は地絡事故と断線事故の双方に適用可能である．

(5) 各故障点位置標定法での測定回路で得た測定値に加えて，マーレーループ法では単位長さ当たりのケーブルの導体抵抗が，静電容量測定法ではケーブルのこう長が，パルスレーダ法ではケーブル中のパルス電圧の伝搬速度がそれぞれ与えられれば，故障点の位置標定ができる．

解説

① マーレーループ法の故障点標定の原理は，**ホイートストンブリッジ**に基づいたもので，1 線地絡事故の標定ができる．ブリッジの平衡条件に，**単位長さ当たりのケーブルの導体抵抗は関与しない**．

② パルスレーダ法は，パルス電圧の往復伝搬時間が故障点までの距離に比例することを利用したもので，地絡事故のほか，断線や短絡事故にも対応できる．

③ 静電容量測定法は，健全相の対地静電容量と断線した故障相の対地静電容量とが長さに比例することを利用したものである． 【解答 (5)】

重要 マーレーループ法：ブリッジの平衡条件を利用

問題 118 導体材料

[平成 24 年]

導電材料としてよく利用される銅に関する記述として，誤っているものは次のうちどれか．

(1) 電線の導体材料の銅は，電気銅を精製したものが用いられる．
(2) CV ケーブルの電線の銅導体には，軟銅が用いられる．
(3) 軟銅は，硬銅を 300 ～ 600℃で焼きなますことにより得られる．
(4) 20℃において，最も抵抗率の低い金属は，銅である．
(5) 直流発電機の整流子片には，硬銅が一般に用いられる．

解説 ①電気銅は，電解精錬によって得られた銅で，純度が極めて高い．

② ケーブルの銅導体には，伸びや可とう性に優れる軟銅が用いられる．

③ 硬銅は機械的強度の大きい特長を生かして架空送配電線に使用されている．硬銅を焼きなました軟銅は，加工性がよい特長を生かしてケーブルや屋内配線に使用されている．

抵抗率 ρ〔$\Omega \cdot mm^2/m$〕		導電率〔%〕
軟銅	$\frac{1}{58}$	100（基準）
硬銅	$\frac{1}{55}$	95
アルミ	$\frac{1}{35}$	60

④ 抵抗率の大きさは，**銀＜銅＜金＜アルミニウム＜鉄**，である．

⑤ 硬銅は，配電線や直流発電機の整流子片などに用いられている．

参考 平成 18 年にも類似問題が出題されている． 【解答（4）】

重要 （抵抗率の大きさ）：最も低い金属は銀

問題119 磁心材料

[平成20年]

次の文章は，発電機，電動機，変圧器などの電気機器の鉄心として使用される磁心材料に関する記述である．

永久磁石材料と比較すると磁心材料のほうが磁気ヒステリシス特性（B-H 特性）の保磁力の大きさは［（ア）］，磁界の強さの変化により生じる磁束密度の変化は［（イ）］ので，透磁率は一般に［（ウ）］．

また，同一の交番磁界のもとでは，同じ飽和磁束密度を有する磁心材料同士では，保磁力が小さいほど，ヒステリシス損は［（エ）］．

上記の記述中の空白箇所（ア），（イ），（ウ）および（エ）に当てはまる語句として，正しいものを組み合わせたのは次のうちどれか．

	（ア）	（イ）	（ウ）	（エ）
(1)	大きく	大きい	大きい	大きい
(2)	小さく	大きい	大きい	小さい
(3)	小さく	大きい	小さい	大きい
(4)	大きく	小さい	小さい	小さい
(5)	小さく	小さい	大きい	小さい

解説 永久磁石材料に対し，磁心材料は次の特徴がある．

① **保磁力**：小さい．

② **磁界の強さの変化による磁束密度の変化**：大きい．

③ **透磁率**：大きい（$\mu = B/H$）．

④ **ヒステリシス損**：保磁力が小さいほど小さい（ヒステリシスループの面積が小さくなる）．

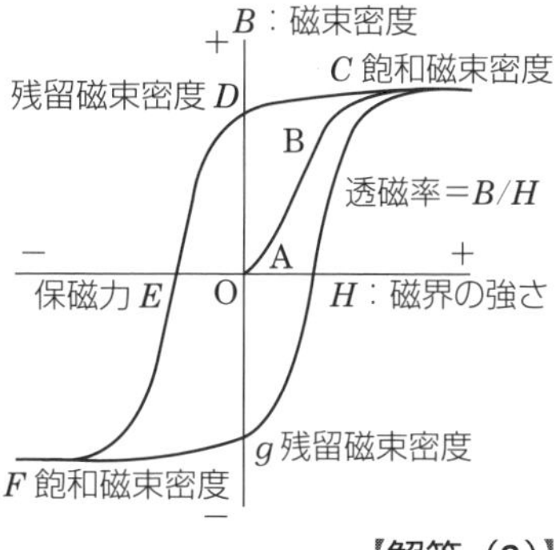

【解答 (2)】

重要 磁心材料の要求性能：保磁力が小さく透磁率が大きい

[平成 15 年]

問題 120　アモルファス鉄心材料

アモルファス鉄心材料を使用した柱上変圧器の特徴に関する記述として，誤っているものは次のうちどれか．

(1) けい素鋼帯を使用した同容量の変圧器に比べて，鉄損が大幅に少ない．

(2) アモルファス鉄心材料は結晶構造である．

(3) アモルファス鉄心材料は高硬度で，加工性があまり良くない．

(4) アモルファス鉄心材料は比較的高価である．

(5) けい素鋼帯を使用した同容量の変圧器に比べて，磁束密度が高くできないので，大形になる．

解説　アモルファス鉄心材料は非結晶構造で，非晶質材料である．このため，結晶構造の高配向性電磁鋼板に比べ，磁気異方性（磁化されやすい方向性）が小さく磁化しやすく，鉄心磁束が交番する際のヒステリシス損が小さい．

【解答（2）】

アモルファス変圧器：鉄損がけい素鋼板の 1/3

重要

点数アップ♪

ワンポイント知識 ── 変圧器鉄心の要求性能

変圧器の鉄心材料として，必要な性能は，次のとおりである．

① 抵抗率が大きい．（渦電流損が小さくなる）
② 透磁率が大きい．（磁化電流が小さくなる）
③ 飽和磁束密度が大きい．（鉄心量が少なくてよい）
④ 残留磁気と保磁力が小さい．（ヒステリシス損が少なくなる）
⑤ 機械的強度が大きく加工性が良い．

点数アップ♪

ワンポイント知識 ── けい素鋼板の特徴

機器の積層鉄心として使用されるけい素鋼板の特徴は，次のとおりである．

〔条件〕周波数と磁束密度を一定としたとき

板厚を薄くするとヒステリシス損は変わらないが，渦電流損は減少する．
⇒鉄損が減少する．

[平成23年]

問題121 絶縁材料の性質（1）

電気絶縁材料に関する記述として，誤っているものを次の（1）～（5）のうちから一つ選べ．

（1）直射日光により，絶縁物の劣化が生じる場合がある．

（2）多くの絶縁材料は温度が高いほど，絶縁強度の低下や誘電損の増加が生じる．

（3）絶縁材料中の水分が少ないほど，絶縁強度は低くなる傾向がある．

（4）電界や熱が長時間加わることで，絶縁強度は低下する傾向がある．

（5）部分放電は，絶縁物劣化の一要因である．

解説

① 絶縁材料は，吸湿や水分が多いほど絶縁強度は低くなる傾向がある．

② 絶縁油は，水分はもちろん温度や不純物などにより絶縁性能が影響を受ける．

【解答（3）】

重要

絶縁材料の吸湿や水分の増加⇒絶縁劣化が進む

点数アップ♪

ワンポイント知識 ― 絶縁材料の要求性能

絶縁電線，ケーブル，変圧器，回転機などの絶縁材料に要求される性能は，次のとおりである．

① 絶縁抵抗と絶縁耐力が高い．

② 内部での電気的損失が少ない．⇒誘電体損失が少ない．

③ 耐熱性や耐吸湿特性が優れている．

④ 機械的強度が大きく加工性が良い．

⑤ 耐コロナ・耐アーク特性が優れている．

⑥ 吸湿性がなく，化学的に安定である．

⑦ 比熱・熱伝導率が大きい．

問題122 絶縁材料の性質（2）

[平成14年改題]

絶縁材料の基本的性質に関する記述として，誤っているのは次のうちどれか．

(1) 絶縁材料は熱的，電気的，機械的原因などにより劣化する．

(2) 気体絶縁材料は，液体，固体絶縁材料と比較して，一般に電気抵抗率が高く，誘電率が低く，圧力により絶縁耐力が変化する．

(3) 液体絶縁材料には比熱容量，熱伝導率の小さいものが適している．

(4) 電気機器に用いられる絶縁材料は，一般には許容最高温度で区分されており，日本産業規格（JIS）では耐熱クラスHの許容最高温度は180℃である．

(5) 気体絶縁材料は，液体，固体絶縁材料と比較して，一般に絶縁破壊強度が低い．しかし，気圧を高めたり真空状態とすることで絶縁破壊強度を高めることができ，真空遮断器はこの性質が利用されている．

解説

① 絶縁材料の劣化は，下図のようなメカニズムで発生する．

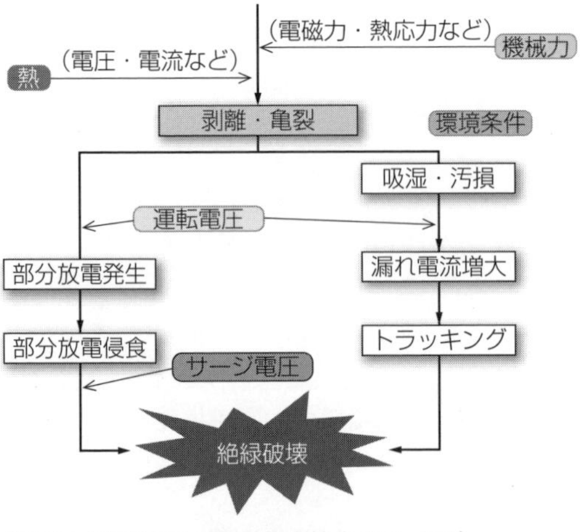

(出典：(公社)日本電気技術者協会 Webより)

② 変圧器の絶縁油などの液体材料には，**比熱容量，熱伝導率の大きいもの**が適している．

参考 令和元年に類似問題が出題されている．

【解答（3）】

> **重要** 液体絶縁材料：絶縁面から比熱・熱伝導率大のもの

問題123 六ふっ化硫黄（SF_6）ガス

[平成19年]

六ふっ化硫黄（SF_6）ガスに関する記述として，誤っているのは次のうちどれか

(1) 絶縁破壊電圧が同じ圧力の空気よりも高い.

(2) 無色，無臭であり，化学的にも安定である.

(3) 温室効果ガスの一種として挙げられている.

(4) 比重が空気に比べて小さい.

(5) アークの消弧能力は空気よりも高い.

解説

六ふっ化硫黄（SF_6）ガスは，ガス開閉器（GS），ガス遮断器（GCB），ガス絶縁開閉装置（GIS），ガス絶縁変圧器などの絶縁材料や消弧媒体に使用されており，その特性は次のとおりである.

① 無色・無臭で，化学的に安定である.

② 不活性で不燃性である.

③ **比重が空気に比べて5.1倍と大きい.**

④ 絶縁破壊電圧が同圧力の空気に比べて高い.

⑤ 消弧能力が空気に比べて高い.

⑥ 温室効果ガスの一種で地球温暖化係数（GWP）がCO_2の23 900倍と高い.

ガス	温暖化係数（GWP）	寿命〔年〕
CO_2	1	50～200
CF_4	6 500	50 000
C_2F_6	9 200	10 000
C_3F_8	7 000	2 600
c-C_4F_8	87 00	3 200
CHF_3	11 700	264
SF_6	23 900	3 200

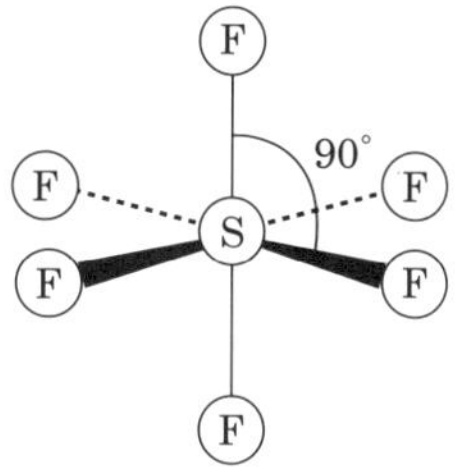

参考 平成26年に類似問題が出題されている.

【解答（4）】

重要 六ふっ化硫黄ガスは地球温暖化係数（GWP）が高い

問題 124 各種の絶縁材料

［平成 17 年］

電気絶縁材料に関する記述として，誤っているのは次のうちどれか．

(1) 六ふっ化硫黄（SF_6）ガスは，絶縁耐力が空気や窒素と比較して高く，アークを消弧する能力に優れている．

(2) 鉱油は，化学的に合成される絶縁材料である．

(3) 絶縁材料は，許容最高温度により A，E，B などの耐熱クラスに分類されている．

(4) ポリエチレン．ポリプロピレン，ポリ塩化ビニルなどは熱可塑性（加熱することにより柔らかくなる性質）樹脂に分類される．

(5) 磁器材料は，一般にけい酸を主体とした無機化合物である．

解説

絶縁油には，鉱油，合成油および両者を合成した混合油がある．このうち，**鉱油は，原油を精製したもので**，炭化水素を主成分とした高分子化合物であり，化学的に合成されたものではない．

【解答（2)】

重要

鉱油は原油を精製，合成油は化学的に合成

点数アップ♪

ワンポイント知識 — 耐熱クラス

① **絶縁材料の耐熱クラスとは？**：絶縁物には，常時その温度で使用しても絶縁劣化の問題のない温度の上限値（**許容最高温度**）があり，JIS ではこれをクラス分けして規定している．

② **耐熱クラスの種類**：JIS 4003（2010）では次のように規定している．

Y 種（90℃），A 種（105℃），E 種（120℃），B 種（130℃），
F 種（155℃），H 種（180℃），N 種（200℃），R 種（220℃）
がある．なお，250℃は温度値で示す．

☆ **YAEBFHNR の並びから，「ヤー，エビフライ跳ねる！」と覚えておく．**

[平成22年]

問題125 絶 縁 油

絶縁油は変圧器やOFケーブルなどに使用されており，一般に絶縁破壊電圧は大気圧の空気と比べて［（ア）］，誘電正接は空気よりも［（イ）］.

電力用機器の絶縁油として古くから［（ウ）］が一般的に用いられてきたが，OFケーブルやコンデンサでより優れた低損失性や信頼性が求められる仕様のときには［（エ）］が採用される場合もある.

上記の空白箇所に記入する語句として，正しい組合せは次のうちどれか.

	（ア）	（イ）	（ウ）	（エ）
(1)	低く	小さい	植物油	シリコーン油
(2)	高く	大きい	鉱物油	重合炭化水素油
(3)	高く	大きい	植物油	シリコーン油
(4)	低く	小さい	鉱物油	重合炭化水素油
(5)	高く	大きい	鉱物油	シリコーン油

解説

① **鉱物油の特徴**：鉱物油（鉱油）は，空気と比較して次のような特徴があり，変圧器やOFケーブルなどの絶縁油として使用されている.

・絶縁破壊電圧が高い	・空気は30 kV/cm ・鉱物油は75 kV/2.5 mm
・誘電正接（tan δ）は空気より大きい	

② **重合炭化水素油の採用**：シリコーン油は，熱が加わると水素を発生しやすく吸湿性が高いため，OFケーブルやコンデンサでより優れた低損失や信頼性が要求される場合には，重合炭化水素油が採用される場合がある.

③ **変圧器の絶縁油の役割**：変圧器内部の絶縁のほか，変圧器の内部で発生する鉄損や銅損による熱を対流などによって放散冷却する.

【解答（2）】

重要 重合炭化水素油の特長⇒低損失で高信頼性

問題 126 固体絶縁材料の劣化

［平成 21 年］

固体絶縁材料の劣化に関する記述として，誤っているのは次のうちどれか．

(1) 膨張，収縮による機械的な繰返しひずみの発生が，劣化の原因となる場合がある．

(2) 固体絶縁物内部の微小空げきで高電圧印加時のボイド放電が発生すると，劣化の原因となる．

(3) 水分は，CV ケーブルの水トリー劣化の主原因である．

(4) 硫黄などの化学物質は，固体絶縁材料の変質を引き起こす．

(5) 部分放電劣化は，絶縁体外表面のみに発生する．

解説

① 固体絶縁材料に高電圧を印加すると，**ボイド**（空隙，空洞）の部分の電界強度が高くなり，絶縁破壊が先に起こる．

② **部分放電**の繰り返しにより，先端の鋭いくぼみ（ピット）が形成されると，放電はこの部分に集中し，先端の電界が高まることによって絶縁体内部に向かって樹枝状の絶縁破壊を生じる．

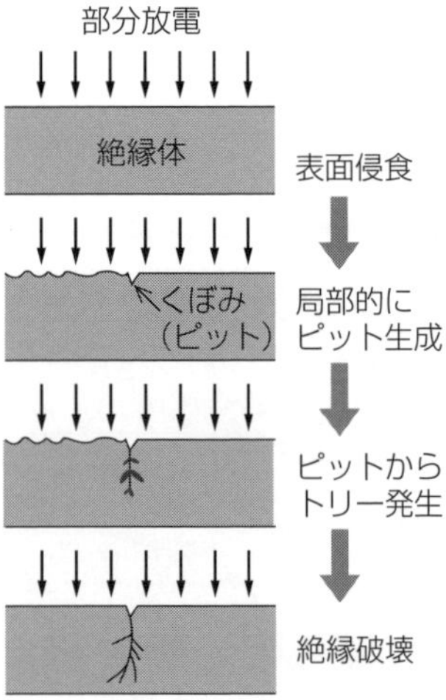

（出典：（公社）日本電気技術者協会 Web より）

【解答（5)】

重要
固体絶縁材料：ピットの形成→全路破壊に進展

3章 機械の論説問題

「機械」は，受験者が口を揃えて最難関科目であるというが，その理由は出題範囲が広いことにある．この科目の出題は，

論説問題：計算問題＝45％：55％程度

である．この科目は特に専門用語が多数出てくるが，最初は意味がわからなくても学習回数を重ねるごとに次第にその意味も理解できるようになる．したがって，あせらず，地道に学習することが大切であるといえる．

問題1　直流機の構造

［平成24年］

次の文章は，直流機の構造に関する記述である．

直流機の構造は，固定子と回転子とからなる．固定子は， (ア) ，継鉄などによって，また，回転子は， (イ) ，整流子などによって構成されている．

電機子鉄心は， (ウ) 磁束が通るため， (エ) が用いられている．また，電機子巻線を収めるための多数のスロットが設けられている．

六角形（亀甲形（きっこう））の形状の電機子巻線は，そのコイル辺を電機子鉄心のスロットに挿入する．各コイル相互のつなぎ方には， (オ) と波巻とがある．直流機では，同じスロットにコイル辺を上下に重ねて2個ずつ入れた二層巻としている．

上記の記述中の空白箇所に当てはまる組合せとして，正しいものは次のうちどれか．

	(ア)	(イ)	(ウ)	(エ)	(オ)
(1)	界　磁	電機子	交　番	積層鉄心	重ね巻
(2)	界　磁	電機子	一　定	積層鉄心	直列巻
(3)	界　磁	電機子	一　定	鋳　鉄	直列巻
(4)	電機子	界　磁	交　番	鋳　鉄	重ね巻
(5)	電機子	界　磁	一　定	積層鉄心	直列巻

解説

① 直流機の固定子は， **界磁** ，継鉄など，回転子は **電機子** ，整流子などによって構成されている．

② 電機子鉄心は， **交番** 磁束が通るため， **積層鉄心** が用いられている．

③ 電機子巻線は，各コイル相互のつなぎ方には， **重ね巻** と波巻とがある．

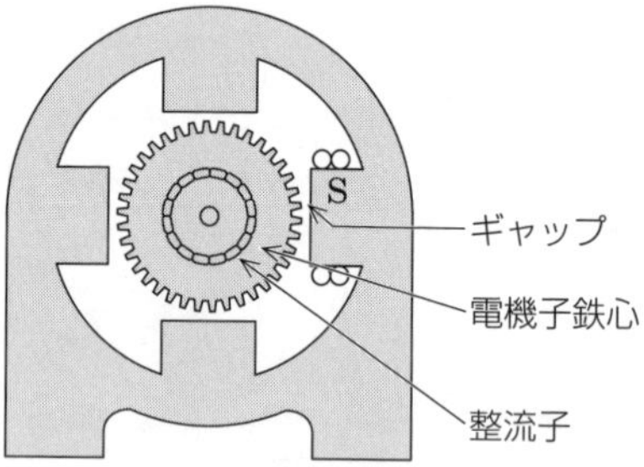

直流機の構造

【解答（1）】

直流機→（固定子）は界磁，（回転子）は電機子　重要

[平成 20 年]

問題 2　直流発電機の誘導起電力

長さ l〔m〕の導体を磁束密度 B〔T〕の磁束の方向と直角に置き，速度 v〔m/s〕で導体と磁束に直角な方向に移動すると，導体にはフレミングの （ア） の法則により，$e=$ （イ） 〔V〕の誘導起電力が発生する．

1 極当たりの磁束が Φ〔Wb〕，磁極数が p，電機子総導体数が Z，巻線の並列回路数が a，電機子の直径が D〔m〕なる直流機が速度 n〔min^{-1}〕で回転しているとき，周辺速度は $v=\pi Dn/60$〔m/s〕となり，直流機の正負のブラシ間には （ウ） 本の導体が （エ） に接続されるので，電機子の誘導起電力 E は，$E=$ （オ） 〔V〕となる．

上記の記述中の空白箇所に当てはまる語句または式として，正しいものを組み合わせたのは次のうちどれか．

	（ア）	（イ）	（ウ）	（エ）	（オ）
(1)	右手	Blv	$\dfrac{Z}{a}$	直列	$\dfrac{pZ}{60a}\Phi n$
(2)	左手	Blv	Za	直列	$\dfrac{pZa}{60}\Phi n$
(3)	右手	$\dfrac{Bv}{l}$	Za	並列	$\dfrac{pZa}{60}\Phi n$
(4)	右手	Blv	$\dfrac{a}{Z}$	並列	$\dfrac{pZ}{60a}\Phi n$
(5)	左手	$\dfrac{Bv}{l}$	$\dfrac{Z}{a}$	直列	$\dfrac{Z}{60pa}\Phi n$

解説　ブラシ間には（Z/a）本の電機子導体が直列接続されるので

$$E=\frac{Z}{a}\times e=\frac{Z}{a}\times Blv$$

$$=\frac{Z}{a}\times\frac{p\Phi}{\pi Dl}\times l\times\frac{\pi Dn}{60}=\frac{pZ\Phi n}{60a}\text{〔V〕}$$

参考　磁極対数＝磁極数 $p/2$ の関係がある．

【解答（1）】

重要　直流発電機の起電力　$E=\dfrac{pZ}{60a}\Phi n$〔V〕

問題 3　直流発電機の特徴

［平成 21 年］

直流発電機に関する記述として，正しいのは次のうちどれか.

(1) 直巻発電機は，負荷を接続しなくても電圧の確立ができる.

(2) 平複巻発電機は，全負荷電圧が無負荷電圧と等しくなるように（電圧変動率が零になるように）直巻巻線の起磁力を調整した発電機である.

(3) 他励発電機は，界磁巻線の接続方向や電機子の回転方向によっては電圧の確立ができない場合がある.

(4) 分巻発電機は，負荷電流によって端子電圧が降下すると，界磁電流が増加するので，他励発電機より負荷による電圧変動が小さい.

(5) 分巻発電機は，残留磁気があれば分巻巻線の接続方向や電機子の回転方向に関係なく電圧の確立ができる.

解説

① **直巻発電機**：界磁巻線と電機子巻線が直列に接続されている．このため，負荷を接続しなければ界磁電流は零で，磁束の発生がないため電圧の確立はできない.

② **平複巻発電機**：直流複巻発電機の外部負荷特性は，直巻コイルによる磁束が負流の増加に伴って増加するため端子電圧の変化を補償できる．平複巻発電機は，全負荷のとき無負荷電圧と等しくなる.

③ **他励発電機**：界磁巻線が電機子回路と独立しており，別電源によって界磁磁束が発生していることから，電圧の確立ができる.

④ **分巻発電機**：負荷電流が増加して端子電圧が降下すると，界磁電流も減少するので，他励発電機より負荷による電圧変動が大きい．また，残留磁気があれば，残留磁気の方向と分巻巻線の接続によって生じる磁束の方向とが合致していると，電機子の回転方向に関係なく電圧の確立ができる.

【解答（2）】

重要　電圧の確立条件：電機子巻線と鎖交する磁束の存在

[令和元年]

問題 4　直流機の電機子反作用

直流機の電機子反作用に関する記述として，誤っているものは次のうちどれか．

(1) 直流発電機や直流電動機では，電機子巻線に電流を流すと，電機子電流によって電機子周辺に磁束が生じ，電機子電圧を誘導する磁束すなわち励磁磁束が，電機子電流の影響で変化する．これを電機子反作用という．

(2) 界磁電流による磁束のベクトルに対し，電機子電流による電機子反作用磁束のベクトルは，同じ向きとなるため，電動機として運転した場合に増磁作用，発電機として運転した場合に減磁作用となる．

(3) 直流機の界磁磁極片に補償巻線を設け，そこに電機子電流を流すことにより，電機子反作用を緩和できる．

(4) 直流機の界磁磁極の N 極と S 極の間に補極を設け，そこに設けたコイルに電機子電流を流すことにより，電機子反作用を緩和できる．

(5) ブラシの位置を適切に移動させることで，電機子反作用を緩和できる．

解説

① **直流機の電機子反作用とは？**：直流機の電機子に電流が流れると，アンペアの右ネジの法則により主磁束に対し**電気的に 90° ずれた磁束**が生じ，**偏磁作用**が生じる．これが電機子反作用で，ブラシは幾何学的中性軸に位置するため，電機子反作用が生ずると電気的中性軸が移動し，火花が発生して整流が悪化する．

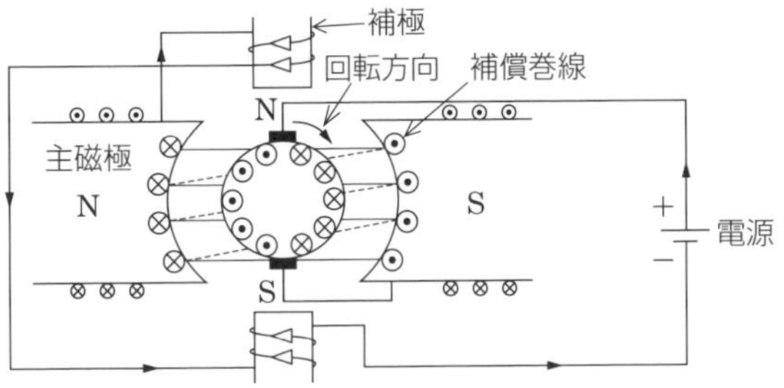

② **電機子反作用に対する対策**：電機子反作用を打ち消すため，**補極**を**幾何学的中性軸上**に設け，**補償巻線**を**主磁極に設けたスロット**に巻き**電機子電流と逆方向の電流**を流す．ブラシを電気的中性軸に移動させる方法もある．

参考 平成 23 年に類似問題が出題されている．　　【解答（2）】

重要

補極は幾何学的中性軸に，補償巻線は磁極片に設置

問題 5　直流電動機の特性（1）

［平成 19 年］

直流直巻電動機は，供給電圧が一定の場合，無負荷や非常に小さい負荷では使用することができない．この理由として，正しいのは次のうちどれか．

（1）界磁電流と電機子電流がともに大きくなるので，界磁巻線や電機子巻線を焼損する危険性がある．

（2）界磁電流が大きくなりトルクが非常に増大するので，駆動軸や電機子巻線を破損する危険性がある．

（3）電機子電流が小さくなるので回転速度が減少し，回転が停止する．

（4）界磁磁束が増大して回転速度が減少し，回転が停止する．

（5）界磁磁束が小さくなって回転速度が非常に上昇するので，電機子巻線を破損する危険性がある．

解説　直流直巻電動機の回転速度 N は，$E = pZ\Phi N/60a = K\Phi N$ より，$N = E/K\Phi$ で，誘導起電力 E ≒ 端子電圧 V であるので，$N \fallingdotseq V/K\Phi$ である．

ここで，磁束 Φ は，電機子電流 I_a に比例するので，$N \propto V/I_a$ となる．したがって，界磁磁束が小さくなる（電機子電流 I_a が小さくなる）と，回転速度 N は非常に上昇し，電機子巻線を破損する危険性がある．　【解答（5）】

直流直巻電動機：回転速度は電機子電流に反比例する　重要

点数アップ♪

ワンポイント知識 — 直流電動機の逆起電力

①直流電動機が回転しているとき，導体は磁束を切るので起電力を誘導する．

②この起電力の向きは，**フレミングの右手の法則**によって定まり，外部から加えられる直流電圧とは逆向き，すなわち電機子電流を減少させる向きとなる．

このため，この誘導起電力は**逆起電力**と呼ばれている．

③直流電動機の**機械的負荷が増加して回転速度が低下すると，逆起電力は減少**する．これにより，**電機子電流が増加するので電機子の入力も増加し，機械的負荷の変化に対応する**ようになる．

問題 6　直流電動機の特性（2）

〔平成 17 年〕

次の図は直流電動機の特性を示したものである．横軸を負荷電流 I〔A〕，縦軸をトルク T〔N·m〕と回転速度 n〔min^{-1}〕としたとき，特性を正しく表示している図は次のうちどれか．

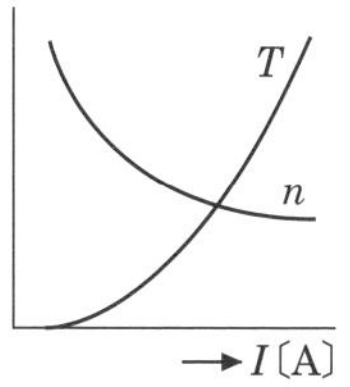

（1）直巻電動機

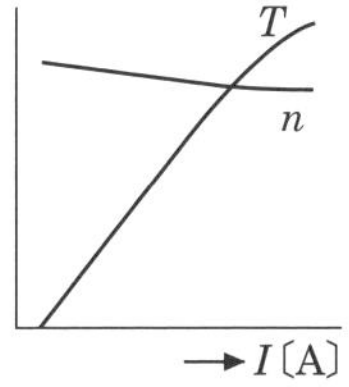

（2）複巻電動機（和動）

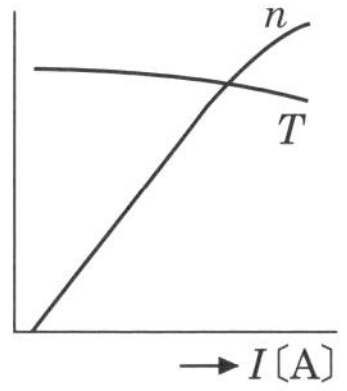

（3）分巻電動機

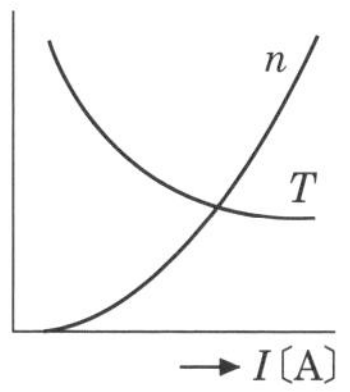

（4）直巻電動機

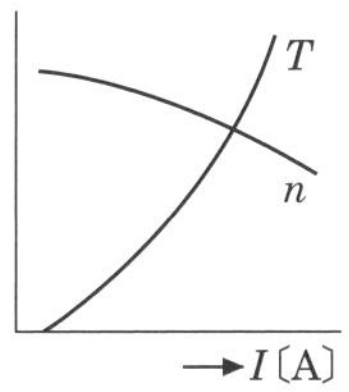

（5）分巻電動機

解説　電動機の特性式は次のように表せる．（＊は電機子抵抗 R_a を無視した場合）

① **直巻電動機**：$T = K\Phi I \propto I^2$

$$n = \frac{V - R_a I}{k\Phi} \propto \frac{V - R_a I}{I} \propto \frac{1}{I} \; ^*$$

② **分巻電動機**：$T = K\Phi I \propto I$

$$n = \frac{V - R_a I}{k\Phi} \propto (V - R_a I)$$ ← **$R_a I$ は小さく定速度**

③ **複巻電動機（和動）**：$T = K\Phi I \propto (1 + kI)I$

$$n = \frac{V - R_a I}{k\Phi} \propto \frac{V - R_a I}{1 + kI} \propto \frac{1}{(1 + kI)} \; ^*$$

参考 平成 26 年に類似問題が出題されている．　　【解答（1）】

重要　**直巻のトルクは I^2 に比例，回転速度は I に反比例**

問題 7　直流電動機の速度とトルク

[平成 22 年]

直流電動機の速度とトルクを次のように制御することを考える．

損失と電機子反作用を無視した場合，直流電動機では電機子巻線に発生する起電力は，界磁磁束と電機子巻線との相対速度に比例するので，（ア）では，界磁電流一定，すなわち磁束一定条件下で電機子電圧を増減し，電機子電圧に回転速度が（イ）するように回転速度を制御する．この電動機では界磁磁束一定条件下で電機子電流を増減し，電機子電流とトルクとが（ウ）するようにトルクを制御する．この電動機の高速運転では電機子電圧一定の条件下で界磁電流を増減し，界磁磁束に回転速度が（エ）するように回転速度を制御する．このように広い速度範囲で速度とトルクを制御できるので，（ア）は圧延機の駆動などに広く使われてきた．

上記の記述中の空白箇所（ア），（イ），（ウ）および（エ）に当てはまる語句として，正しいものを組み合わせたのは次のうちどれか．

	（ア）	（イ）	（ウ）	（エ）
(1)	直巻電動機	反比例	比　例	比　例
(2)	直巻電動機	比　例	比　例	反比例
(3)	他励電動機	反比例	反比例	比　例
(4)	他励電動機	比　例	比　例	反比例
(5)	他励電動機	比　例	反比例	比　例

解説

① 他励式電動機は，$N \fallingdotseq \dfrac{V}{K\Phi}$ であるとき，磁束 Φ が一定ならば回転速度 N は電機子電圧 V に比例する．

② トルク $T = k\Phi I_a$ で，磁束 Φ が一定ならばトルク T は電機子電流 I_a に比例する．

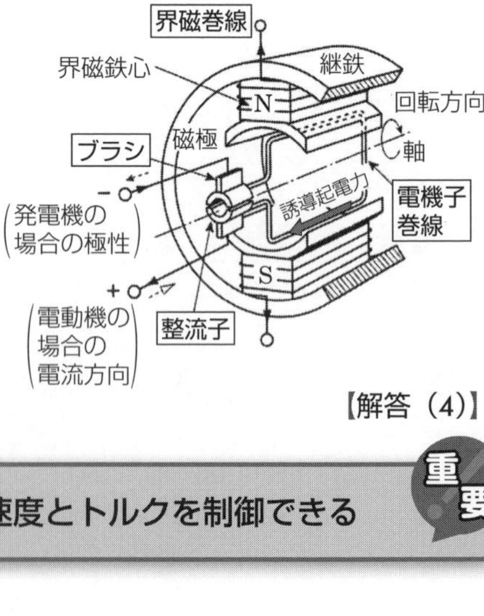

【解答（4）】

他励式：広い速度範囲で速度とトルクを制御できる　重要

問題 8　直流電動機のトルク特性

［平成 15 年］

次の文章は，直流電動機のトルク特性に関する記述である．

a.　分巻電動機のトルクは，負荷が小さい範囲では （ア） に比例して変化するが，その値がある程度以上になると，（イ） が増して磁束が減少するので，トルク曲線の傾きが緩やかになる．

b.　直巻電動機のトルクは，界磁磁束の未飽和領域では界磁磁束が負荷電流に比例するので，負荷電流の （ウ） に比例して変化するが，負荷電流がある値以上になると磁気飽和のため界磁磁束はほぼ一定となるので，トルク曲線は負荷電流に比例して変化するようになる．

上記の記述中の空白箇所（ア），（イ）および（ウ）に記入する語句として，正しいものを組み合わせたのは次のうちどれか．

	（ア）	（イ）	（ウ）
(1)	電機子電流	電機子反作用	2 乗
(2)	電機子電流	機械的損失	2 乗
(3)	電機子電圧	電機子反作用	1 乗
(4)	電機子電圧	機械的損失	1 乗
(5)	電機子電圧	電機子反作用	2 乗

解説

① トルクは $T = K\Phi I_a$（Φ：磁束，I_a：電機子電流）で表せる．

② 分巻電動機は負荷電流が小さい場合には磁束 Φ はほぼ一定であるが，負荷の増加とともに減磁作用が現れる．

③ 直巻電動機は式中の磁束 Φ が電機子電流に I_a に比例するので，$T \propto I_a^2$ であるため大きなトルクが得られるが，負荷の増加とともに磁気飽和のため，$T \propto I_a$ となる．

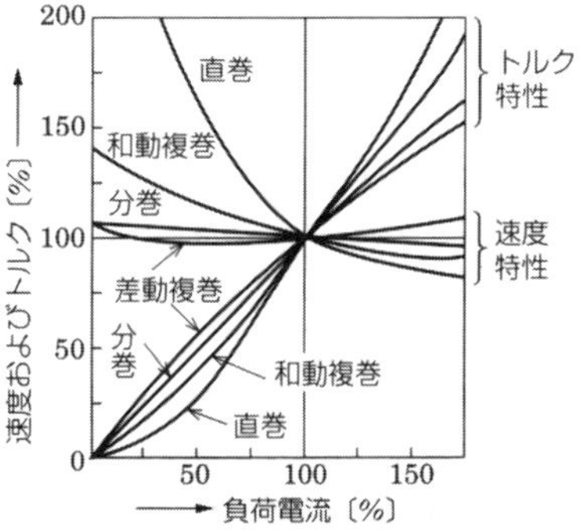

直流電動機の負荷特性

【解答 (1)】

重要　直流電動機のトルク $T = K\Phi I_a$〔N·m〕

[令和元年]

問題9 ブラシレスDCモータ

次の文章は，一般的なブラシレスDCモータに関する記述である．

ブラシレスDCモータは，（ア）が回転子側に，（イ）が固定子側に取り付けられた構造となっており，（イ）が回転しないため，（ウ）が必要な一般の直流電動機と異なる．しかし，何らかの方法で回転子の（エ）を検出して，（イ）への電流を切り換える必要がある．この電流の切換えを，（オ）で構成された駆動回路を用いて実現している．ブラシレスDCモータは，（オ）の発達とともに発展してきたモータであり，上記の駆動回路が重要な役割を果たすモータである．

上記の記述中の空白箇所に当てはまる組合せとして，正しいものは次のうちどれか．

	（ア）	（イ）	（ウ）	（エ）	（オ）
(1)	電機子巻線	永久磁石	ブラシと整流子	回転速度	半導体スイッチ
(2)	電機子巻線	永久磁石	ブラシとスリップリング	回転速度	機械スイッチ
(3)	永久磁石	電機子巻線	ブラシと整流子	回転速度	半導体スイッチ
(4)	永久磁石	電機子巻線	ブラシとスリップリング	回転位置	機械スイッチ
(5)	永久磁石	電機子巻線	ブラシと整流子	回転位置	半導体スイッチ

解説

① ブラシレスDCモータは，**永久磁石**が回転子側に，**電機子巻線**が固定子側に取り付けられた構造となっている．→（**通常の直流機とは配置が逆**）

② **電機子巻線**が回転しないため，**ブラシと整流子**が必要な一般の直流電動機と異なる．回転子の**回転位置**を検出して，**電機子巻線**への電流を切り換える必要があり，この電流の切換えを，**半導体スイッチ**で構成された駆動回路を用いて実現している．

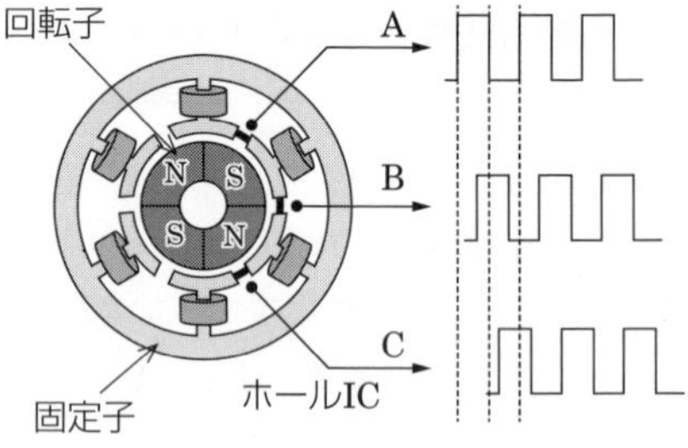

→（**回転位置の検出に位置センサを使用**）

【解答（5）】

重要

ブラシレスDCモータ→ブラシと整流子がない

[平成 15 年]

問題 10 回転電気機械の損失

運転中の回転電気機械に発生する損失のうち，一般的な鉄損に関する記述は次のうちどれか.

(1) 回転子鉄心と周囲空気との間の摩擦による損失である.
(2) 巻線中に発生する損失である.
(3) 漏れ磁束によって発生する損失である.
(4) エアギャップの磁気抵抗によって発生する損失である.
(5) 鉄心中の磁束の時間的変化によって発生する損失である.

解説

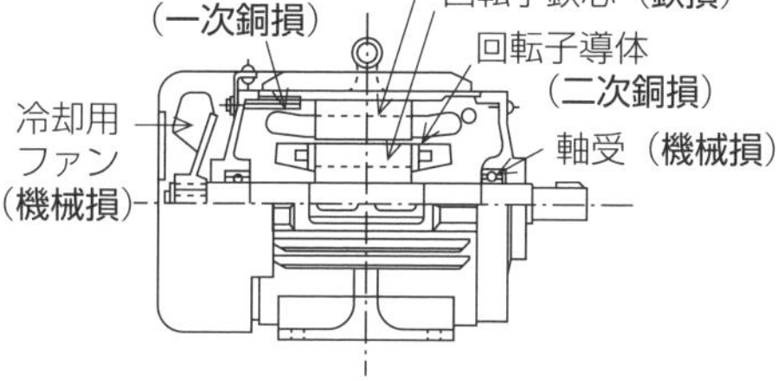

電動機の損失の例

① 回転電気機械の発生する損失には，**鉄損**，**銅損**，**機械損**，**漂遊負荷損**があり，機械損は回転機械に固有のものである.

② **鉄損**：鉄心内で磁束が時間的に変化したときに生じる損失で，主に電機子鉄心，歯および磁極片表面に生じる．鉄損は，周波数 f に比例したヒステリシス損（$P_h = k_h f B_m^2$）と f^2 に比例した渦電流損（$P_e = k_e f^2 B_m^2$）の和である.

また，鉄損は，最大磁束密度のほぼ 2 乗に比例する.

③ **銅損**：電機子巻線，始動巻線，補極と補償巻線の抵抗損，ブラシの電気損などがある.

④ **機械損**：軸受やブラシの摩擦損，風損などである.

⑤ **漂遊負荷損**：負荷により鉄心および導体以外の金属部分で生じる損失で，計算不能のものである.

【解答 (5)】

重要

回転機械の損失＝鉄損＋銅損＋機械損＋漂遊負荷損

機械の論説問題

法規の論説問題

[平成 30 年]

問題 11 同期発電機の種類と構造

次の文章は，同期発電機の種類と構造に関する記述である．

同期発電機では一般的に，小容量のものを除き電機子巻線は （ア） に設けて，導体の絶縁が容易であり，かつ，大きな電流が取り出せるようにしている．界磁巻線は （イ） に設けて，直流の励磁電流が供給されている．

比較的 （ウ） の水車を原動機とした水車発電機は，50 Hz または 60 Hz の商用周波数を発生させるために磁極数が多く，回転子の直径が軸方向に比べて大きく作られている．

蒸気タービンなどを原動機としたタービン発電機は， （エ） で運転されるため，回転子の直径を小さく，軸方向に長くした横軸形として作られている．磁極は回転軸と一体の鍛鋼または特殊鋼で作られ，スロットに巻線が施される．回転子の形状から （オ） 同期機とも呼ばれる．

上記の記述中の空白箇所に当てはまる組合せとして，正しいものは次のうちどれか．

	(ア)	(イ)	(ウ)	(エ)	(オ)
(1)	固定子	回転子	高速度	高速度	突極形
(2)	回転子	固定子	高速度	低速度	円筒形
(3)	回転子	固定子	低速度	低速度	突極形
(4)	回転子	固定子	低速度	高速度	円筒形
(5)	固定子	回転子	低速度	高速度	円筒形

解説

① 同期発電機は一般に回転界磁形であり，絶縁のしやすさや大電流の取り出しやすさから電機子巻線は **固定子** に，界磁巻線は **回転子** に設けられている．

② 同期速度は，磁極数を p，周波数を f〔Hz〕とすると，$N_s = 120f/p$〔min^{-1}〕で表される．比較的 **低速度** の水車発電機は磁極数が多い．

③ タービン発電機は **高速度** で運転されるため，横軸形で，回転子の形状から **円筒形** 同期機とも呼ばれる．

【解答（5)】

重要

水車発電機（突極形），タービン発電機（円筒形）

問題 12 同期発電機のベクトル図

[平成 16 年]

図は，三相同期発電機が負荷を負って遅れ力率 ϕ で運転しているときの，電機子巻線 1 相についてのベクトル図である．ベクトル（ア），（イ），（ウ）および（エ）が表すものとして，正しいものを組み合わせたのは次のうちどれか．

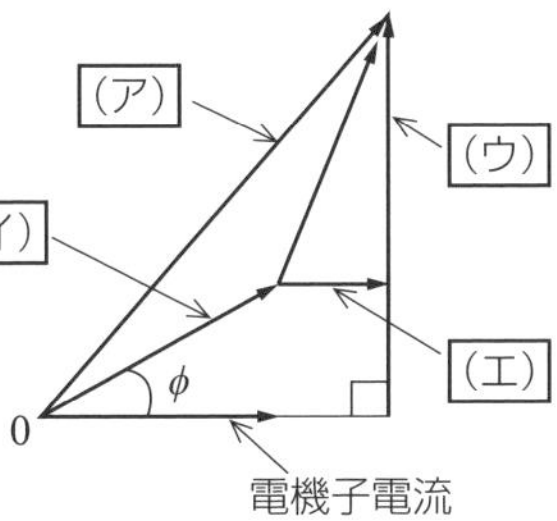

	（ア）	（イ）	（ウ）	（エ）
(1)	誘導起電力	端子電圧	同期リアクタンス降下	電機子巻線抵抗降下
(2)	誘導起電力	端子電圧	電機子巻線抵抗降下	同期インピーダンス降下
(3)	端子電圧	誘導起電力	同期リアクタンス降下	電機子巻線抵抗降下
(4)	誘導起電力	端子電圧	同期インピーダンス降下	同期リアクタンス降下
(5)	端子電圧	誘導起電力	電機子巻線抵抗降下	同期リアクタンス降下

解説

① 遅れ力率 ϕ で運転しているので，（イ）は**端子電圧**であることがわかる．（電機子電流 $\dot{I}_a$ は端子電圧 $\dot{V}$ より位相 ϕ だけ遅れる）

② $R_a\dot{I}_a$ は，電機子電流と同相であるので，（エ）は**電機子巻線抵抗降下**である．

③ $jx_s\dot{I}_a$ は，電機子電流より位相が 90° 進みであるので，（ウ）は**同期リアクタンス降下**である．

④ $\dot{E}$ は，$\dot{E}=\dot{V}+(r_a+jx_s)\dot{I}_a$ であるので，（ア）は**誘導起電力**である．

【解答 (1)】

重要

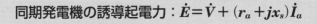

同期発電機の誘導起電力：$\dot{E}=\dot{V}+(r_a+jx_s)\dot{I}_a$

問題 13 同期発電機の電機子反作用

[平成 17 年]

三相同期発電機に平衡負荷をかけ，電機子巻線に三相交流電流が流れると，同期速度で回転する回転磁界が発生し，磁極の生じる界磁磁束との間に電機子反作用が生じる．

図 1 は，力率がほぼ 100%で，誘導起電力の最大値と電機子電流の最大値が一致したときの磁極 N，S と，電機子電流が最大となる電機子巻線の位置との関係を示す．この図において，N，S 両磁極の右側では界磁磁束を（ア）させ，左側では（イ）させる交さ磁化作用の現象が起きる．図 2 は，（ウ）力率角がほぼ $\pi/2$〔rad〕の場合の磁極 N，S と，電機子電流が最大となる電機子巻線の位置との関係を示す．磁極 N，S による磁束は，電機子電流によりいずれも（エ）を受ける．

上記の記述中の空白箇所（ア），（イ），（ウ）および（エ）に記入する語句として，正しいものを組み合わせたのは次のうちどれか．

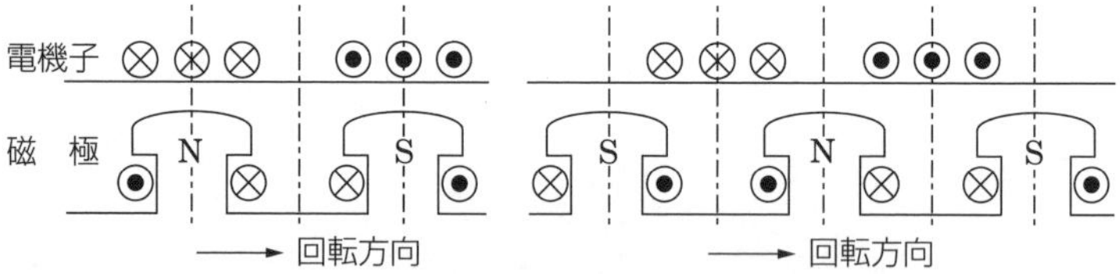

図 1　　図 2

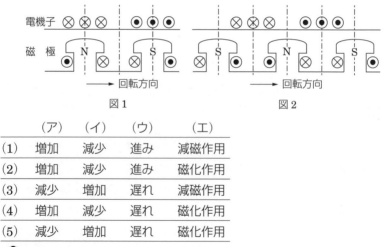

	（ア）	（イ）	（ウ）	（エ）
(1)	増加	減少	進み	減磁作用
(2)	増加	減少	進み	磁化作用
(3)	減少	増加	遅れ	減磁作用
(4)	増加	減少	遅れ	磁化作用
(5)	減少	増加	遅れ	磁化作用

解説

① **同期発電機の電機子反作用**：電機子巻線に三相交流の電流が流れると，アンペアの右ねじの法則による磁束が生じ，主磁束に影響を及ぼす作用である．

② **負荷力率の違いによる電機子反作用**：電機子反作用の影響は，電流の大きさと負荷力率によって異なる．ここで，電機子起磁力を F_a，界磁起磁力を F_f とすると，次図のようになる．

負荷力率が1のとき	負荷力率が進み0のとき	負荷力率が遅れ0のとき
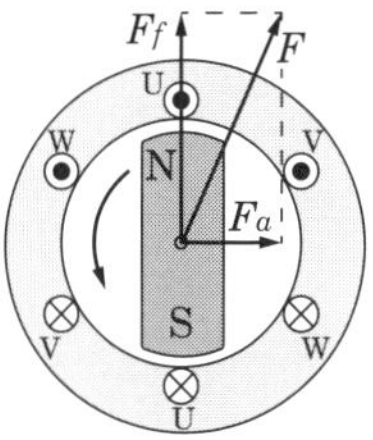	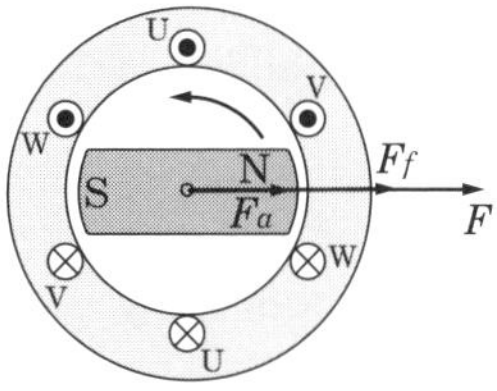	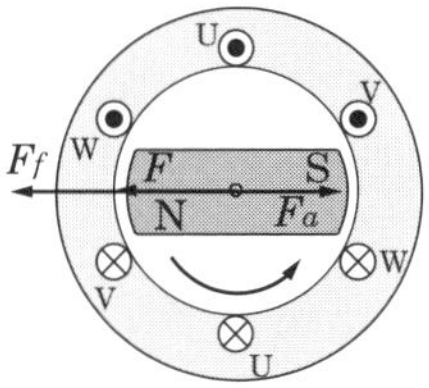
起電力が最大になる時刻にコイル電流が最大になる.	起電力が最大になる時刻から90°進んだ時刻にコイルの電流が最大になる.	起電力が最大になる時刻から90°遅れた時刻にコイルの電流が最大になる.
交さ磁化作用（横軸反作用）	**増磁作用（直軸反作用）**	**減磁作用（直軸反作用）**
電機子起磁力は磁極NSの中間で生じ，磁極の回転方向に対して磁極の前端を弱め，後端を強めてギャップの磁束分布をひずませるように作用する.	電機子起磁力と界磁起磁力は同一方向に作用し，界磁磁束を増加させるように働き，電圧を上昇させる.	電機子起磁力は界磁起磁力と反対方向に作用し，界磁磁束を減少させるように働き，電圧を低下させる.

③ **同期電動機の電機子反作用**：同期発電機と増磁作用と減磁作用が逆になる.

力率1がのとき	力率が進み0のとき	力率が遅れ0のとき
交さ磁化作用（横軸反作用）	減磁作用（直軸反作用）	増磁作用（直軸反作用）

参考 **同期発電機の自己励磁現象**（平成24年出題）

① 同期発電機は励磁電流が零の場合でも残留磁気によってわずかな電圧を発生し，発電機に **進み** 力率負荷をかけると，その **進み** 電流による電機子反作用は **増磁** 作用をするので，発電機の端子電圧は **上昇** する.

② 端子電圧が **上昇** すれば負荷電流はさらに **増加** する．このような現象を繰り返すと，発電機の端子電圧は **容量性** 負荷に流れる電流と負荷の端子電圧との関係を示す直線と発電機の無負荷飽和曲線との交点まで **上昇** する.

③ このように無励磁の同期発電機に **進み** 電流が流れ，電圧が **上昇** する現象を同期発電機の自己励磁という.

参考 平成26年に類似問題が出題されている. 【解答（3）】

発電機：90°進みは増磁作用，90°遅れは減磁作用　重要

問題 14 同期発電機の特性

［平成 20 年］

次の文章は，三相同期発電機の特性曲線に関する記述である．

a. 無負荷飽和曲線は，同期発電機を［（ア）］で無負荷で運転し，界磁電流を零から徐々に増加させたときの端子電圧と界磁電流との関係を表したものである．端子電圧は，界磁電流が小さい範囲では界磁電流に［（イ）］するが，界磁電流がさらに増加すると，飽和特性を示す．

b. 短絡曲線は，同期発電機の電機子巻線の三相の出力端子を短絡し，定格速度で運転して，界磁電流を零から徐々に増加させたときの短絡電流と界磁電流との関係を表したものである．この曲線は［（ウ）］になる．

c. 外部特性曲線は，同期発電機を定格速度で運転し，［（エ）］を一定に保って，［（オ）］を一定にして負荷電流を変化させた場合の端子電圧と負荷電流との関係を表したものである．この曲線は［（オ）］によって形が変わる．

上記の記述中の空白箇所（ア），（イ），（ウ），（エ）および（オ）に当てはまる語句として，正しいものを組み合わせたのは次のうちどれか．

	（ア）	（イ）	（ウ）	（エ）	（オ）
(1)	定格速度	ほぼ比例	ほぼ双曲線	界磁電流	残留磁気
(2)	定格電圧	ほぼ比例	ほぼ直線	電機子電流	負荷力率
(3)	定格速度	ほぼ反比例	ほぼ双曲線	電機子電流	残留磁気
(4)	定格速度	ほぼ比例	ほぼ直線	界磁電流	負荷力率
(5)	定格電圧	ほぼ反比例	ほぼ双曲線	界磁電流	残留磁気

解説

外部特性曲線

負荷電流の作る磁束は，遅れ力率では**減磁作用**，進み力率では**増磁作用**となるので，端子電圧は力率 1 の曲線に比べて遅れ力率では負荷の増加で下がり，進み力率では負荷の増加で上昇する．

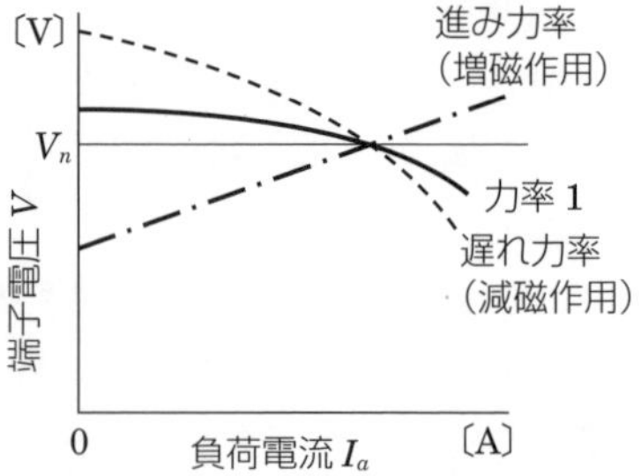

【解答（4）】

重要 外部特性曲線は負荷電流と端子電圧の関係を表す

[平成 15 年]

問題 15 同期発電機の短絡比

三相同期発電機の短絡比に関する記述として，誤っているのは次のうちどれか.

(1) 短絡比を小さくすると，発電機の外形寸法が小さくなる.

(2) 短絡比を小さくすると，発電機の安定度が悪くなる.

(3) 短絡比を小さくすると，電圧変動率が小さくなる.

(4) 短絡比が小さい発電機は，銅機械と呼ばれる.

(5) 短絡比が小さい発電機は，同期インピーダンスが大きい.

解説

① 同期発電機の短絡比は，定格電流 I_n に対する三相短絡電流 I_s の大きさを表す倍率で，同期機の体格を表す目安となる.

$$\text{短絡比 } K_s = \frac{\text{三相短絡電流 } I_s}{\text{定格電流 } I_n} \text{〔p.u.〕}$$

また，同期インピーダンスと短絡比は逆比例の関係がある.

② 水車発電機とタービン発電機では，タービン発電機のほうが短絡比の値が小さく，両者を比較すると下表のようになる.

比較項目	水車発電機	タービン発電機
短絡比	大きい（0.9 ～ 1.2）	小さい（0.6 ～ 0.9）
同期インピーダンス	小さい	大きい
電圧変動率	小さい	大きい
線路の充電容量	大きい	小さい
回転速度	低速	高速
回転子の構造	突極形で直径が大きく軸方向に短い	円筒形で直径が小さく軸方向に長い
外形寸法	大きい（鉄機械）	小さい（銅機械）
冷却方式	空気冷却	水素冷却

③ **短絡比が小さい**（＝同期インピーダンスが大きい）⇒インピーダンス降下が大きい⇒**電圧変動率が大きい**.

【解答（3）】

重要

短絡比の大きさ：水車発電機＞タービン発電機

問題 16 同期発電機の並行運転

［平成 21 年］

同期発電機を商用電源（電力系統）に遮断器を介して接続するためには，同期発電機の［（ア）］の大きさ，［（イ）］および位相が商用電源のそれらと一致していなければならない．同期発電機の商用電源への接続に際しては，これらの条件が一つでも満足されていなければ，遮断器を投入したときに過大な電流が流れることがあり，場合によっては同期発電機が損傷する．仮に，［（ア）］の大きさ，［（イ）］が一致したとしても，位相が異なる場合には位相差による電流が生じる．同期発電機が無負荷のとき，この電流が最大となるのは位相差が［（ウ）］〔°〕のときである．

同期発電機の［（ア）］の大きさ，［（イ）］および位相を商用電源のそれらと一致させるには，［（エ）］および調速装置を用いて調整する．

上記の記述中の空白箇所（ア），（イ），（ウ）および（エ）に当てはまる語句または数値として，正しいものを組み合わせたのは次のうちどれか．

	（ア）	（イ）	（ウ）	（エ）
(1)	インピーダンス	周波数	60	誘導電圧調整器
(2)	電圧	回転速度	60	電圧調整装置
(3)	電圧	周波数	60	誘導電圧調整器
(4)	インピーダンス	回転速度	180	電圧調整装置
(5)	電圧	周波数	180	電圧調整装置

解説

同期発電機を並行運転するには，次の五つの条件を満足させなければならない．

① **電圧の大きさが等しい**：等しくないと，無効循環電流（無効横流）が流れ抵抗損を生じる．

② **周波数が等しい**：等しくないと，同期化電流が両機間を交互に流れる．

③ **電圧が同相である**：等しくないと，同期化電流（有効横流）が流れる．

④ **電圧の波形が等しい**

⑤ **電圧の相回転が等しい**

参考 平成 29 年に類似問題が出題されている．

【解答（5）】

並行運転条件：電圧，周波数，位相，波形，相回転の 5 つ　重要

[平成 18 年]

問題 17 同期電動機の V 曲線

同期電動機が一定の負荷で，力率 1 の状態で運転されている．この状態から，負荷を一定に保って，界磁電流のみを増加させたとき，電機子電流の大きさと同期電動機の力率の変化に関する記述として，正しいのは次のうちどれか．

(1) 電機子電流は増加し，進み力率になる．
(2) 電機子電流は増加し，遅れ力率になる．
(3) 電機子電流は減少し，力率は変化しない．
(4) 電機子電流は減少し，進み力率になる．
(5) 電機子電流は変化せず，遅れ力率になる．

解説

① 同期電動機の位相特性曲線（V 曲線）は，負荷を一定に保ち，横軸の界磁電流を変化させたときの縦軸の電機子電流の変化を表したものである．

② 力率 1（V 曲線の谷部の点線箇所）の状態から界磁電流を増加すると，**電機子電流は増加して進み力率**となる．これとは逆に，界磁電流を減少すると，電機子電流は増加して遅れ力率となる．

③ 無負荷時の V 曲線は，同期調相機の特性を表している．

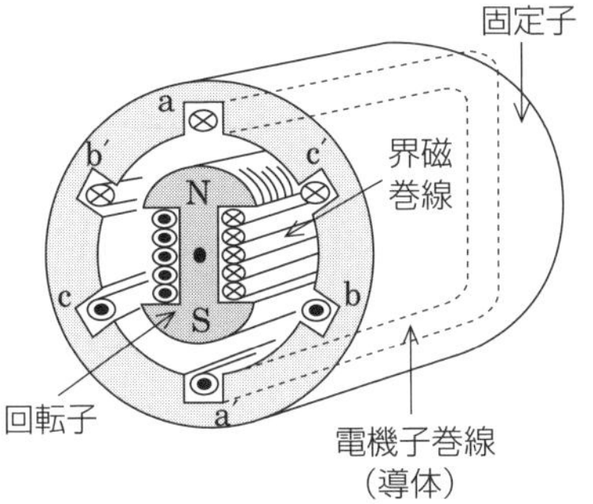

図 1 同期電動機

（出典：(公社)日本電気技術者協会 Web より）

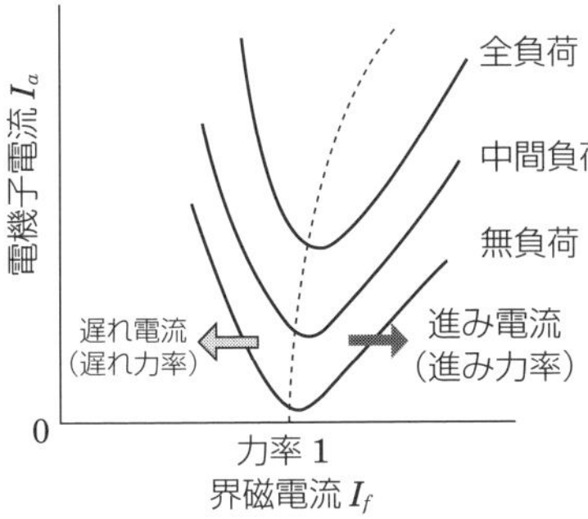

図 2 V 曲線

参考 平成 28 年に類似問題が出題されている．

【解答（1）】

重要

遅れ力率 ← 谷部は力率 1 → 進み力率

問題 18 同期電動機の始動法（1）

［平成 17 年］

回転界磁形同期電動機が停止している状態で，固定子巻線に対称三相交流電圧を印加すると回転磁界が生じる．しかし，励磁された回転子磁極が受けるトルクは，同じ大きさで向きが交互に変わるので，その平均トルクは零になり電動機は起動しない．これを改善するために，回転子の磁極面に（ア）を施す．これは，（イ）と同じ起動原理を利用したもので，誘導トルクによって電動機を起動させる．

起動時には，回転磁束によって誘導される高電圧によって絶縁が破壊するおそれがあるので，（ウ）を抵抗で短絡して起動する．回転子の回転速度が同期速度に近づくと，この短絡を切り放し（エ）で励磁すると，回転子は同期速度に引き込まれる．

上記の記述中の空白箇所（ア），(イ)，(ウ）および（エ）に記入する語句として，正しいものを組み合わせたのは次のうちどれか．

	（ア）	（イ）	（ウ）	（エ）
(1)	補償巻線	巻線形誘導電動機	界磁巻線	交流
(2)	制動巻線	かご形誘導電動機	固定子巻線	直流
(3)	制動巻線	巻線形誘導電動機	界磁巻線	交流
(4)	制動巻線	かご形誘導電動機	界磁巻線	直流
(5)	補償巻線	かご形誘導電動機	固定子巻線	直流

解説

① 回転界磁形同期電動機では，回転子の磁極面に **制動巻線** を施す．

② 制動巻線は，**かご形誘導電動機** と同じ起動原理を利用したもので，かご形誘導電動機の二次導体の役割を果たしている．

③ 起動時には回転磁界によって誘導される高電圧での絶縁破壊を回避させるため，**界磁巻線** を抵抗で短絡し，同期速度に近づいた時点で短絡を切り離し，界磁巻線を **直流** で励磁し同期引入れする．

参考 平成 25 年に類似問題が出題されている．

【解答（4）】

重要

制動巻線：回転子の磁極面に設け始動トルクを発生

問題 19 同期電動機の始動法（2）

［平成 22 年］

三相同期電動機は，50 Hz または 60 Hz の商用交流電源で駆動されることが一般的であった．電動機としては，極数と商用交流電源の周波数によって決まる一定速度の運転となること，［（ア）］電流を調整することで力率を調整することができ，三相誘導電動機に比べて高い力率の運転ができることなどに特徴がある．さらに，誘導電動機に比べて［（イ）］を大きくできるという構造的な特徴などがあることから，回転子に強い衝撃が加わる鉄鋼圧延機などに用いられている．

しかし，商用交流電源で三相同期電動機を駆動する場合，［（ウ）］トルクを確保する必要がある．近年，インバータなどパワーエレクトロニクス装置の利用拡大によって可変電圧可変周波数の電源が容易に得られるようになった．出力の電圧と周波数がほぼ比例するパワーエレクトロニクス装置を使用すれば，［（エ）］を変えると［（オ）］が変わり，このときのトルクを確保することができる．

さらに，回転子の位置を検出して電機子電流と界磁電流を合わせて制御することによって幅広い速度範囲でトルク応答性の優れた運転も可能となり，応用範囲を拡大させている．

上記の記述中の空白箇所（ア），（イ），（ウ），（エ）および（オ）に当てはまる語句として，正しいものを組み合わせたのは次のうちどれか．

	（ア）	（イ）	（ウ）	（エ）	（オ）
(1)	励　磁	固定子	過負荷	周波数	定格速度
(2)	励　磁	固定子	始　動	電　圧	定格速度
(3)	電機子	空げき	過負荷	電　圧	定格速度
(4)	電機子	固定子	始　動	周波数	同期速度
(5)	励　磁	空げき	始　動	周波数	同期速度

解説

① 同期電動機は，励磁電流（界磁電流）を調整することで，力率の調整ができる．

② 同期電動機は，誘導電動機に比べて空げきを大きくできる．

③ 同期電動機は，同期速度で回転する電動機であるため，電圧印加で回転磁界が発生しても回転子は停止していて回転磁界への追従はできない．このため，始動トルクの確保が必要となり，自己始動法や電動機始動法が採用されてきた．最近では，パワーエレクトロニクスの発達により，インバータを用いて周波数と電圧を変えて始動トルクを確保している．

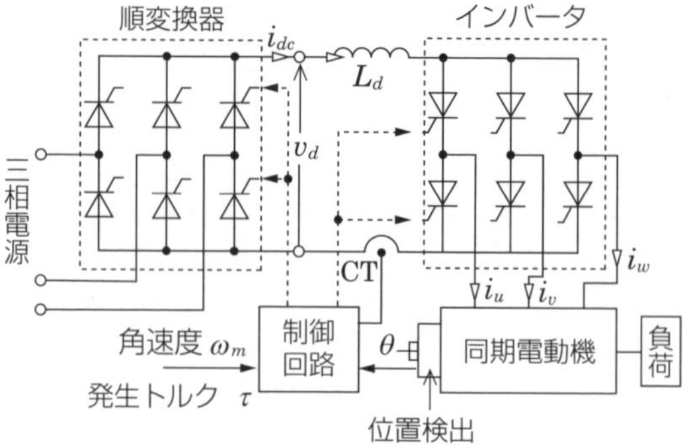

【解答（5）】

同期電動機の始動⇒回転子のトルク発生の工夫が必要 重要

点数アップ♪

ワンポイント知識 — 同期電動機の始動法

① **自己始動法**：回転子の磁極面に制動巻線を設け，誘導電動機の二次巻線と同様に始動トルクを発生させて始動する方法である．この場合，固定子巻線に全電圧を直接加えると大きな始動電流が流れるので，始動補償器，直列リアクトル，始動変圧器などを用い，低い電圧にして始動する．

② **始動電動機法**：同期電動機の軸に直結された始動用電動機（誘導電動機や直流電動機）によって始動させる方法で，回転子が同期速度付近になったとき界磁巻線を励磁し，電源に接続する方法で，大容量機に採用される．

③ **低周波始動法**：周波数が可変の別電源によって低周波同期を行い，電源周波数および電圧を上昇させて加速する．同期速度となった時点で主電源に接続する．

問題 20 永久磁石形同期電動機

［平成 27 年改題］

次の文章は，小形同期電動機に関する記述である．

小形同期電動機には，永久磁石を回転子の表面に設けた （ア） という機種，永久磁石を回転子表面に埋め込んだ （イ） という機種，突極性を大きくした鉄心だけの SynRM という機種などがある．小形同期電動機は，円滑な （ウ） が困難なため，インバータによって運転される．

上記の記述の空白箇所に当てはまる語句として，正しいものの組合せは次のうちどれか．

	（ア）	（イ）	（ウ）
(1)	SPM	IPM	始動
(2)	SPM	IPM	制動
(3)	SPM	IPM	停止
(4)	IPM	SPM	始動
(5)	IPM	SPM	制動

解説 ① 永久磁石形同期電動機は，永久磁石を回転子に，電機子巻線を固定子に設けた回転界磁形の電動機である．界磁巻線をなくしたブラシレスモータであり，界磁損失がなく，誘導電動機に比べて低損失で高効率で，可変速運転ができる．

② 永久磁石を回転子の表面に設けた **SPM** という機種，永久磁石を回転子表面に埋め込んだ **IPM** という機種，突極性を大きくした鉄心だけの **SynRM** という機種などがある．

<table>
<tr><th>種類</th><th>表面磁石形（SPM）</th><th>埋込磁石形（IPM）</th></tr>
<tr><td>断面図</td><td>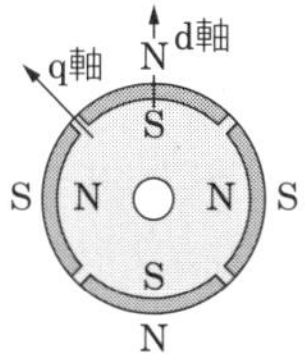
</td><td>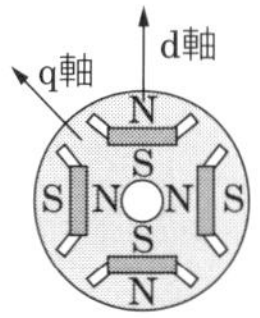
</td></tr>
<tr><td>構造</td><td>回転子の表面に永久磁石を張り付けている．</td><td>回転子の内部に永久磁石を埋め込んでいる．</td></tr>
</table>

③ 小形同期電動機は円滑な **始動** が困難なため，インバータによって運転される．

【解答（1）】

重要 永久磁石形同期電動機→永久磁石が回転子

問題21 ステッピングモータ

[平成30年]

次の文章は，ステッピングモータに関する記述である．

ステッピングモータはパルスモータとも呼ばれ，駆動回路に与えられた （ア） に比例する （イ） だけ回転するものである．したがって，このモータはパルスを周期的に与えたとき，そのパルスの （ウ） に比例する回転速度で回転し，入力パルスを停止すれば回転子も停止する．

ステッピングモータはパルスが送られるたびに定められた角度θ〔°〕を1ステップとして回転する．この1パルス当たりの回転角度を （エ） という．

ステッピングモータには，永久磁石形，可変リアクタンス形，ハイブリッド形などがあり，永久磁石形ステッピングモータでは，無通電状態でも回転子位置を （オ） が働く特徴がある．

上記の記述中の空白箇所に当てはまる組合せとして，正しいものは次のうちどれか．

	（ア）	（イ）	（ウ）	（エ）	（オ）
(1)	周波数	回転角度	幅	ステップ角	追従する力
(2)	周波数	回転速度	幅	移動角	追従する力
(3)	パルス数	回転速度	周波数	移動角	保持する力
(4)	パルス数	回転角度	幅	ステップ角	追従する力
(5)	パルス数	回転角度	周波数	ステップ角	保持する力

解説 ① ステッピングモータは，駆動回路に与えられた **パルス数** に比例する **回転角度** だけ回転する．パルスを周期的に与えると，パルスの **周波数** に比例する回転速度で回転する．

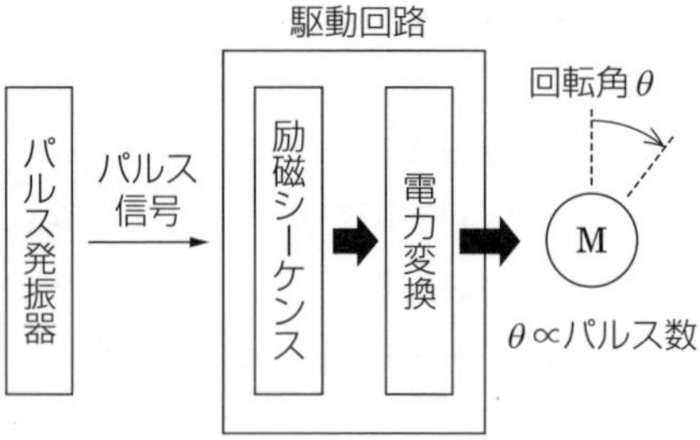

② 1パルス当たりの回転角度を **ステップ角** という．

③ 永久磁石形ステッピングモータは，無通電状態でも回転子位置を **保持する力** が働く．

【解答 (5)】

重要 ステッピングモータ→回転角は入力パルス数に比例

[平成 21 年]

問題 22 三相誘導電動機の種類

三相誘導電動機は，(ア) 磁界を作る固定子および回転する回転子からなる．

回転子は，(イ) 回転子と (ウ) 回転子との 2 種類に分類される．

(イ) 回転子では，回転子溝に導体を納めてその両端が (エ) で接続される．

(ウ) 回転子では，回転子導体が (オ)，ブラシを通じて外部回路に接続される．

上記の記述中の空白箇所（ア），（イ），（ウ），（エ）および（オ）に当てはまる語句として，正しいものを組み合わせたのは次のうちどれか．

	(ア)	(イ)	(ウ)	(エ)	(オ)
(1)	回転	円筒形	巻線形	スリップリング	整流子
(2)	固定	かご形	円筒形	端絡環	スリップリング
(3)	回転	巻線形	かご形	スリップリング	整流子
(4)	回転	かご形	巻線形	端絡環	スリップリング
(5)	固定	巻線形	かご形	スリップリング	整流子

解説

① 三相誘導電動機では，**固定子側は回転磁界**を作り，**回転子側はトルク**を得る．

② 回転子の構造によって，**かご形**と**巻線形**とがある．

③ **かご形**は，回転子の溝に収めた導体を両端の**端絡環**（エンドリング）で接続している．**巻線形**は，回転子導体を**スリップリングとブラシを介し外部抵抗に接続**している．

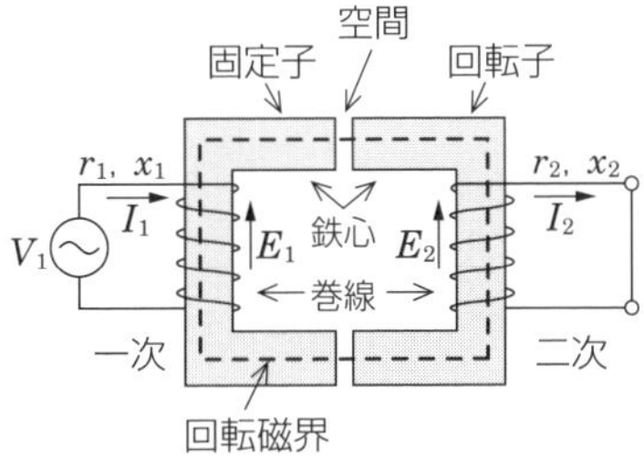

かご形のイメージ

【解答（4）】

かご形は構造簡単で安価，巻線形は構造複雑で高価　重要

[平成16年]

問題23 三相誘導電動機の構造

かご形三相誘導電動機のかご形回転子は，棒状の導体の両端を（ア）に溶接またはろう付けした構造になっている．小容量と中容量の誘導電動機では，導体と（ア）と通風翼が純度の高い（イ）の加圧鋳造で造られた一体構造となっている．一方，巻線形三相誘導電動機の巻線形回転子では，全スロットに絶縁電線を均等に分布させて挿入した巻線の端子は，軸上に設けられた3個の（ウ）に接続され，ブラシを経て（エ）に接続できるようになっている．

上記の記述中の空白箇所（ア），（イ），（ウ）および（エ）に記入する語句として，正しいものを組み合わせたのは次のうちどれか．

	（ア）	（イ）	（ウ）	（エ）
(1)	均圧環	銅	遠心力スイッチ	コンデンサ
(2)	端絡環	アルミニウム	スリップリング	外部抵抗
(3)	端絡環	銅	スリップリング	コンデンサ
(4)	均圧環	アルミニウム	スリップリング	コンデンサ
(5)	端絡環	銅	遠心力スイッチ	外部抵抗

解説

① かご形三相誘導電動機は多数の**アルミニウム**導体を**端絡環**（エンドリング）で結び，導体にトルクを発生させる．

② 巻線形三相誘導電動機では，回転子巻線の端子を軸上に設けられた3個の**スリップリング**で接続し，ブラシを界して**外部抵抗**を接続できる構造となっている．

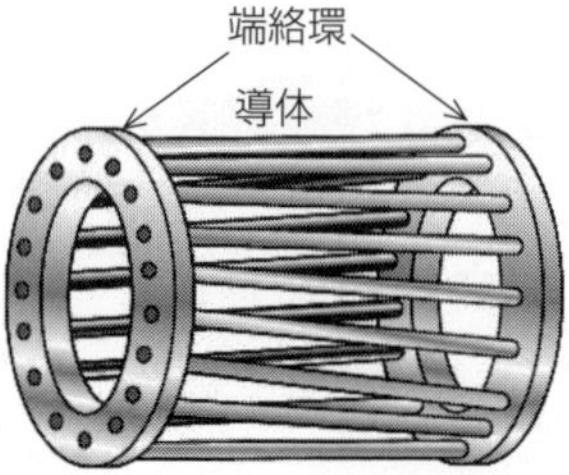

【解答（2）】

【二次回路のつながり】

二次巻線 ― スリップリング ― ブラシ ― 外部抵抗(可変)

重要 かご形誘導電動機：回転子はアルミ導体と端絡環

[平成19年]

問題24 巻線形誘導電動機の構造

三相巻線形電動機は，（ア）を作る固定子と回転する部分の巻線形回転子で構成される．

固定子は，（イ）を円形または扇形にスロットとともに打ち抜いて，必要な枚数積み重ねて積層鉄心を構成し，その内側に設けられたスロットに巻線を納め，結線して三相巻線とすることにより作られている．

一方，巻線形回転子は，積層鉄心を構成し，その外側に設けられたスロットに絶縁電線を挿入し，結線して三相巻線とすることにより作られる．

絶縁電線には，小出力用では，ホルマール線や（ウ）などの丸線が，大出力用では，（エ）の平角銅線が用いられる．

三相巻線は，軸上に絶縁して設けた3個のスリップリングに接続し，ブラシを通して外部（静止部）の端子に接続されている．この端子に可変抵抗器を接続することにより，（オ）を改善したり，速度制御したりすることができる．

上記の記述の空白箇所に当てはまる語句として，正しいものを組み合わせたのは次のうちどれか．

	（ア）	（イ）	（ウ）	（エ）	（オ）
(1)	回転磁界	高張力鋼板	ビニル線	ガラス巻線	効　率
(2)	回転磁界	けい素鋼板	ポリエステル線	ガラス巻線	始動特性
(3)	電磁力	けい素鋼板	ビニル線	エナメル線	効　率
(4)	電磁力	高張力鋼板	ポリエステル線	エナメル線	効　率
(5)	回転磁界	けい素鋼板	ポリエステル線	エナメル線	始動特性

解説 ① 三相巻線形誘導電動機の外部抵抗には可変抵抗器が用いられ，始動時には最大の大きさとして発生トルクを増加させる．

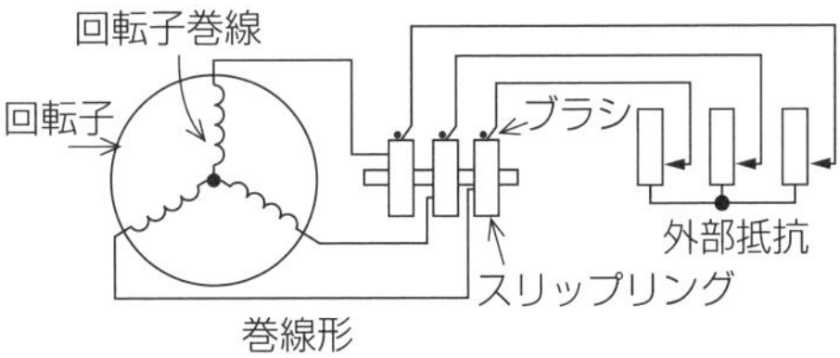

② 運転時には比例推移の原理を利用して可変抵抗の値を変えることで速度制御が可能となる．

【解答（2）】

重要 巻線形誘導電動機：スリップリングを介し外部抵抗

問題 25 誘導電動機のすべりと比率

[平成 17 年]

誘導電動機がすべり s で運転しているとき，二次銅損 P_{2c}〔W〕の値は二次入力 P_2〔W〕の （ア） 倍となり，機械出力 P_m〔W〕の値は二次入力 P_2〔W〕の （イ） 倍となる．また，すべり s が 1 のとき，この誘導電動機は （ウ） の状態にあり，このときの機械出力の値は $P_m =$ （エ） 〔W〕となる．

上記の記述中の空白箇所（ア），（イ），（ウ）および（エ）に記入する語句，式または数値として，正しいものを組み合わせたのは次のうちどれか．

	（ア）	（イ）	（ウ）	（エ）
(1)	s	$1-s$	同期速度	P_2-P_{2c}
(2)	$1-s$	s	同期速度	P_2
(3)	$\dfrac{1}{s}$	$\dfrac{1}{1-s}$	停　止	P_2-P_{2c}
(4)	$\dfrac{1}{s}$	$\dfrac{s-1}{s}$	停　止	0
(5)	s	$1-s$	停　止	0

解説

誘導電動機の二次入力 P_2 は，$P_2 = P_{2c} + P_m$ である．$P_2 : P_{2c} : P_m = 1 : s : (1-s)$ の関係を利用すると，$P_{2c} = sP_2$ となり，$P_m = (1-s)P_2$ となる．また，誘導電動機のすべり $s=1$ の状態は停止状態であり，このときの機械的出力 P_m は，$P_m = (1-s)P_2 = 0$ となる．

参考 平成 29 年に類似問題が出題されている．

【解答 (5)】

重要

すべりと比　$P_2 : P_{2c} : P_m = 1 : s : (1-s)$

点数アップ♪

ワンポイント知識 — 誘導電動機とすべり

① 三相かご形誘導電動機が**すべり s で回転**しているとき，かご形回転子の導体中に発生する**誘導起電力の大きさは停止時の s 倍**で，この誘導起電力の**周波数は停止時の s 倍**である．

② 誘導電動機の等価回路では，二次の抵抗値を **$1/s$ 倍**にして表現する．

[平成 18 年]

問題 26 誘導電動機の始動法（1）

かご形誘導電動機の始動方法には，次のようなものがある．

a.　定格出力が 5 kW 程度以下の小容量のかご形誘導電動機の始動時には，（ア）に与える影響が小さいので，直接電源電圧を印加する方法が用いられる．

b.　定格出力が 5 〜 15 kW 程度のかご形誘導電動機の始動時には，まず固定子巻線を（イ）にして電源電圧を加えて加速し，次に回転子の回転速度が定格回転速度近くに達したとき，固定子巻線を（ウ）に切り替える方法が用いられる．この方法では（ウ）で直接始動した場合に比べて，始動電流，始動トルクはともに（エ）になる．

c.　定格出力が 15 kW 程度以上のかご形誘導電動機の始動時には，まず（オ）により，低電圧を電動機に供給し，回転子の回転速度が定格速度近くに達したとき，全電圧を電動機に供給する方法が用いられる．

上記空白箇所に当てはまる語句または数値として，正しい組合せはどれか．

	（ア）	（イ）	（ウ）	（エ）	（オ）
(1)	絶縁電線	△結線	Y結線	$1/\sqrt{3}$	三相単巻変圧器
(2)	電源系統	△結線	Y結線	$1/\sqrt{3}$	三相単巻変圧器
(3)	絶縁電線	Y結線	△結線	$1/\sqrt{3}$	三相可変抵抗器
(4)	電源系統	△結線	Y結線	1/3	三相可変抵抗器
(5)	電源系統	Y結線	△結線	1/3	三相単巻変圧器

解説

① **全電圧始動法**：直入れ始動法とも呼ばれ，最初から直接定格電圧を印加する方法である．（**小容量**に適用）

② **Y-△始動法**：固定子巻線を**始動時はY結線**，**運転時は△結線**とする方法で，△結線で始動するより**始動電流**，**始動トルクともに 1/3** となる．（**中容量**に適用）

③ **始動補償器法**：**三相単巻変圧器**を用いて低電圧で始動し，定格回転速度近くに達したときに全電圧を加える方法である．（**大容量**に適用）　**【解答（5）】**

重要　**Y-△始動法：始動電流・始動トルクは 1/3**

問題27 誘導電動機の始動法（2）

［平成23年］

次の文章は，誘導電動機の始動に関する記述である．

a. 三相巻線形誘導電動機は，二次回路を調整して始動する．トルクの比例推移特性を利用して，トルクが最大値となるすべりを［（ア）］付近になるようにする．具体的には，二次回路を［（イ）］で引き出して抵抗を接続し，二次抵抗値を定格運転時よりも大きな値に調整する．

b. 三相かご形誘導電動機は，一次回路を調整して始動する．具体的には，始動時はY結線，通常運転時は△結線にコイルの接続を切り替えてコイルに加わる電圧を下げて始動する方法，［（ウ）］を電源と電動機の間に挿入して始動時の端子電圧を下げる方法，および［（エ）］を用いて電圧と周波数の両者を下げる方法がある．

c. 三相誘導電動機では，三相コイルが作る磁界は回転磁界である．一方，単相誘導電動機では，単相コイルが作る磁界は交番磁界であり，主コイルだけでは始動しない．そこで，主コイルとは［（オ）］が異なる電流が流れる補助コイルやくま取りコイルを固定子に設けて，回転磁界や移動磁界を作って始動する．

上記の記述中の空白箇所（ア），（イ），（ウ），（エ）および（オ）に当てはまる組合せとして，正しいものを次の（1）～（5）のうちから一つ選べ．

	（ア）	（イ）	（ウ）	（エ）	（オ）
（1）	1	スリップリング	始動補償器	インバータ	位　相
（2）	0	整流子	始動コンデンサ	始動補償器	位　相
（3）	1	スリップリング	始動抵抗器	始動コンデンサ	周波数
（4）	0	整流子	始動コンデンサ	始動抵抗器	位　相
（5）	1	スリップリング	始動補償器	インバータ	周波数

解説

それぞれの電動機の始動方法は次のとおりである．

① ［巻線形誘導電動機］：**トルクの比例推移を利用**し，**スリップリング**を介した二次側の外部抵抗を調整してすべりを制御する．始動時（**すべり $s=1$**）の抵抗値は最大とし，徐々に小さくする．

② ［かご形誘導電動機］：全電圧始動法，Y-△始動法，**始動補償器法**（コンドルファ始動），**インバータによる始動法**がある．なお，特殊かご形誘導電動機（二

重かご形，深溝形）は，普通かご形誘導電動機と比べ，始動時に導体電流密度が不均一となるような導体構造となっているため，始動トルクを大きくすることができる．

③ **単相誘導電動機**：主コイルと位相が異なる電流が流れる補助コイルや，くま取りコイルを固定子に設けて，回転磁界や移動磁界を作って始動する．

【解答（1）】

巻線形誘導電動機の外部抵抗：始動時に最大

重要

点数アップ♪

ワンポイント知識 — 誘導電動機の円線図

① 円線図は，誘導電動機の特性を求めるのに利用される．

② 円線図を描くには，次の三つの試験を行って基本量を求める必要がある．

- **抵抗測定**：一次巻線の端子間で抵抗を測定し，基準巻線温度（75℃）における一次巻線の一相分の抵抗を求める．
- **無負荷試験**：誘導電動機を定格電圧，定格周波数，無負荷で運転し，無負荷電流と無負荷入力を測定し，無負荷電流の有効分と無効分を求める．
- **拘束試験**：回転子を拘束し，一次巻線に定格周波数の低電圧を加えて定格電流を流し，一次電圧，一次入力を測定し，定格電圧を加えたときの一次入力，拘束電流および拘束電流の有効分と無効分を求める．

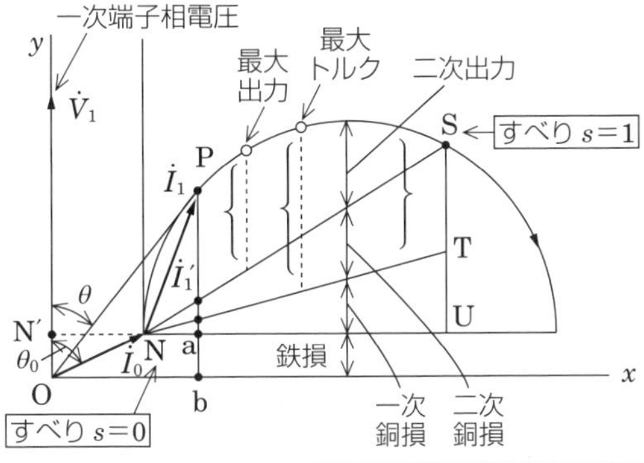

問題 28 巻線形誘導電動機の特性

［平成 20 年］

巻線形誘導電動機のトルク－回転速度曲線は，電源電圧および［（ア）］が一定のとき，発生するトルクと回転速度との関係を表したものである．

この曲線は，あるすべりの値でトルクが最大となる特性を示す．このトルクを最大トルクまたは［（イ）］トルクと呼んでいる．この最大トルクは［（ウ）］回路の抵抗には無関係である．

巻線形誘導電動機のトルクは［（ウ）］回路の抵抗とすべりの比に関係するので，［（ウ）］回路の抵抗が k 倍になると，前と同じトルクが前のすべりの k 倍の点で起こる．このような現象は［（エ）］と呼ばれ，巻線形誘導電動機の起動トルクの改善および速度制御に広く用いられている．

上記の記述中の空白箇所（ア），（イ），（ウ）および（エ）に当てはまる語句として，正しいものを組み合わせたのは次のうちどれか．

	（ア）	（イ）	（ウ）	（エ）
(1)	負荷	臨界	二次	比例推移
(2)	電源周波数	停動	一次	二次励磁
(3)	負荷	臨界	一次	比例推移
(4)	電源周波数	臨界	二次	二次励磁
(5)	電源周波数	停動	二次	比例推移

解説

① **巻線形誘導電動機のトルク-回転速度曲線**：電源電圧と**電源周波数**が一定のときの回転速度とトルクの関係を表したものである．

② **最大トルク(停動トルク)**：回路の抵抗には無関係である．

③ **トルクの比例推移**：トルクは（r_2/s）に比例し，二次回路の抵抗が kr_2 になると，ks の点で前と同じトルクとなる．

【解答（5）】

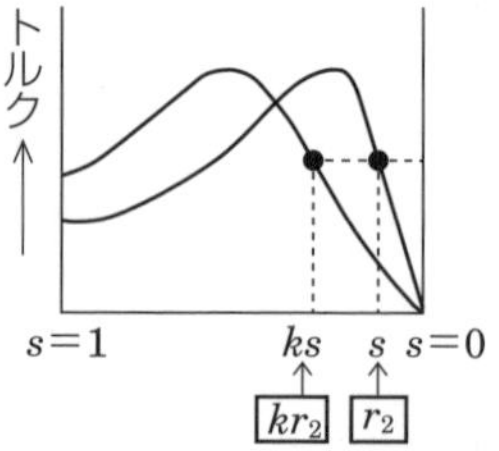

重要 トルクの比例推移：$\dfrac{r_2}{s}=\dfrac{mr_2}{ms}$ なら同じトルク

ここが肝心！基礎固め！

9 誘導電動機の速度制御

誘導電動機の回転子の速度 N は

$$N = N_s(1-s) = \frac{120f}{p}(1-s)\ \text{〔min}^{-1}\text{〕}$$

であり，この式の f，p，s の各要素を変化させることで速度制御が行える．f，p での制御はかご形，s での制御は巻線形の速度制御方法である．

誘導電動機の速度制御方法

制御要素	要素詳細	説　明	速度制御方法
同期速度 N_s を変化	周波数 f を変化⇒同期速度を変える連続制御	①一次周波数を静止形可変周波数電源で異周波数に変換する． ②鉄心の磁束密度を一定とした V/f 一定制御を行う．	**サイクロコンバータ制御** 直接変換式で，直接異周波数に変換（$f_1 \to f_2$）する． **インバータ制御** 間接変換式で，f_1 を AC → DC → AC 変換し，f_2 にする．
	極数 p を変化⇒段階制御	かご形誘導電動機の固定子巻線を直列から並列接続にし極数を変える．	極数変換法
すべり s を変化⇒連続制御		巻線形において二次回路に挿入した抵抗を変え，比例推移の原理を利用する．	二次抵抗制御法
		トルクが電源電圧の 2 乗に比例することを利用する．	一次電圧制御法
		巻線形で二次銅損分を再利用する．	二次励磁法 ① クレーマ方式 ② セルビウス方式
その他		誘導電動機自体は定速運転とし，負荷との間に電磁継手または液体継手を用いて速度を制御する．	

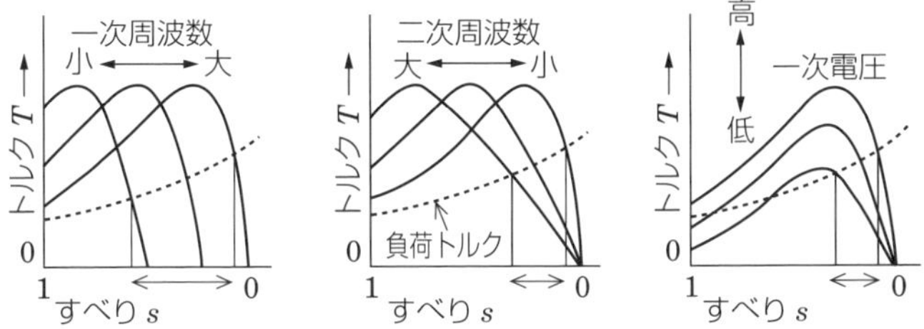

（a） 一次周波数制御　（b） 二次抵抗制御　（c） 一次電圧制御

誘導電動機のトルク速度特性

[平成 15 年]

問題 29　誘導電動機の速度制御（1）

三相誘導電動機の速度制御に関する記述として，誤っているのは次のうちどれか．

(1) 極数変化による制御では，固定子巻線の接続を切替えて極数を変化させる．

(2) 一次電圧による制御では，一次電圧を変化させることにより，電動機トルク特性曲線と負荷トルク特性曲線との交点を移動させ，すべりを変化させる．

(3) 二次抵抗による制御では，巻線形誘導電動機において二次側端子に抵抗を接続し，この抵抗値を加減してすべりを変化させる．

(4) 一次周波数による制御では，誘導電動機の電源電圧を一定に保ちつつ，電源周波数を変化させて速度を制御する．

(5) 二次励磁による制御では，巻線形誘導電動機の二次回路に可変周波の可変電圧を外部から加え，これを変化させることにより，すべりを変化させる．

解説

① **一次周波数制御（インバータ制御）**：一次周波数 f と電源電圧 V の両方を可変として速度制御する方式で，V/f 一定制御としている．この理由は，ギャップの磁束密度を一定に保ち磁気飽和を起こさせないためである．

② **可変電圧周波数変換電源装置**：周波数 f_1 の交流をコンバータ（整流器）で直流に変換し，その直流をインバータで必要な周波数 f_2 の交流に変換する装置であり，VVVF（可変電圧・可変周波数）インバータと呼ばれている．

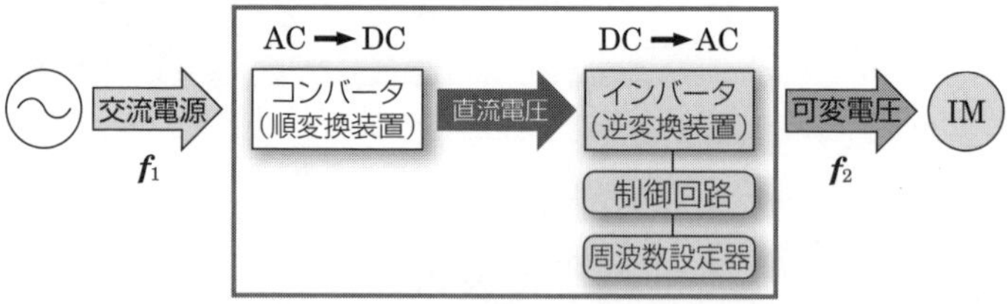

インバータ

【解答（4）】

インバータ制御：（V/f）一定で速度制御する　重要

問題30 誘導電動機の速度制御（2） ［平成18年］

誘導電動機の回転速度 N〔min^{-1}〕は，次式で与えられる．

$$N = N_s (1 - s)$$

ここで，s はすべり，N_s は同期速度である．

したがって，すべり，同期速度を変えると回転速度 N を変えることができ，具体的には一般に以下の方法がある．

a. （ア）誘導電動機の（イ）回路の抵抗を変えてすべりを変化させる方法．この方法では（イ）回路の損失が大きい．

b. 電源の（ウ）を変化させる方法．電動機の電源側にインバータを設ける場合が多く，圧延機や工作機械などの広範囲な速度制御に用いられる．

c. 固定子の同じスロットに（エ）の異なる上下2種類の巻線を設けてこれを別々に利用したり，1組の固定子巻線の接続を変更したりなどして，（エ）を変え，回転速度を（オ）的に変える方法．

上記の記述の空白箇所に当てはまる語句として，正しいものを組み合わせたのは次のうちどれか．

	（ア）	（イ）	（ウ）	（エ）	（オ）
(1)	かご形	一次	電　圧	相数	連続
(2)	巻線形	二次	周波数	極数	段階
(3)	かご形	一次	周波数	相数	段階
(4)	巻線形	一次	電　圧	極数	段階
(5)	巻線形	二次	周波数	極数	連続

解説 ① **二次抵抗制御**：**巻線形誘導電動機**の**二次回路の抵抗を変え**る方法で，トルクの比例推移を利用している．二次回路損失が大きい欠点がある．

② **一次周波数制御**：電源の**周波数**を変化させる，インバータ制御である．

③ **極数変換法**：固定子の同じスロットに**極数**の異なる上下2種類の巻線を設けて別々に利用したり，固定子巻線を接続変更したりなどして**極数**を変え，回転速度を**段階**的に変える方法である．

参考 令和元年に類似問題が出題されている． 【解答（2）】

重要 誘導電動機の速度制御：すべり s，周波数 f，極数 p

[平成 18 年]

問題 31 誘導電動機の速度制御（3）

誘導電動機を VVVF（可変電圧可変周波数）インバータで駆動するものとする．

このときの一般的な制御方法として （ア） が用いられる．いま，このインバータが 60 Hz 電動機用として，60 Hz のときに 100%電圧で運転するように調整されていたものとする．このインバータを用いて，50 Hz 用電動機を 50 Hz にて運転すると電圧は約 （イ） %となる．トルクは電圧のほぼ （ウ） に比例するので，この場合の最大発生トルクは，定格印加時の最大発生トルクの約 （エ） %となる．ただし，両電動機の定格電圧は同一である．

上記の記述の空白箇所に当てはまる語句として，正しいものを組み合わせたのは次のうちどれか．

	（ア）	（イ）	（ウ）	（エ）
（1）	$\dfrac{V}{f}$ 一定制御	83	2 乗	69
（2）	$\dfrac{V}{f}$ 一定制御	83	3 乗	57
（3）	電流一定制御	120	2 乗	144
（4）	電圧位相制御	120	3 乗	173
（5）	電圧位相制御	83	2 乗	69

解説

① 誘導電動機を VVVF（可変電圧・可変周波数）インバータで駆動する一般的な制御方法には， **V/f 一定制御** が用いられる．

② V/f 一定制御では，60 Hz のときに 100％電圧で運転するように調整されていた場合，50 Hz では電圧は 5/6 倍の約 **83** ％の電圧となる．

③ 誘導電動機の**トルクは電圧のほぼ 2 乗 に比例**するので，最大発生トルクは，$(5/6)^2 \fallingdotseq 0.69$（ **69** ％）となる．　　【解答（1）】

重要

誘導電動機のトルク：電圧の 2 乗に比例する

問題32 電動機のインバータ制御

[平成20年]

交流電動機を駆動するとき，電動機の鉄心の［（ア）］を防ぎトルクを有効に発生させるために，駆動する交流基本波の電圧と周波数の比がほぼ［（イ）］になるようにする方法が一般的に使われている．この方法を実現する整流器とインバータによる回路とその制御の組合せの例には，次の二つがある．

一つの方法は，一定電圧の交流電源から直流電圧を得る整流器に［（ウ）］などを使用して，インバータ出力の周波数に対して目標の比となるように直流電圧を可変制御し，この直流電圧を交流に変換するインバータでは出力の周波数の調整を行う方法である．

また，別の方法は，一定電圧の交流電源から整流器を使ってほぼ一定の直流電圧を得て，インバータでは出力パルス波形を制御することによって，出力の電圧と周波数を同時に調整する方法である．

一定の直流電圧から可変の交流電圧を得るインバータの代表的な制御として，［（エ）］制御が知られている．

上記の記述中の空白箇所(ア)，(イ)，(ウ)および(エ)に当てはまる語句として，正しいものを組み合わせたのは次のうちどれか．

	(ア)	(イ)	(ウ)	(エ)
(1)	磁気飽和	一定	ダイオード	PWM
(2)	振　動	2乗	ダイオード	PLL
(3)	磁気飽和	2乗	サイリスタ	PLL
(4)	振　動	一定	サイリスタ	PLL
(5)	磁気飽和	一定	サイリスタ	PWM

解説

① 誘導電動機では，鉄心の**磁気飽和**を防ぎトルクを有効に発生させるため，一次電圧と一次周波数の比を一定とした制御する ***V/f*一定制御**（**インバータ制御**）が用いられている．

② ***V/f*一定制御**をスイッチングにより分類すると，PAM（パルス振幅変調）制御と PWM（パルス幅変調）制御とがあり，PWM 制御が多く用いられている．

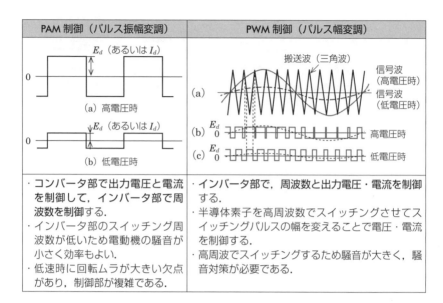

<table>
<tr><th>PAM 制御（パルス振幅変調）</th><th>PWM 制御（パルス幅変調）</th></tr>
<tr><td>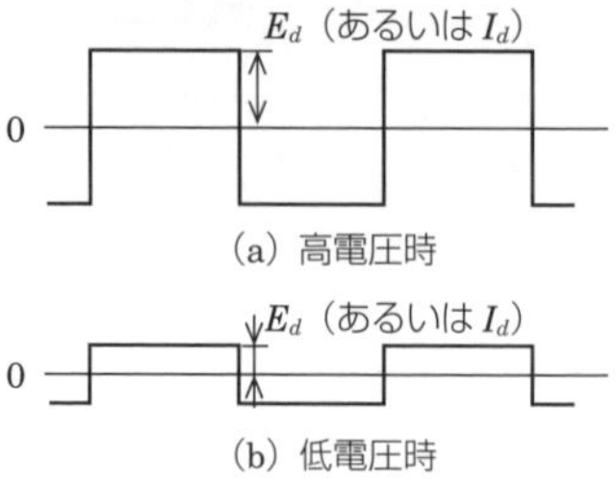
</td><td>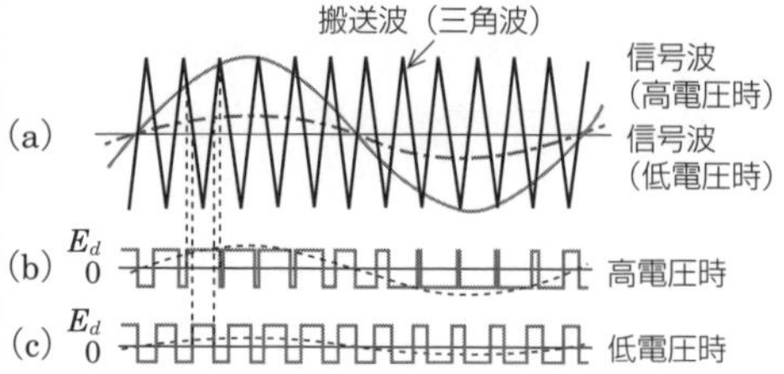
</td></tr>
<tr><td>・コンバータ部で出力電圧と電流を制御して，インバータ部で周波数を制御する.
・インバータ部のスイッチング周波数が低いため電動機の騒音が小さく効率もよい.
・低速時に回転ムラが大きい欠点があり，制御部が複雑である.</td><td>・インバータ部で，周波数と出力電圧・電流を制御する.
・半導体素子を高周波数でスイッチングさせてスイッチングパルスの幅を変えることで電圧・電流を制御する.
・高周波でスイッチングするため騒音が大きく，騒音対策が必要である.</td></tr>
</table>

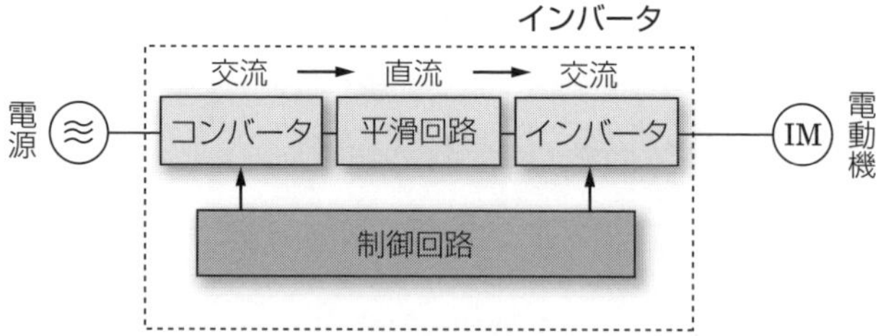

インバータの構成

【解答（5）】

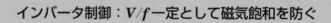

インバータ制御：V/f 一定として磁気飽和を防ぐ　重要

問題33 可変速交流ドライブシステム

[平成17年]

可変速交流ドライブシステムで最もよく使われている電動機は［（ア）］である．電源の電圧 V と周波数 f が一定ならばトルクは［（イ）］の関数となる．［（イ）］が零のときトルクは零で，［（イ）］が増加するにつれてトルクはほぼ直線的に増加し，やがて最大トルクに達する．最大トルクを超えると［（イ）］が増加するにつれてトルクは減少する．同期速度を超えて回転子の速度が上昇すると［（ア）］は［（ウ）］として動作する．

電源の周波数を変化させるときでも，トルク－速度曲線はある一定の直線に沿って平行移動するような特性を得たい，すなわち周波数を高くしたときでも最大トルクの変化を小さくするためには，［（エ）］が一定になるように制御すればよい．

上記の記述中の空白箇所（ア），（イ），（ウ）および（エ）に記入する語句または式として，正しいものを組み合わせたのは次のうちどれか．

	（ア）	（イ）	（ウ）	（エ）
(1)	同期電動機	すべり	同期発電機	$V \cdot f$
(2)	永久磁石式同期電動機	電機子電流	誘導発電機	V
(3)	誘導電動機	すべり	同期発電機	$V \cdot f$
(4)	永久磁石式同期電動機	電機子電流	誘導発電機	$\dfrac{V}{f}$
(5)	誘導電動機	すべり	誘導発電機	$\dfrac{V}{f}$

解説

① 誘導電動機は，$\dfrac{V}{f}$ 一定ならトルク T はすべり s の関数となる．

② すべりが0から増加するに伴いトルクも増加するが，最大トルクを超えるとすべりの増加に伴ってトルクも減少する．

③ 同期速度を超えて回転（$s < 0$）すると誘導発電機となる．　【解答（5）】

重要　可変速交流ドライブシステム：誘導電動機が主流

[平成 27 年]

問題 34 各種誘導電動機の特徴

誘導機に関する記述として，誤っているものは次のうちどれか．

(1) 三相かご形誘導電動機の回転子は，積層鉄心のスロットに棒状の導体を差し込み，その両端を太い導体環で短絡して作られる．これらの導体に誘起される二次誘導起電力は，導体の本数に応じた多相交流である．

(2) 三相巻線形誘導電動機は，二次回路にスリップリングを通して接続した抵抗を加減し，トルクの比例推移を利用して滑りを変えることで速度制御ができる．

(3) 単相誘導電動機はそのままでは始動できないので，始動の仕組みの一つとして，固定子の主巻線とは別の始動巻線にコンデンサなどを直列に付加することによって回転磁界を作り，回転子を回転させる方法がある．

(4) 深溝かご形誘導電動機は，回転子の深いスロットに幅の狭い平たい導体を押し込んで作られる．このような構造とすることで，回転子導体の電流密度は定常時に比べて始動時は導体の外側（回転子表面側）と内側（回転子中心側）で不均一の度合いが増加し，等価的に二次導体のインピーダンスが増加することになり，始動トルクが増加する．

(5) 二重かご形誘導電動機は回転子に内外二重のスロットを設け，それぞれに導体を埋め込んだものである．内側（回転子中心側）の導体は外側（回転子表面側）の導体に比べて抵抗値を大きくすることで，大きな始動トルクを得られるようにしている．

解説 普通かご形誘導電動機の始動トルクが小さい欠点を解消したのが特殊かご形誘導電動機で，深溝形と二重かご形とがある．

深溝形	二重かご形
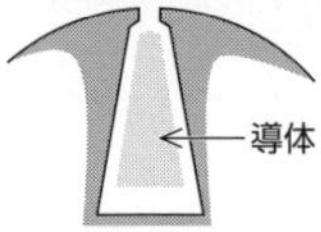	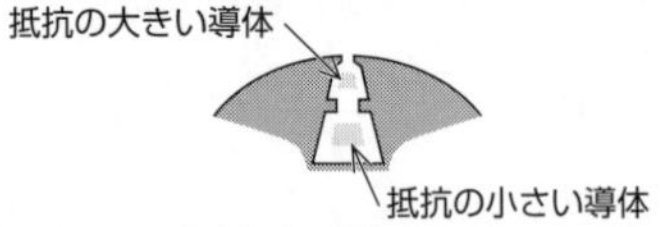
始動時には，電流は表皮効果によって導体の表面に集中する． 運転時には二次周波数 sf が低下するので，電流分布はほぼ一様になる．	始動時には，二次周波数が高いため，電流は上溝導体に多く流れる． 運転時は二次周波数が低下するので，電流の大部分は下溝導体に流れる．

【解答（5)】

重要

二重かご形→内側導体より外側導体のほうが高抵抗

問題 35 電気車用駆動電動機 [平成 21 年]

電気車を駆動する電動機として,直流電動機が広く使われてきた.近年,パワーエレクトロニクス技術の発展によって,電気車用駆動電動機の電源として,可変周波数・可変電圧の交流を発生することができるインバータを搭載する電気車が多くなった.

そのシステムでは,構造が簡単で保守が容易な (ア) 三相誘導電動機をインバータで駆動し,誘導電動機の制御方法としてすべり周波数制御が広く採用されていた.電気車の速度を目標の速度にするためには,誘導電動機が発生するトルクを調節して電気車を加減速する必要がある.誘導電動機の回転周波数はセンサで検出されるので,回転周波数にすべり周波数を加算して得た (イ) 周波数で誘導電動機を駆動することで,目標のトルクを得ることができる.電気車を始動・加速するときには (ウ) のすべりで運転し,回生制動によって減速するときには (エ) のすべりで運転する.最近はさらに電動機の制御技術が進展し,誘導電動機のトルクを直接制御することができる (オ) 制御の採用が進んでいる.また,電気車用駆動電動機のさらなる小形・軽量化を目指して,永久磁石同期電動機を適用しようとする技術的動向がある.

上記の記述中の空白箇所(ア),(イ),(ウ),(エ)および(オ)に当てはまる語句として,正しいものを組み合わせたのは次のうちどれか.

	(ア)	(イ)	(ウ)	(エ)	(オ)
(1)	かご形	一次	正	負	ベクトル
(2)	かご形	一次	負	正	スカラ
(3)	かご形	二次	正	負	スカラ
(4)	巻線形	一次	負	正	スカラ
(5)	巻線形	二次	正	負	ベクトル

解説

① 電気車用駆動電動機として,かご形誘導電動機が用いられるようになり,速度制御にすべり周波数制御が使用されてきた.

② すべり周波数制御では,電動機の回転速度をセンサで検出し,インバータの出力周波数を電動機速度とすべり周波数の和で与えるようにする方式である.この方式は,トルクや電流に直接関係するすべり周波数を自由に制御でき,V/f 一定制御に比べ加減速特性と過電流制限能力が優れている.

③ 最近では，ベクトル制御による速度制御も採用されてきている．ベクトル制御では，かご形誘導電動機に供給する一次電流が，誘導電動機の内部で設定値どおりに励磁電流とトルク電流に分配されるよう，現代制御理論などを使用し一次電流の大きさ，周波数，位相を制御する方式である．

【解答（1）】

電気車用駆動電動機：すべり周波数制御⇒ベクトル制御　重要

点数アップ♪

ワンポイント知識 ― 電気鉄道用車両の制動

直流式電気鉄道用には直流直巻電動機が使用されている．この車両の制動には，機械式ブレーキと電気式ブレーキが併用されており，電気式ブレーキには次の種類がある．

① **発電制動**：電動機を電源から切り離して発電機として動作させ，端子に抵抗器を接続して慣性による運動のエネルギーをジュール熱として消費させる．

② **回生制動**：電動機を電源に接続した状態で界磁電流を増やし逆起電力を大きくして発電機とし，電力を電源に返還する．

問題 36 送風システム

[平成 21 年]

誘導電動機によって回転する送風機のシステムで消費される電力を考える.

誘導電動機が商用交流電源で駆動されているときに送風機の風量を下げようとする場合, 通風路にダンパなどを追加して流路抵抗を上げる方法が一般的である. ダンパの種類などによって消費される電力の減少量は異なるが, 流路抵抗を上げ風量を下げるに従って消費される電力は若干減少する. このとき, 例えば風量を最初の 50%に下げた場合に, 誘導電動機の回転速度は (ア) .

一方, 商用交流電源で直接駆動するのではなく, 出力する交流の電圧 V と周波数 f との比 (V/f) をほぼ一定とするインバータを用いて, 誘導電動機を駆動する周波数を変化させ風量を調整する方法もある. この方法では, ダンパなどの流路抵抗を調整する手段は用いないものとする. このとき, 機械的・電気的な損失などが無視できるとすれば, 風量は回転速度の (イ) 乗に比例し, 消費される電力は回転速度の (ウ) 乗に比例する. したがって, 周波数を変化させて風量を最初の 50%に下げた場合に消費される電力は, 計算上で (エ) %まで減少する.

商用交流電源で駆動し, ダンパなどを追加して風量を下げた場合の消費される電力の減少量はこれほど大きくはなく, インバータを用いると大きな省エネルギー効果が得られる.

上記の記述中の空白箇所 (ア), (イ), (ウ) および (エ) に当てはまる語句または数値として, 正しいものを組み合わせたのは次のうちどれか.

	(ア)	(イ)	(ウ)	(エ)
(1)	トルク変動に相当するすべり周波数分だけ変動する	1	3	12.5
(2)	風量に比例して減少する	$\frac{1}{2}$	3	12.5
(3)	風量に比例して減少する	1	3	12.5
(4)	トルク変動に相当するすべり周波数分だけ変動する	$\frac{1}{2}$	2	25
(5)	風量に比例して減少する	1	2	25

解説

① **送風機風量のダンパ制御**：ダンパ制御では，誘導電動機の回転速度はトルク変動に相当するすべり周波数分だけ変動するだけで，ほとんど変わらない．

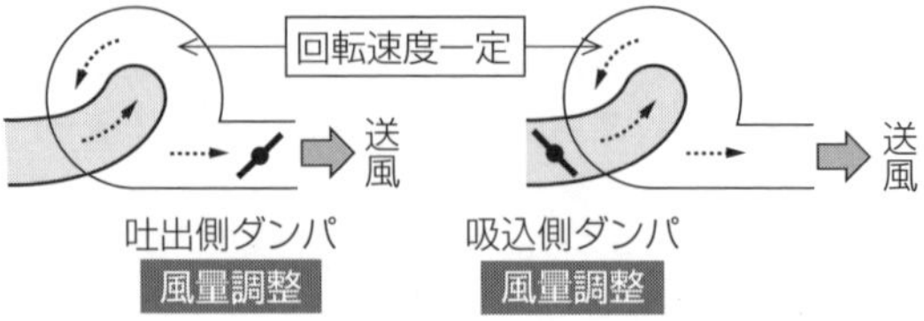

② **送風機風量のインバータ制御**：インバータによる回転速度制御（V/f一定制御）では，風量Qは回転速度Nに比例し，風圧HはN^2に比例する．このため，消費電力Pは，$P \propto QH \propto N^3$となる．

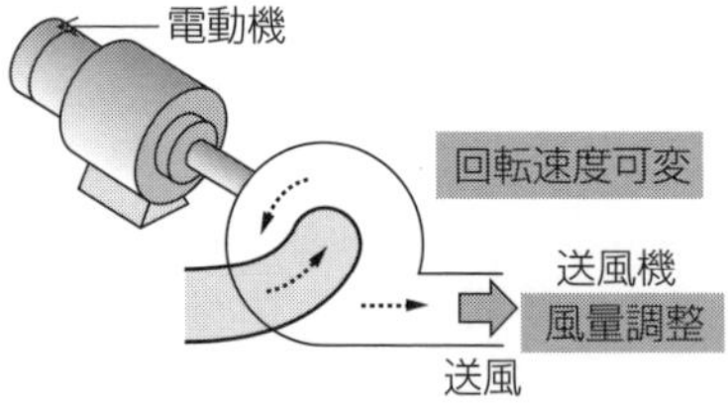

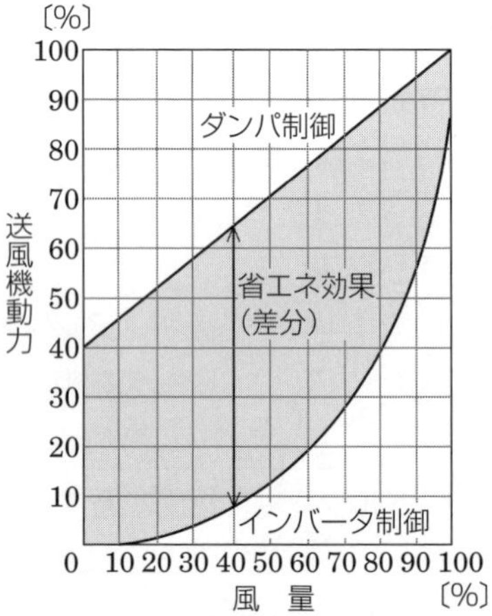

③ 送風機風量のインバータ制御では，周波数を変化させて風量を最初の50%に下げた場合の消費電力P'は風量変化前の消費電力をPとすると

$$P' = 0.5^3 P = 0.125P$$

となる．

参考 平成29年に類似問題が出題されている．　　【解答（1）】

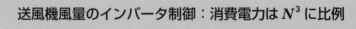

重要　送風機風量のインバータ制御：消費電力はN^3に比例

[平成 22 年]

問題 37 誘導発電機

次の文章は，三相の誘導機に関する記述である．

固定子の励磁電流による同期速度の［（ア）］と回転子との速度の差（相対速度）によって回転子に電圧が発生し，その電圧によって回転子に電流が流れる．トルクは回転子の電流と磁束とで発生するので，トルク特性を制御するため，巻線形誘導機では回転子巻線の回路をブラシと［（イ）］で外部に引き出して二次抵抗値を調整する方式が用いられる．回転子の回転速度が停止（すべり $s=1$）から同期速度（すべり $s=0$）の間，すなわち，$1>s>0$ の運転状態では，磁束を介して回転子の回転方向にトルクが発生するので誘導機は［（ウ）］となる．回転子の速度が同期速度より高速の場合，磁束を介して回転子の回転方向とは逆の方向にトルクが発生し，誘導機は［（エ）］となる．

上記の記述中の空白箇所(ア)，(イ)，(ウ)および(エ)に当てはまる語句として，正しいものを組み合わせたのは次のうちどれか．

	（ア）	（イ）	（ウ）	（エ）
(1)	交番磁界	スリップリング	電動機	発電機
(2)	回転磁界	スリップリング	電動機	発電機
(3)	交番磁界	整流子	発電機	電動機
(4)	回転磁界	スリップリング	発電機	電動機
(5)	交番磁界	整流子	電動機	発電機

解説

① 三相誘導電動機は，固定子に三相交流電源を接続して**回転磁界**を作っている．

② 巻線形誘導電動機では，**スリップリング**とブラシを介し外部抵抗を接続する．

③ すべり s が，$\mathbf{1>s>0}$ **では誘導電動機**となり，$\mathbf{s<0}$ **では誘導発電機**となる．

④ 誘導発電機は，電源に接続することによって回転磁界を作り，原動機によって回転速度を同期速度以上とする．電力系統への接続の際，同期化のための操作がないので，風力や小水力用発電機に使用されている． 【解答 (2)】

重要

回転子が同期速度より高速⇒ $(N_s-N)<0$

問題38 各種電動機の特徴（1）

［平成23年］

交流電動機に関する記述として，誤っているものを次の（1）～（5）のうちから一つ選べ．

（1）同期機と誘導機は，どちらも三相電源に接続された固定子巻線（同期機の場合は電機子巻線，誘導機の場合は一次側巻線）が，同期速度の回転磁界を発生している．発生するトルクが回転磁界と回転子との相対位置の関数であれば同期電動機であり，回転磁界と回転子との相対速度の関数であれば誘導電動機である．

（2）同期電動機の電機子端子電圧をV〔V〕（相電圧実効値），この電圧から電機子電流の影響を除いた電圧（内部誘導起電力）をE_0〔V〕（相電圧実効値），VとE_0との位相角をδ〔rad〕，同期リアクタンスをX〔Ω〕とすれば，三相同期電動機の出力は，$3\times\left(E_0\cdot\dfrac{V}{X}\right)\sin\delta$〔W〕となる．

（3）同期電動機では，界磁電流を増減することによって，入力電力の力率を変えることができる．電圧一定の電源に接続した出力一定の同期電動機の界磁電流を減少していくと，V曲線に沿って電機子電流が増大し，力率100%で電機子電流が最大になる．

（4）同期調相機は無負荷運転の同期電動機であり，界磁電流が作る磁束に対する電機子反作用による増磁作用や減磁作用を積極的に活用するものである．

（5）同期電動機では，回転子の磁極面に設けた制動巻線を利用して停止状態からの始動ができる．

解説

① 同期電動機は，界磁電流の増減で入力電力の力率を変えることができる．

② 電圧一定の電源に接続した出力一定の進み力率で運転中の同期電動機の界磁電流を減少していくと，V曲線（位相特性曲線）に沿って電機子電流が変化し，**力率100%で電機子電流が最小**となる．

【解答（3）】

重要

同期電動機のV曲線：力率1で電機子電流が最小

問題 39 各種電動機の特徴（2）

［平成 20 年］

主な電動機として，同期電動機，誘導電動機および直流電動機がある．堅固で構造も簡単な電動機は［（ア）］誘導電動機である．この電動機は，最近では，トルク制御と励磁制御を分離して制御可能な［（イ）］制御によって，直流電動機とそん色ない速度制御が可能になった．

回転速度が広範囲で精密な制御が簡単にできるのは直流電動機である．この電動機は，従来ブラシと［（ウ）］により回転子に電力を供給していた．最近よく使用されているブラシレス直流電動機（ブラシレス DC モータ）は，回転子に［（エ）］を組み入れて，効率の向上，保守の簡易化が図られたものである．また，同期電動機は，供給電源の周波数に同期した速度が要求されるものに使用される．

上記の記述中の空白箇所(ア)，(イ)，(ウ)および(エ)に当てはまる語句として，正しいものを組み合わせたのは次のうちどれか．

	（ア）	（イ）	（ウ）	（エ）
(1)	かご形	ベクトル	整流子	永久磁石
(2)	巻線形	スカラ	スリップリング	銅バー
(3)	かご形	スカラ	スリップリング	永久磁石
(4)	かご形	スカラ	整流子	銅バー
(5)	巻線形	ベクトル	整流子	永久磁石

解説

① **かご形誘導電動機**：最近では**ベクトル制御**による高効率な速度制御が採用されている．

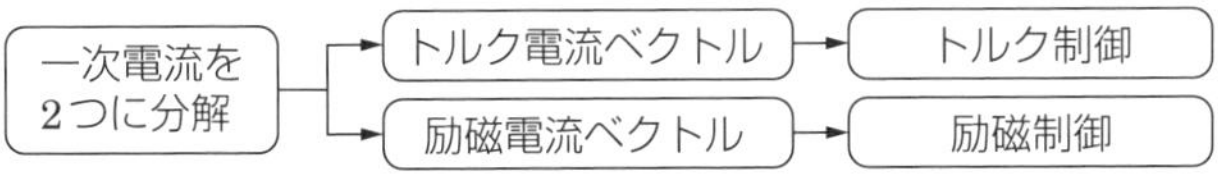

② **直流電動機**：従来のブラシと**整流子**による構造から脱却し，回転子に**永久磁石**を組み入れたブラシレス DC モータも使用されている．

【解答（1）】

重要

かご形誘導電動機の速度制御→ベクトル制御の動向

問題40 各種電気機器の分類

[平成22年]

電気機器は磁束を利用する観点から，次のように分類して考えることができる．

a. 交流で励磁する［（ア）］と［（イ）］は，負荷電流を流す巻線が磁束を発生する巻線を兼用するなどの共通点があるので，基本的に同じ形の等価回路を用いて特性計算を行う．

b. 直流で励磁する［（ウ）］と［（エ）］は，負荷電流を流す電機子巻線と，磁束を発生する界磁巻線を分けて設ける．

c. ［（エ）］を自己始動電動機として用いる場合，その磁極表面にかご形導体を設け，［（イ）］と同様の始動トルクを発生させる．

上記の記述中の空白箇所(ア)，(イ)，(ウ)および(エ)に当てはまる語句として，正しいものを組み合わせたのは次のうちどれか．

	（ア）	（イ）	（ウ）	（エ）
(1)	誘導機	変圧器	直流機	同期機
(2)	変圧器	誘導機	同期機	直流機
(3)	誘導機	変圧器	同期機	直流機
(4)	変圧器	誘導機	直流機	同期機
(5)	変圧器	同期機	直流機	誘導機

解説

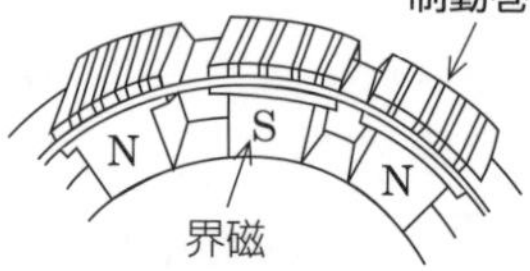

① 交流励磁の**変圧器**と**誘導機**は，共通点が多く同じ等価回路を使用できる．

変圧器と誘導機は，負荷電流を流す巻線と磁束を発生する巻線は同じである．しかし，直流機や同期機では，別の巻線となっている．

② 直流励磁の**直流機**と**同期機**には，電機子巻線と界磁巻線がある．

③ **同期機**の自己始動では，磁極表面にかご形導体（**制動巻線**）を設け，**誘導機**と同様の始動トルクを得ている．

【解答 (4)】

重要 励磁：(交流) 変圧器／誘導機　(直流) 直流機／同期機

[平成 16 年]

問題 41 各種電気機器の性質

次の（ア）から（エ）の記述は，「各電気機器の性質を述べよ」という問題に対する解答例を示したものである．

（ア）トルク一定の負荷を負って回転している巻線形誘導電動機の二次抵抗を大きくすると，すべりは増加する．

（イ）トルク一定の負荷を負って回転している同期電動機の界磁電流を大きくすると，無効電流は進み側に増大する．

（ウ）トルク一定の負荷を負って回転している直流電動機の界磁電流を大きくすると，回転速度は上昇する．

（エ）ある変圧器の電源周波数を高くすると励磁電流は増加する．

これらの四つの解答例で，正・誤の判定が正しい組合せは次のうちどれか．

	（ア）	（イ）	（ウ）	（エ）
(1)	正	誤	正	正
(2)	正	正	誤	誤
(3)	誤	正	正	正
(4)	正	正	正	誤
(5)	正	誤	誤	正

解説

① **巻線形誘導電動機**：トルク一定の負荷を負って回転しているとき，二次抵抗を大きくすると，すべりは増加する．（トルクの比例推移）
また，電動機は，電動機トルク＝負荷トルクとなる点で運転される．

② **同期電動機**：トルク一定の負荷を負って回転しているとき，界磁電流を大きくすると，無効電流は進み側に増大する．（V 曲線）

③ **直流電動機**：回転速度 $N=E/K\Phi$ で，トルク一定の負荷を負って回転しているとき，直流電動機の界磁電流を大きくする（Φ が大）と，**回転速度は低下する．**

④ **変圧器**：変圧器の電源周波数を高くすると，励磁インピーダンスが大きくなり，**励磁電流は減少する．**

【解答（2)】

重要 変圧器の励磁電流＝鉄損電流と磁化電流のベクトル和

[平成 21 年]

問題 42 進相コンデンサ

高圧負荷の力率改善用として，その負荷が接続されている三相高圧母線回路に進相コンデンサが設置される．この進相コンデンサは，保護のためにリアクトルが （ア） に挿入されるが，その目的は，コンデンサの電圧波形の （イ） を軽減させ，かつ，進相コンデンサ投入時の突入電流を抑制するものである．したがって，進相コンデンサの定格設備容量は，コンデンサと （ア） リアクトルを組み合わせた設備の定格電圧および定格周波数における無効電力を示す．この （ア） リアクトルの定格容量は，一般的には 5 次以上の高調波に対して，進相コンデンサ設備のインピーダンスを （ウ） にし，また，コンデンサの端子電圧の上昇を考慮して，コンデンサの定格容量の （エ） 〔%〕としている．

上記の記述中の空白箇所（ア），（イ），（ウ）および（エ）に当てはまる語句または数値として，正しいものを組み合わせたのは次のうちどれか．

	（ア）	（イ）	（ウ）	（エ）
(1)	直列	ひずみ	容量性	3
(2)	並列	波高率	誘導性	6
(3)	直列	波高率	容量性	3
(4)	並列	ひずみ	容量性	6
(5)	直列	ひずみ	誘導性	6

解説

① **直列リアクトル**は，進相コンデンサの**電圧波形のひずみを軽減**させる．

② 直列リアクトルを用いた進相コンデンサ設備のインピーダンスは，第 5 調波に対して**誘導性**とし，直列リアクトルにはコンデンサの定格容量の 6%のものが一般に使用されている．

$$5\omega L > \frac{1}{5\omega C} \text{ より，} \omega L > \frac{1}{25} \cdot \frac{1}{\omega C} = 0.04\frac{1}{\omega C}$$

となり，理論上は 4%超過のものでよいが，一般的に使用されているのは 6%のものである．

【解答（5）】

重要 直列リアクトル→進相コンデンサの高調波対策

問題 43 変圧器の極性

[平成 14 年]

変圧器の極性とは，その端子に現われる誘導起電力の相対的方向を表したものである．単相変圧器において，一次側記号を U および V，二次側記号を u および v とすれば，U と u が外箱の同じ側にある変圧器は (ア) ，対角線上にある変圧器は (イ) である．

2 台の変圧器を並列に接続して運転する場合，これらの変圧器の一次巻線および二次巻線について，それぞれの極性が同一となるように接続しなければならない．もし，いずれかの巻線で誤って逆の接続をすると，2 台の変圧器の二次電圧の起電力が二次巻線によって形成される (ウ) で同方向・直列に接続されることになる．この場合，巻線のインピーダンスは小さいので，非常に大きな (エ) 電流が流れて巻線が焼損する．

上記の空白箇所に記入する語句として，正しい組合せは次のうちどれか．

	(ア)	(イ)	(ウ)	(エ)
(1)	減極性	加極性	閉回路	循環
(2)	減極性	加極性	並列回路	負荷
(3)	加極性	減極性	閉回路	循環
(4)	加極性	減極性	並列回路	循環
(5)	加極性	減極性	直列回路	負荷

解説 ① 単相変圧器では，図のように U と u が外箱の同じ側にある変圧器は**減極性**で，対角線上にある変圧器は**加極性**である．

減極性：同じ側が(＋)，(＋)である　　加極性：同じ側が(＋)，(−)で異なる

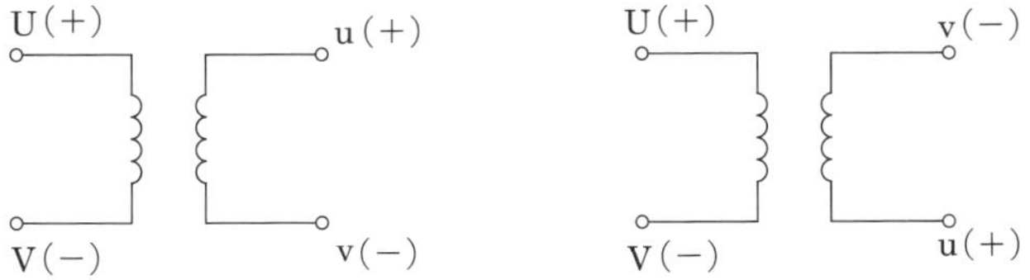

② 並行運転では，極性が同じでなければ非常に大きな**循環電流**が流れ，焼損を起こす．

【解答 (1)】

重要

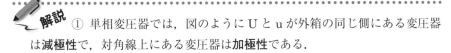

我が国の変圧器は JIS で減極性が標準となっている

[平成 15 年]

問題 44 二巻線変圧器

電力用単相二巻線変圧器に関する記述として，誤っているのは次のうちどれか.

(1) 定格容量とは，定格二次電圧，定格周波数および定格力率において，指定された温度上昇の限度を超えることなく，二次端子間に得られる皮相電力である.

(2) 定格負荷状態において，二次端子電圧が定格二次電圧になるように一次端子に加える電圧は，定格一次電圧に等しい.

(3) 変圧比とは，二次巻線を基準とした，二つの巻線の無負荷時における電圧の比である.

(4) 全損失は，無負荷損と負荷損の和である.

(5) 巻数比が等しく定格容量が異なる 2 台の変圧器を並行運転する場合，2 台の百分率短絡インピーダンスが等しければ，負荷はそれぞれの変圧器の定格容量の比で分配される.

解説 ① 定格負荷状態において，二次端子電圧が定格二次電圧になるように一次端子に加える電圧は，定格一次電圧より**高い**.

② 一次端子に加える電圧 = 定格一次電圧 + 一次巻線と二次巻線の電圧降下.

【解答 (2)】

重要 **定格負荷時の一次端子電圧＝定格一次電圧＋電圧降下**

点数アップ♪

ワンポイント知識 ― 変圧器の並行運転の条件

必要条件	目的
①極性が等しい	変圧器に循環電流を流さない
②変圧器の巻数比が等しい	変圧器に循環電流を流さない
③百分率短絡インピーダンスが等しい	変圧器の定格容量に比例した負荷電流を分担させる
④巻線抵抗と漏れリアクタンスの比が等しい	変圧器の分担電流を同相とし，取り出せる出力を最大とする
⑤三相変圧器では，相回転・角変位が等しい	変圧器に循環電流を流さない

［平成24年］

問題45 変圧器の並行運転

三相変圧器の並行運転に関する記述として，誤っているものは次のうちどれか．

(1) 各変圧器の極性が一致していないと，大きな循環電流が流れて巻線の焼損を引き起こす．

(2) 各変圧器の変圧比が一致していないと，負荷の有無にかかわらず循環電流が流れて巻線の過熱を引き起こす．

(3) 一次側と二次側との誘導起電力の位相変位（角変位）が各変圧器で等しくないと，その程度によっては，大きな循環電流が流れて巻線の焼損を引き起こす．したがって，△-Yと Y -Yとの並行運転はできるが，△-△と△-Yとの並行運転はできない．

(4) 各変圧器の巻線抵抗と漏れリアクタンスとの比が等しくないと，各変圧器の二次側に流れる電流に位相差が生じ取り出せる電力は各変圧器の出力の和より小さくなり，出力に対する銅損の割合が大きくなって利用率が悪くなる．

(5) 各変圧器の百分率インピーダンス降下が等しくないと，各変圧器が定格容量に応じた負荷を分担することができない．

解説 ① 三相変圧器の各種結線による一次側電圧に対する二次側電圧の角変位は，表のとおりである．

結線方式	Y-Y	△-△	Y-△	△-Y
一次側	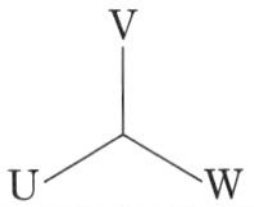	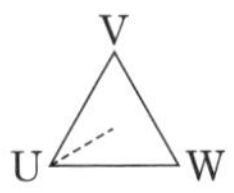	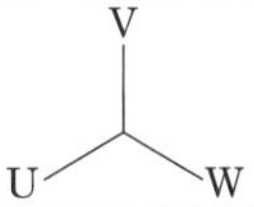	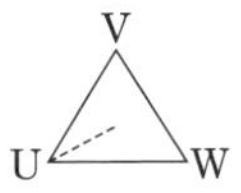
二次側	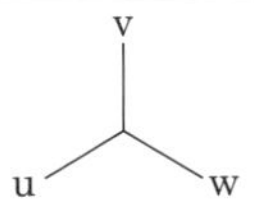	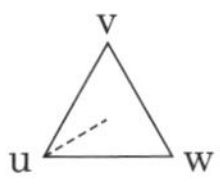	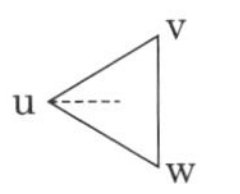	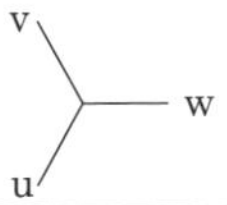
角変位	0°	0°	30°遅れ	30°進み

② 角変位の等しくない△-Yと Y -Y，△-△と△-Yは，大きな循環電流が流れて巻線の焼損を引き起こすため並行運転できない．

【解答（3）】

重要 角変位の等しくない三相変圧器→並行運転は不可

問題 46 三相変圧器の結線（1）

［平成 23 年］

下図は，三相変圧器の結線図である．

一次電圧に対して二次電圧の位相が 30° 遅れとなる結線を次の（1）～（5）のうちから一つ選べ．

ただし，各一次・二次巻線間の極性は減極性であり，一次電圧の相順は U，V，W とする．

(1)
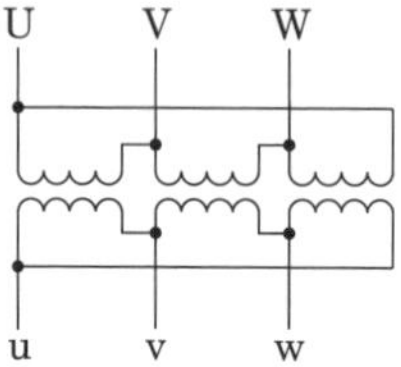

(2)
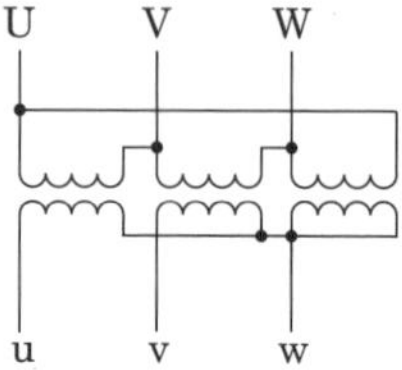

(3)
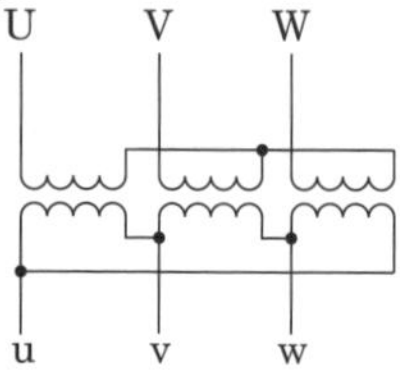

(4)
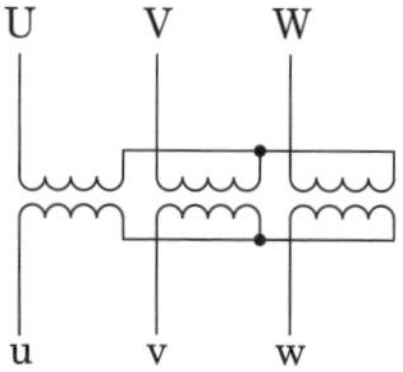

(5)
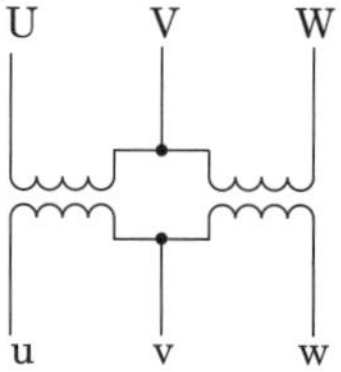

解説

① (1)は△-△結線，(2)は△-Y結線，(3)はY-△結線，(4)はY-Y結線，(5)はV-V結線である．

② △-△結線，Y-Y結線，V-V結線は，いずれも一次電圧に対する二次電圧の位相は同相である．

③ 一次電圧に対し二次電圧の位相が 30° 遅れになるのはY-△結線で，△-Y結線は 30° 進みとなる．

参考 平成 29 年に類似問題が出題されている．　　　　【解答（3）】

重要

角変位：Y-△は 30° 遅れ，△-Yは 30° 進み

[平成27年]

問題 47 三相変圧器の結線（2）

三相電源に接続する変圧器に関する記述として，誤っているものは次のうちどれか．

(1) 変圧器鉄心の磁気飽和現象やヒステリシス現象は，正弦波の電圧，または正弦波の磁束による励磁電流高調波の発生要因となる．変圧器の△結線は，励磁電流の第3次高調波を，巻線内を循環電流として流す働きを担っている．

(2) △結線がないY-Y結線の変圧器は，第3次高調波の流れる回路がないため，相電圧波形がひずみ，これが原因となって，近くの通信線に雑音などの障害を与える．

(3) △-Y結線またはY-△結線は，一次電圧と二次電圧との間に角変位または位相変位と呼ばれる位相差45°がある．

(4) 三相の磁束が重畳して通る部分の鉄心を省略し，鉄心材料を少なく済ませている三相内鉄形変圧器は，単相変圧器3台に比べて据付け面積の縮小と軽量化が可能である．

(5) スコット結線変圧器は，三相3線式の電源を直交する二つの単相（二相）に変換し，大容量の単相負荷に電力を供給する場合に用いる．三相のうち一相からの単相負荷電力供給は，三相電源に不平衡を生じるが，三相を二相に相数変換して二相側の負荷を平衡させると，三相側の不平衡を緩和できる．

解説

① 第3調波などの3倍の周波数成分の電流は△巻線内で環流するため，誘導起電力は正弦波となる．

② Y-Y結線では，磁束に第3調波を含む結果，相電圧に第3調波を含み，通信線に雑音などの障害を与える．

③ △-Y結線の角変位は30°（進み），Y-△結線の角変位は30°（遅れ）である．

④ 三相変圧器の鉄心構造には外鉄形と内鉄形があり，両者とも単相変圧器3台に比べ鉄心材料は少なくなる．

⑤ スコット結線変圧器は，三相から二相に変換する変圧器で，交流電気鉄道や大容量電気炉に用いられる．

【解答（3）】

重要

角変位：△-Y（30°進み）Y-△（30°遅れ）

問題48 単巻変圧器

[平成25年]

次の文章は，単相単巻変圧器に関する記述である．

巻線の一部が一次と二次との回路に共通になっている変圧器を単巻変圧器という．巻線の共通部分を （ア） ，共通でない部分を （イ） という．

単巻変圧器では， （ア） の端子を一次側に接続し， （イ） の端子を二次側に接続して使用すると通常の変圧器と同じように動作する．単巻変圧器の （ウ） は，二次端子電圧と二次電流との積である．

単巻変圧器は，巻線の一部が共通であるため，漏れ磁束が （エ） ，電圧変動率が （オ） ．

上記の記述中の空白箇所に当てはまる組合せとして，正しいものは次のうちどれか．

	（ア）	（イ）	（ウ）	（エ）	（オ）
(1)	分路巻線	直列巻線	負荷容量	多　く	小さい
(2)	直列巻線	分路巻線	自己容量	少なく	小さい
(3)	分路巻線	直列巻線	定格容量	多　く	大きい
(4)	分路巻線	直列巻線	負荷容量	少なく	小さい
(5)	直列巻線	分路巻線	定格容量	多　く	大きい

解説

① 単巻変圧器の巻線の共通部分を **分路巻線**，共通でない部分を **直列巻線** という．

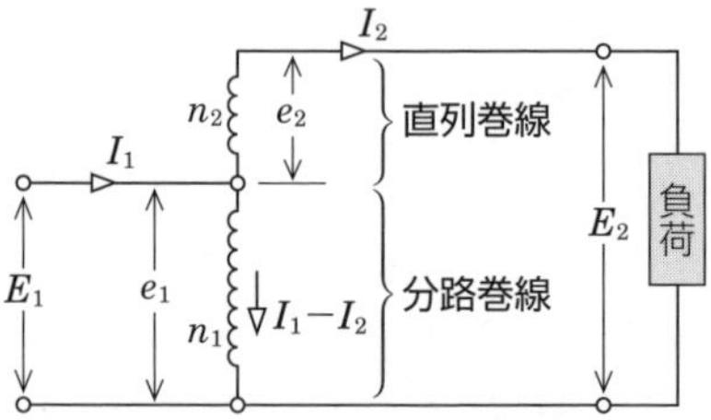

② 単巻変圧器では， **分路巻線** の端子を一次側に接続し， **直列巻線** の端子を二次側に接続して使用すると通常の変圧器と同じように動作する．

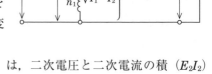

③ 単巻変圧器の **負荷容量** （通過容量）は，二次電圧と二次電流の積（E_2I_2）である．また，単巻変圧器の自己容量は，$(E_2-E_1)I_2$ である．

④ 単巻変圧器は，巻線の一部が共通であるため絶縁面では劣るが，二巻線変圧器より安価で，漏れ磁束が **少なく**，電圧変動率が **小さい**．　【解答（4）】

重要

単巻変圧器の巻数分比＝自己容量／通過容量

[平成 28 年]

問題 49 各種変圧器の特徴

各種変圧器に関する記述として，誤っているものは次のうちどれか.

(1) 単巻変圧器は，一次巻線と二次巻線とが一部分共通になっている．そのため，一次巻線と二次巻線との間が絶縁されていない．変圧器自身の自己容量は，負荷に供給する負荷容量に比べて小さい.

(2) 三巻線変圧器は，一つの変圧器に三相の巻線を設ける．これを 3 台用いて三相Y-Y結線を行う場合，一組目の巻線をY結線の一次，二組目の巻線をY結線の二次，三組目の巻線を△結線の第 3 調波回路とする.

(3) 磁気漏れ変圧器は，磁路の一部にギャップがある鉄心に，一次巻線および二次巻線を巻く．負荷のインピーダンスが変化しても，変圧器内の漏れ磁束が変化することで，負荷電圧を一定に保つ作用がある.

(4) 計器用変成器には，変流器（CT）と計器用変圧器（VT）がある．これらを用いると，大電流または高電圧の測定において，例えば最大目盛りが 5 A，150 V という通常の電流計または電圧計を用いることができる.

(5) 変流器（CT）では，電流計が二次側の閉回路を構成し，そこに流れる電流が一次側に流れる被測定電流の起磁力を打ち消している．通電中に誤って二次側を開放すると，被測定電流がすべて励磁電流となるので，鉄心の磁束密度が著しく大きくなり，焼損するおそれがある.

解説

① 単巻変圧器の自己容量は，直列巻線部の容量であり，通過容量（負荷容量）よりも小さい.

② Y-Y結線では，磁束に第 3 調波を含む結果，相電圧に第 3 調波を含み，通信線に雑音などの障害を与える．これを解消するため，Y-Y-△結線では，三次巻線の△巻線内に第 3 調波電流を環流させる.

③ 磁気漏れ変圧器は，負荷の増減に対して電圧―電流の垂下特性が著しく，二次電流は**定電流特性**となる.

④ CT は大電流を小電流に，VT は高電圧を低電圧に変成する.

⑤ CT は二次側開放禁止，VT は二次側短絡禁止が鉄則である. 【解答 (3)】

重要 磁気漏れ変圧器→溶接機などに用いられ定電流特性

[平成20年]

問題50 変圧器の保護・監視装置

変圧器の異常を検出し，油入変圧器を保護・監視する装置としては，大別して電気的，機械的および熱的な3種類の継電器（リレー）が使用される．これらは，遮断器の引き外し回路や警報回路と連動される．

電気的保護装置としては，（ア）継電器を用いるのが一般的である．この継電器の動作コイルは，変圧器の一次巻線側と二次巻線側に設置されたそれぞれの変流器の二次側の（イ）で動作するように接続される．

機械的保護装置としては，変圧器内部の油圧変化率，ガス圧変化率，油流変化率で動作する継電器が用いられる．また，変圧器内部の圧力の過大な上昇を緩和するために，（ウ）が取り付けられている．

熱的保護・監視装置としては，（エ）温度や巻線温度を監視・測定するために，ダイヤル温度計や（オ）装置が用いられる．

上記の記述中の空白箇所（ア），（イ），（ウ），（エ）および（オ）に当てはまる語句として，正しいものを組み合わせたのは次のうちどれか．

	（ア）	（イ）	（ウ）	（エ）	（オ）
(1)	過電圧	和電流	放圧装置	油	絶縁監視
(2)	比率差動	差電流	放圧装置	油	巻線温度指示
(3)	過電圧	差電流	コンサベータ	鉄心	巻線温度指示
(4)	比率差動	和電流	コンサベータ	鉄心	絶縁監視
(5)	電流平衡	和電流	放圧装置	鉄心	巻線温度指示

解説

① 比率差動継電器は，2組の変流器(CT)で変圧器の一次と二次の差電流を検出し，変圧器の内部での短絡保護に用いる．

② 機械的保護装置の代表的なものに，変圧器本体とコンサベータ間の配管に設置するブッフホルツ継電器や衝撃油圧継電器がある．

【解答（2)】

重要 油入変圧器の保護：(電気的，機械的，熱的）継電器

[平成 23 年]

問題 51 交流電気機器の損失

次の文章は，交流電気機器の損失に関する記述である．

a.　磁束が作用して鉄心の電気抵抗に発生する （ア） は，鉄心に電流が流れにくいように薄い鉄板を積層して低減する．

b.　コイルの電気抵抗に電流が作用して発生する （イ） は，コイルに電流が流れやすいように導体の断面積を大きくして低減する．

c.　磁性材料を通る磁束が変動すると発生する （ウ） ，および変圧器には存在しない （エ） は，機器に負荷をかけなくても存在するので無負荷損と称する．

d.　最大磁束密度一定の条件で （オ） は周波数に比例する．

上記の記述中の空白箇所（ア），（イ），（ウ），（エ）および（オ）に当てはまる組合せとして，正しいものを次の (1) ～ (5) のうちから一つ選べ．

	（ア）	（イ）	（ウ）	（エ）	（オ）
(1)	渦電流損	銅　損	鉄　損	機械損	ヒステリシス損
(2)	ヒステリシス損	渦電流損	鉄　損	機械損	励磁損
(3)	渦電流損	銅　損	機械損	鉄　損	ヒステリシス損
(4)	ヒステリシス損	渦電流損	機械損	鉄　損	励磁損
(5)	渦電流損	銅　損	機械損	鉄　損	励磁損

解説

① **渦電流損**を小さくするため，薄い鉄板を積層して電気抵抗を大きくする．

② **銅損**は，巻線の電気抵抗を R，負荷電流を I とすると，RI^2 であるので，電気抵抗 R を小さくする方策として，導体の断面積を大きくする方法がある．

③ 変圧器では無負荷損＝鉄損で，回転機では無負荷損＝**鉄損＋機械損**である．（返還負荷法による温度上昇試験は，変圧器 2 台を用い鉄損と銅損を供給する）

④ 鉄損＝(ヒテリシス損＋渦電流損)である．**ヒステリシス損**は，周波数を f，最大磁束密度を B_m とすると，$fB_m{}^2$ に比例する．

参考 令和元年に類似問題が出題されている．　【解答 (1)】

重要 鉄板にけい素を入れるのはヒステリシス損の低減策

問題 52 開閉装置の種類

［平成 19 年］

遮断器は送配電線や変電所母線，電気機器などの［（ア）］故障時にその回路を遮断するための開閉器であるが，平常時は回路の開閉操作にも用いられる．

電路を開閉する装置としては他に［（イ）］があり，単に充電された電路を開閉するためのみに用いられる．

遮断器にはいくつかの種類があるが，22 kV 以下のものでは［（ウ）］および保守性から従来の［（エ）］遮断器に代わって，真空遮断器が用いられている．

また，22 kV を超えるものには優れた遮断性をもつ SF_6（六ふっ化硫黄）ガスを使用したガス遮断器が多く用いられている．

上記の記述の空白箇所に当てはまる語句として，正しいものを組み合わせたのは次のうちどれか．

	（ア）	（イ）	（ウ）	（エ）
(1)	断線	断路器	防音	油
(2)	短絡	負荷開閉器	防火	油
(3)	断線	断路器	防火	空気
(4)	短絡	断路器	防火	油
(5)	断線	負荷開閉器	防音	空気

解説

① **遮断器(CB)**：短絡故障時に回路を遮断する開閉器で，平常時は回路の開閉操作にも用いられる．

② **断路器(DS)**：充電電路を開閉するためにのみに用いられる．

③ **遮断器の採用動向**：22 kV 以下では，防火・保守性から油遮断器（OCB：Oil Circuit Breaker）に代わりアークを真空中で高速拡散する真空遮断器（VCB：Vacuum Circuit Breaker）が，22 kV を超えるものには SF_6（六ふっ化硫黄）ガスを使用したガス遮断器（GCB：GasCircuitBreaker）が多く用いられている．

【解答（4）】

重要

遮断器の採用動向：　× OCB　○ VCB と GCB

[平成22年]

問題 53 真空遮断器の特徴

真空遮断器（VCB）は 10^{-5}MPa 以下の高真空中での高い［（ア）］と強力な拡散作用による［（イ）］を利用した遮断器である．遮断電流を増大させるために適切な電極材料を使用するとともに，アークを制御することで電極の局部過熱と溶融を防いでいる．電極部は［（ウ）］と呼ばれる容器に収められており，接触子の周囲に円筒状の金属製シールドを設置することで，電流遮断時のアーク（電極から蒸発した金属と電子によって構成される）が真空中に拡散し絶縁筒内面に付着して絶縁が低下しないようにしている．真空遮断器は，アーク電圧が低く電極の消耗が少ないので長寿命であり，多頻度の開閉用途に適していることと，小形で簡素な構造，保守が容易などの特徴があり，24 kV 以下の電路において広く使用されている．一方で他の遮断器に比べ電流遮断時に発生するサージ電圧が高いため，電路に接続された機器を保護する目的でコンデンサと抵抗を直列に接続したものまたは［（エ）］を遮断器前後の線路導体と大地との間に設置する場合が多い．

上記の記述中の空白箇所(ア)，(イ)，(ウ)および(エ)に当てはまる語句として，正しいものを組み合わせたのは次のうちどれか．

	（ア）	（イ）	（ウ）	（エ）
(1)	冷却能力	消弧能力	空気容器	リアクトル
(2)	絶縁耐力	消弧能力	真空容器	リアクトル
(3)	消弧能力	絶縁耐力	空気容器	避雷器
(4)	絶縁耐力	消弧能力	真空容器	避雷器
(5)	消弧能力	絶縁耐力	真空容器	避雷器

解説

① 真空遮断器（VCB）は，真空の高い絶縁耐力と拡散作用による消弧能力を利用したもので，真空容器（真空バルブ）中で接点を開閉させる．

② 電流遮断時に発生するサージ電圧が高いため，電路に接続された機器を保護するため避雷器を設ける場合もある．

【解答（4）】

重要

VCB：電流遮断時のサージ電圧と真空漏れに注意

機械の論説問題

法規の論説問題

問題 54 回転機器の保護

［平成 18 年］

高圧回路に設置される発電機，電動機などの回転機器の［（ア）］を雷または回路の開閉などに起因する［（イ）］から保護する目的で，［（ウ）］と避雷器を並列に接続したものを，回転機器の近傍に設置する場合がある．

［（ウ）］は急しゅんなサージに対する保護を行い，避雷器は所定のレベル以下に電圧の［（エ）］を制限する作用を行う．

また，開閉器が真空遮断器の場合，他の遮断器に比べ開閉時の発生サージ電圧が高いため，開閉サージからの保護を目的として，［（ウ）］と抵抗を直列に接続したものを，真空遮断器の負荷側導体と対地間に設置する場合がある．

上記の記述の空白箇所に当てはまる語句として，正しいものを組み合わせたのは次のうちどれか．

	（ア）	（イ）	（ウ）	（エ）
(1)	導　体	過電圧	リアクトル	波高値
(2)	導　体	過電流	コンデンサ	波高値
(3)	絶縁体	過電圧	リアクトル	実効値
(4)	絶縁体	過電圧	コンデンサ	波高値
(5)	導　体	過電流	リアクトル	実効値

解説

① **過電圧保護**：高圧回路に設置される発電機，電動機などの回転機器の**絶縁体**を雷または回路の開閉などに起因する**過電圧**から保護する目的で，**コンデンサ**と避雷器を並列に接続したものを，回転機器の近傍に設置する場合がある．

② **サージの緩和**：**コンデンサ**は急しゅんなサージに対する保護を行い，避雷器は所定のレベル以下に電圧の**波高値**を制限する作用を行う．

③ **真空遮断器の保護**：開閉器が真空遮断器の場合，他の遮断器に比べ開閉時の発生サージ電圧が高いため，開閉サージからの保護を目的として，**コンデンサ**と抵抗を直列に接続したものを，真空遮断器の負荷側導体と対地間に設置する場合がある．

【解答（4)】

重要　サージキャパシタ：雷や回路開閉過電圧からの保護

[平成 16 年]

問題 55 スイッチング素子

パワーエレクトロニクスのスイッチング素子として，逆阻止 3 端子サイリスタは，素子のカソード端子に対し，アノード端子に加わる電圧が （ア） のとき，ゲートに電流を注入するとターンオンする．

同様に，npn 形のバイポーラトランジスタでは，素子のエミッタ端子に対し，コレクタ端子に加わる電圧が （イ） のとき，ベースに電流を注入するとターンオンする．

なお，オンしている状態をターンオフさせる機能がある素子は （ウ） である．

上記の記述中の空白箇所に記入する語句として，正しいものを組み合わせたのは次のうちどれか．

	（ア）	（イ）	（ウ）
(1)	正	正	npn 形バイポーラトランジスタ
(2)	正	正	逆阻止 3 端子サイリスタ
(3)	正	負	逆阻止 3 端子サイリスタ
(4)	負	正	逆阻止 3 端子サイリスタ
(5)	負	負	npn 形バイポーラトランジスタ

解説

① サイリスタは，pnpn の 4 層構成の逆阻子三端子サイリスタで，A（アノード），K（カソード）のほかに制御信号を加える G（ゲート）がある．

② サイリスタは，電極間に順電圧（**正電圧**）を印加した状態でゲートに制御信号を加えることによりオフ状態からオン状態に移行（ターンオン）する．

③ サイリスタは，主電極間に逆電圧（負電圧）を印加するか保持電流以下にすることによってオフ状態に移行（ターンオフ）できる．

④ npn 形のバイポーラトランジスタは，エミッタに対し，コレクタに加わる電圧が**正**のとき，ベースに電流を注入するとターンオンする．

⑤ **npn 形バイポーラトランジスタ**には，オンしている状態をターンオフさせる機能がある．

【解答（1）】

重要 サイリスタ：逆電圧印加か保持電流以下でターンオフ

[平成 20 年]

問題 56 IGBT の特徴

電力用半導体素子（半導体バルブデバイス）である IGBT（絶縁ゲートバイポーラトランジスタ）に関する記述として，正しいのは次のうちどれか．

（1）ターンオン時の駆動ゲート電力が GTO に比べて小さい．

（2）自己消弧能力がない．

（3）MOS 構造のゲートとバイポーラトランジスタとを組み合わせた構造をしている．

（4）MOS 形 FET パワートランジスタより高速でスイッチングできる．

（5）他の大電力用半導体素子に比べて，並列接続して使用できることが困難な素子である．

解説 ① IGBT（絶縁ゲートバイポーラトランジスタ）は，図のような構造をしており，MOS 構造のゲートとバイポーラトランジスタとを組み合わせた構造である．

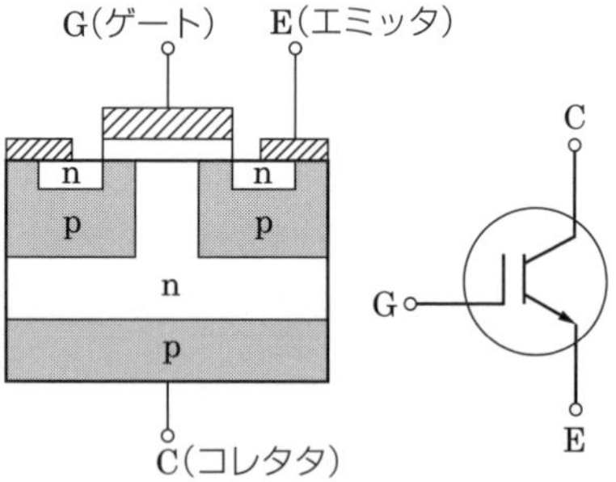

② IGBT や GTO は，ゲート電圧の正負で電流のオン・オフ制御できる**自己消弧形素子**である．

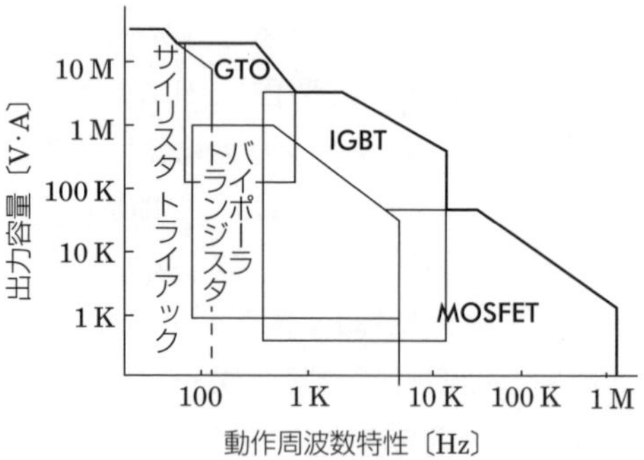

パワーデバイスの動作周波数と容量

【解答（3）】

重要

IGBT と GTO はオン・オフ可能な自己消弧形素子

[平成 23 年]

問題 57 半導体バルブデバイス（1）

半導体電力変換装置では，整流ダイオード，サイリスタ，パワートランジスタ（バイポーラパワートランジスタ），パワー MOSFET，IGBT などのパワー半導体デバイスがバルブデバイスとして用いられている．

バルブデバイスに関する記述として，誤っているものを次の（1）～（5）のうちから一つ選べ．

(1) 整流ダイオードは，n 形半導体と p 形半導体とによる pn 接合で整流を行う．

(2) 逆阻止三端子サイリスタは，ターンオンだけが制御可能なバルブデバイスである．

(3) パワートランジスタは，遮断領域と能動領域とを切り換えて電力スイッチとして使用する．

(4) パワー MOSFET は，主に電圧が低い変換装置において高い周波数でスイッチングする用途に用いられる．

(5) IGBT は，バイポーラと MOSFET との複合機能デバイスであり，それぞれの長所を併せ持つ．

解説

① **パワートランジスタ**は，ベース電流 I_B を制御して，コレクタ-エミッタ間の主電流を制御するものである．

② パワートランジスタは，**遮断領域**（オフ状態）と**飽和領域**（オン状態）とを切り換えて電力スイッチとして使用する．

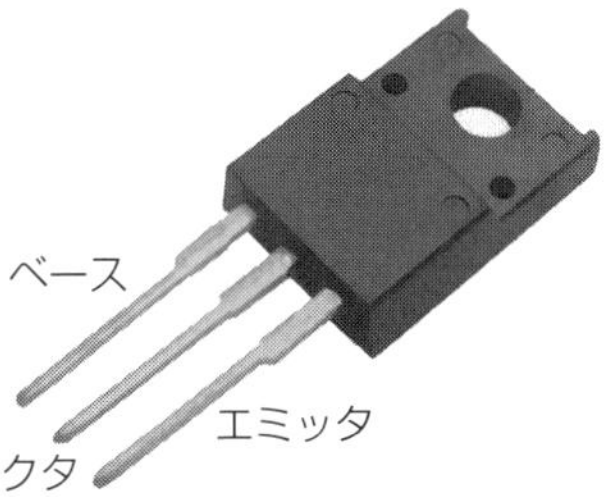

【解答（3）】

パワートランジスタ：オンオフのスイッチング機能

重要

問題 58 半導体バルブデバイス (2)

[平成 29 年]

電力変換装置では，各種のパワー半導体デバイスが使用されている．パワー半導体デバイスの定常的な動作に関する記述として，誤っているものは次のうちどれか．

(1) ダイオードの導通，非導通は，そのダイオードに印加される電圧の極性で決まり，導通時は回路電圧と負荷などで決まる順電流が流れる．

(2) サイリスタは，オンのゲート電流が与えられて順方向の電流が流れている状態であれば，その後にゲート電流を取り去っても，順方向の電流に続く逆方向の電流を流すことができる．

(3) オフしているパワー MOSFET は，ボディーダイオードを内蔵しているのでオンのゲート電圧が与えられなくても逆電圧が印加されれば逆方向の電流が流れる．

(4) オフしている IGBT は，順電圧が印加されていてオンのゲート電圧を与えると順電流を流すことができ，その状態からゲート電圧を取り去ると非導通となる．

(5) IGBT と逆並列ダイオードを組み合わせたパワー半導体デバイスは，IGBT にとって順方向の電流を流すことができる期間を IGBT のオンのゲート電圧を与えることで決めることができる．IGBT にとって逆方向の電圧が印加されると，IGBT のゲート状態にかかわらず IGBT にとって逆方向の電流が逆並列ダイオードに流れる．

解説

① ダイオードは順方向の電圧で導通，逆方向電圧で非導通となる．

② サイリスタは，ゲートに一瞬電流を流すとオン状態となり順方向電流が流れる．しかし，逆電圧を印加するとオフ状態に転じ電流は流れなくなる．

③ パワー MOSFET は，ゲートに電圧を印加しない状態ではオフ状態を保持する．逆電圧が印加されれば逆導通し逆方向の電流が流れる．

④ IGBT は，順電圧を印加してゲート電圧を加えるとオン状態となり，順電流を流すことができる．この状態で，ゲート電圧を取り去るとオフ状態となる．

⑤ IGBT と逆並列ダイオードを組合せて，IGBT に逆電圧を印加すると，逆方向の電流が逆並列ダイオードに流れる．

【解答 (2)】

重要

サイリスタのターンオフ→逆電圧 or 保持電流以下

問題 59 パワーエレクトロニクス回路

［平成 21 年］

パワーエレクトロニクス回路で使われる部品としてのリアクトルとコンデンサ，あるいは回路成分としてのインダクタンス成分，キャパシタンス成分と，バルブデバイスの働きに関する記述として，誤っているのは次のうちどれか．

(1) リアクトルは電流でエネルギーを蓄積し，コンデンサは電圧でエネルギーを蓄積する部品である．

(2) 交流電源の内部インピーダンスは，通常，インダクタンス成分を含むので，交流電源に流れている電流をバルブデバイスで遮断しても，遮断時に交流電源の端子電圧が上昇することはない．

(3) 交流電源を整流した直流回路に使われる平滑用コンデンサが交流電源電圧のピーク値近くまで充電されていないと，整流回路のバルブデバイスがオンしたときに，電源および整流回路の低いインピーダンスによって平滑用コンデンサに大きな充電電流が流れる．

(4) リアクトルに直列に接続されるバルブデバイスの電流を遮断したとき，リアクトルの電流が環流する電流路ができるように，ダイオードを接続して使用することがある．その場合，リアクトルの電流は，リアクトルのインダクタンス値〔H〕とダイオードを通した回路内の抵抗値〔Ω〕とで決まる時定数で減少する．

(5) リアクトルとコンデンサは，バルブデバイスがオン，オフすることによって断続する瞬時電力を平滑化する部品である．

解説

インダクタンス（リアクトル）は，電流の変化を妨げる素子であり，GTO のようなバルブデバイスで電流を強制的に遮断すると，遮断時に $L(di/dt)$ の逆起電力が生じて交流電源の端子電圧が上昇する．

【解答 (2)】

重要　インダクタンス：半導体制御素子で遮断時に電圧上昇

[平成 16 年]

問題 60 単相整流回路

単相整流回路の出力電圧に含まれる主な脈動成分（脈流）の周波数は，半波整流回路では入力周波数と同じであるが，全波整流回路では入力周波数の （ア） 倍である．

単相整流回路の抵抗負荷を接続したとき，負荷端子間の脈動成分を減らすために，平滑コンデンサを整流回路の出力端子間に挿入する．この場合，その静電容量が （イ） ，抵抗負荷電流が （ウ） ほど，コンデンサからの放電が穏やかになり，脈動成分は小さくなる．

上記の記述中の空白箇所に記入する語句または数値として，正しいものを組み合わせたのは次のうちどれか．

	（ア）	（イ）	（ウ）
(1)	1/2	大きく	小さい
(2)	2	小さく	大きい
(3)	2	大きく	大きい
(4)	1/2	小さく	大きい
(5)	2	大きく	小さい

解説

① 出力電圧に含まれる主な脈流の周波数は，**半波整流回路**では**入力周波数と同じ**であるが，**全波整流回路**では図のように**入力周波数の 2 倍**である．

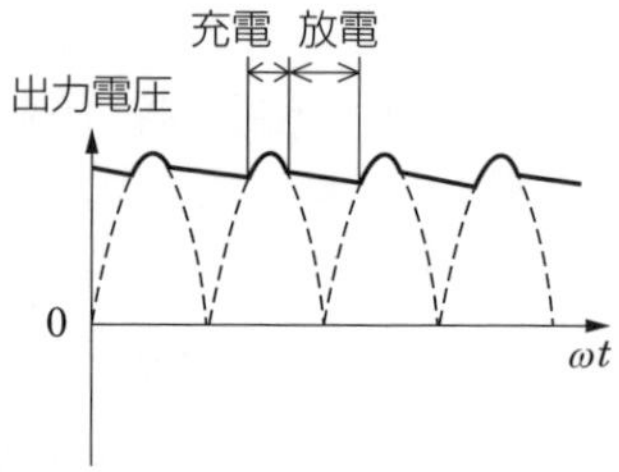

② 単相整流回路に抵抗負荷を接続したとき，負荷端子間の脈動成分を減らすために，平滑コンデンサを整流回路の出力端子間に挿入する．

③ **静電容量 C と抵抗 R が大きいほど時定数 $T=CR$〔s〕が大きく**なり，コンデンサからの放電が緩やかになり，脈動成分は小さくなる． 【解答（5）】

重要 平滑コンデンサ：整流回路の出力端子間に挿入

［令和元年改題］

問題 61 単相ブリッジ回路

図 1 には純抵抗負荷に接続された単相サイリスタ整流回路を示し，T_1 ～ T_4 のサイリスタはオン電圧降下を無視できるものとする．また，図 1 中の矢印の方向を正とした交流電源の電圧 $v = V\sin\omega t$〔V〕および直流側電圧 v_d の波形をそれぞれ破線および実線で図 2 に示す．次の記述のうち，誤っているものはどれか．

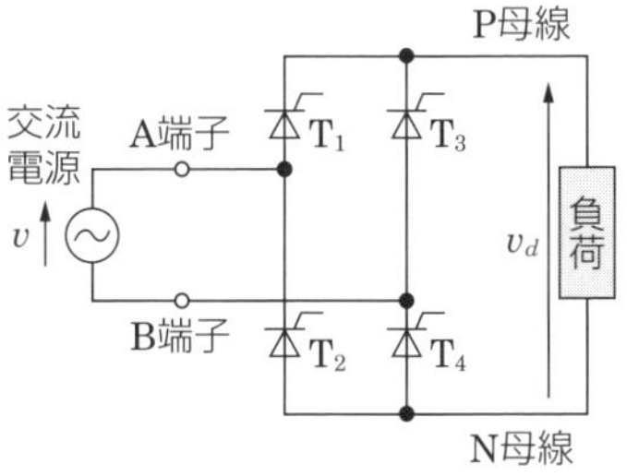

図1

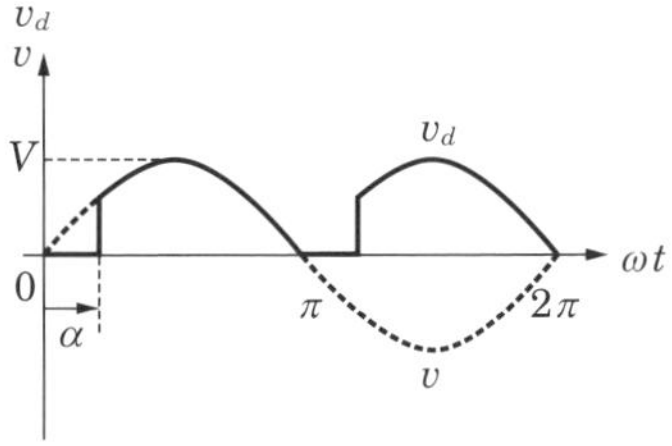

図2

(1) 図 2 の交流電圧の位相において，$\pi < \omega t < 2\pi$ の位相で同時にオン信号を与えるサイリスタは T_2 と T_3 である．

(2) T_2 と T_3 にオン信号が与えられ導通しているとき，T_4 には交流電圧 v が順電圧として印加される．

(3) オン制御デバイスであるサイリスタは，極性が変わる交流電圧を利用してターンオフすることができる．

(4) サイリスタ T_2 と T_3 がオンしている期間は，交流電源の A 端子と直流回路の N 母線が同じ電位になるので，このときの直流電圧 v_d は交流電圧の逆方向電圧 $-v$ と等しくなる．

(5) 直流電圧 v_d の平均値 V_d は $V_d = V(1+\cos\alpha)/\pi$ となる．

解説

T_2 と T_3 にオン信号が与えられ導通しているとき，T_4 には交流電圧 v が逆電圧として印加される．

参考 平成 15 年に類似問題が出題されている．

【解答（2）】

サイリスタ T_2 と T_3 導通時⇒ T_4 には逆電圧が印加（重要）

問題 62　双方向サイリスタスイッチ

［平成 23 年］

次の文章は，単相双方向サイリスタスイッチに関する記述である．

図 1 は，交流電源と抵抗負荷との間にサイリスタ S_1，S_2 で構成された単相双方向スイッチを挿入した回路を示す．図示する電圧の方向を正とし，サイリスタの両端にかかる電圧 v_{th} が図 2（下）の波形であった．

サイリスタ S_1，S_2 の運転として，このような波形となりえるものを次の(1)～(5)のうちから一つ選べ．

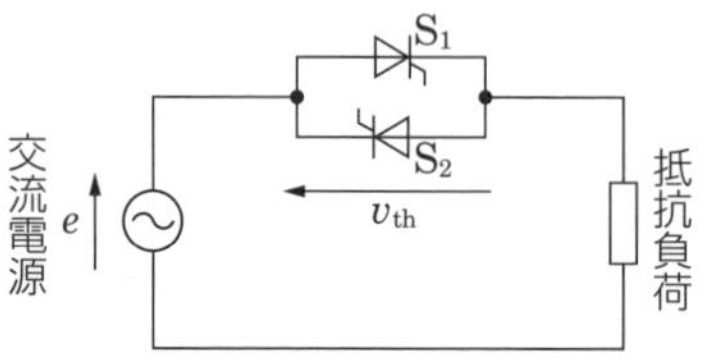

図 1

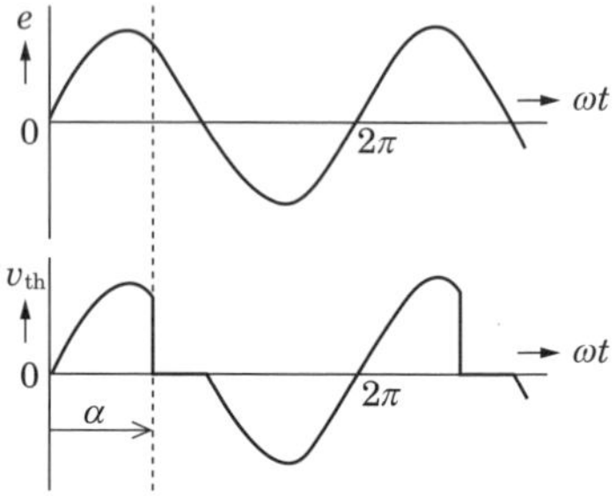

図 2　（上）交流電源電圧波形
（下）サイリスタ S_1，S_2 の両端電圧 v_{th} の波形

（1）S_1，S_2 とも制御遅れ角 α で運転
（2）S_1 は制御遅れ角 α，S_2 は制御遅れ角 0 で運転
（3）S_1 は制御遅れ角 α，S_2 はサイリスタをトリガ（点弧）しないで運転
（4）S_1 は制御遅れ角 0，S_2 は制御遅れ角 α で運転
（5）S_1 はサイリスタをトリガ（点弧）しないで，S_2 は制御遅れ角 α で運転

解説　① サイリスタの両端電圧 v_{th} の波形を観察すると，次のことがわかる．

① $\omega t = 0 \sim \alpha$ の間：S_1 が非導通
② $\omega t = \alpha \sim \pi$ の間：S_1 が導通
③ $\omega t = \pi \sim 2\pi$ の間：S_2 が非導通

したがって，S_1 は制御遅れ角 α で，S_2 は点弧なしで運転している．**【解答（3）】**

重要　**波形整形：制御角 α で運転，原波形のまま：点弧なし**

問題 63 電力変換回路（1）

[平成 18 年]

図に示す出力電圧波形 v_R を得ることができる電力変換回路として，正しいのは次のうちどれか．ただし，回路中の交流電源は正弦波交流電圧源とする．

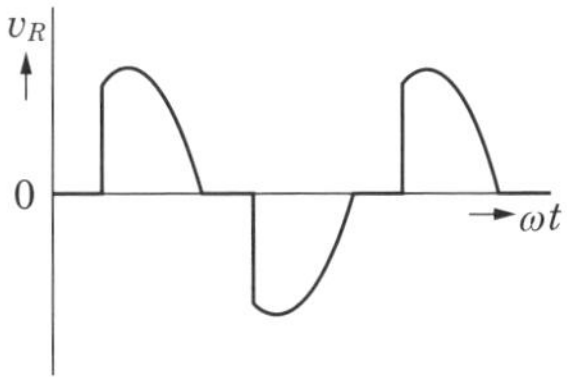

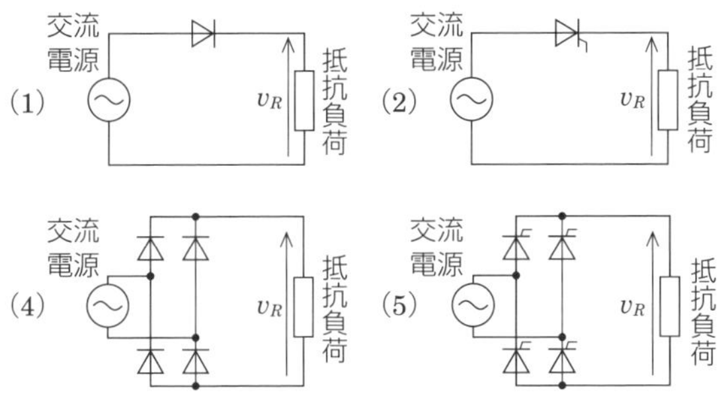

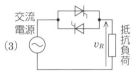

解説 ① (1)はダイオードを使用した半波整流回路である．

② (2)はサイリスタを使用した正方向のみの半波整流制御回路である．

③ (3)はサイリスタを使用した正負それぞれの半波整流制御回路である．

上側のサイリスタを S_1，下側のサイリスタを S_2（制御遅れ角 α）として，出力電圧波形 v_R の波形を観察すると，次のことがわかる．

- $\omega t = 0 \sim \alpha$ の間：S_1 が非導通
- $\omega t = \alpha \sim \pi$ の間：S_1 が導通
- $\omega t = \pi \sim (\pi + \alpha)$ の間：S_2 が非導通
- $\omega t = (\pi + \alpha) \sim 2\pi$ の間：S_2 が導通

④ (4)はダイオードを使用した全波整流回路である．

⑤ (5)はサイリスタを使用した全波整流制御回路である． 【解答（3）】

重要 出力電圧：サイリスタが導通していると原波形となる

[平成 30 年改題]

問題 64 電力変換回路（2）

直流を交流に変換する電力変換器に関する記述として，誤っているものは次のうちどれか．

(1) 図は，直流電圧源から単相の交流負荷に電力を供給するインバータの動作の概念を示したもので，インバータは四つのスイッチから構成される．

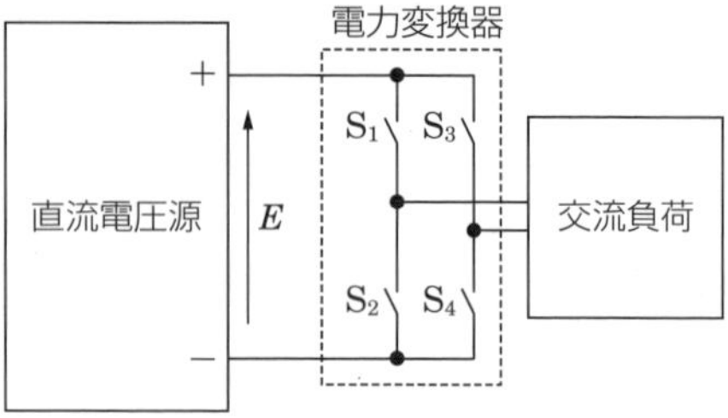

直流を交流に変換する電力変換器

(2) 四つのスイッチを実現する半導体バルブデバイスは，IGBT などそれぞれオンオフ機能をもつデバイスと，それと並列に接続したダイオードとからなる．

(3) この電力変換器は，出力の交流電圧と交流周波数とを変化させて運転することができる．

(4) 出力の交流電圧を変化させるため，直流電圧源の電圧 E を変化させて交流電圧波形の波高値を変化させる方法がある．

(5) 出力の周波数を変化させるため，直流電圧源の電圧 E を一定にし，基本波 1 周期の間に多数のスイッチングを行い，その多数のパルス幅を変化させて全体で基本波 1 周期の電圧波形を作り出す方法がある．

解説

① 四つのスイッチを実現する半導体バルブデバイスは，IGBT などそれぞれオンオフ機能をもつデバイスと，それと**逆並列に接続したダイオード**とからなる．

② 選択肢（4）の方法は **PAM 制御**で,（5）の方法は **PWM 制御**である．

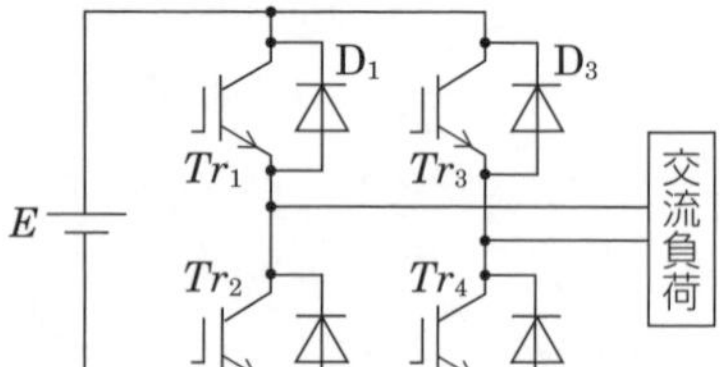

【解答（2）】

重要 電圧形インバータ→ IGBT と逆並列にダイオード

問題 65 直流チョッパ回路

[平成 17 年]

図 1 は直流チョッパ回路の基本構成図を示している．昇圧チョッパを構成するデバイスを図 2 より選んで回路を構成したい．表 1 の降圧チョッパ回路の組合せを参考にして，正しいものを組み合わせたのは次のうちどれか．

ただし，図 2 に示す図記号の向きは任意に変更できるものとする．

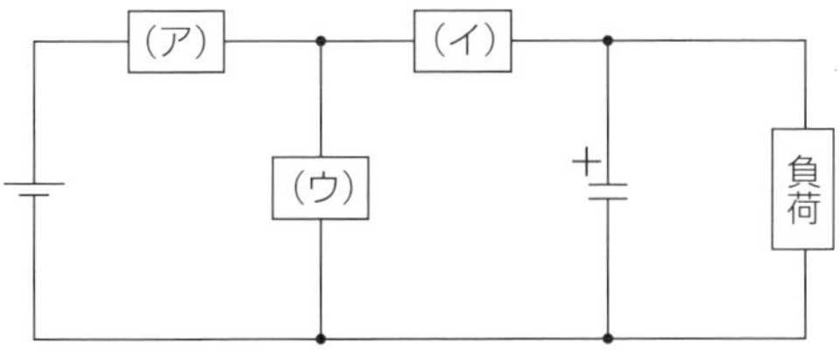

図 1

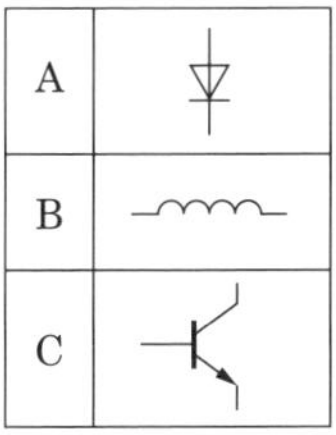

図 2

表 1

(ア)	(イ)	(ウ)
C	B	A

	(ア)	(イ)	(ウ)
(1)	A	C	B
(2)	A	B	C
(3)	C	A	B
(4)	B	A	C
(5)	B	C	A

解説 チョッパ回路の構成は，下図のとおりである．昇圧チョッパ回路ではリアクトルに電磁エネルギーを蓄えておき，これを負荷側に放出する．

降圧チョッパ回路	昇圧チョッパ回路
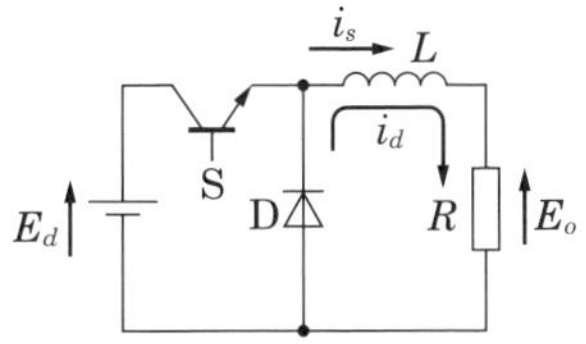	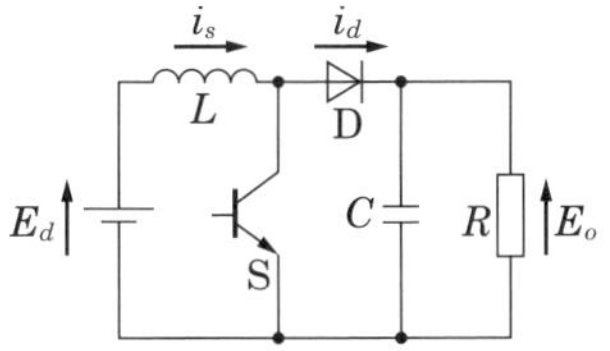

【解答（4）】

重要 昇圧チョッパ回路：スイッチング素子は負荷と並列

[令和元年]

問題 66 太陽電池発電システム

次の文章は，太陽電池発電システムに関する記述である．

太陽光発電システムは，太陽電池アレイ，パワーコンディショナ，これらを接続する接続箱，交流側に設置する交流開閉器などで構成される．

太陽電池アレイは，複数の太陽電池 (ア) を通常は直列に接続して構成される太陽電池 (イ) をさらに直並列に接続したものである．パワーコンディショナは，直流を交流に変換する (ウ) と，連系保護機能を実現する系統連系用保護装置などで構成されている．

太陽電池アレイの出力は，日射強度や太陽電池の温度によって変動する．これらの変動に対し，太陽電池アレイから常に (エ) の電力を取り出す制御は，MPPT（Maximum Power Point Tracking）制御と呼ばれている．

上記の記述中の空白箇所に当てはまる組合せとして，正しいものは次のうちどれか．

	(ア)	(イ)	(ウ)	(エ)
(1)	モジュール	セル	整流器	最小
(2)	ユニット	セル	インバータ	最大
(3)	ユニット	モジュール	インバータ	最小
(4)	セル	ユニット	整流器	最小
(5)	セル	モジュール	インバータ	最大

解説

① 太陽電池アレイは，複数の太陽電池 **セル** を通常は直列に接続して構成される太陽電池 **モジュール** をさらに直並列に接続したものである．

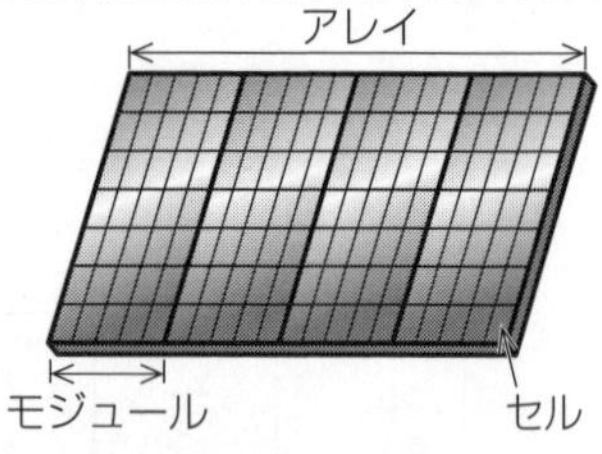

② パワーコンディショナは，直流を交流に変換する **インバータ**（逆変換装置）と，電圧位相や周波数の急変を検出し単独運転を防止する機能を有している（ただし，配電線側の瞬時電圧低下では動作しない）．

③ 太陽電池アレイから常に **最大** の電力を取り出す制御を MPPT 制御という．

参考 平成 24 年，28 年に類似問題が出題されている．　【解答 (5)】

重要

MPPT 制御＝最大電力追従制御

[平成 19 年]

問題 67 無停電電源装置の回路

図は無停電電源装置の回路構成の一例を示す．常時は，交流電源から整流回路を通して得た直流電力を［（ア）］と呼ばれる回路 B で交流に変換して負荷に供給するが，交流電源が停電あるいは電圧降下した場合には，［（イ）］の回路 D から半導体スイッチおよび回路 B を介して交流電力を供給する方式である．

主にコンピュータシステムや［（ウ）］などの電源に用いられる．

運転状態によって直流電圧が変動するので，回路 B は PWM 制御などの電圧制御機能を利用して，出力に［（エ）］の交流を得ることが一般的である．

上記記述の空白箇所に当てはまる語句の正しい組合せは次のうちどれか．

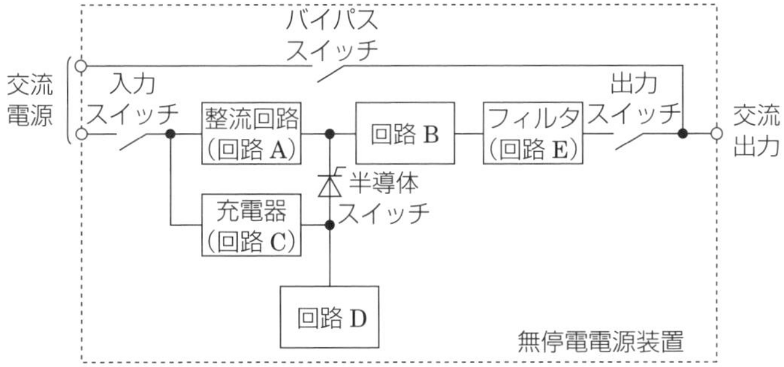

	（ア）	（イ）	（ウ）	（エ）
(1)	インバータ	二次電池	放送・通信用機器	定電圧・定周波数
(2)	DC/DC コンバータ	一次電池	家庭用空調機器	定電圧・定周波数
(3)	DC/DC コンバータ	二次電池	放送・通信用機器	可変電圧・可変周波数
(4)	インバータ	二次電池	家庭用空調機器	定電圧・定周波数
(5)	インバータ	一次電池	放送・通信用機器	可変電圧・可変周波数

解説 図は直流スイッチ方式の回路構成で，常時は交流電源から整流回路を通して得た直流電力をインバータ（回路 B）で定電圧・定周波数の交流に変換し負荷に供給する．交流電源が停電や電圧低下した場合，二次電池（回路 D）から半導体スイッチおよび回路 B を介して交流電力を供給する．

【解答 (1)】

重要

無停電電源装置（UPS）＝変換装置＋蓄電池

問題68 発光現象

［平成16年］

発光現象に関する記述として，正しいのは次のうちどれか.

(1) タングステン電球からの放射は，線スペクトルである.

(2) ルミネセンスとは黒体からの放射をいう.

(3) 低圧ナトリウムランプは，放射の波長が最大視感度に近く，その発光効率は蛍光ランプに比べて低い.

(4) 可視放射（可視光）に比べ，紫外放射（紫外線）は長波長の，また，赤外放射（赤外線）は短波長の電磁波である.

(5) 蛍光ランプでは，管の内部で発生した紫外放射（紫外線）を，管の内壁の蛍光物質にあてることによって，可視放射（可視光）を発生させている.

解説

① 発光現象には，白熱電球（タングステン電球）のように物体を高温に加熱して発光させる**温度放射**と，温度放射以外の発光の**ルミネセンス**とがある．温度放射は**連続スペクトル**で，ルミネセンスは**線スペクトルまたは帯スペクトル**である.

② 黒体からの放射は，**温度放射**である.

③ 低圧ナトリウムランプは，放射の波長が最大視感度の555 nmに近く，その発光効率〔lm/W〕は蛍光ランプに比べて**高い**.

④ 可視放射（380 ～ 760 nmの可視光）に比べ，紫外放射（紫外線）は**短波長**の，また，赤外放射（赤外線）は**長波長**の電磁波である.

⑤ 蛍光ランプでは，管の内部で発生した紫外放射（紫外線）を，管の内壁の蛍光物質に当てることによって，可視放射（可視光）を発生させている.

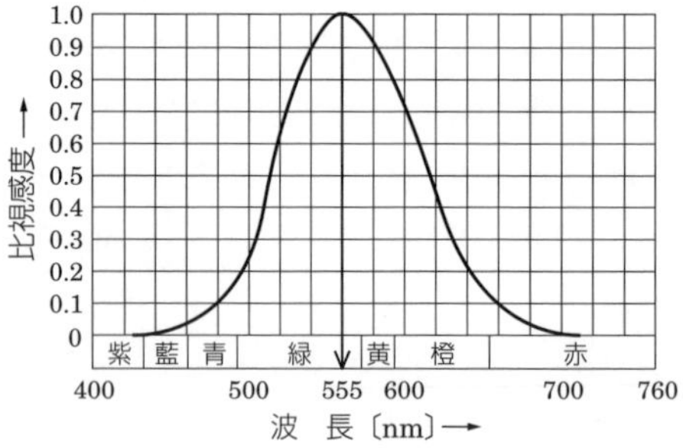

【解答（5）】

蛍光灯：水銀中のアーク放電→紫外線→蛍光物質　重要

[平成21年]

問題69 ハロゲン電球

ハロゲン電球では，(ア)バルブ内に不活性ガスとともに微量のハロゲンガスを封入してある．点灯中に高温のフィラメントから蒸発したタングステンは，対流によって管壁付近に移動するが，管壁付近の低温部でハロゲン元素と化合してハロゲン化物となる．管壁温度をある値以上に保っておくと，このハロゲン化物は管壁に付着することなく，対流などによってフィラメント近傍の高温部に戻り，そこでハロゲンと解離してタングステンはフィラメント表面に析出する．このように，蒸発したタングステンを低温部の管壁付近に析出することなく高温部のフィラメントへ移す循環反応を，(イ)サイクルと呼んでいる．このような化学反応を利用して管壁の(ウ)を防止し，電球の寿命や光束維持率を改善している．

また，バルブ外表面に可視放射を透過し，(エ)を(オ)するような膜（多層干渉膜）を設け，これによって電球から放出される(エ)を低減し，小形化，高効率化を図ったハロゲン電球は，店舗や博物館などのスポット照明用や自動車前照灯用などに広く利用されている．

上記の記述中の空白箇所(ア)，(イ)，(ウ)，(エ)および(オ)に当てはまる語句として，正しいものを組み合わせたのは次のうちどれか．

	(ア)	(イ)	(ウ)	(エ)	(オ)
(1)	石英ガラス	タングステン	白濁	紫外放射	反射
(2)	鉛ガラス	ハロゲン	黒化	紫外放射	吸収
(3)	石英ガラス	ハロゲン	黒化	赤外放射	反射
(4)	鉛ガラス	タングステン	黒化	赤外放射	吸収
(5)	石英ガラス	ハロゲン	白濁	赤外放射	反射

解説

① ハロゲン電球は，**石英ガラス**管内に微量のハロゲンガスを封入している．
② **ハロゲンサイクル**は，タングステンの蒸発による**管壁の黒化を防止する**．
③ **赤外線放射を反射させる多層干渉膜**を設けたタイプは，**赤外放射を防ぐ**．

【解答（3）】

ハロゲン電球：ハロゲンサイクルで電球の黒化を防止　重要

点数アップ♪

ワンポイント知識 — LED ランプ

① **LEDランプの発光原理**：半導体の pn 接合による LED（発光ダイオード）チップに順方向電圧を印加すると，LED チップ内を電子と正孔が移動し，移動途中で電子と正孔がぶつかると再結合し，そのときに生じた余分なエネルギーが光のエネルギーに変換され発光する．

② **LEDランプの特徴**：白熱電球より値段は高いが，発熱せずに発光するため高効率（150 lm/W）であり，寿命も 40 倍（40 000 時間）と長く，CO_2 の排出量も少ない．

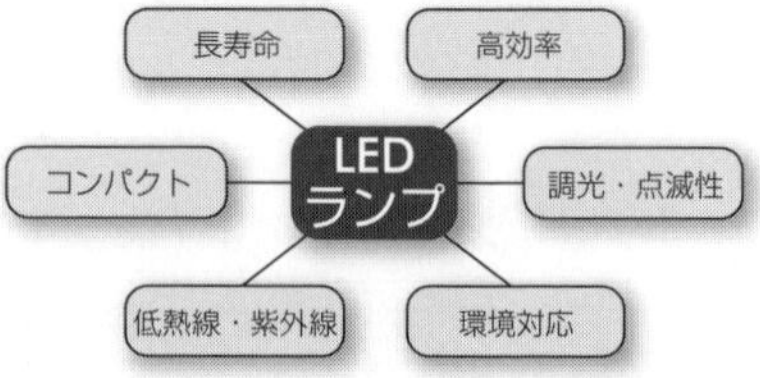

点数アップ♪

ワンポイント知識 — コンパクト形蛍光ランプ

① **構造**：ガラス管を折り曲げ，接合などして発光管をコンパクトな形状に仕上げた片口金の蛍光ランプである．

② **発光管**：一般の直管形蛍光ランプに比べて管径が細く，輝度は高い．

③ **水銀の封入状態**：発光管内の水銀の蒸気圧を最適な状態（約 1 Pa）に維持するため，水銀をアマルガムの状態（他の金属と混じった状態）で封入してある．

[平成 17 年]

問題 70 蛍光ランプの始動方式

蛍光ランプの始動方式の一つである予熱始動方式には，電流安定用のチョークコイルと点灯管より構成されているものがある．

点灯管には管内にバイメタルスイッチと（ア）を封入した放電管式のものが広く利用されてきている．点灯管は蛍光ランプのフィラメントを通してランプと並列に接続されていて，点灯回路に電源を投入すると，点灯管内で（イ）が起こり放電による熱によってスイッチが閉じ，蛍光ランプのフィラメントを予熱する．スイッチが閉じて放電が停止すると，スイッチが冷却し開こうとする．このとき，チョークコイルのインダクタンスの作用によって（ウ）が発生し，これによってランプが点灯する．

この方式は，ランプ点灯中はスイッチは動作せず，フィラメントの電力損がない特徴を持つが，電源投入から点灯するまでに多少の時間を要すること，電源電圧や周囲温度が低下すると始動し難いことの欠点がある．

上記の記述中の空白箇所（ア），（イ）および（ウ）に記入する語句として，正しいものを組み合わせたのは次のうちどれか．

	（ア）	（イ）	（ウ）
(1)	アルゴン	グロー放電	振動電圧
(2)	ナトリウム	アーク放電	インパルス電圧
(3)	窒　素	アーク放電	スパイク電圧
(4)	ナトリウム	火花放電	振動電圧
(5)	アルゴン	グロー放電	スパイク電圧

解説

蛍光ランプの始動方式には，次の 3 種類の点灯方式がある．

① **スタータ形(予熱始動方式)**：点灯まで時間がかかり，チラツキが出やすい．

② **ラピッドスタート形**：低電圧の印加で，約 1 秒で即時点灯する．

③ **高周波点灯専用形(インバータ)**：効率が高く即時点灯でき，チラツキもない．

【解答 (5)】

重要 点灯管はグロー放電で，蛍光ランプはアーク放電

[平成 25 年]

問題 71 発光ダイオード（LED）

次の文章は，照明用 LED（発光ダイオード）に関する記述である．

効率のよい照明用光源として LED が普及してきた．LED に順電流を流すと，LED の pn 接合部において電子とホールの［（ア）］が起こり，光が発生する．LED からの光は基本的に単色光なので，LED を使って照明用の白色光を作るにはいくつかの方法が用いられている．代表的な方法として，［（イ）］色 LED からの［（イ）］色光の一部を［（ウ）］色を発光する蛍光体に照射し，そこから得られる［（ウ）］色光に LED からの［（イ）］色光が混ざることによって疑似白色光を発生させる方法がある．この疑似白色光のスペクトルのイメージをよく表わしているのは図［（エ）］である．

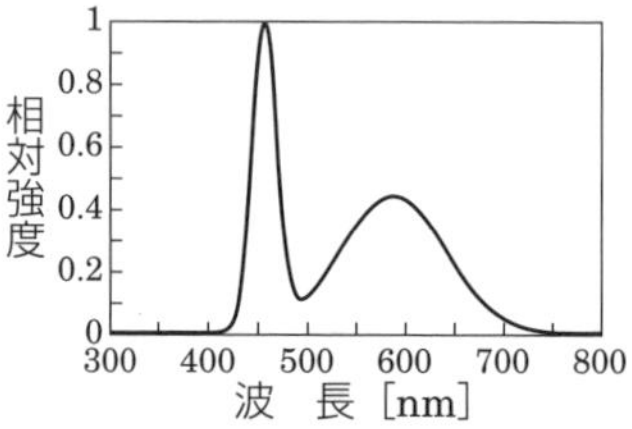

図A

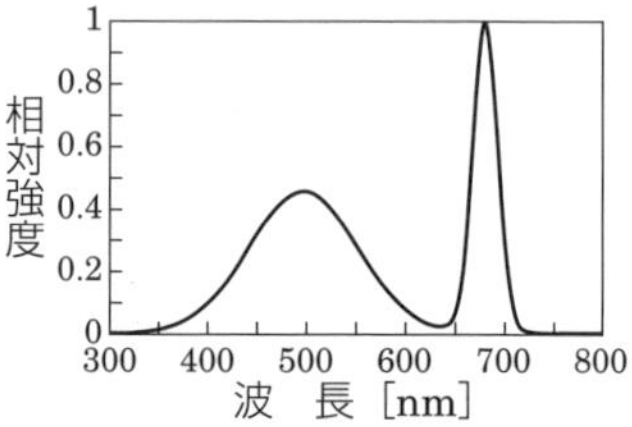

図B

上記の記述中の空白箇所に当てはまる組合せとして，正しいものは次のうちどれか．

	（ア）	（イ）	（ウ）	（エ）
(1)	分 離	青	青緑	A
(2)	再結合	赤	黄	A
(3)	分 離	青	黄	B
(4)	再結合	青	黄	A
(5)	分 離	赤	青緑	B

解説 ① LED に順電流（p → n 方向）を流すと，pn 接合部において電子とホール（正孔）の［**再結合**］が起こり，光が発生する．

② 白色光を作る方法として，［**青**］色 LED からの［**青**］色光の一部を［**黄**］色発光する蛍光体に照射し，そこから得られる［**黄**］色光に［**青**］色光を混ぜる方法がある．

③ 疑似白色光のスペクトルは図［**A**］のとおりで，450 nm を中心とした分布は青色 LED の分光分布，555 nm を中心とした分布は黄色蛍光体での分光分布である．

【解答（4）】

重要 疑似白色光は（LED の青色光＋黄色光）で作る

[平成23年]

問題 72 照明用光源の性能評価

照明用光源の性能評価と照明施設に関する記述として，誤っているものを次の（1）～（5）のうちから一つ選べ．

（1）ランプ効率は，ランプの消費電力に対する光束の比で表され，その単位は〔lm/W〕である．

（2）演色性は，物体の色の見え方を決める光源の性質をいう．光源の演色性は平均演色評価数（Ra）で表される．

（3）ランプ寿命は，ランプが点灯不能になるまでの点灯時間と光束維持率が基準値以下になるまでの点灯時間とのうち短い方の時間で決まる．

（4）色温度は，光源の光色を表す指標で，これと同一の光色を示す黒体の温度〔K〕で示される．色温度が高いほど赤みを帯び，暖かく感じる．

（5）保守率は，照明施設を一定期間使用した後の作業面上の平均照度の，新設時の平均照度に対する比である．なお，照明器具と室の表面の汚れやランプの光束減退によって照度が低下する．

解説

① **色温度**：光源の色を黒体を加熱したときの色と比較し，同じ色の黒体の絶対温度〔K〕で表示される．

② **色温度は，低いほど温かく感じ，高いほど冷たく感じる．**

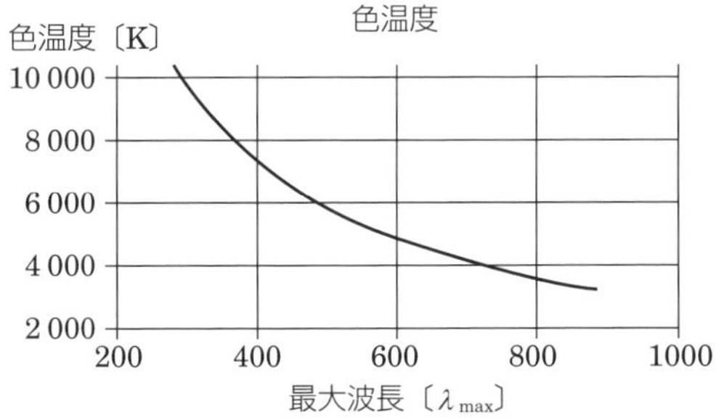

【解答（4）】

> **重要**
> **色温度：白熱電球 2 800 K，蛍光灯 4 200 K**

ここが肝心！基礎固め！

10 電気加熱方式

電気加熱は，電気エネルギーを使って熱エネルギーに変換し，その熱で物質を加熱するもので，下表のような方式がある．

①抵抗加熱

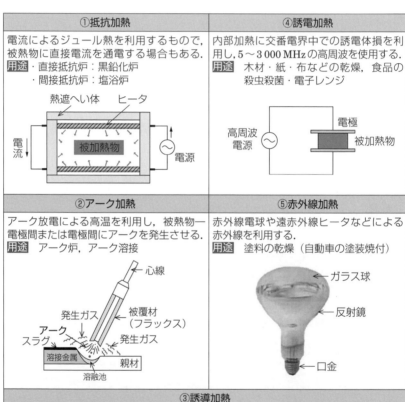

電流によるジュール熱を利用するもので，被熱物に直接電流を通電する場合もある．
用途 ・直接抵抗炉：黒鉛化炉
・間接抵抗炉：塩浴炉

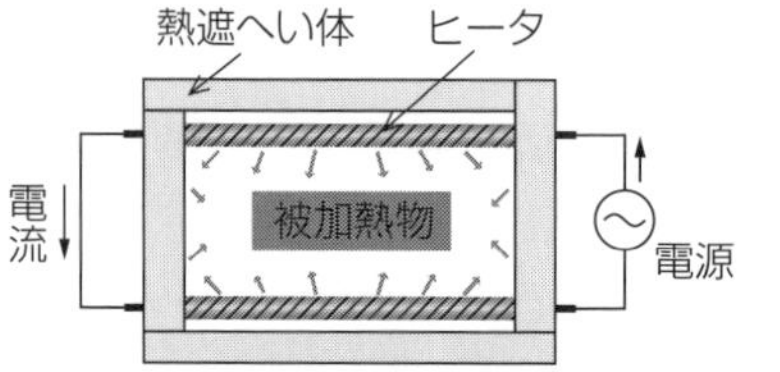

②アーク加熱

アーク放電による高温を利用し，被熱物－電極間または電極間にアークを発生させる．
用途 アーク炉，アーク溶接

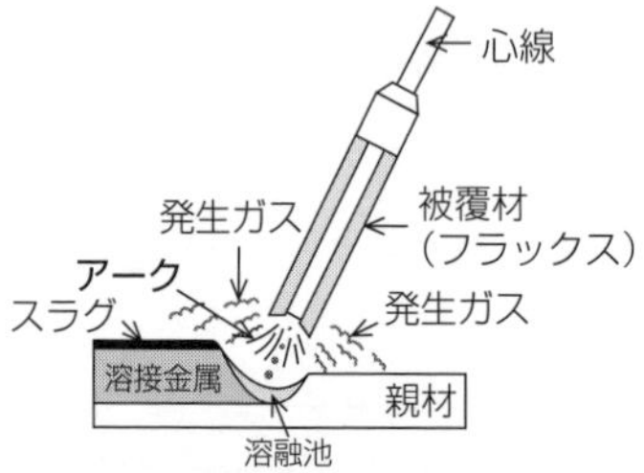

③誘導加熱

交番磁界中で，導電性物体中に生じる渦電流損やヒステリス損を利用する．
（主に渦電流によるジュール熱を利用）
低周波誘導加熱（商用周波数を利用）と高周波誘導加熱（1～10 kHz を利用）がある．
用途 高周波誘導炉，低周波誘導炉：各種金属の溶融・高周波加熱：歯車・縫い針・鋼材などの表面焼入，電磁調理器

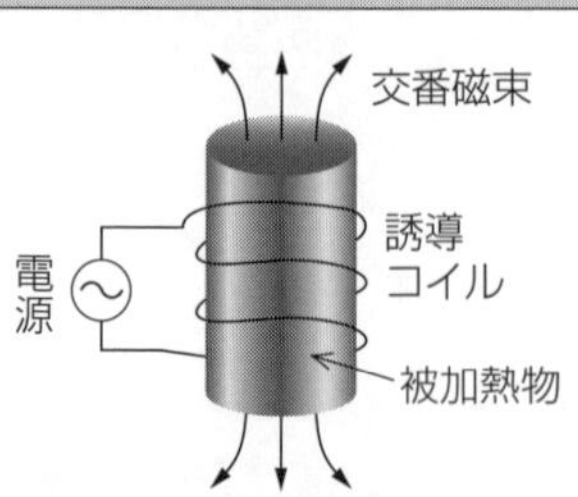

④誘電加熱

内部加熱に交番電界中での誘電体損を利用し，5～3 000 MHz の高周波を使用する．
用途 木材・紙・布などの乾燥，食品の殺虫殺菌・電子レンジ

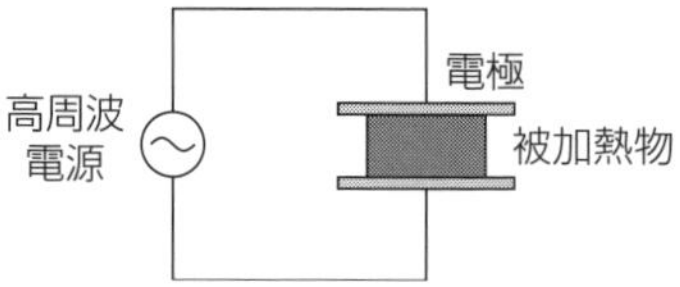

⑤赤外線加熱

赤外線電球や遠赤外線ヒータなどによる赤外線を利用する．
用途 塗料の乾燥（自動車の塗装焼付）

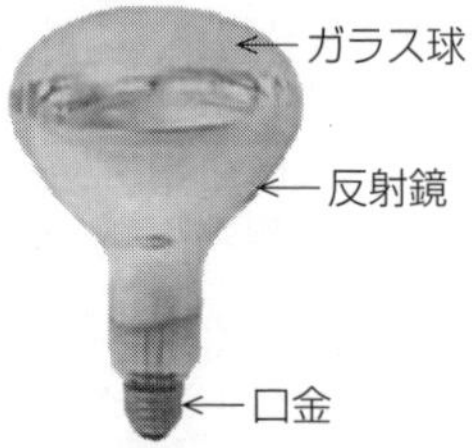

問題 73 電気加熱（1）

［平成 24 年］

次の文章は，電気加熱に関する記述である．

導電性の被加熱物を交番磁束内におくと，被加熱物内に起電力が生じ，渦電流が流れる．（ア）加熱はこの渦電流によって生じるジュール熱によって被加熱物自体が昇温する加熱方式である．抵抗率の（イ）被加熱物は相対的に加熱されにくい．

また，交番磁束は（ウ）効果によって被加熱物の表面近くに集まるため，渦電流も被加熱物の表面付近に集中する．この電流の表面集中度を示す指標として電流浸透深さが用いられる．電流浸透深さは，交番磁束の周波数が（エ）ほど浅くなる．したがって，被加熱物の深部まで加熱したい場合には，交番磁束の周波数は（オ）ほうが適している．

上記の記述中の空白箇所に当てはまる組合せとして，正しいものはどれか．

	（ア）	（イ）	（ウ）	（エ）	（オ）
(1)	誘導	低い	表皮	低い	高い
(2)	誘電	高い	近接	低い	高い
(3)	誘導	低い	表皮	高い	低い
(4)	誘電	高い	表皮	低い	高い
(5)	誘導	高い	近接	高い	低い

解説

① **誘導**加熱は，渦電流によって生じるジュール熱によって被加熱物自体が昇温する加熱方式である．

② 誘導加熱では，抵抗率の**低い**被加熱物は相対的に加熱されにくい．

③ 交番磁束は**表皮**効果によって被加熱物の表面近くに集まるため，渦電流も被加熱物の表面付近に集中する．

④ 電流の浸透の深さ δ は，$\boldsymbol{\delta \propto 1/\sqrt{f\sigma\mu}}$（$f$：周波数，$\sigma$：導電率，$\mu$：透磁率）で，交番磁束の周波数が**高い**ほど浅くなる．被加熱物の深部（δ 大）まで加熱したい場合には，交番磁束の周波数は**低い**ほうが適している．

【解答（3）】

重要 誘導加熱→主に渦電流損を利用して金属を加熱

問題 74 電気加熱（2）

[平成 22 年]

マイクロ波加熱の特徴に関する記述として，誤っているのは次のうちどれか.

(1) マイクロ波加熱は，被加熱物自体が発熱するので，被加熱物の温度上昇（昇温）に要する時間は熱伝導や対流にはほとんど無関係で，照射するマイクロ波電力で決定される.

(2) マイクロ波出力は自由に制御できるので，温度調節が容易である.

(3) マイクロ波加熱では，石英ガラスやポリエチレンなど誘電体損失係数の小さい物も加熱できる.

(4) マイクロ波加熱は，被加熱物の内部でマイクロ波のエネルギーが熱になるため，加熱作業環境を悪化させることがない.

(5) マイクロ波加熱は，電熱炉のようにあらかじめ所定温度に予熱しておく必要がなく熱効率も高い.

解説

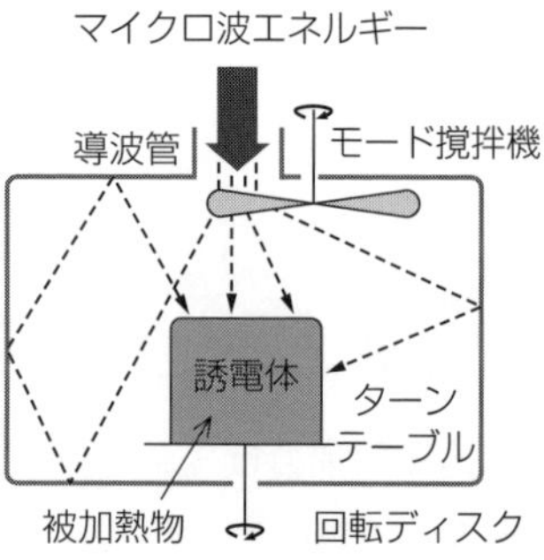

① マイクロ波加熱は，300 MHz を超える電磁波での加熱で，電子レンジなどに適用されている.

② マイクロ波加熱では，マグネトロンで発生したマイクロ波エネルギーを加熱する物質が置かれている加熱炉に送る.

③ **誘電体損失係数（比誘電率 ε_r と誘電正接 $\tan\delta$ の積で $\varepsilon_r \tan\delta$）の大きい物質ほどよく加熱される.** したがって，誘電体損失係数の小さい石英ガラスやポリエチレンなどの加熱はできない.

④ 効率よく加熱するには，被加熱物は水などの有極性分子を含む必要がある.

⑤ 均一加熱を行うため，回転ディスクやモード撹拌器を取り付けている.

参考 平成 26 年に類似問題が出題されている.

【解答（3）】

重要

マイクロ波加熱→ UHF 帯を使用する誘電加熱

問題 75 熱の移動

［平成 18 年］

物体とその周辺の外界（気体または液体）との間の熱の移動は，対流と［（ア）］によって行われる．そのうち，表面と周囲の温度差が比較的小さいときは対流が主となる．いま，物体の表面積を S〔m^2〕，周囲との温度差を t〔K〕とすると，物体から対流によって伝達される熱流 I〔W〕は次式となる．

$I = \alpha St$〔W〕

この式で，α は［（イ）］と呼ばれ，単位は〔$W/(m^2 \cdot K)$〕で表される．この値は主として，物体の周囲の流体および流体の流速によって大きく変わる．また，α の逆数 $1/\alpha$ は［（ウ）］と呼ばれる．

上記の記述中の空白箇所に当てはまる語句として，正しいものを組み合わせたのは次のうちどれか．

	（ア）	（イ）	（ウ）
(1)	放射	熱伝達係数	表面熱抵抗率
(2)	伝導	熱伝達係数	表面熱抵抗率
(3)	伝導	熱伝導率	体積熱抵抗率
(4)	放射	熱伝達係数	体積熱抵抗率
(5)	放射	熱伝導率	表面熱抵抗率

解説

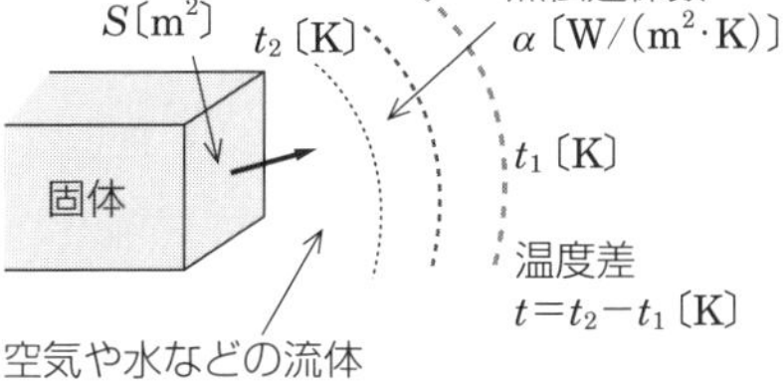

① 物体とその周辺の外界との間の熱の移動は，対流と**放射**によって行われる．

② 表面と周囲の温度差が比較的小さいときは対流が主となる．

物体の表面積を S〔m^2〕，周囲との温度差を t〔K〕とすると，物体から対流によって伝達される熱流 I〔W〕は，$I = \alpha St$〔W〕で表され，α は**熱伝達係数**と呼ばれ，単位は〔$W/(m^2 \cdot K)$〕で表される．α の逆数 $1/\alpha$ は**表面熱抵抗率**と呼ばれる．

【解答（1）】

重要

表面熱抵抗＝表面熱抵抗率 / 表面積

機械の論説問題

法規の論説問題

問題 76 温度計測

[平成 19 年]

電気的に温度を測定する方法には，熱電温度計，抵抗温度計などの接触式のものと，放射温度計（全放射温度計，赤外線温度計）や光高温計など放射を利用した非接触式のものがある．

熱電温度計は，（ア）の熱起電力が熱接点と冷接点間の温度差に応じて生じるという（イ）効果を利用したものである．普通，温度差と熱起電力が直線的関係にある範囲で使用される．

抵抗温度計は，白金や銅，ニッケルなどの純粋な金属や（ウ）のような半導体の抵抗率が温度によって規則的に変化する特性を利用したものである．

全放射温度計は，「放射体から単位時間に放射される全放射エネルギーは放射体の絶対温度の（エ）に比例する」というステファン・ボルツマンの法則を応用したもので，光学系を使用して被測温体からの全放射エネルギーを受熱板に集めて，その温度上昇を熱電温度計などによって測定するものである．

赤外線温度計は，波長 700 ～ 20 000 nm 程度の赤外放射を利用したもので，検出素子としては（ウ）などを使ったものと，HgCdTe，InGaAs，PbS などの（オ）を使ったものがある．

上記の記述の空白箇所に当てはまる語句として，正しいものを組み合わせたのは次のうちどれか．

	（ア）	（イ）	（ウ）	（エ）	（オ）
(1)	熱電対	ゼーベック	サーミスタ	4 乗	光電素子
(2)	サーミスタ	ペルチェ	バイメタル	3 乗	光電素子
(3)	熱電対	ゼーベック	サーミスタ	3 乗	熱電素子
(4)	熱電対	ペルチェ	バイメタル	4 乗	光電素子
(5)	サーミスタ	ゼーベック	バイメタル	4 乗	熱電素子

解説 全放射高温計は，放射束が絶対温度の 4 乗に比例するステファン・ボルツマンの法則を応用し，放射束を受熱板に集め熱電温度計で測定する．

【解答 (1)】

重要 温度計測：ゼーベック効果やステファンボルツマンの法則

[平成20年]

問題 77 ヒートポンプ（1）

近年，広く普及してきたヒートポンプは，外部から機械的な仕事 W〔J〕を与え，（ア）熱源より熱量 Q_1〔J〕を吸収して，（イ）部へ熱量 Q_2〔J〕を放出する機関のことである．この場合（定常状態では），熱量 Q_1〔J〕と熱量 Q_2〔J〕の間には（ウ）の関係が成り立ち，ヒートポンプの効率 η は，加熱サイクルの場合（エ）となり1より大きくなる．この効率 η は（オ）係数（COP）と呼ばれている．

上記の記述中の空白箇所（ア），（イ），（ウ），（エ）および（オ）に当てはまる語句または式として，正しいものを組み合わせたのは次のうちどれか．

	（ア）	（イ）	（ウ）	（エ）	（オ）
(1)	低温	高温	$Q_2 = Q_1 + W$	$\dfrac{Q_2}{W}$	成績
(2)	高温	低温	$Q_2 = Q_1 + W$	$\dfrac{Q_1}{W}$	評価
(3)	低温	高温	$Q_2 = Q_1 + W$	$\dfrac{Q_1}{W}$	成績
(4)	高温	低温	$Q_2 = Q_1 - W$	$\dfrac{Q_2}{W}$	成績
(5)	低温	高温	$Q_2 = Q_1 - W$	$\dfrac{Q_2}{W}$	評価

解説

① ヒートポンプ（熱ポンプ）は，機械的な仕事により，低温側から高温側に熱を移動させる機関である．

② ヒートポンプの効率 η（成績係数COP）は加熱サイクルでは，1より大きい．外部から与えた機械的な仕事を W〔J〕，低温熱源より吸収した熱量を Q_1〔J〕，高温部へ放出した熱量を Q_2〔J〕とすると

$$\eta = \mathrm{COP} = \frac{Q_2}{W} = \frac{Q_1 + W}{W} = 1 + \frac{Q_1}{W} \geqq 1$$

【解答（1）】

重要 ヒートポンプ：低温側から高温側に熱を汲み上げる

機械の論説問題

法規の論説問題

[平成 23 年]

問題 78 ヒートポンプ（2）

次の文章は，ヒートポンプに関する記述である．

ヒートポンプはエアコンや冷蔵庫，給湯器などに広く使われている．図はエアコン（冷房時）の動作概念図である．［（ア）］温の冷媒は圧縮機に吸引され，室内機にある熱交換器において，室内の熱を吸収しながら［（イ）］する．次に，冷媒は圧縮機で圧縮されて［（ウ）］温になり，室外機にある熱交換器において，外気へ熱を放出しながら［（エ）］する．その後，膨張弁を通って［（ア）］温となり，再び室内機に送られる．

暖房時には，室外機の四方弁が切り替わって，冷媒の流れる方向が逆になり，室外機で吸収された外気の熱が室内機から室内に放出される．ヒートポンプの効率（成績係数）は，熱交換器で吸収した熱量を Q〔J〕，ヒートポンプの消費電力量を W〔J〕とし，熱損失などを無視すると，冷房時は $\dfrac{Q}{W}$，暖房時は $1+\dfrac{Q}{W}$ で与えられる．これらの値は外気温度によって変化［（オ）］．

上記の記述中の空白箇所（ア），（イ），（ウ），（エ）および（オ）に当てはまる組合せとして，正しいものを次の（1）～（5）のうちから一つ選べ．

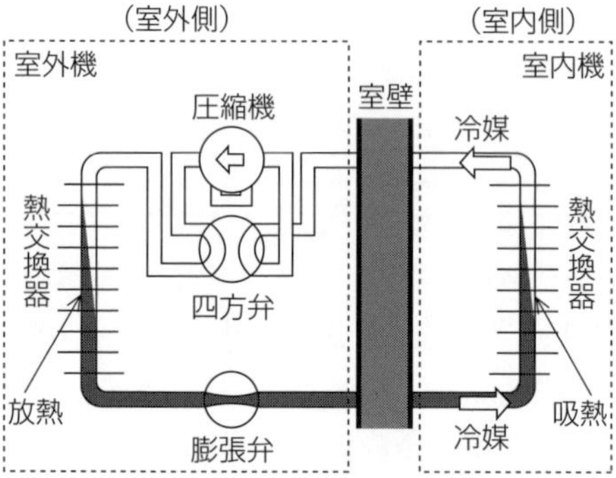

	（ア）	（イ）	（ウ）	（エ）	（オ）
（1）	低	気化	高	液化	しない
（2）	高	液化	低	気化	しない
（3）	低	液化	高	気化	する
（4）	高	気化	低	液化	する
（5）	低	気化	高	液化	する

解説

① ヒートポンプは，圧縮機，凝縮器，膨張弁，蒸発器とこれらを結ぶ配管からなっており，配管中には低い温度でも蒸発する特性を持つ冷媒が循環している．

② 冷媒は蒸発器で熱を吸収して蒸発し，圧縮機に吸い込まれ，高温・高圧のガスに圧縮されて凝縮器に送られる．ここで冷媒は熱を放出して液体になり，膨張弁で減圧されて蒸発器に戻る．つまり，ヒートポンプは逆カルノーサイクルである．

③ ヒートポンプは，低温熱源より熱量 Q_1 を吸収し，高温熱源へ熱量 Q_2 を放出する．低温熱源より熱量を汲み上げるのに外部から仕事 W を受けている．

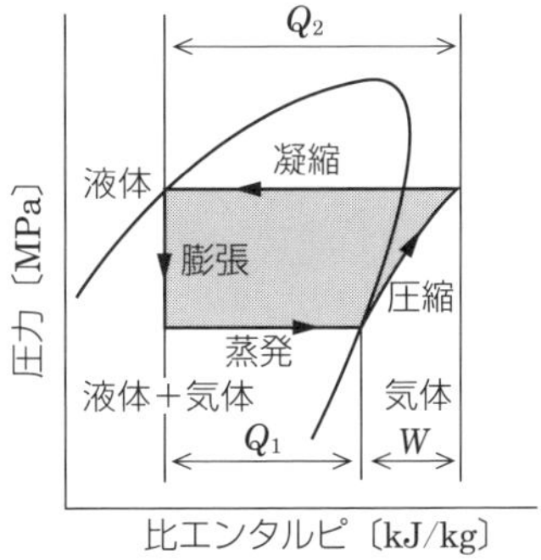

④ ヒートポンプの効率（成績係数COP）は，冷房時と暖房時では異なる．

・冷房時の成績係数 $(\mathrm{COP})_C = \dfrac{Q_1}{W}$

・暖房時の成績係数

$$(\mathrm{COP})_H = \frac{Q_2}{W} = \frac{Q_1 + W}{W} = 1 + \frac{Q_1}{W} = 1 + (\mathrm{COP})_C \geqq 1$$

⑤ COPは両熱源の温度差が小さいほど大きく，外気温が低いと効率が低下する．

【解答（5）】

重要

逆カルノーサイクル：圧縮→凝縮→膨張→蒸発

[平成26年]

問題79 自動制御系の分類（1）

シーケンス制御に関する記述として，誤っているものは次のうちどれか．

(1) 前もって定められた工程や手順の各段階を，スイッチ，リレー，タイマなどで構成する制御はシーケンス制御である．

(2) 荷物の上げ下げをする装置において，扉の開閉から希望階への移動を行う制御では，シーケンス制御が用いられる．

(3) 測定した電気炉内の温度と設定温度とを比較し，ヒータの発熱量を電力制御回路で調節して，電気炉内の温度を一定に保つ制御はシーケンス制御である．

(4) 水位の上限を検出するレベルスイッチと下限を検出するレベルスイッチを取り付けた水のタンクがある．水位の上限から下限に至る容積の水を次段のプラントに自動的に送り出す装置はシーケンス制御で実現できる．

(5) プログラマブルコントローラでは，スイッチ，リレー，タイマなどをソフトウェアで書くことで，変更が容易なシーケンス制御を実現できる．

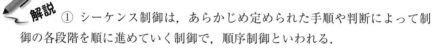

解説 ① シーケンス制御は，あらかじめ定められた手順や判断によって制御の各段階を順に進めていく制御で，順序制御といわれる．

② 測定した電気炉内の温度と設定温度とを比較し，ヒータの発熱量を電力制御回路で調節して，電気炉内の温度を一定に保つ制御はフィードバック制御である．**フィードバック制御**は訂正制御といわれる．

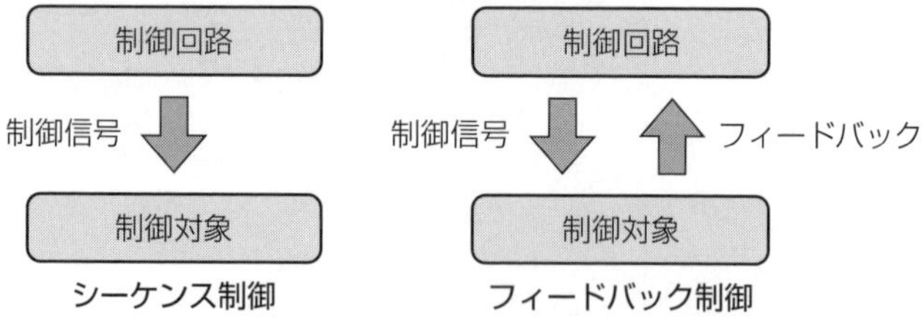

③ シーケンス制御には有接点と無接点のもの（半導体を使用）がある．

④ プログラマブルコントローラはPLCのことであり，パソコンや専用の入力装置を利用し，制御内容をプログラムによって表現できる．　【解答（3）】

シーケンス制御（順序）フィードバック制御（訂正）　重要

問題80 自動制御系の分類（2）

[平成21年]

自動制御系には，フィードフォワード制御系とフィードバック制御系がある．

常に制御対象の［（ア）］に着目し，これを時々刻々検出し，［（イ）］との差を生じればその差を零にするような操作を制御対象に加える制御が［（ウ）］制御系である．外乱によって［（ア）］に変動が生じれば，これを検出し修正動作を行うことが可能である．この制御システムは［（エ）］を構成するが，一般には時間的な遅れを含む制御対象を［（エ）］内に含むため，安定性の面で問題を生じることもある．しかしながら，はん用性の面で優れているため，定値制御や追値制御を実現する場合，基本になる制御である．

上記の記述中の空白箇所(ア)，(イ)，(ウ)および(エ)に当てはまる語句として，正しいものを組み合わせたのは次のうちどれか．

	(ア)	(イ)	(ウ)	(エ)
(1)	操作量	入力信号	フィードフォワード	閉ループ
(2)	制御量	目標値	フィードフォワード	開ループ
(3)	操作量	目標値	フィードバック	開ループ
(4)	制御量	目標値	フィードバック	閉ループ
(5)	操作量	入力信号	フィードバック	閉ループ

解説

① **フィードバック制御**：外乱による制御量の変化はフィードバックして修正動作を行う．目標値が一定の定値制御と目標値が変化する追値制御（追従制御，比率制御，プログラム制御）とがある．

② **フィードフォワード制御**：外乱を直ちに前向き経路により修正するように動作する．

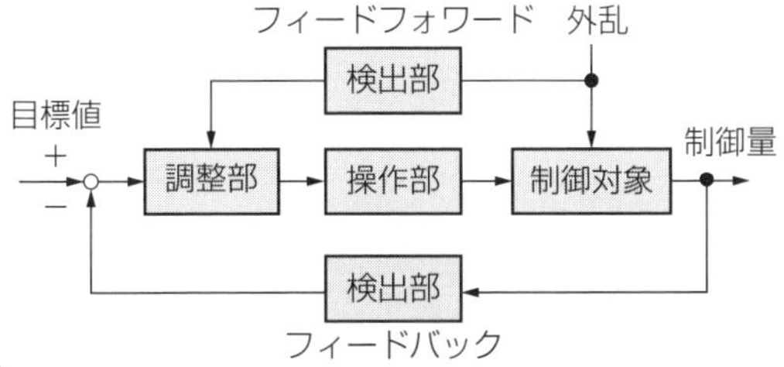

【解答（4）】

重要 外乱の影響検出が遅いときはフィードフォワード制御

問題 81 フィードバック制御系の構成

[平成 14 年]

図は，制御系の基本的構成を示す．制御対象の出力信号である［(ア)］が検出部によって検出される．その検出部の出力が比較器で［(イ)］と比較され，その差が調整部に加えられる．その調整部の出力によって操作部で［(ウ)］が決定され，制御対象に加えられる．このような制御方式を［(エ)］制御と呼ぶ．

上記の記述中の空白箇所に記入する語句として，正しいものを組み合わせたのは次のうちどれか．

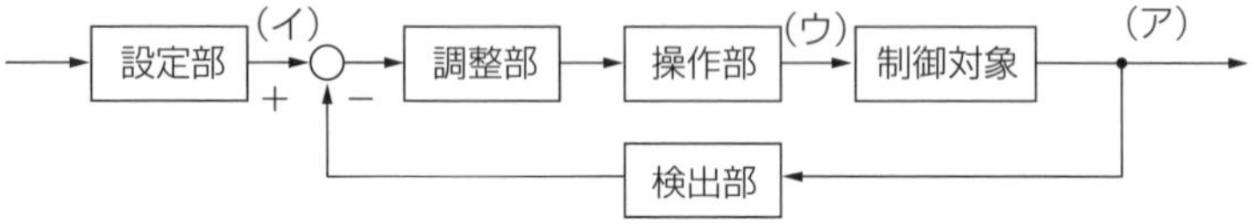

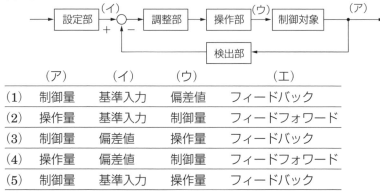

	(ア)	(イ)	(ウ)	(エ)
(1)	制御量	基準入力	偏差値	フィードバック
(2)	操作量	基準入力	制御量	フィードフォワード
(3)	制御量	偏差値	操作量	フィードバック
(4)	操作量	偏差値	制御量	フィードフォワード
(5)	制御量	基準入力	操作量	フィードバック

解説

フィードバック制御系は，次のように動作する．

① 制御対象の出力信号である **制御量** が検出部によって検出される．

② 検出部の出力である主フィードバック量が比較器で **基準入力** と比較され，両者の差である偏差が調整部に加えられる．

③ 調整部の出力によって操作部で **操作量** が決定され，制御対象に加えられる．

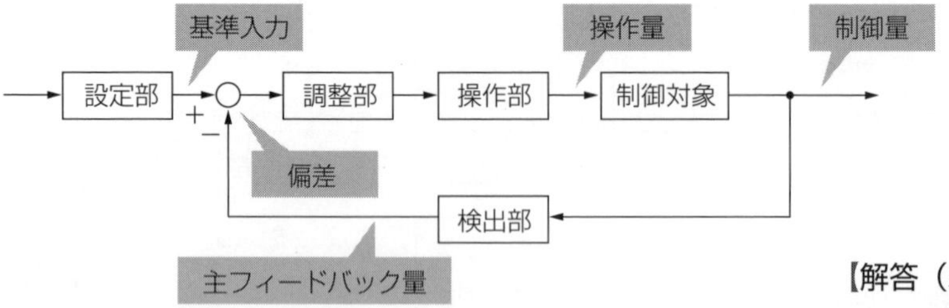

【解答 (5)】

重要

フィードバック制御：閉ループの訂正制御である

[平成15年]

問題82 フィードバック制御系の評価

一般のフィードバック制御系においては，制御系の安定性が要求され，制御系の特性を評価するものとして，（ア）特性と過渡特性がある．

サーボ制御系では，目標値の変化に対する追従性が重要であり，過渡特性を評価するものとして，（イ）応答の遅れ時間，立上り時間，（ウ）などが用いられる．

上記の記述中の空白箇所に記入する語句として，正しいものを組み合わせたものは次のうちどれか．

	（ア）	（イ）	（ウ）
(1)	定常	ステップ	定常偏差
(2)	追従	ステップ	定常偏差
(3)	追従	インパルス	行過ぎ量
(4)	定常	ステップ	行過ぎ量
(5)	定常	インパルス	定常偏差

解説 ① フィードバック制御系では，制御のよさを表す指標として，「**精度・速応度・安定度**」がある．このうち定常特性と関係するのは精度であり，過渡特性と関係するのは速応度と安定度である．

② サーボ制御系では，過渡特性が重要で，過渡特性を評価するものとして，ステップ応答の遅れ時間，立上り時間，行過ぎ量などがある．　**【解答（4）】**

重要

制御のよさを表す指標⇒精度・速応度・安定度

点数アップ♪

ワンポイント知識 — PID制御

プロセス制御のPID制御は，P（比例），I（積分），D（微分）の3動作で構成されている．

① **P動作**：偏差に比例した値として操作量を求める．

② **I動作**：偏差を累積（積分）した値に基づいて操作量を求める．

③ **D動作**：偏差を微分した値に基づいて操作量を求める．

[平成 28 年]

問題 83 フィードバック制御系の動作

次の文章は，フィードバック制御系における三つの基本的な制御動作に関する記述である．

目標値と制御量の差である偏差に (ア) して操作量を変化させる制御動作を (ア) 動作という．この動作の場合，制御動作が働いて目標値と制御量の偏差が小さくなると操作量も小さくなるため，制御量を目標値に完全に一致させることができず， (イ) が生じる欠点がある．

一方，偏差の (ウ) 値に応じて操作量を変化させる制御動作を (ウ) 動作という．この動作は偏差の起こりはじめに大きな操作量を与える動作をするので，偏差を早く減衰させる効果があるが，制御のタイミング（位相）によっては偏差を増幅し不安定になることがある．

また，偏差の (エ) 値に応じて操作量を変化させる制御動作を (エ) 動作という．この動作は偏差が零になるまで制御動作が行われるので， (イ) をなくすことができる．

上記の記述中の空白箇所に当てはまる組合せとして，正しいものは次のうちどれか．

	(ア)	(イ)	(ウ)	(エ)
(1)	積　分	目標偏差	微　分	比　例
(2)	比　例	定常偏差	微　分	積　分
(3)	微　分	目標偏差	積　分	比　例
(4)	比　例	定常偏差	積　分	微　分
(5)	微　分	定常偏差	比　例	積　分

解説

① **比例** 動作(P 動作)：目標値と制御量の差である偏差に **比例** して操作量を変化させる．制御動作が働いて目標値と制御量の偏差が小さくなるため，制御量を完全に一致させることができず， **定常偏差** が生じる欠点がある．

② **微分** 動作（D 動作）：偏差の **微分** 値に応じて操作量を変化させる．

③ **積分** 動作（I 動作）：偏差の **積分** 値に応じて操作量を変化させる．この動作は偏差が零になるまで制御動作が行われるので， **定常偏差** をなくすことができる．

【解答 (2)】

重要

PID 動作＝ P 動作＋ I 動作＋ D 動作

問題84 フィードバック制御系の応答

[平成16年]

あるフィードバック制御系にステップ入力を加えたとき，出力の過渡応答は図のようになった．図中の過渡応答の時間に関する諸量 （ア），（イ） および （ウ） に記入する語句として，正しいものを組み合わせたのは次のうちどれか．

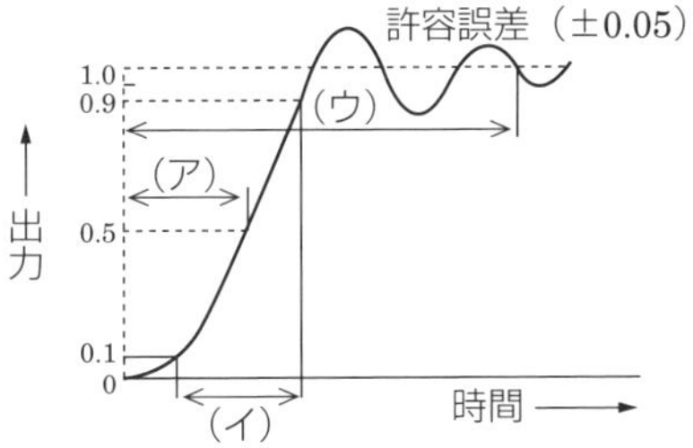

	（ア）	（イ）	（ウ）
(1)	遅れ時間	立上り時間	減衰時間
(2)	むだ時間	応答時間	減衰時間
(3)	むだ時間	立上り時間	整定時間
(4)	遅れ時間	立上り時間	整定時間
(5)	むだ時間	応答時間	整定時間

解説

図の応答は，伝達関数が

$$G(s)=\frac{\omega_n^2}{s^2+2\zeta\omega_n s+\omega_n^2}$$

で表される二次遅れ要素のとき，$1/s$ の入力が入ったときの応答波形（ステップ応答波形）である．

なお，ω_n は固有角周波数，ζ は減衰係数である．

① フィードバック制御系のステップ応答波形についての代表的な諸量として，（ア） の**遅れ時間**，（イ） の**立上り時間**，（ウ） の**整定時間**のほか，行過ぎ量がある．

② **立上り時間**：応答が最終値の10%から90%になるまでの時間

③ **遅れ時間**：最終値の50%に達するまでの時間

④ **整定時間**：応答が許容誤差（±5%）に収まるまでの時間

⑤ **行過ぎ量**：最終値を超える部分

【解答（4）】

重要 二次遅れ要素のステップ応答：減衰係数 $\zeta<1$ で振動

機械の論説問題　法規の論説問題

問題 85 二次電池の電解質

［平成 11 年］

(A)鉛蓄電池，(B)ニッケル・カドミウム蓄電池，(C)リチウムイオン電池の三種類の二次電池の電解質の組合せとして，正しいのは次のうちどれか．

	(A)	(B)	(C)
(1)	有機電解質	水酸化カリウム	希硫酸
(2)	希硫酸	有機電解質	水酸化カリウム
(3)	水酸化カリウム	希硫酸	有機電解質
(4)	希硫酸	水酸化カリウム	有機電解質
(5)	有機電解質	希硫酸	水酸化カリウム

解説

① 蓄電池は，放電時には，負極のイオンになりやすい金属が電解質に溶け出し，そのときに発生する電子を使用して電流を流す．

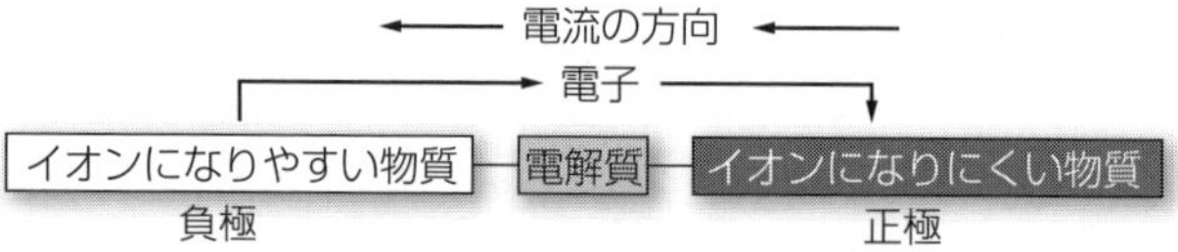

② それぞれの二次電池の電解質は，次のとおりである．

(A) 鉛蓄電池… **希硫酸** （自動車のバッテリーとしても有名）

(B) ニッケル・カドミウム蓄電池… **水酸化カリウム**

(C) リチウムイオン電池… **有機電解質(炭素を含んだ物質)**

【解答 (4)】

重要 二次電池の電解質：鉛蓄電池は希硫酸

点数アップ♪

ワンポイント知識 — 蓄電池の充放電

① **充電時の反応**：正極で酸化反応が起き，正極活物質は電子を放出する．負極では電子を受け取るので還元反応が起きる．

② **放電時の反応**：充電時の逆反応で，正極で還元反応，負極で酸化反応が起きる．

［平成 15 年］

問題 86 二次電池の放電特性

3 種類の二次電池をそれぞれの容量〔A·h〕に応じた一定の電流で放電したとき，放電特性は図の A，B および C のようになった．A，B および C に相当する電池の種類として，正しいものを組み合わせたのは次のうちどれか．ただし，電池電圧は単セル（単電池）の電圧である．

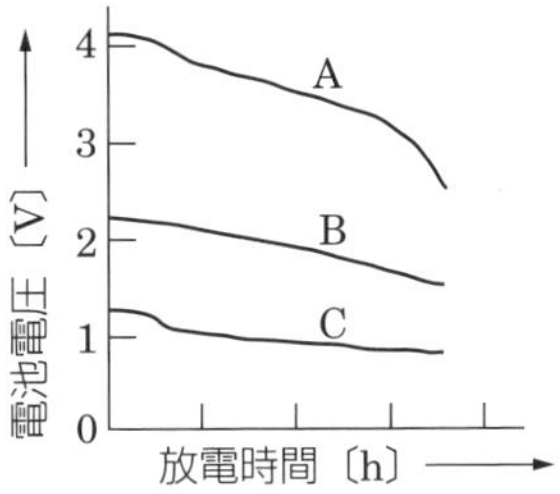

	A	B	C
(1)	リチウムイオン二次電池	鉛蓄電池	ニッケル・水素蓄電池
(2)	リチウムイオン二次電池	ニッケル・水素蓄電池	鉛蓄電池
(3)	鉛蓄電池	リチウムイオン二次電池	ニッケル・水素蓄池
(4)	鉛蓄電池	ニッケル・水素蓄電池	リチウムイオン二次電
(5)	ニッケル・水素蓄電池	鉛蓄電池	リチウムイオン二次電池

※「ニッケル・水素蓄電池」は，「ニッケル - 金属水素化物電池」とも呼ぶ.

解説 ① 電池の正極と負極の物質のイオン化傾向の差が大きいほど開放電圧が高い.

② それぞれの二次電池の公称電圧は，次のとおりである.

- リチウムイオン二次電池…3.7 V
- 鉛蓄電池…2 V
- ニッケル・水素蓄電池…1.2 V
- ナトリウム硫黄電池…2 V

【解答（1）】

重要

電池の電圧：リチウムイオン＞鉛＞ニッケル・水素

点数アップ♪

ワンポイント知識 — 蓄電池の比較

蓄電池	正　極	電解質	負　極	公称電圧
鉛蓄電池	過酸化鉛	希硫酸	鉛	2 V
ニッケル・カドミウム蓄電池	水酸化ニッケル	水酸化カリウム	カドミウム	1.2 V
ニッケル・水素蓄電池	水酸化ニッケル	水酸化カリウム	水素吸蔵合金	1.2 V
リチウムイオン蓄電池	リチウムイオン＋金属酸化物	有機電解質	炭素	3.7 V

問題 87 鉛蓄電池（1）

[平成 20 年]

二次電池は，電気エネルギーを化学エネルギーに変えて電池内に蓄え（充電という），貯蔵した化学エネルギーを必要に応じて電気エネルギーに変えて外部負荷に供給できる（放電という）電池である．この電池は充放電を反復して使用できる．

二次電池としてよく知られている鉛蓄電池の充電時における正・負両電極の化学反応（酸化・還元反応）に関する記述として，正しいのは次のうちどれか．

なお，鉛蓄電池の充放電反応全体をまとめた化学反応式は次のとおりである．

$$2PbSO_4 + 2H_2O \rightleftarrows Pb + PbO_2 + 2H_2SO_4$$

(1) 充電時には正極で酸化反応が起き，正極活物質は電子を放出する．
(2) 充電時には負極で還元反応が起き，$PbSO_4$ が生成する．
(3) 充電時には正極で還元反応が起き，正極活物質は電子を受け取る．
(4) 充電時には正極で還元反応が起き，$PbSO_4$ が生成する．
(5) 充電時には負極で酸化反応が起き，負極活物質は電子を受け取る．

解説 ① 化学反応式は，左が放電時，右が充電時である．

$$2PbSO_4 + 2H_2O \rightleftarrows Pb + PbO_2 + 2H_2SO_4$$

② 鉛蓄電池の酸化反応，還元反応は次のように行われる．

	正　極	負　極
充電時	酸化反応 (電子を放出する)	還元反応 (電子を受け取る)
放電時	還元反応 (電子を受け取る)	酸化反応 (電子を放出する)

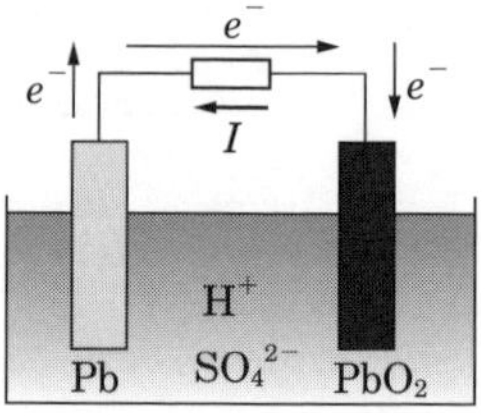

放電時

③ 図は，放電時の状態を示している（電流と電子の流れは逆方向）．
④ イオンは電解液に中を移動し，電子は外部回路を移動する．
⑤ 鉛蓄電池の充電は，定電流で均等充電し，電池電圧が回復してきた時点で定電圧充電に切り替える．

【解答（1）】

重要 鉛蓄電池の充電状態：（正極）PbO_2（負極）Pb

[平成14年]

問題 88 鉛蓄電池（2）

据置形蓄電池に関する記述として，誤っているものは次のうちどれか．

(1) 周囲温度が上ると，電池の端子電圧は上昇する．

(2) 電解液の液面が低下した場合には，純水を補給する．

(3) 単セル（単電池）の公称電圧は 2.0 V である．

(4) 周囲温度が低下すると，電池から取り出せる電気量は増加する．

(5) 放電に伴い，電解液の比重は低下する．

解説

① **周囲温度が低下**すると化学反応が鈍るため，電池から取り出せる**電気量は減少**する．

② **鉛蓄電池の充放電時の化学反応**

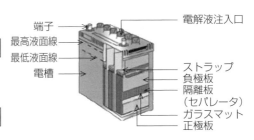

正極		電解液		負極
PbO_2	＋	$2H_2SO_4$	＋	Pb
二酸化鉛		希硫酸		鉛

放電 ↓ ↑ 充電

硫酸鉛		水		硫酸鉛
$PbSO_4$	＋	$2H_2O$	＋	$PbSO_4$

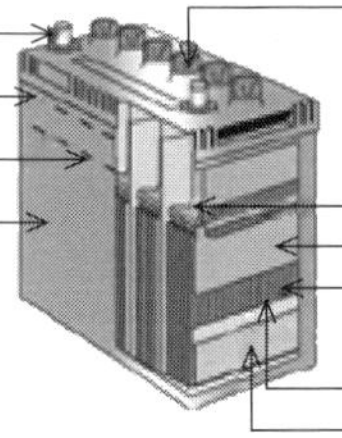

③ **鉛蓄電池の特徴**

- 放電が進むと硫酸濃度が低下し，希硫酸の比重が小さくなる．
  （液の比重で蓄電池の放電の進み具合がわかる）
- 液面が減少した時には蒸留水を補充する．
- 温度が上がると，電解液の導電性はよくなる．
- 蓄電池の長期間の放置による自己放電や長期間充電・放電を繰り返していくと，結晶化したサルフェーション（非伝導性結晶皮膜）が硬質化し，充電しても電解液に戻らなくなってしまう．

【解答（4）】

重要

温度の低下：端子電圧低下や取り出せる電気量が減少

［平成 30 年］

問題 89 リチウムイオン二次電池

次の文章は，リチウムイオン二次電池に関する記述である．

リチウムイオン二次電池は携帯用電子機器や電動工具などの電源として使われているほか，電気自動車の電源としても使われている．

リチウムイオン二次電池の正極には (ア) が用いられ，負極には (イ) が用いられている．また，電解液には (ウ) が用いられている．放電時には電解液中をリチウムイオンが (エ) へ移動する．リチウムイオン二次電池のセル当たりの電圧は (オ) V 程度である．

上記の記述中の空白箇所に当てはまる組合せとして，正しいものは次のうちどれか．

	(ア)	(イ)	(ウ)	(エ)	(オ)
(1)	リチウムを含む金属酸化物	主に黒鉛	有機電解液	負極から正極	3 ～ 4
(2)	リチウムを含む金属酸化物	主に黒鉛	無機電解液	負極から正極	1 ～ 2
(3)	リチウムを含む金属酸化物	主に黒鉛	有機電解液	正極から負極	1 ～ 2
(4)	主に黒鉛	リチウムを含む金属酸化物	有機電解液	負極から正極	3 ～ 4
(5)	主に黒鉛	リチウムを含む金属酸化物	無機電解液	正極から負極	1 ～ 2

解説

① **リチウムイオン二次電池の構成**

リチウムイオン二次電池は，以下のように構成されている．

リチウム（Li）を含む金属酸化物 ― **有機電解液** ― **黒　鉛**

正極　　電解液　　負極

② **リチウムイオンの動き**

放電時にはリチウムイオンが負極から飛び出して正極に戻る．

③ **セル当たりの電圧**

3 ～ 4 V である．

【解答 (1)】

重要　リチウムイオン二次電池：エネルギー密度が大

問題 90 電気分解

［平成 25 年］

次の文章は電気めっきに関する記述である．

金属塩の溶液を電気分解すると （ア） に純度の高い金属が析出する．この現象を電着と呼び，めっきなどに利用されている．ニッケルめっきでは硫酸ニッケルの溶液にニッケル板（ （イ） ）とめっきを施す金属板（ （ア） ）とを入れて通電する．硫酸ニッケルの溶液は，ニッケルイオン（ （ウ） ）と硫酸イオン（ （エ） ）とに電離し，ニッケルイオンがめっきを施す金属板表面で電子を （オ） 金属ニッケルとなり，金属板表面に析出する．めっきは金属製品の装飾のほか，金属材料の耐食性や耐摩耗性を高める目的で利用されている．

上記の記述中の空白箇所に当てはまる組合せとして，正しいものは次のうちどれか．

	（ア）	（イ）	（ウ）	（エ）	（オ）
(1)	陽　極	陰　極	負イオン	正イオン	放出して
(2)	陰　極	陽　極	正イオン	負イオン	受け取って
(3)	陽　極	陰　極	正イオン	負イオン	受け取って
(4)	陰　極	陽　極	負イオン	正イオン	受け取って
(5)	陽　極	陰　極	正イオン	負イオン	放出して

解説

① 金属塩の溶液を電気分解すると **陰極** に純度の高い金属が析出する．

② ニッケルめっきでは硫酸ニッケルの溶液にニッケル板（**陽極**）とめっきを施す金属板（陰極）とを入れて通電する．

③ 硫酸ニッケルの溶液は，ニッケルイオン（**正イオン**）と硫酸イオン（**負イオン**）とに電離し，ニッケルイオンがめっきを施す金属板表面で電子を **受け取って** 金属ニッケルとなり，金属板表面に析出する．

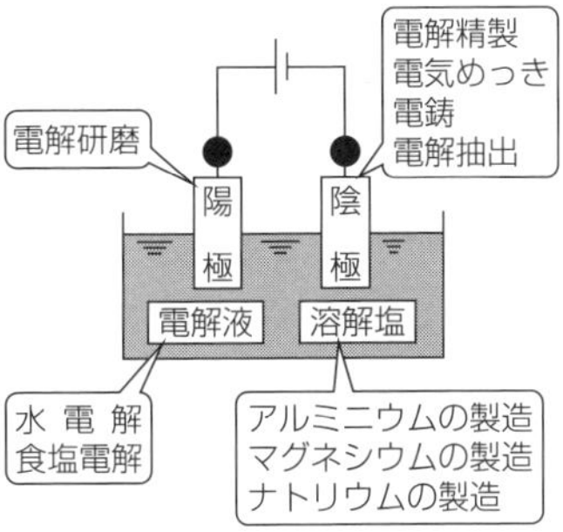

参考 食塩電解

① 食塩水（NaCl）を電気分解すると，水酸化ナトリウム（NaOH），塩素（Cl_2），水素（H_2）を得ることができる．

② 食塩電解には，**イオン交換膜法**が採用されている．

【解答（2）】

> **重要** 電気分解：（陽極）酸化反応（陰極）還元反応

[平成17年]

問題91 界面電気化学

水溶液中に固体の微粒子が分散している場合，微粒子は溶液中の (ア) を吸着して帯電することがある．この溶液中に電極を挿入して直流電圧を加えると，微粒子は自身の電荷と (イ) の電極に向かって移動する．この現象を (ウ) という．

この現象を利用して，陶土や粘土の精製，たんぱく質や核酸，酵素などの分離精製や分析などが行われている．

また，良い導電性の (エ) 合成樹脂塗料またはエマルジョン塗料を含む溶液を用い，被塗装物を一方の電極として電気を通じると，塗料が (ウ) によって被塗装物表面に析出する．この塗装は電着塗装と呼ばれ，自動車や電気製品などの大量生産物の下地塗装に利用されている．

上記の記述中の空白箇所 (ア)，(イ)，(ウ) および (エ) に記入する語句として，正しいものを組み合わせたのは次のうちどれか．

	(ア)	(イ)	(ウ)	(エ)
(1)	水　分	同符号	電気析出	油　性
(2)	イオン	逆符号	電気泳動	水溶性
(3)	イオン	同符号	電気析出	水溶性
(4)	イオン	逆符号	電気泳動	揮発性
(5)	水　分	逆符号	電解透析	油　性

解説 界面電気化学を利用した代表的なものとして，次のようなものがある．

① **電気泳動**：溶液中の微粒子が，溶液に対して帯電し，直流電圧を印加すると，その極性によりいずれかの電極へ微粒子が移動する現象である．

② **電気浸透**：細管中の液体が管壁に対して帯電し，電圧を印加すると，極性によりいずれかの電極へ液体が移動する現象である．

③ **電解透析**：電解質溶液を隔膜で三室に分け，両端に電圧を印加すると，中央室のイオンが両室に移動してイオンを含まなくなる現象である．

【解答 (2)】

重要 電気泳動：微粒子を電圧印加で移動して収集

問題 92 コンピュータの構成

［平成 27 年］

コンピュータを構成するハードウエアは，コンピュータの機能面から概念的に入力装置，出力装置，記憶装置（主記憶装置および補助記憶装置）および中央処理装置（制御装置および演算装置）に分類される．これらに関する記述として，誤っているものはどれか．

(1) コンピュータのシステムの内部では，情報は特定の形式の電気信号として表現されており，入力装置では，外部から入力されたいろいろな形式の信号を，そのコンピュータの処理に適した形式に変換した後に主記憶装置に送る．

(2) コンピュータが内部に記憶しているデータを外部に伝える働きを出力機能といい，ハードウェアのうちで出力機能を担う部分を出力装置という．出力されたデータを人間が認識できる出力装置には，プリンタ，ディスプレイ，スピーカなどがある．

(3) コンピュータ内の中央処理装置のクロック周波数は，LAN（ローカルエリアネットワーク）の通信速度を変化させる．クロック周波数が高くなるほど LAN の通信速度が向上する．また，クロック周波数によって磁気ディスクの回転数が変化する．クロック周波数が高くなるほど回転数が高くなる．

(4) 制御装置は，主記憶装置に記憶されている命令を一つひとつ順序よく取り出してその意味を解読し，それに応じて各装置に向けて必要な指示信号を出す．制御装置から信号を受けた各装置は，それぞれの機能に応じた適切な動作を行う．

(5) 算術演算，論理判断，論理演算などの機能を総称して演算機能と呼び，これらを行う装置が演算装置である．算術演算は数値データに対する四則演算である．また，論理判断は二つのデータを比較してその大小を判定したり，等しいか否かを識別したりする．論理演算は，与えられた論理値に対して論理和，論理積，否定および排他論理和などを求める演算である．

解説 コンピュータの中央処理装置のクロック周波数は，LAN の通信速度や磁気ディスクの回転数と無関係である．クロック周波数が高くなると，演算や制御の処理は速くなる．【解答（3）】

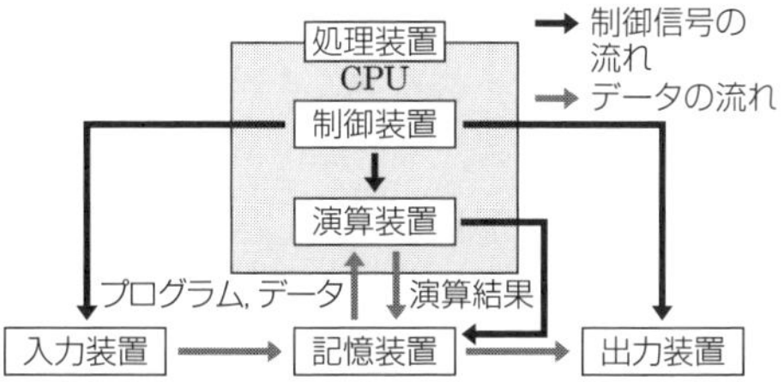

重要 クロック周波数→演算や制御の処理とは関係あり

問題 93 ROM と RAM

［平成 20 年］

記憶装置には，読取り専用として作られた ROM*1 と読み書きができる RAM*2 がある．ROM には，製造過程においてデータを書き込んでしまう［（ア）］ROM，電気的にデータの書込みと消去ができる［（イ）］ROM などがある．また，RAM には，電源を切らない限りフリップフロップ回路などでデータを保持する［（ウ）］RAM と，データを保持するために一定時間内にデータを再書込みする必要のある［（エ）］RAM がある．

上記の記述中の空白箇所（ア），（イ），（ウ）および（エ）に当てはまる語句として，正しいものを組み合わせたのは次のうちどれか．

	（ア）	（イ）	（ウ）	（エ）
(1)	マスク	EEP*3	ダイナミック	スタティック
(2)	マスク	EEP	スタティック	ダイナミック
(3)	マスク	EP*4	ダイナミック	スタティック
(4)	プログラマブル	EP	スタティック	ダイナミック
(5)	プログラマブル	EEP	ダイナミック	スタティック

（注）　＊1の「ROM」は，「Read Only Memory」の略
　　　＊2の「RAM」は，「Random Access Memory」の略
　　　＊3の「EEP」は，「Electrically Erasableand Programmable」の略
　　　＊4の「EP」は，「Erasable Programmable」の略

解説

① **マスク ROM**：製造過程でデータを書き込み，ユーザは書込みができない．

② **EEPROM**：電気的にデータの書込みと消去ができる．データの書込み時には，通常動作時より高い電圧を印加することにより，通常動作で誤ってデータが書き換えられないようにしている．

③ **EPROM**：書き込んだデータを強い紫外線を照射することで消去し，再書込みができる．

④ **SRAM**：電源を切らない限りフリップフロップ回路などでデータを保持する．

⑤ **DRAM**：データ保持のため一定時間内にデータを再書込みする必要がある．

参考 平成 27 年に類似問題が出題されている．

【解答（2）】

重要

ROM：読取り専用，RAM：読み書き可能

4章
法規の論説問題

「法規」は，得意な人と苦手な人に大きく分かれる科目である．その理由は，出題の比率が，

論説問題：計算問題＝60%：40%程度

となっていることにある．正直なところ暗記事項が多く，無味乾燥と受け止める人には脅威であるが，規定の背景などを考えながら楽しく学習するのが上達の道である．

問題 1　電気事業法の目的

［平成 21 年］

次の文章は，「電気事業法」の目的についての記述である．

この法律は，電気事業の運営を適正かつ合理的ならしめることによって，電気の使用者の利益を保護し，及び電気事業の健全な発達を図るとともに，電気工作物の工事，維持及び運用を［（ア）］することによって，［（イ）］の安全を確保し，及び［（ウ）］の保全を図ることを目的とする．

上記の記述中の空白箇所（ア），（イ）及び（ウ）に当てはまる語句として，正しいものを組み合わせたのは次のうちどれか．

	（ア）	（イ）	（ウ）
(1)	規定	公共	電気工作物
(2)	規制	電気	電気工作物
(3)	規制	公共	環境
(4)	規定	電気	電気工作物
(5)	規定	電気	環境

解説

① 電気事業法の目的は，第 1 条において，以下のように定められている．

「電気事業の運営を適正かつ合理的にならしめることによって，電気使用者の利益を保護し，及び電気事業の健全な発達を図るとともに，電気工作物の工事，維持及び運用を**規制**することによって，**公共**の安全を確保し，及び**環境**の保全を図ること」

② **目的の達成のための規制の中心**

☆電気事業の運営を適正かつ合理的にさせること．
☆電気工作物の工事，維持及び運用を規制すること．

【解答（3）】

重要　公共の安全の確保と環境の保全を図る

問題 2　標準電圧と維持すべき値

[平成 15 年]

次の文章は，「電気事業法」，「電気事業法施行規則」に基づく電圧に関する記述である．一般送配電事業者は，その供給する電気の電圧の値をその電気を供給する場所において，下表の右欄の値に維持するよう努めなければならない．

標準電圧	維持すべき値
100 V	（ア） V の上下 （イ） V を超えない値
200 V	（ウ） V の上下 20 V を超えない値

上記の記述中の空白箇所に記入する数値として，正しいものを組み合わせたのは次のうちどれか．

	（ア）	（イ）	（ウ）
(1)	100	4	200
(2)	100	5	200
(3)	101	5	202
(4)	101	6	202
(5)	102	6	204

解説　供給電圧は，電気の供給場所において，標準電圧 100 V，200 V についてそれぞれ 101 ± 6 V，202 ± 20 V に維持しなければならない．　【解答（4）】

電圧 101 ± 6 V と 202 ± 20 V，標準周波数を維持　重要

点数アップ♪

ワンポイント知識 — 電気関係法規の体系

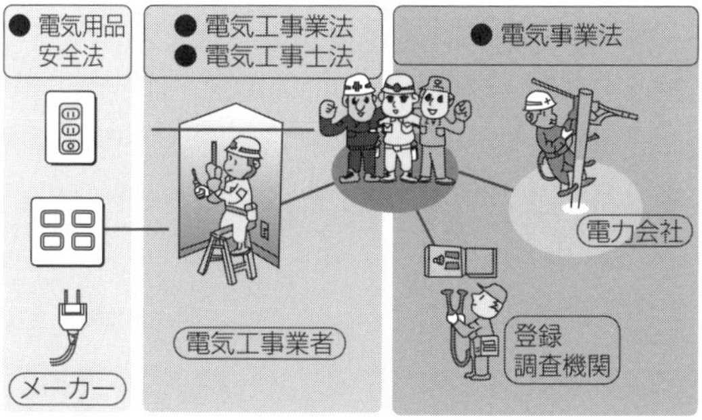

問題 3　電圧及び周波数

［平成 21 年］

次の文章は，「電気事業法」及び「電気事業法施行規則」の電圧及び周波数の値についての説明である．

1. 一般送配電事業者は，その供給する電気の電圧の値を標準電圧が 100 V では，（ア）を超えない値に維持するように努めなければならない．
2. 一般送配電事業者は，その供給する電気の電圧の値を標準電圧が 200 V では，（イ）を超えない値に維持するように努めなければならない．
3. 一般送配電事業者は，その者が供給する電気の標準周波数（ウ）値に維持するよう努めなければならない．

上記の記述中の空白箇所（ア），（イ）及び（ウ）に当てはまる語句として，正しいものを組み合わせたのは次のうちどれか．

	（ア）	（イ）	（ウ）
(1)	100 V の上下 4 V	200 V の上下 8 V	に等しい
(2)	100 V の上下 4 V	200 V の上下 12 V	の上下 0.2 Hz を超えない
(3)	100 V の上下 6 V	200 V の上下 12 V	に等しい
(4)	101 V の上下 6 V	202 V の上下 12 V	の上下 0.2 Hz を超えない
(5)	101 V の上下 6 V	202 V の上下 20 V	に等しい

解説

一般送配電事業者は，電圧の維持値は標準電圧 100 V の場合は 101 ± 6 V，標準電圧 200 V の場合は 202 ± 20 V，周波数は標準周波数（50 Hz または 60 Hz）に等しい値に維持するよう努めなければならない旨が規定されている．

参考❶ 平成 26 年に上記の類似問題が出題されている．

参考❷ **電気事業法施行規則での定義**（平成 26 年出題）

① **送電線路**：発電所相互間，変電所相互間または発電所と**変電所**との間の電線路及びこれに附属する**開閉所**その他の電気工作物をいう．

② **配電線路**：発電所，変電所若しくは送電線路と**需要設備**との間又は**需要設備**相互間の**電線路**及びこれに附属する**開閉所**その他の電気工作物をいう．

【解答（5）】

重要　電圧の維持値には範囲があり，周波数には範囲がない

[平成 17 年改題]

問題4　電気工作物の種類

次の文章は，「電気事業法」及び「電気事業法施行規則」に基づく電気工作物の種類についての説明である．

1. 次に掲げる電気工作物は，一般用電気工作物に区分されている．
　一　他の者から［（ア）］〔V〕以下の電圧で受電し，その受電の場所と同一の構内においてその受電に係る電気を使用するための電気工作物
　二　構内に設置し，構内の負荷にのみ電気を供給する［（イ）］設備
2. 事業用電気工作物とは，［（ウ）］電気工作物以外の電気工作物をいう．
3. ［（エ）］電気工作物とは，一般送配電事業，送配電事業又は特定送配電事業の用に供する電気工作物及び一般用電気工作物以外の電気工作物をいう．

上記の記述中の空白箇所（ア），（イ），（ウ）及び（エ）に記入する語句又は数値として，正しいものを組み合わせたのは次のうちどれか．

	（ア）	（イ）	（ウ）	（エ）
(1)	300	小出力発電	一般用	自家用
(2)	300	常用発電	自家用及び一般用	特定用
(3)	600	常用発電	自家用及び一般用	特定用
(4)	600	常用発電	一般用	自家用
(5)	600	小出力発電	一般用	自家用

解説

一般用電気工作物は

① **受電電圧 600 V 以下**
② **構内負荷のみ**
③ **小出力発電設備**
④ **爆発性または引火性の物が存在する場所に設置されていない**

が該当する．

事業用電気工作物は，一般用電気工作物以外の工作物で，これには電気事業用と自家用とがある．

参考　平成 27 年，30 年に類似問題が出題されている．　【解答（5）】

重要　電気工作物は一般用と事業用（電気事業用＋自家用）

問題 5　一般用電気工作物

[平成 21 年]

「電気事業法」に基づく，一般用電気工作物に該当するものは次のうちどれか．なお，(1) ～ (5) の電気工作物は，その受電のための電線路以外の電線路により，その構内以外の場所にある電気工作物と電気的に接続されていないものとする．

(1) 受電電圧 6.6 kV，受電電力 60 kW の店舗の電気工作物

(2) 受電電圧 200 V，受電電力 30 kW で，別に発電電圧 200 V，出力 15 kW の内燃力による非常用予備発電装置を有する病院の電気工作物

(3) 受電電圧 6.6 kV，受電電力 45 kW の事務所の電気工作物

(4) 受電電圧 200 V，受電電力 35 kW で，別に発電電圧 100 V，出力 5 kW の太陽電池発電設備を有する事務所の電気工作物

(5) 受電電圧 200 V，受電電力 30 kW で，別に発電電圧 100 V，出力 7 kW の太陽電池発電設備と，発電電圧 100 V，出力 25 kW の風力発電設備を有する公民館の電気工作物

解説

小出力発電設備 :**電圧 600 V 以下**の発電設備で，下表に該当するものが該当する．

<table>
<tr><th>発電所の種類</th><th>出　力</th><th></th></tr>
<tr><td>①太陽電池発電設備</td><td>50 kW 未満</td><td rowspan="6">他の電気工作物と電気的に接続され，①～⑥の合計出力が 50 kW 以上となるものを除く．</td></tr>
<tr><td>②風力発電設備</td><td rowspan="2">20 kW未満</td></tr>
<tr><td>③水力発電設備（ダムのないもの）</td></tr>
<tr><td>④内燃力を原動力とする発電設備</td><td rowspan="3">10 kW未満</td></tr>
<tr><td>⑤燃料電池発電設備※</td></tr>
<tr><td>⑥スターリングエンジン発電設備</td></tr>
</table>

※固体高分子型または固体酸化物型のものであって，最高使用圧力が 0.1 MPa 未満のものに限る．

参考 　　　部分は平成 19 年に出題されている．

【解答（4）】

重要　太陽電池発電設備は 50 kW 未満が小出力発電設備

問題 6　一般用電気工作物の調査

［平成 19 年］

次の文章は，「電気事業法」に基づく一般用電気工作物に関する記述の一部である．

a. 電線路維持運用者から委託を受けた登録調査機関は，その電線路維持運用者が供給する電気を使用する一般用電気工作物が技術基準に適合しているかどうかを （ア） しなければならない．

ただし，その一般用電気工作物の設置の場所に立ち入ることにつき，その所有者又は （イ） の承諾を得ることができないときは，この限りでない．

b. 電線路維持運用者から委託を受けた登録調査機関は，上記 a の規定による （ア） の結果，一般用電気工作物が技術基準に適合していないと認めるときは，遅滞なく，その技術基準に適合するようにするためとるべき措置及びその措置をとらなかった場合に生ずべき （ウ） をその所有者又は （イ） に通知しなければならない．

上記の記述中の空白箇所に当てはまる語句として，正しいものを組み合わせたのは次のうちどれか．

	（ア）	（イ）	（ウ）
(1)	調査	使用者	事故
(2)	検査	占有者	結果
(3)	検査	使用者	事故
(4)	検査	使用者	結果
(5)	調査	占有者	結果

解説

① 電線路維持運用者から委託を受けた登録調査機関には，一般用電気工作物が技術基準に適合しているかどうかの**調査義務**がある．

② 技術基準に適合していないときは，遅滞なく，その技術基準に適合するようにするためとるべき措置及びその措置をとらなかった場合に生ずべき**結果**をその所有者又は**占有者**に通知しなければならない．

【解答（5）】

重要　一般用電気工作物の調査義務：4 年に 1 回

問題 7　事業用電気工作物の維持

[平成 20 年]

次の文章は，「電気事業法」における事業用電気工作物の維持に関する記述である．

1. 事業用電気工作物を設置する者は，事業用電気工作物を経済産業省令で定める［（ア）］に適合するように維持しなければならない．
2. 前項の経済産業省令は，次に掲げるところによらなければならない．
   一　事業用電気工作物は，人体に危害を及ぼし，又は［（イ）］に損傷を与えないようにすること．
   二　事業用電気工作物は，他の電気的設備その他の［（イ）］の機能に電気的又は［（ウ）］な障害を与えないようにすること．
   三　事業用電気工作物の損壊により一般送配電事業者の電気の供給に著しい支障を及ぼさないようにすること．
   四　事業用電気工作物が［（エ）］の用に供される場合にあっては，その事業用電気工作物の損壊によりその［（エ）］に係る電気の供給に著しい支障を生じないようにすること．

上記の記述中の空白箇所（ア），（イ），（ウ）及び（エ）に当てはまる語句として，正しいものを組み合わせたのは次のうちどれか．

	（ア）	（イ）	（ウ）	（エ）
(1)	電気事業法施行規則	物　件	磁気的	特定送配電事業
(2)	技術基準	公共施設	熱　的	一般送配電事業
(3)	技術基準	物　件	機械的	特定送配電事業
(4)	技術基準	物　件	磁気的	一般送配電事業
(5)	電気事業法施行規則	公共施設	機械的	特定送配電事業

解説　① 事業用電気工作物を設置する者は，事業用電気工作物を経済産業省令で定める技術基準に適合するよう維持しなければならない．

② **発電事業**は**届出制**，**一般送配電事業**は**許可制**，**小売電気事業**は**登録制**である．

参考 平成 29 年に類似問題が出題されている．　　【解答（4）】

重要　事業用電気工作物設置者：技術基準に適合維持の義務

問題 8　技術基準適合命令

［平成 18 年］

次の文章は，「電気事業法」に基づく技術基準適合命令に関する記述である．

経済産業大臣は，事業用電気工作物が経済産業省令で定める技術基準に （ア） していないと認めるときは，事業用電気工作物を （イ） する者に対し，その技術基準に （ア） するように事業用電気工作物を修理し，改造し，若しくは移転し，若しくはその使用を一時停止すべきことを命じ，又はその使用を （ウ） することができる．

上記の記述中の空白箇所に当てはめる語句として，正しいものを組み合わせたのは次のうちどれか．

	（ア）	（イ）	（ウ）
(1)	適合	管理	禁止
(2)	合格	管理	制限
(3)	合格	設置	禁止
(4)	適合	管理	制限
(5)	適合	設置	制限

解説　① 事業用電気工作物を設置する者は，事業用電気工作物を経済産業省令で定める技術基準に適合するように維持しなければならない．

② 問題の文を完成させると次のようになる．

経済産業大臣は，事業用電気工作物が経済産業省令で定める技術基準に **適合** していないと認めるときは，事業用電気工作物を **設置** **する者**に対し，その技術基準に **適合** するように事業用電気工作物を**修理**し，改造し，若しくは**移転**し，若しくはその使用を一時停止すべきことを命じ，又はその使用を **制限** することができる．

参考❶　　　　部は空白問題として平成 23 年に出題されている．

参考❷　**立入検査**

経済産業大臣は，電気事業法の施行に必要な限度において，経済産業省の職員に，電気事業者の事業所，その他の事業場に立ち入り，業務の状況，電気工作物，書類その他の物件を検査させることができる．

【解答（5)】

重要　技術基準に適合していない⇒適合命令 or 使用制限

問題 9　電気の使用制限

［平成 24 年改題］

次の文章は，「電気事業法」における，電気の使用制限等に関する記述である．

［（ア）］は，電気の需給の調整を行わなければ電気の供給の不足が国民経済及び国民生活に悪影響を及ぼし，公共の利益を阻害するおそれがあると認められるときは，その事態を克服するため必要な限度において，政令で定めるところにより，［（イ）］の限度，［（ウ）］の限度，用途若しくは使用を停止すべき［（エ）］を定めて，小売電気業者，一般送配電事業者若しくは登録特定送配電事業者（以下，「小売電気事業者等」という）から電気の供給を受ける者に対し，小売電気事業者等の供給する電気の使用を制限すべきこと又は［（オ）］電力の容量の限度を定めて，小売電気事業者等から電気の供給を受ける者に対し，小売電気事業者等からの［（オ）］を制限すべきことを命じ，又は勧告することができる．

上記の記述中の空白箇所に当てはまる組合せとして，正しいものはどれか．

	（ア）	（イ）	（ウ）	（エ）	（オ）
(1)	経済産業大臣	使用電力量	使用最大電力	区域	受電
(2)	内閣総理大臣	供給電力量	供給最大電力	区域	送電
(3)	経済産業大臣	供給電力量	供給最大電力	区域	送電
(4)	内閣総理大臣	使用電力量	使用最大電力	日時	受電
(5)	経済産業大臣	使用電力量	使用最大電力	日時	受電

解説

経済産業大臣は，政令で定めるところにより，**使用電力量**の限度，**使用最大電力**の限度，用途若しくは使用を停止すべき**日時**を定めて，小売電気事業者等から電気の供給を受ける者に対し，小売電気事業者等の供給する電気の使用を制限すべきこと又は**受電**電力の容量の限度を定めて，小売電気事業者等から電気の供給を受ける者に対し，小売電気事業者等からの**受電**を制限すべきことを命じ，又は勧告することができる．

【解答 (5)】

重要　電気の使用制限命令を行う者→経済産業大臣

[平成 19 年]

問題 10 工事計画の事前届出

次の文章は，「電気事業法」及び「同法施行規則」に基づき事業用電気工作物の設置又は変更の工事の計画は，経済産業大臣に事前届出を要することが定められている．次の工事を予定するとき事前届出の対象となるのはどれか．

(1) 受電電圧 6 600 V で最大電力 1 900 kW の需要設備の設置の工事

(2) 受電電圧 22 000 V の需要場所における受電用遮断器の 25%の遮断電流の変更を伴う改造の工事

(3) 受電電圧 6 600 V で最大電力 1 500 kW の需要設備における受電用遮断器の取替えの工事

(4) 受電電圧 6 600 V の需要設備における受電用変圧器（一次電圧 6 600 V）の 1 250 kV·A の容量増加を伴う改造の工事

(5) 受電電圧 22 000 V の需要設備における受電用遮断器の保護装置の取替えの工事

解説

① 受電電圧 **10 000 V 以上**の需要設備の設置の工事は，事前届出が必要である．

② 受電電圧 **10 000 V 以上**の需要設備の**受電用遮断器**の設置，取替え，**遮断電流の 20%以上の変更を伴う改造**なども事前届出が必要である．

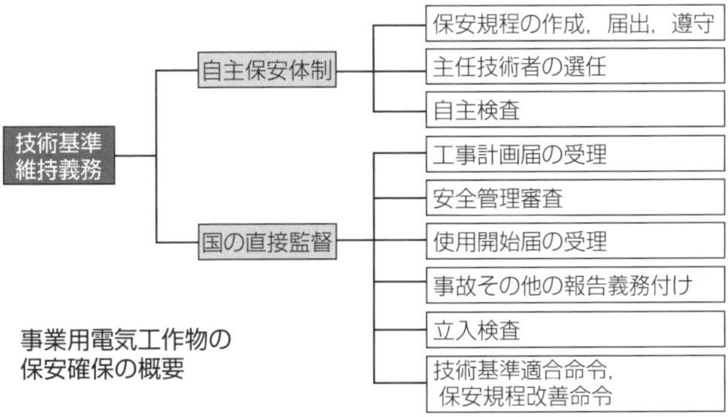

事業用電気工作物の保安確保の概要

③ 事業用電気工作物の保安規制体系は，自主保安体制と国の直接監督で構成されている．

参考 平成 25 年に類似問題が出題されている．

【解答（2）】

重要 10 000 V 以上で遮断電流 20%以上の変更→事前届出

［平成 30 年］

問題 11 太陽電池発電所の設置

次の a から d の文章は，太陽電池発電所等の設置についての記述である.「電気事業法」及び「電気事業法施行規則」に基づき，適切なものと不適切なものの組合せとして，正しいものは次のうちどれか.

a. 低圧で受電し，既設の発電設備のない需要家の構内に，出力 20 kW の太陽電池発電設備を設置する者は，電気主任技術者を選任しなければならない.

b. 高圧で受電する工場等を新設する際に，その受電場所と同一の構内に設置する他の電気工作物と電気的に接続する出力 40 kW の太陽電池発電設備を設置する場合，これらの電気工作物全体の設置者は，当該発電設備も対象とした保安規程を経済産業大臣に届け出なければならない.

c. 出力 1 000 kW の太陽電池発電所を設置する者は，当該発電所が技術基準に適合することについて自ら確認し，使用の開始前に，その結果を経済産業大臣に届け出なければならない.

d. 出力 2 000 kW の太陽電池発電所を設置する者は，その工事の計画について経済産業大臣の認可を受けなければならない.

	a	b	c	d
(1)	適　切	適　切	不適切	不適切
(2)	適　切	不適切	適　切	適　切
(3)	不適切	適　切	適　切	不適切
(4)	不適切	不適切	適　切	不適切
(5)	適　切	不適切	不適切	適　切

解説

a. 出力 20 kW は一般用電気工作物であり，電気主任技術者の選任は不要である.

b. 高圧受電場所と同一構内に設置する他の電気工作物と電気的に接続する場合は，自家用電気工作物となるため，保安規程の届出が必要となる.

c. 出力 500 kW 以上，2 000 kW 未満の太陽電池発電所は事業用電気工作物であり，使用開始前に自己確認の結果の経済産業大臣への届出が必要となる.

d. 出力 2 000 kW 以上は経済産業大臣への工事計画の届出，電気主任技術者の選任が必要である.

【解答（3）】

重要 太陽電池発電所：2 000 kW 以上は工事計画の事前届出

ここが肝心！基礎固め！

11 電気主任技術者の選任

1. 電気主任技術者の免状の種類と保安監督範囲

電気主任技術者の免状の種類ごとの保安について監督できる電気工作物の工事，維持及び運用の範囲は，下表のとおりである．

免状の種類	監督できる範囲
第一種電気主任技術者	すべての電気設備
第二種電気主任技術者	170 kV 未満の電気設備
第三種電気主任技術者	**50 kV 未満の電気設備（発電出力は 5 000 kW 未満）**

2. 電気主任技術者の選任と届出

① 事業用電気工作物を設置する者は，事業用電気工作物の**工事，維持及び運用に関する保安の監督**をさせるため，経済産業令で定めるところにより，主任技術者の交付を受けている者のうちから主任技術者を選任しなければならない．

② **主任技術者選任許可制度**：自家用電気工作物を設置する者は，①にかかわらず，経済産業大臣の許可を受けて，主任技術者免状の交付を受けていない者を主任技術者として選任することができる．

> **原則**：自家用電気工作物を設置する者は，所定の事業場又は設備ごとに主任技術者を選任しなければならない．
>
> **例外**：電圧 7 000 V 以下で受電する需要設備，出力 1 000 kW 未満の発電所又は電圧 600 V 以下の配電線路の場合，規定の要件に該当する者に保安管理業務を委託して経済産業大臣の承認を受けたときは，主任技術者を選任しないことができる．

③ 事業用電気工作物の設置する者は，主任技術者を選任したとき（**主任技術者選任許可制度による場合を除く**）は，**遅滞なく**，その旨を**経済産業大臣に届け出**なければならない．これを解任したときも同様である．

3. 主任技術者の義務及び指示

① 主任技術者は，事業用電気工作物の工事，維持及び運用に関する保安の監督の**職務を誠実**に行わなければならない．

② 事業用電気工作物の工事，維持，運用に従事する者は，主任技術者がその保安のためにする**指示**に従わなければならない．

[平成 17 年]

問題 12 主任技術者の選任（1）

次の文章は,「電気事業法」に基づく主任技術者の選任等に関する記述の一部である.

1. 事業用電気工作物を設置する者は, 事業用電気工作物の（ア）及び運用に関する保安の監督をさせるため, 経済産業省令で定めるところにより, 主任技術者免状の交付を受けている者のうちから, 主任技術者を選任しなければならない.
2. （イ）電気工作物を設置する者は, 上記 1 にかかわらず, 経済産業大臣の（ウ）を受けて, 主任技術者免状の交付を受けていない者を主任技術者として選任することができる.
3. 主任技術者は, 事業用電気工作物の（ア）及び運用に関する保安の監督の職務を誠実に行わなければならない.
4. 事業用電気工作物の（ア）又は運用に従事する者は, 主任技術者がその保安のためにする（エ）に従わなければならない.

上記の記述中の空白箇所（ア),（イ),（ウ）及び（エ）に記入する語句として, 正しいものを組み合わせたのは次のうちどれか.

	（ア）	（イ）	（ウ）	（エ）
(1)	巡視, 点検	自家用	許可	要請
(2)	巡視, 点検	事業用	許可	指示
(3)	工事, 維持	自家用	承認	要請
(4)	工事, 維持	自家用	許可	指示
(5)	工事, 維持	事業用	承認	要請

解説 ① 主任技術者は, 電気工作物の**工事**, **維持**及び運用に関する保安の監督を行う.

② **自家用電気工作物**では, 経済産業大臣の**主任技術者選任許可制度**がある.

③ 事業用電気工作物の工事, 維持, 運用に従事する者は, 主任技術者がその保安のためにする**指示**に従わなければならない.

参考 平成 25 年に類似問題が出題されている.

【解答（4)】

重要 電気主任技術者⇒工事, 維持, 運用に関する保安の監督

問題13 主任技術者の選任（2）

［平成23年］

次のaからcの文章は，自家用電気工作物を設置するX社が，需要設備又は変電所のみを直接統括する同社のA，B，C及びD事業場ごとに行う電気主任技術者の選任等に関する記述である．ただし，A～Dの各事業場は，すべてY産業保安監督部の管轄区域内のみにある．

「電気事業法」及び「電気事業法施行規則」に基づき，適切なものと不適切なものの組合せとして，正しいものを次の(1)～(5)のうちから一つ選べ．

a. 受電電圧33 kV，最大電力12 000 kWの需要設備を直接統括するA事業場に，X社の従業員で第三種電気主任技術者免状の交付を受けている者のうちから，電気主任技術者を選任し，遅滞なく，その旨をY産業保安監督部長に届け出た．

b. 最大電力400 kWの需要設備を直接統括するB事業場には，X社の従業員で第一種電気工事士試験に合格している者をあてることとして，保安上支障がないと認められたため，Y産業保安監督部長の許可を受けてその者を電気主任技術者に選任した．その後，その電気主任技術者を電圧6 600 Vの変電所を直接統括するC事業場の電気主任技術者として兼任させた．その際，B事業場への選任の許可を受けているので，Y産業保安監督部長の承認は求めなかった．

c. 受電電圧6 600 Vの需要設備を直接統括するD事業場については，その需要設備の工事，維持及び運用に関する保安の監督に係る業務を委託する契約をZ法人（電気保安法人）と締結し，保安上支障がないものとしてY産業保安監督部長の承認を受けたので，電気主任技術者を選任しないこととした．

	a	b	c
(1)	不適切	適　切	適　切
(2)	適　切	不適切	適　切
(3)	適　切	適　切	不適切
(4)	不適切	適　切	不適切
(5)	適　切	不適切	不適切

解説

a.　受電電圧 33 kV，最大電力 12 000 kW の需要設備を直接統括する A 事業場に，X 社の従業員で第三種電気主任技術者免状の交付を受けている者のうちから，電気主任技術者を選任し，遅滞なく，その旨を Y 産業保安監督部長に届け出た．

適切：受電電圧 33 kV は 50 kV 未満であるので，第三種電気主任技術者の免状を受けている者の選任でよい．

b.　最大電力 400 kW の需要設備を直接統括する B 事業場には，X 社の従業員で第一種電気工事士試験に合格している者をあてることとして，保安上支障がないと認められたため，Y 産業保安監督部長の許可を受けてその者を電気主任技術者に選任した．その後，その電気主任技術者を電圧 6 600 V の変電所を直接統括する C 事業場の電気主任技術者として兼任させた．その際，B 事業場への選任の許可を受けているので，Y 産業保安監督部長の承認は求めなかった．

不適切：許可主任技術者は，その都度，産業保安監督部長の許可を受けなければならない．

許可主任技術者の保安監督範囲	資格要件（抜粋）
最大電力 500 kW 未満の需要設備	第一種電気工事士など
最大電力 100 kW 未満の需要設備	第二種電気工事士など

c.　受電電圧 6 600 V の需要設備を直接統括する D 事業場については，その需要設備の工事，維持及び運用に関する保安の監督に係る業務を委託する契約を Z 法人（電気保安法人）と締結し，保安上支障がないものとして Y 産業保安監督部長の承認を受けたので，電気主任技術者を選任しないこととした．

適切：受電電圧 6 600 V の需要設備は，7 000 V 以下であるので電気保安法人などに外部委託することができる．

【解答（2）】

管理業務の外部委託：電気管理技術者または電気保安法人　重要

ここが肝心！基礎固め！

12 保安規程

1. 保安規程の作成届出

① **事業用**電気工作物の設置者は，**事業用**電気工作物の工事，維持及び運用に関する保安を確保するため，保安を一体的に確保することが必要な**事業用**電気工作物の**組織**ごとに**保安規程**を定め，**事業用**電気工作物の**使用の開始前に，経済産業大臣**[*]**に届け出**なければならない．

（＊一の産業保安監督部の管轄区域内のみの場合は産業保安監督部長）

② 事業用電気工作物を設置する者は，保安規程を変更したときは，**遅滞なく**変更した事項を**経済産業大臣に届け出**なければならない．

③ **事業用**電気工作物を**設置する者**及びその**従業者**は，**保安規程を守らなければならない**．

④ **経済産業大臣**は，事業用電気工作物の工事，維持及び運用に関する保安を確保するため必要があると認めるときは，事業用電気工作物を設置する者に対し，**保安規程を変更すべきことを命ずる**ことができる．

（参考）　　　部は空白問題として平成16年に出題されている．

2. 保安規程の記載項目

保安規程に記載すべき項目として，次の9項目が規定されている．

①電気工作物の工事・維持・運用に関する業務を管理する者の**職務及び組織**
②従事する者に対する**保安教育**
③保安のための**巡視，点検及び検査**
④**運転または操作**
⑤**発電所の運転を長期間停止する場合の保全の方法**
⑥**災害その他非常の場合にとるべき措置**
⑦保安についての**記録**
⑧**法定事業者検査に係る実施体制と記録の保存**
⑨その他保安に関して必要な事項

問題 14 保安規程（1）

[平成 20 年]

次の文章は，受電電圧 6.6 kV，受電設備容量 2 500 kV·A の需要設備である自家用電気工作物（一の産業保安監督部の管轄区域内のみにあるものとする.）を設置する場合の，保安規程についての記述である.

1. 自家用電気工作物を設置する者は，自家用電気工作物の工事，維持及び運用に関する （ア） を確保するため，経済産業省令で定めるところにより，（ア） を一体的に確保することが必要な自家用電気工作物の組織ごとに保安規程を定め，当該組織における自家用電気工作物の使用の （イ） に，電気工作物の設置の場所を管轄する産業保安監督部長（那覇産業保安監督事務所長を含む. 以下同じ.） （ウ） なければならない.
2. 自家用電気工作物を設置する者は，保安規程を変更したときは， （エ） ，変更した事項を電気工作物の設置の場所を管轄する産業保安監督部長に届け出なければならない.
3. 自家用電気工作物を設置する者及びその従業者は，保安規程を守らなければならない.

上記の記述中の空白箇所（ア），（イ），（ウ）及び（エ）に当てはまる語句として，正しいものを組み合わせたのは次のうちどれか.

	（ア）	（イ）	（ウ）	（エ）
(1)	安全	直　後	の認可を受け	30 日以内に
(2)	保安	開始前	に届け出	遅滞なく
(3)	保安	開始前	の認可を受け	遅滞なく
(4)	保安	直　後	に届け出	30 日以内に
(5)	安全	直　後	に届け出	30 日以内に

解説

「**基礎固め！12 保安規程**」のとおりである.　**【解答（2）】**

保安規程は使用の開始前に届け出る（産業保安監督部長）　重要

問題 15 保安規程（2）

［平成 28 年］

次の文章は，「電気事業法施行規則」に基づく自家用電気工作物を設置する者が保安規程に定めるべき事項の一部に関しての記述である．

a.　自家用電気工作物の工事，維持又は運用に関する業務を管理する者の ［（ア）］ に関すること．

b.　自家用電気工作物の工事，維持又は運用に従事する者に対する ［（イ）］ に関すること．

c.　自家用電気工作物の工事，維持及び運用に関する保安のための ［（ウ）］ 及び検査に関すること．

d.　自家用電気工作物の運転又は操作に関すること．

e.　発電所の運転を相当期間停止する場合における保全の方法に関すること．

f.　災害その他非常の場合に採るべき ［（エ）］ に関すること．

g.　自家用電気工作物の工事，維持及び運用に関する保安についての ［（オ）］ に関すること．

上記の記述中の空白箇所に当てはまる組合せとして，正しいものは次のうちどれか．

	（ア）	（イ）	（ウ）	（エ）	（オ）
(1)	権限及び義務	勤務体制	巡視，点検	指揮命令	記　録
(2)	職務及び組織	勤務体制	整備，補修	措　置	届　出
(3)	権限及び義務	保安教育	整備，補修	指揮命令	届　出
(4)	職務及び組織	保安教育	巡視，点検	措　置	記　録
(5)	権限及び義務	勤務体制	整備，補修	指揮命令	記　録

解説

保安規程に定めるべき項目には，問題の a ～ g のほか，①**法定事業者検査に係る実施体制と記録の保存**，②**その他**保安に関して必要な事項　がある．

参考 平成 21 年に類似問題が出題されている．　【解答（4）】

保安規程の記載項目：9 項目のキーワードを覚える　重要

ここが肝心！基礎固め！

13 電気関係報告規則

1. 報告しなければならない事故

自家用電気工作物を設置する者は，次の事故が発生したときは，産業保安監督部長に報告しなければならない．

① **感電死傷事故または感電以外の死傷事故**
（死亡または病院もしくは診療所に治療のため入院した場合に限る）

② **電気火災事故**
（工作物にあっては，その半焼（20％）以上の場合に限る）

③ **公共の財産に被害を与え，公共の施設の使用を不可能にした事故または社会的に影響を及ぼした事故**

④ **主要電気工作物の破損事故**
- 出力 500 kW 以上の燃料電池発電所
- 出力 50 kW 以上の太陽電池発電所
- 出力 20 kW 以上の風力発電所
- 電圧 1 万 V 以上の需要設備

⑤ **電気事業者に供給支障を発生させた事故**（**波及事故**）

2. 報告期限と報告先

速報：事故の発生を知ったときから **24 時間以内**可能な限り速やかに

詳報：事故の発生を知った日から起算して **30 日以内**

報告先：所轄**産業保安監督部長**

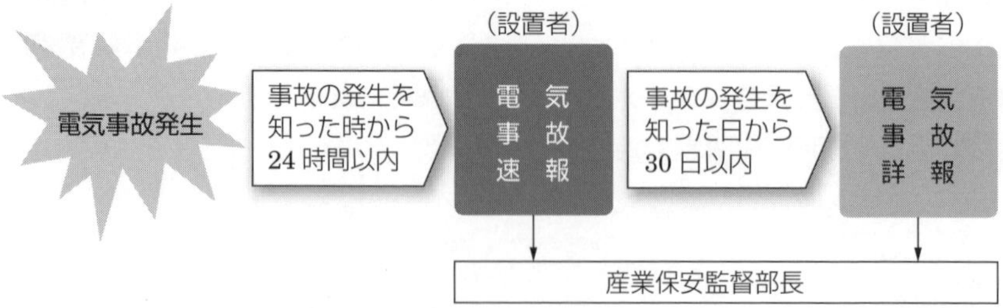

[平成 20 年改題]

問題 16 電気関係報告規則（1）

次の文章は，「電気関係報告規則」の事故報告についての記述の一部である.

1. 電気事業者は，電気事業の用に供する電気工作物（原子力発電工作物を除く）に関して，次の事故が発生したときは，報告しなければならない.
   （ア）又は破損事故若しくは電気工作物の誤操作若しくは電気工作物を操作しないことにより人が死傷した事故（死亡又は病院若しくは診療所に治療のため入院した場合に限る）.
2. 上記の規定による報告は，事故の発生を知った時から（イ）時間以内可能な限り速やかに事故の発生の日時及び場所，事故が発生した電気工作物並びに事故の概要について，電話等の方法により行うとともに，事故の発生を知った日から起算して（ウ）日以内に様式第 13 の報告書を提出して行わなければならない.

上記の記述中の空白箇所（ア），（イ）及び（ウ）に当てはまる語句又は数値として，正しいものを組み合わせたのは次のうちどれか.

	（ア）	（イ）	（ウ）
(1)	感電	24	30
(2)	火災	24	30
(3)	感電	48	14
(4)	火災	24	14
(5)	火災	48	14

解説

① 事故の発生を知った時から **24 時間以内**⇒速報を電話など（FAX 可）で.

② 事故の発生を知った日から起算して **30 日以内**⇒詳報を所定様式で.

【解答（1）】

重要

速報：24 時間以内，詳報：30 日以内

問題 17 電気関係報告規則（2）

［平成 22 年］

「電気関係報告規則」に基づく，事故報告に関して，受電電圧 6 600 V の自家用電気工作物を設置する事業場における下記（1）から（5）の事故事例のうち，事故報告に該当しないものはどれか．

（1）自家用電気工作物の破損事故に伴う構内 1 号柱の倒壊により道路をふさぎ，長時間の交通障害を起こした．

（2）保修作業員が，作業中誤って分電盤内の低圧 200 V の端子に触れて感電負傷し，治療のため 3 日間入院した．

（3）電圧 100 V の屋内配線の漏電により火災が発生し，建屋が全焼した．

（4）従業員が，操作を誤って高圧の誘導電動機を損壊させた．

（5）落雷により高圧負荷開閉器が破損し，電気事業者に供給支障を発生させたが，電気火災は発生せず，また，感電死傷者は出なかった．

解説 （1）は，公共の財産に被害を与え，公共の施設の使用を不可能にさせた事故又は社会的に影響を及ぼした事故に該当する．

（2）は，感電又は死傷した事故（死亡又は病院若しくは診療所に治療のため入院した場合に限る）に該当する．

（3）は，電気火災事故（工作物にあっては，その半焼以上の場合に限る）に該当する．

（4）は，主要電気工作物の損壊事故は報告対象であるが，高圧の誘導電動機は主要電気工作物ではないため，事故報告対象にはならない．

（5）は，電気事業者に供給支障を発生させた事故（波及事故）に該当する．

参考 **自家用電気工作物を設置する者の報告**（平成 26 年出題）

次の場合は，遅滞なく，その旨を自家用電気工作物の接地の場所を管轄する産業保安監督部長に報告しなければならない．

① 発電所若しくは変電所の**出力**又は送電線路若しくは配電線路の**電圧**を変更した場合．

② 発電所，変電所その他の自家用電気工作物を設置する事業場又は送電線路若しくは配電線路を**廃止**した場合．

【解答（4）】

重要

電気事故報告の報告先⇒産業保安監督部長

問題 18 電気関係報告規則（3）

［平成 20 年］

次の文章は，「電気設備技術基準」及び「電気関係報告規則」に基づくポリ塩化ビフェニル（以下「PCB」という）を含有する絶縁油を使用する電気機械器具（以下「PCB 電気工作物」という）の取扱いに関する記述である.

1. PCB 電気工作物を新しく電路に施設することは （ア） されている.
2. PCB 電気工作物に関しては，次の報告が義務付けられている.
   ① PCB 電気工作物であることが判明した場合の報告
   ②上記①の報告内容が変更になった場合の報告
   ③ PCB 電気工作物を （イ） した場合の報告
3. 上記 2 の報告の対象となる PCB 電気工作物には， （ウ） がある.

上記の記述中の空白箇所（ア），（イ）及び（ウ）に当てはまる語句として，正しいものを組み合わせたのは次のうちどれか.

	（ア）	（イ）	（ウ）
（1）	禁止	廃止	CV ケーブル
（2）	制約	廃止	電力用コンデンサ
（3）	制約	転用	電力用コンデンサ
（4）	制約	転用	CV ケーブル
（5）	禁止	廃止	電力用コンデンサ

解説

① **PCBを含む絶縁油の取扱い**：環境汚染の観点から新設電路への施設の禁止はもちろん，既設設備も報告対象となっている.

② **PCBを含有する絶縁油とは？**：絶縁油に含まれるポリ塩化ビフェニルの量が試料 1 kg につき 0.5 mg を超えるものを指す.

【解答（5）】

重要 PCB 電気工作物の対象＝変圧器，コンデンサなど

問題 19 電気関係報告規則（4）

［平成 21 年］

次の文章は，「電気設備技術基準」の公害等の防止について及び「電気関係報告規則」の公害防止等に関する届出についての記述の一部である．

a. （ア） に接続する変圧器を設置する箇所には， （イ） の構外への流出及び地下への浸透を防止するための措置が施されていなければならない．

b. 電気事業者又は自家用電気工作物を設置する者は， （ウ） の破損その他の事故が発生し， （イ） が構内以外に排出された，又は地下に浸透した場合には，事故の発生後可能な限り速やかに事故の状況及び講じた措置の概要を当該 （ウ） の設置の場所を管轄する産業保安監督部長へ届け出なければならない．

上記の記述中の空白箇所（ア），（イ）及び（ウ）に当てはまる語句として，正しいものを組み合わせたのは次のうちどれか．

	（ア）	（イ）	（ウ）
(1)	中性点非接地式電路	絶縁油	変圧器
(2)	中性点直接接地式電路	廃　液	貯油施設
(3)	中性点非接地式電路	廃　液	変圧器
(4)	送電線路	絶縁油	電気工作物
(5)	中性点直接接地式電路	絶縁油	電気工作物

解説

① 中性点直接接地式電路に接続する変圧器を設置する箇所←**超高圧変電所**
絶縁油の構外へ流出や地下へ浸透←**周辺への被害・影響度が大きく回避が必要**

② 絶縁油の構外への流出や地下への浸透事故→**産業保安監督部長への届出**

【解答（5）】

中性点直接接地変圧器は絶縁油流出・浸透対策が必要　重要

[平成18年]

問題 20 電気工事士法（1）

次の文章は,「電気事業法」,「同法施行令」,「同法施行規則」,「電気設備技術基準」及び「電気工事士法」に基づく保安に関する説明の一部である.

不適切なものは次のうちどれか.

（1）電気事業者が供給する電気の電圧の値は，標準電圧 100 V を供給する場所においては 101 V の上下 6 V を超えない値に維持するように努めなければならない.

（2）100 V 回路に変圧器で接続された 24 V の警報回路は，電気工作物に該当しない.

（3）単独で設置する電圧 200 V，出力 10 kW の太陽電池発電設備は，小出力発電設備である.

（4）特別高圧とは，7 000 V を超える電圧をいう.

（5）第一種電気工事士免状の交付を受けている者は，最大電力 500 kW 未満の自家用電気工作物の電気工事（特殊電気工事を除く）の作業に従事することができる.

解説

① 電気事業法では，電気工作物を次のように定義している.

電気工作物とは,「**発電，変電，送電若しくは配電又は電気の使用のために設置する機械，器具，ダム，水路，貯水池，電線路その他の工作物**（船舶・**車両又は航空機に設置されているものその他政令で定めるものを除く**）」である.

②「**電圧 30 V 未満の電気的設備であって，電圧 30 V 以上の電気的設備と電気的に接続されていないもの**」は，電気工作物から除外されている．ここで，変圧器で接続したものは，電気的に接続したものとみなされる．【解答（2）】

重要

30 V 未満で 30 V 以上との電気的接続なしは除外

問題21 電気工事士法（2）

[平成22年]

自家用電気工作物について，「電気事業法」と「電気工事士法」において，定義が異なっている．

電気工事士法に基づく「自家用電気工作物」とは，電気事業法に規定する自家用電気工作物から，発電所，変電所，（ア）の需要設備，（イ）（発電所相互間，変電所相互間又は発電所と変電所との間の電線路（専ら通信の用に供するものを除く．）及びこれに附属する開閉所その他の電気工作物をいう．）及び（ウ）を除いたものをいう．

上記の記述中の空白箇所（ア），（イ）及び（ウ）に当てはまる語句として，正しいものを組み合わせたのは次のうちどれか．

	（ア）	（イ）	（ウ）
(1)	最大電力 500 kW 以上	送電線路	保安通信設備
(2)	最大電力 500 kW 未満	配電線路	保安通信設備
(3)	最大電力 2 000 kW 以上	送電線路	小出力発電設備
(4)	契約電力 500 kW 以上	配電線路	非常用予備発電設備
(5)	契約電力 2 000 kW 以上	送電線路	非常用予備発電設備

解説

空白箇所を埋めると，次のようになる．

電気工事士法に基づく「**自家用電気工作物**」とは，電気事業法に規定する自家用電気工作物から，発電所，変電所，**最大電力 500 kW以上**の需要設備，**送電線路**（発電所相互間，変電所相互間又は発電所と変電所との間の電線路（専ら通信の用に供するものを除く．）及びこれに附属する開閉所その他の電気工作物をいう．）及び**保安通信設備**を除いたものをいう．

【解答（1）】

重要 電気事業法と電気工事士法：電気工作物の定義に差あり

問題 22 電気工事士法（3）

［平成 15 年］

次の文章は，「電気工事士法」に基づく同法の目的及び電気工事士免状等に関する記述である．

この法律は，電気工事の （ア） に従事する者の資格及び （イ） を定め，もって電気工事の （ウ） による災害の発生の防止に寄与することを目的としている．

この法律に基づき自家用電気工作物の工事（特殊電気工事を除く．）に従事することができる （エ） 電気工事士免状がある．また，その資格を認定されることにより非常用予備発電装置に係る工事に従事することができる （オ） 資格者認定証がある．

上記の記述中の空白箇所（ア），（イ），（ウ），（エ）及び（オ）に記入する語句として，正しいものを組み合わせたのは次のうちどれか．

	（ア）	（イ）	（ウ）	（エ）	（オ）
(1)	業務	権利	事故	第二種	簡易電気工事
(2)	作業	義務	欠陥	第一種	特種電気工事
(3)	作業	条件	事故	自家用	特種電気工事
(4)	仕事	権利	不良	特　殊	第三種電気工事
(5)	業務	条件	欠陥	自家用	簡易電気工事

解説

① **電気工事士法の目的**：この法律は，電気工事の **作業** に従事する者の資格及び **義務** を定め，もって電気工事の **欠陥** による **災害** の発生の防止に寄与することを目的とする．

② **自家用電気工作物の工事**：原則として， **第一種** 電気工事士と **特種電気工事** 資格者（非常用予備発電装置の工事やネオン工事ができる）であることが必要である．

参考 ＿＿＿ 部の空白問題が平成 29 年に出題されている． 【解答（2）】

重要 電気工事士法の目的：電気工事の欠陥による災害の発生防止

機械の論説問題

法規の論説問題

[平成 20 年]

問題 23　電気工事士法（4）

「電気工事士法」においては，電気工事の作業内容に応じて必要な資格を定めているが，作業者の資格とその電気工事の作業に関する記述として，不適切なものは次のうちどれか．

(1) 第一種電気工事士は，自家用電気工作物であって最大電力 250 kW の需要設備の電気工事の作業に従事できる．

(2) 第一種電気工事士は，最大電力 250 kW の自家用電気工作物に設置される出力 50 kW の非常用予備発電装置の発電機に係る電気工事の作業に従事できる．

(3) 第二種電気工事士は，一般用電気工作物に設置される出力 3 kW の太陽電池発電設備の設置のための電気工事の作業に従事できる．

(4) 第二種電気工事士は，一般用電気工作物に設置されるネオン用分電盤の電気工事の作業に従事できる．

(5) 認定電気工事従事者は，自家用電気工作物であって最大電力 250 kW の需要設備のうち 200 V の電動機の接地工事の作業に従事できる．

解説

電気工事士の資格には下記の種類があり，種類ごとに作業の可能範囲が異なる．

① **第一種電気工事士**：**自家用電気工作物であって，500 kW 未満**の需要設備（**ネオン・非常用予備発電装置の工事を除く**）及び**一般用電気工作物**を設置し，または変更する工事．

② **第二種電気工事士**：**一般用電気工作物**を設置し，または変更する工事．

③ **特種電気工事資格者**：**500 kW 未満**の**自家用電気工作物における，ネオン工事，非常用予備発電装置工事．**

④ **認定電気工事従事者**：**500 kW 未満**の**自家用電気工作物における，**簡易工事（**600 V** 以下）

参考　▭部の空白問題が平成 29 年に出題されている．　【解答（2)】

重要　特種電気工事資格者：ネオン＋非常用予備発電装置

[平成26年]

問題24 電気工事業法

次の文章は，「電気工事業の業務の適性化に関する法律」に規定されている電気工事業者に関する記述である．

この法律において，「電気工事業」とは，電気工事士法に規定する電気工事を行う事業をいい，「(ア)電気工事業者」とは，経済産業大臣又は(イ)の(ア)を受けて電気工事業を営む者をいう．また，「通知電気工事業者」とは，経済産業大臣又は(イ)に電気工事業の開始の通知を行って，(ウ)に規定する自家用電気工作物のみに係る電気工事業を営む者をいう．

上記の記述中の空白箇所に当てはまる語句として，正しい組合せは次のうちどれか．

	(ア)	(イ)	(ウ)
(1)	承　認	都道府県知事	電気工事士法
(2)	許　可	産業保安監督部長	電気事業法
(3)	登　録	都道府県知事	電気工事士法
(4)	承　認	産業保安監督部長	電気事業法
(5)	登　録	産業保安監督部長	電気工事士法

解説

① **電気工事業**：電気工事士法に規定する電気工事を行う事業をいう．

② **登録電気工事業者**：経済産業大臣又は**都道府県知事**の**登録**を受けて電気工事業を営む者をいう．（一般用電気工作物の工事業を営む者と（一般用電気工作物＋自家用電気工作物）の工事業を営む者が対象）

③ **通知電気工事業者**：経済産業大臣又は**都道府県知事**に電気工事業の開始の通知を行って，**電気工事士法**に規定する自家用電気工作物のみに係る電気工事業を営む者をいう．

④ **みなし登録電気事業者**：②の（　）内に該当し，かつ，建設業の許可を受けている者．

⑤ **みなし通知電気工事業者**：自家用電気工作物のみに係る電気工事業を営む者で，建設業の許可を受けている者．

【解答 (3)】

重要

電気工事業者：登録＋通知＋みなし登録＋みなし通知

[平成 16 年改題]

問題 25 電気用品安全法（1）

次の文章は，「電気用品安全法」に基づく電気用品に関する記述である．

1. この法律において「電気用品」とは，次に掲げる物をいう．
   一 一般用電気工作物（電気事業法第 38 条第 1 項に規定する一般用電気工作物をいう）の部分となり，又はこれに接続して用いられる機械，（ア）又は材料であって，政令で定めるもの
   二 （イ）であって，政令で定めるもの
   三 蓄電池であって政令で定めるもの
2. この法律において（ウ）とは，構造又は使用方法その他の使用状況からみて特に危険又は（エ）の発生するおそれが多い電気用品であって，政令で定めるものをいう．

上記の記述中の空白箇所に記入する語句として，正しいものを組み合わせたのは次のうちどれか．

	（ア）	（イ）	（ウ）	（エ）
(1)	器具	小形発電機	特殊電気用品	障害
(2)	器具	携帯発電機	特定電気用品	障害
(3)	器具	携帯発電機	特別電気用品	火災
(4)	電線	小形発電機	特定電気用品	火災
(5)	電線	小形発電機	特殊電気用品	事故

解説

① **電気用品**：電気用品は次の物が該当する．
- 一般用電気工作物の部分となり，又はこれに接続して用いられる**機械**，**器具**又は**材料**であって政令で定めるもの．
- **携帯発電機**であって，政令で定めるもの．
- **蓄電池**であって，政令で定めるもの．

② **特定電気用品**：構造又は使用方法その他の使用状況からみて**特に危険又は障害の発生するおそれが多い電気用品**であって，政令で定めるものをいう．

参考 平成 27 年に類似問題が出題されている．　【解答（2）】

重要

電気用品＝特定電気用品＋それ以外の電気用品

問題 26 電気用品安全法（2）

［平成 20 年］

次の文章は，「電気用品安全法」についての記述であるが，不適切なものはどれか．

(1) この法律は，電気用品による危険及び障害の発生を防止することを目的としている．

(2) 一般用電気工作物の部分となる器具には電気用品となるものがある．

(3) 携帯用発電機には電気用品となるものがある．

(4) 特定電気用品とは，危険又は障害の発生するおそれの少ない電気用品である．

(5) ◇PSE は，特定電気用品に表示する記号である．

解説

① **特定電気用品**とは，**危険又は障害の発生するおそれが多い電気用品**である．

② 電気用品の届出から販売までの規制は下図のとおりである．

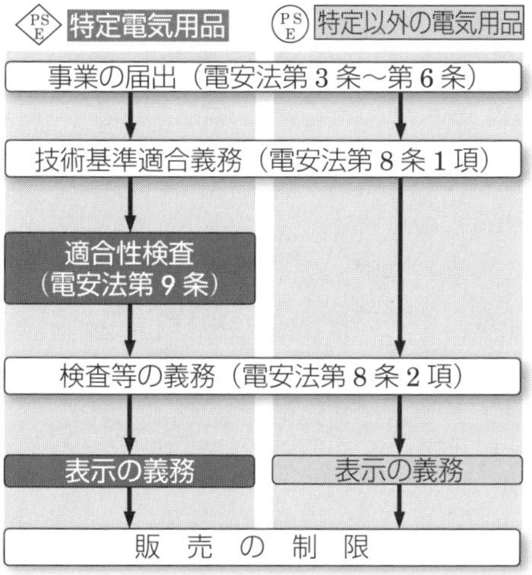

参考 **PSE**：Product Safety Electrical Appliance & Materials の略である．

【解答（4）】

重要 表示記号：特定電気用品 ◇PSE　それ以外の電気用品 (PSE)

ここが肝心！基礎固め！

14 電気設備技術基準の用語の定義

1. 電気設備技術基準での用語の定義

電気設備技術基準の総則では，次の**18 の用語**が定められている．

① **電路**：通常の使用状態で電気が通じているところをいう．

② **電気機械器具**：電路を構成する機械器具をいう．

③ **発電所**：**発電機，原動機，燃料電池，太陽電池その他の機械器具**（小出力発電設備，非常用予備電源を得る目的で施設するもの及び電気用品安全法の適用を受ける携帯用発電機を除く）を施設して電気を発生させる所をいう．

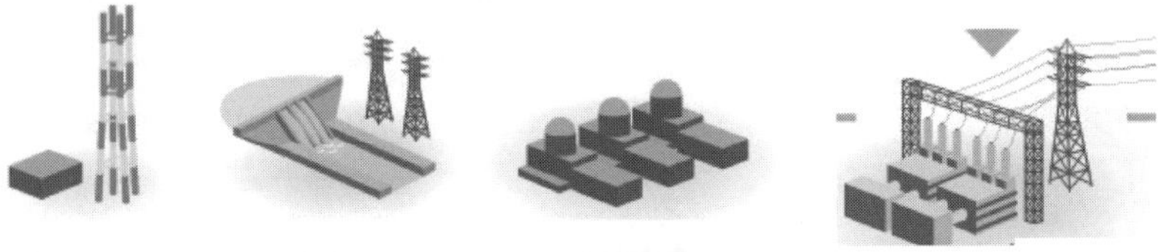

④ **変電所**：構外から伝送される電気を構内に施設した**変圧器，回転変流機，整流器その他の電気機械器具**により変成する所であって，変成した電気をさらに構外に伝送するものをいう．

⑤ **開閉所**：構内に施設した開閉器その他の装置により電路を開閉する所であって，発電所，変電所及び需要場所以外のものをいう．

⑥ **電線**：**強電流電気の伝送**に使用する電気導体，絶縁物で被覆した電気導体又は絶縁物で被覆した上を保護被覆で保護した電気導体をいう．

⑦ **電車線**：電気機関車及び電車にその動力用の電気を供給するために使用する接触電線及び鋼索鉄道の車両内の信号装置，照明装置等に電気を供給するために使用する接触電線をいう．

⑧ **電線路**：発電所，変電所，開閉所及びこれらに類する場所並びに電気使用場所相互間の電線並びにこれを支持し，又は保蔵する工作物をいう．

⑨ **電車線路**：電車線及びこれを支持する工作物をいう．

⑩ **調相設備**：**無効電力を調整**する電気機械器具をいう．

⑪ **弱電流電線**：弱電流電気の伝送に使用する電気導体，絶縁物で被覆した電気導体又は絶縁物で被覆した上を保護被覆で保護した電気導体をいう．

⑫ **弱電流電線路**：弱電流電線及びこれを支持し，又は保蔵する工作物をいう．

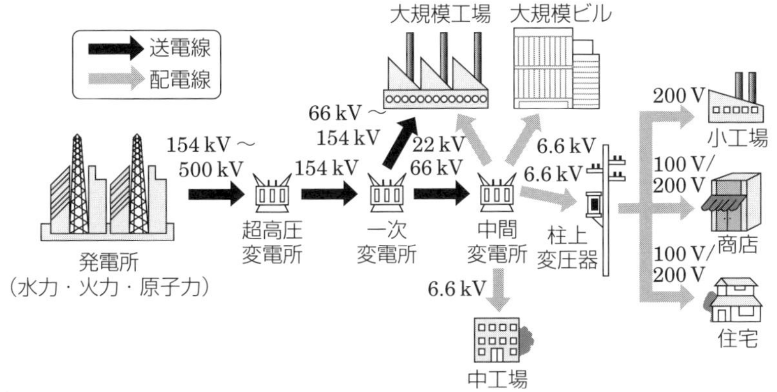

⑬ **光ファイバケーブル**：光信号の伝送に使用する伝送媒体であって，保護被覆で保護したものをいう．

⑭ **光ファイバケーブル線路**：光ファイバケーブル及びこれを支持し，又は保蔵する工作物（造営物の屋内又は屋側に施設するものを除く．）をいう．

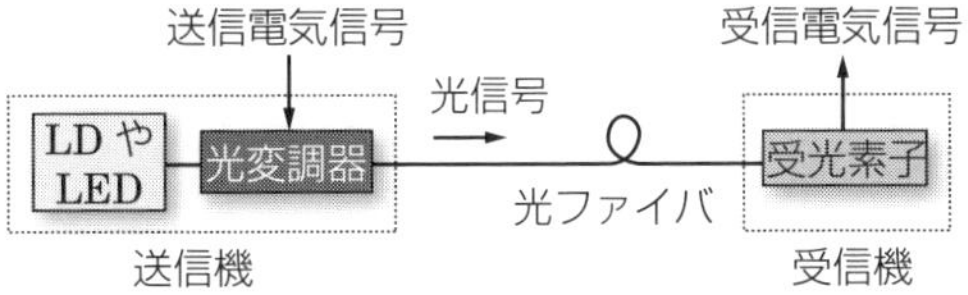

⑮ **支持物**：木柱，鉄柱，鉄筋コンクリート柱及び鉄塔並びにこれらに類する工作物であって，電線又は弱電流電線若しくは光ファイバケーブルを支持することを主たる目的とするものをいう．

⑯ **連接引込線**：一需要場所の引込線（架空電線路の支持物から他の支持物を経ないで需要場所の取付け点に至る架空電線及び需要場所の造営物）から分岐して，支持物を経ないで他の需要場所の引込口に至る部分の電線をいう．

⑰ **配線**：電気使用場所において施設する電線をいう．

⑱ **電力貯蔵装置**：電力を貯蔵する電気機械器具をいう．

2. 電気設備技術基準の解釈（総則）での用語の定義

電気設備技術基準の解釈の総則では，**38 の用語**の定義が規定されている．代表的なものを抜粋し，以下に取り上げておく．

① **使用電圧（公称電圧）**：電路を代表する**線間電圧**.

② **最大使用電圧**：次のいずれかの方法により求めた，**通常の使用状態において電路に加わる最大の線間電圧**.

イ　使用電圧が，**JEC「標準電圧」に規定される公称電圧に等しい電路**においては，使用電圧に，表*に規定する**係数を乗じた電圧**.

（＊表の抜粋分）使用電圧が 1 000 V を超え 500 000 V 未満の場合の係数は **1.15/1.1**

（参考）JEC：電気学会電気規格調査会標準規格のことである.

ロ　イに規定する以外の電路においては，電路の電源となる**機器の定格電圧**.

ハ　計算又は実績により，イ又はロの規定により求めた電圧を上回ることが想定される場合は，その**想定される電圧**.

③ **技術員**：設備の運転又は管理に必要な知識及び技能を有する者.

④ **電気使用場所**：電気を使用するための電気設備を施設した，1の建物又は1の単位をなす場所.

⑤ **需要場所**：電気使用場所を含む**1の構内又はこれに準ずる区域**であって，発電所，変電所及び開閉所以外のもの.

⑥ **架空引込線**：架空電線路の支持物から**他の支持物を経ずに需要場所の取付点に至る**架空電線.

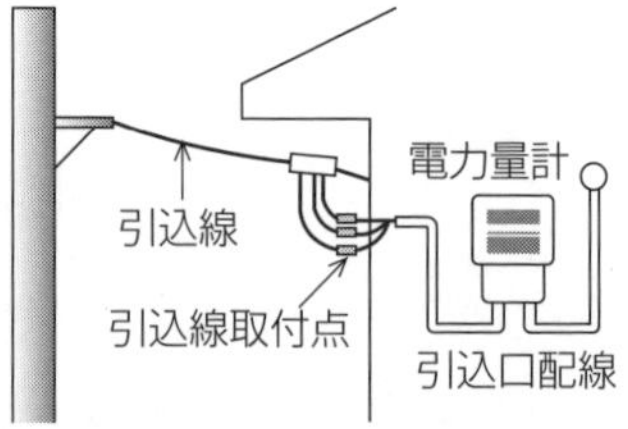

⑦ **引込線**：架空引込線及び需要場所の造営物の側面等に施設する電線であって，当該需要場所の引込口に至るもの.

⑧ **屋内配線**：屋内の電気使用場所において，固定して施設する電線.

⑨ **弱電流電線**：弱電流電気の伝送に使用する電気導体，絶縁物で被覆した電気導体又は絶縁物で被覆した上を保護被覆で保護した電気導体.

⑩ **弱電流電線等** 弱電流電線及び光ファイバケーブル.

⑪ **弱電流電線路等**：弱電流電線路及び光ファイバケーブル線路.

⑫ **多心型電線**：絶縁物で被覆した導体と絶縁物で被覆していない導体とからなる電線.

⑬ **複合ケーブル**：電線と弱電流電線とを束ねたものの上に保護被覆を施したケーブル.

⑭ **接近**：一般的な接近している状態であって，**並行する場合を含み**，交差する場合及び同一支持物に施設される場合を除くもの.

⑮ **難燃性**：炎を当てても燃え広がらない性質.

⑯ **自消性のある難燃性**：難燃性であって，炎を除くと自然に消える性質.

⑰ **不燃性**：難燃性のうち，**炎を当てても燃えない**性質.

⑱ **耐火性**：不燃性のうち，**炎により加熱された状態においても著しく変形又は破壊しない**性質.

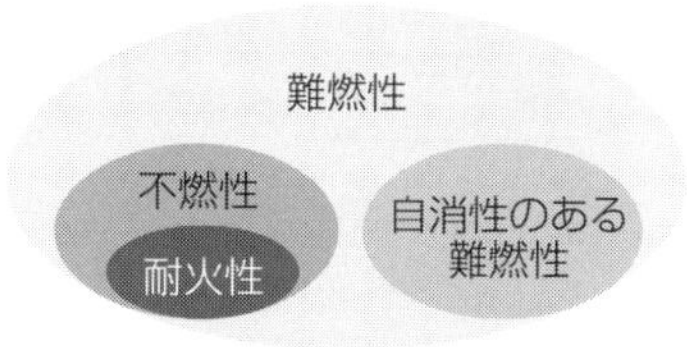

⑲ **接触防護措置**：次のいずれかに適合するように施設することをいう.

イ　設備を，**屋内にあっては床上 2.3 m 以上，屋外にあっては地表上 2.5 m 以上**の高さに，かつ，人が通る場所から手を伸ばしても触れることのない範囲に施設すること.

ロ　設備に人が接近又は接触しないよう，**さく，へい**等を設け，又は**設備を金属管に収める**等の防護措置を施すこと.

⑳ **簡易接触防護措置**：次のいずれかに適合するように施設することをいう.

イ　設備を，**屋内にあっては床上 1.8 m 以上，屋外にあっては地表上 2 m 以上**の高さに，かつ，人が通る場所から容易に触れることのない範囲に施設すること.

ロ　設備に人が接近又は接触しないよう，さく，へい等を設け，又は**設備を金属管に収める**等の防護措置を施すこと.

㉑ **架渉線**：架空電線，架空地線，ちょう架用線又は添架通信線等のもの.

3. 電気設備技術基準の解釈(電線路の通則)での用語の定義

電気設備技術基準の解釈の電線路の通則では，**13 の用語**の定義が規定されている.

① **想定最大張力**：高温季及び低温季の別に，それぞれの季節において想定される最大張力. ただし,異常着雪時想定荷重の計算に用いる場合にあっては,気温 0℃の状態で架渉線に着雪荷重と着雪時風圧荷重との合成荷重が加わった場合の張力.

② **A種鉄筋コンクリート柱**：基礎の強度計算を行わず，根入れ深さを規定値以上とすること等により施設する鉄筋コンクリート柱.

③ **B種鉄筋コンクリート柱**：A 種鉄筋コンクリート柱以外の鉄筋コンクリート柱.

④ **複合鉄筋コンクリート柱**：鋼管と組み合わせた鉄筋コンクリート柱.

⑤ **A種鉄柱**：基礎の強度計算を行わず，根入れ深さを規定値以上とすること

等により施設する鉄柱.

⑥ **B種鉄柱**：A種鉄柱以外の鉄柱.

⑦ **鋼板組立柱**：鋼板を管状にして組み立てたものを柱体とする鉄柱.

⑧ **鋼管柱**：鋼管を柱体とする鉄柱.

⑨ **第1次接近状態**：架空電線が，他の工作物と接近する場合において，当該架空電線が他の工作物の上方又は側方において，**水平距離で3m以上**，かつ，架空電線路の支持物の地表上の高さに相当する距離以内に施設されることにより，架空電線路の**電線の切断，支持物の倒壊**等の際に，当該電線が他の工作物に接触するおそれがある状態.

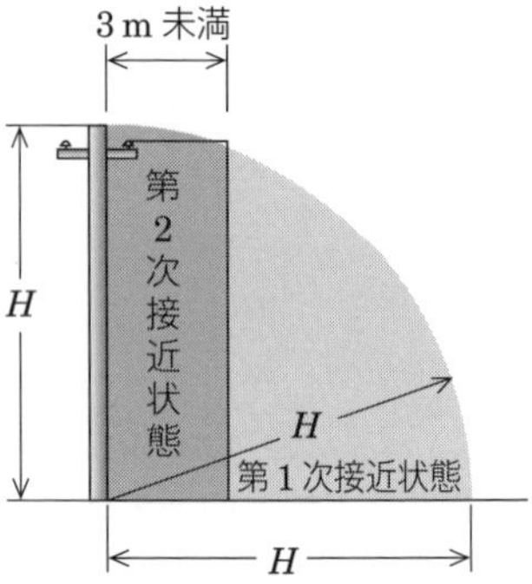

接近状態

⑩ **第2次接近状態**：架空電線が他の工作物と接近する場合において，当該架空電線が他の工作物の上方又は側方において**水平距離で3m未満**に施設される状態.

⑪ **接近状態**：**第1次接近状態**及び**第2次接近状態**.

⑫ **上部造営材**：屋根，ひさし，物干し台その他の人が上部に乗るおそれがある造営材（手すり，さくその他の人が上部に乗るおそれのない部分を除く）.

⑬ **索道**：索道の搬器を含み，索道用支柱を除くものとする.

4. 電気設備技術基準の解釈（電気使用場所の施設などの通則）での用語の定義

電気設備技術基準の解釈の電気使用場所の施設及び小出力発電設備の通則では，**13の用語**の定義が規定されている.

① **低圧幹線**：低圧屋内電路の引込口の開閉器又は変電所に準ずる場所に施設した低圧開閉器を起点とする，電気使用場所に施設する低圧の電路であって，当該電路に，電気機械器具に至る低圧電路であって過電流遮断器を施設するものを接続するものをいう.

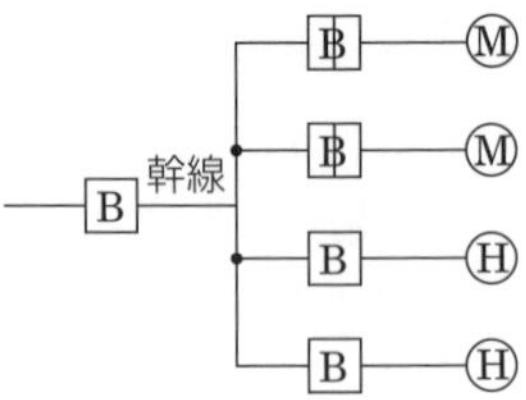

② **低圧分岐回路**：低圧幹線から分岐して電気機械器具に至る低圧電路をいう.

③ **低圧配線**：低圧の屋内配線，屋側配線及び屋外配線をいう.

④ **屋内電線**：屋内に施設する電線路の電線及び屋内配線をいう.

⑤ **電球線**：電気使用場所に施設する電線のうち，造営物に固定しない白熱電灯に至るものであって，造営物に固定しないものをいい，電気機械器具内の電線を除く．

⑥ **移動電線**：電気使用場所に施設する電線のうち，造営物に固定しないものをいい，電球線及び電気機械器具内の電線を除く．

⑦ **接触電線**：電線に接触してしゅう動する集電装置を介して，移動起重機，オートクリーナその他の移動して使用する電気機械器具に電気の供給を行うための電線をいう．

⑧ **防湿コード**：外部編組に防湿剤を施したゴムコードをいう．

⑨ **電気使用機械器具**：電気を使用する電気機械器具をいい，発電機，変圧器，蓄電池その他これに類するものを除く．

⑩ **家庭用電気機械器具**：小型電動機，電熱器，ラジオ受信機，電気スタンド，電気用品安全法の適用を受ける装飾用電灯器具その他の電気機械器具であって，主として住宅その他これに類する場所で使用するものをいい，白熱電灯及び放電灯を除く．

⑪ **配線器具**：開閉器，遮断器，接続器その他これらに類する器具をいう．

⑫ **白熱電灯**：白熱電球を使用する電灯のうち，電気スタンド，携帯灯及び電気用品安全法の適用を受ける装飾用電灯器具以外のものをいう．

⑬ **放電灯**：放電管，放電灯用安定器，放電灯用変圧器及び放電管の点灯に必要な附属品並び管灯回路の配線をいい，電気スタンドその他これに類する放電灯器具を除く．

問題 27 電圧の区分

［平成 14 年改題］

次の文章は，「電気事業法」，「同法に基づく政省令」及び「電気工事士法」に定められた保安に関する規定の記述であるが，不適切なものは次のうちどれか．

(1)「電気事業法」では，主任技術者について，「事業用電気工作物の工事，維持又は運用に従事する者は，主任技術者がその保安のためにする指示に従わなければならない.」とされている．

(2)「電気事業法施行令」では，電気工作物から除かれる工作物として「電圧 30 V 未満の電気的設備であって，電圧 30 V 以上の電気的設備と電気的に接続されていないもの」とされている．

(3)「電気設備技術基準」では，電圧の区分のうち，高圧の範囲について，「直流にあっては 750 V を，交流にあっては 700 V を超え，7 000 V 以下のもの」とされている．

(4)「電気関係報告規則」に基づく「電気関係事故報告」では，「自家用電気工作物を設置する者は，当該自家用電気工作物について，感電事故が発生したときは，事故の発生を知った日から起算して 30 日以内に所轄産業保安監督部長に報告しなければならない」とされている．

(5)「電気工事士法」では，「この法律は，電気工事の作業に従事する者の資格及び義務を定め，もって電気工事の欠陥による災害の発生の防止に寄与することを目的とする」とされている．

解説 ① **電圧の区分**：**電気設備技術基準**では，電圧の区分を交流と直流により，下表のように規定している．

区分	交流	直流
低圧	600 V 以下のもの	750 V 以下のもの
高圧	600 V を超え 7000 V 以下のもの	750 V を超え 7000 V 以下のもの
特別高圧	7000 V を超えるのもの	

② **電圧の区分の概念**：低圧は主として使用場所の設備で使われる電圧，高圧は配電線に使われる電圧，特別高圧は一般的に送電線に使われる電圧である．

参考 ▭ 部の空白問題が平成 26 年に出題されている．　【解答 (3)】

重要

低圧(交・直流で差) ＜ 高圧(7 000 V 以下) ＜ 特別高圧

[平成17年]

問題28 電線の接続（1）

次の文章は，裸電線及び絶縁電線の接続法の基本事項について「電気設備技術基準の解釈」に規定されている記述の一部である．

1. 電線の電気抵抗を［（ア）］させないように接続すること．
2. 電線の引張強さを［（イ）］%以上減少させないこと．
3. 接続部分には，接続管その他の器具を使用し，又は［（ウ）］すること．
4. 絶縁電線相互を接続する場合は，接続部分をその部分の絶縁電線の絶縁物と同等以上の［（エ）］のあるもので十分被覆すること（当該絶縁物と同等以上の［（エ）］のある接続器を使用する場合を除く．）．

上記の記述中の空白箇所（ア），（イ），（ウ）及び（エ）に記入する語句又は数値として，正しいものを組み合わせたのは次のうちどれか．

	（ア）	（イ）	（ウ）	（エ）
(1)	変化	30	ろう付け	絶縁効力
(2)	増加	30	圧着	絶縁抵抗
(3)	増加	20	ろう付け	絶縁効力
(4)	変化	20	ろう付け	絶縁抵抗
(5)	増加	15	圧着	絶縁抵抗

解説

電線の接続の三原則は，次のとおりである．

① **電気抵抗を増加させない**→接続管などの使用やろう付けをする．
② **断線させない**→引張強さを20%以上減少させない．
③ **絶縁性能を低下させない**→接続部分を絶縁効力のあるもので十分被覆する．

【解答（3）】

重要 コード相互：コード接続器，ケーブル相互：接続箱

問題29 電線の接続（2）

［平成23年］

「電気設備技術基準」及び「電気設備技術基準の解釈」に基づく，電線の接続に関する記述として，適切なものを次の（1）～（5）のうちから一つ選べ.

（1）電線を接続する場合は，接続部分において電線の絶縁性能を低下させないように接続するほか，短絡による事故（裸電線を除く）及び通常の使用状態において異常な温度上昇のおそれがないように接続する.

（2）裸電線と絶縁電線とを接続する場合に断線のおそれがないようにするには，電線に加わる張力が電線の引張強さに比べて著しく小さい場合を含め，電線の引張強さを25%以上減少させないように接続する.

（3）屋内に施設する低圧用の配線器具に電線を接続する場合は，ねじ止めその他これと同等以上の効力のある方法により，堅ろうに接続するか，又は電気的に完全に接続する.

（4）低圧屋内配線を合成樹脂管工事又は金属管工事により施設する場合に，絶縁電線相互を管内で接続する必要が生じたときは，接続部分をその電線の絶縁物と同等以上の絶縁効力のあるもので十分被覆し，接続する.

（5）住宅の屋内電路（電気機械器具内の電路を除く）に関し，定格消費電力が2kW以上の電気機械器具のみに三相200Vを使用するための屋内配線を施設する場合において，電気機械器具は，屋内配線と直接接続する.

解説

(1)は通常の使用状態において断線のおそれがないこと.

(2)は引張強さを20%以上減少させないこと.

(3)は堅ろうに，かつ電気的に完全に接続するとともに，接続点に張力が加わらないようにすること.

(4)は合成樹脂管や金属管内では，電線に接続点を設けてはならない.

【解答（5）】

住宅の屋内電路：2kW以上の機械器具は直接接続　重要

問題 30 低圧電路の絶縁性能

[平成 16 年]

次の文章は，「電気設備技術基準」に基づく電気使用場所における低圧の電路の絶縁性能に関する記述である．

電気使用場所における使用電圧が低圧の電路の電線相互間及び電路と大地との間の絶縁抵抗は，開閉器又は （ア） で区切ることのできる電路ごとに，次に掲げる電路の使用電圧の区分に応じ，それぞれ次に掲げる値以上でなければならない．

a. 電路の使用電圧の区分が （イ） V 以下で対地電圧（接地式電路においては電線と大地との間の電圧，非接地式電路においては電線間の電圧をいう.）が 150 V 以下の場合の絶縁抵抗値は （ウ） MΩ 以上でなければならない．

b. 電路の使用電圧の区分が （イ） V 以下で，上記 a 以外の場合の絶縁抵抗値は， （エ） MΩ 以上でなければならない．

上記の記述中の空白箇所（ア），（イ），（ウ）及び（エ）に記入する語句又は数値として，正しいものを組み合わせたのは次のうちどれか．

	（ア）	（イ）	（ウ）	（エ）
(1)	過電流遮断器	300	0.1	0.2
(2)	過電流遮断器	300	0.2	0.4
(3)	配線用遮断器	300	0.1	0.2
(4)	配線用遮断器	600	0.2	0.4
(5)	漏電遮断器	600	0.2	0.4

解説 電気使用場所における低圧電路の絶縁抵抗値は，下表のように規定されている．

電路の使用電圧の区分		絶縁抵抗値
300 V 以下	対地電圧 150 V 以下	0.1 MΩ 以上
	対地電圧 150 V を超えるもの	0.2 MΩ 以上
300 V を超えるもの		0.4 MΩ 以上

参考 平成 26 年に類似問題が出題されている．

【解答（1)】

重要 絶縁抵抗の規定箇所：電線相互間，電路と大地間

問題 31 低圧電線路の絶縁性能

[平成 19 年]

「電気設備技術基準」では，低圧電線路の絶縁性能として，「低圧電線路中絶縁部分の電線と大地との間及び電線の線心相互間の絶縁抵抗は，使用電圧に対する漏えい電流が最大供給電流の （ア） を超えないようにしなければならない」と規定している．

いま，定格容量 75 kV·A，一次電圧 6 600 V，二次電圧 105 V の単相変圧器に接続された単相 2 線式 105 V 1 回線の低圧架空配電線路について，上記規定に基づく，この配電線路の電線 1 線当たりの漏えい電流〔A〕の許容最大値を求めることとする．

上記の記述中の空白箇所（ア）に当てはまる語句と漏えい電流〔A〕の許容最大値との組合せとして，最も適切なのは次のうちどれか．

	（ア）	漏えい電流〔A〕の許容最大値
(1)	1 000 分の 1	0.714
(2)	1 000 分の 1	1.429
(3)	1 500 分の 1	0.476
(4)	2 000 分の 1	0.357
(5)	2 000 分の 1	0.179

解説

① 低圧電線路中絶縁部分の電線と大地との間及び電線の線心相互間の絶縁抵抗は，使用電圧に対する漏えい電流が最大供給電流の **2 000 分の 1** を超えないようにしなければならない．

② 単相変圧器の低圧側の最大供給電流（定格電流）I_m は

$$I_m = \frac{P_n}{V_n} = \frac{75\,\mathrm{kV{\cdot}A} \times 10^3}{105\,\mathrm{V}} \fallingdotseq 714\,\mathrm{A}$$

この配電線路では

$$\text{電線 1 線当たりの漏えい電流の許容最大値} = \frac{I_m}{2\,000} = \frac{714}{2\,000} \fallingdotseq 0.357\,\mathrm{A}$$

【解答（4）】

低圧電線路の漏えい電流≦最大供給電流／2 000　重要

ここが肝心！基礎固め！

15 絶縁耐力試験

1. 交流電路での絶縁耐力試験

①高圧及び特別高圧の絶縁性能は，絶縁耐力試験による．

②絶縁耐力試験での試験電圧は，最大使用電圧 E_m の大きさによって異なり，表のように規定されている（**試験時間は連続 10分間 で共通**）．

電路の種類	試験電圧
E_m が 7 000 V 以下	**1.5** $\boldsymbol{E_m}$
E_m が 7 000 V を超え 15 000 V 以下の中性点接地式電路	0.92 E_m
E_m が 7 000 V を超え 60 000 V 以下（上記以外）	**1.25** $\boldsymbol{E_m}$（最低 10 500 V）

③最大使用電圧は，公称電圧が与えられている場合には，次式で計算する．

最大使用電圧 E_m = 公称電圧〔V〕×（1.15/1.1）〔V〕

④電線に**ケーブルを使用する交流の電路では，試験電圧の 2 倍 の直流電圧**を加えて試験することができる．（こう長の長い電路は充電電流が大きくなるため）

⑤試験箇所は，**電路―大地間（多心ケーブル：心線相互間及び心線―大地間）**

（参考）　　　部は空白問題として平成 21 年に出題されている．

2. 機器類の絶縁耐力試験

①絶縁耐力試験での試験電圧は，最大使用電圧 E_m の大きさによって異なり，代表的なものは，表のような規定内容である（**試験時間は連続 10 分間で共通**）．

機器の種類		試験電圧	試験箇所
回転機	E_m が 7 000 V 以下	1.5 E_m（最低 500 V）	巻線と大地間
	E_m が 7 000 V 超過	1.25 E_m（最低 10 500 V）	
整流器 E_m が 60 000 V 以下		直流側 E_m の 1 倍の交流電圧（最低 500 V）	充電部と外箱
燃料電池及び太陽電池モジュール		1.5 E_m の直流電圧または E_m の交流電圧（最低 500 V）	充電部と大地間
変圧器	E_m が 7 000 V 以下の巻線	**1.5** $\boldsymbol{E_m}$（最低 500 V）	**巻線と他の巻線間，鉄心及び外箱間**
	E_m が 7 000 V を超え 60 000 V 以下の巻線	**1.25** $\boldsymbol{E_m}$（最低 10 500 V）	

②**交流回転機**は，交流試験電圧の **1.6 倍の直流電圧**による試験でもよい．

③**電線にケーブルを使用する機器類の交流の接続線もしくは母線**では，交流試験電圧の **2 倍の直流**による試験でもよい．

問題 32 電路の絶縁耐力試験

[平成 22 年]

次の文章は「電気設備技術基準の解釈」に基づく，特別高圧の電路の絶縁耐力試験に関する記述である．

公称電圧 22 000 V，三相 3 線式電線路のケーブル部分の心線と大地との間の絶縁耐力試験を行う場合，試験電圧と連続加圧時間の記述として，正しいのは次のうちどれか．

(1) 交流 23 000 V の試験電圧を 10 分間加圧する．
(2) 直流 23 000 V の試験電圧を 10 分間加圧する．
(3) 交流 28 750 V の試験電圧を 1 分間加圧する．
(4) 直流 46 000 V の試験電圧を 10 分間加圧する．
(5) 直流 57 500 V の試験電圧を 10 分間加圧する．

解説 ① ケーブルの電路では，交流での試験のほか直流での試験が認められている．これは，ケーブルでは静電容量があるため，長こう長になると充電容量が大きくなり，試験装置が大型になるためである．

② **交流試験電圧＝最大使用電圧×1.25**

$$= \left(\text{公称電圧} \times \frac{1.15}{1.1}\right) \times 1.25 = \left(22\,000 \times \frac{1.15}{1.1}\right) \times 1.25$$

$= 28\,750$ V　　試験時間は，**連続 10 分間**である．

③ **直流試験電圧＝交流試験電圧×2**

$= 28\,750 \times 2 = 57\,500$ V　　試験時間は，**連続 10 分間**である．

参考 **電路の絶縁**（平成 24 年出題）

電路は，大地から絶縁しなければならない．

［例外①］構造上やむを得ない場合であって通常予見される使用形態を考慮し危険のおそれがない場合（例：**架空単線式電気鉄道の帰線**など）

［例外②］混触による高電圧の侵入等の異常が発生した際の危険を回避するための接地その他の保安上必要な措置を講ずる場合（例：**計器用変成器の 2 次側電路に施す接地工事の接地点**など）

【解答（5）】

重要 ケーブルの直流試験電圧は交流試験電圧の 2 倍

問題 33 太陽電池の絶縁耐力試験

[平成 28 年]

次の文章は，「電気設備技術基準の解釈」に基づく太陽電池モジュールの絶縁性能及び太陽電池発電所に施設する電線に関する記述の一部である．

a. 太陽電池モジュールは，最大使用電圧の （ア） 倍の直流電圧又は （イ） 倍の交流電圧（500 V 未満となる場合は，500 V）を充電部分と大地の間に連続して （ウ） 分間加えたとき，これに耐える性能を有すること．

b. 太陽電池発電所に施設する高圧の直流電路の電線（電気機械器具内の電線を除く）として，取扱者以外のものが立ち入らないような措置を講じた場所において，太陽電池発電設備用直流ケーブルを使用する場合，使用電圧は直流 （エ） V 以下であること．

上記の記述中の空白箇所に当てはまる組合せとして，正しいものはどれか．

	（ア）	（イ）	（ウ）	（エ）
(1)	1.5	1	1	1 000
(2)	1.5	1	10	1 500
(3)	2	1	10	1 000
(4)	2	1.5	10	1 000
(5)	2	1.5	1	1 500

解説

a. 太陽電池モジュールは，最大使用電圧の **1.5** 倍の直流電圧又は **1** 倍の交流電圧を充電部分と大地の間に連続して **10** 分間加えたとき，これに耐える性能を有すること．

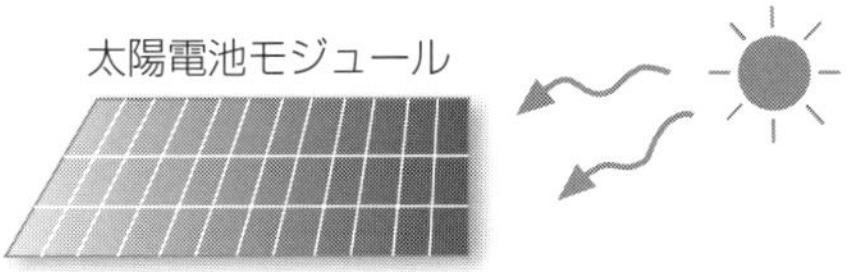

b. 太陽電池発電所に施設する高圧の直流電路の電線として，取扱者以外のものが立ち入らないような措置を講じた場所において，太陽電池発電設備用直流ケーブルを使用する場合，使用電圧は直流 **1 500** V 以下であること．

参考 平成 18 年に類似問題が出題されている．

【解答（2）】

重要 **太陽電池の耐電圧：DC1.5 倍，AC1 倍（連続 10 分間）**

ここが肝心！基礎固め！

16 接地工事の種類

1. 接地工事の種類

①接地工事には，A種，B種，C種，D種の四つがある．

②接地工事の種類ごとの適用は，下表のとおりである．

種　別	接地抵抗値	接地線の直径	緩和条件など
A種	10 Ω 以下	2.6 mm 以上	
B種	$150/I_g$〔Ω〕以下 （I_g：1線地絡電流）	特別高圧変圧器 4 mm 以上 高圧変圧器 2.6 mm 以上	遮断器を付けない場合
	① $300/I_g$〔Ω〕以下		変圧器の特別高圧と低圧または高圧と低圧との混触により，低圧電路の対地電圧が **150 V** を超えた場合 ① 1 秒を超え 2 秒以内 に電路を自動遮断 ② 1 秒以内 に電路を自動遮断
	② $600/I_g$〔Ω〕以下		
C種	10 Ω 以下	1.6 mm 以上	＊低圧電路に地絡を生じたとき 0.5 秒以内 に自動的に電路を遮断する装置を設けるときに適用
	500 Ω 以下*		
D種	100 Ω 以下		
	500 Ω 以下*		

2. B種接地工事の 1 線地絡電流の計算式

① 1 線地絡電流の計算は，下式による．

$$I_g = 1 + \frac{\dfrac{V'L}{3} - 100}{150} + \frac{\dfrac{V'L'}{3} - 1}{2}〔\mathrm{A}〕$$

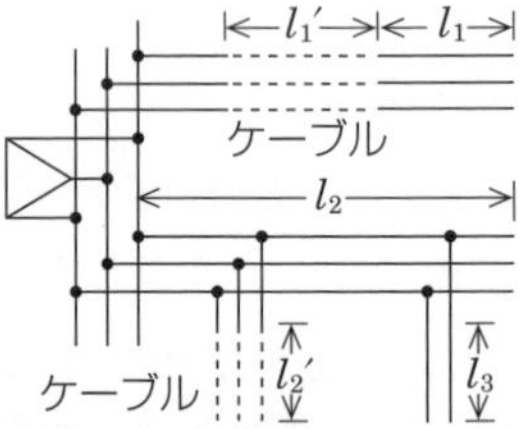

同一母線に接続される高圧電路の電線延長	$L = 3l_1 + 3l_2 + 2l_3$
同一母線に接続される高圧電路のケーブル線路延長	$L' = l_1' + l_2'$

V'：公称電圧/1.1 kV

L ：同一母線に接続された架空線の電線延長〔km〕

L'：ケーブルの線路延長〔km〕

＊第 2 項，第 3 項が負になる場合⇒0 とする．

＊小数点以下の端数⇒切り上げる．

＊ 2 A 未満になる場合⇒2 A とする．

＊ B 種接地抵抗値は 5 Ω 未満になることを要しない．

問題 34 電気設備の接地

［平成 17 年］

次の文章は,「電気設備技術基準」に基づく保安原則に関する記述の一部である.

電気設備の必要な箇所には，異常時の（ア），高電圧の侵入等による感電，火災その他（イ）を及ぼし，又は物件への損傷を与えるおそれがないよう，（ウ）その他の適切な措置を講じなければならない.

上記の記述中の空白箇所（ア），（イ）及び（ウ）に記入する語句として，正しいものを組み合わせたのは次のうちどれか.

	（ア）	（イ）	（ウ）
(1)	過電流	公衆に危害	接　地
(2)	過電流	公衆に危害	過電流遮断器の設置
(3)	電位上昇	財産に被害	過電流遮断器の設置
(3)	過電流	人体に危害	接　地
(5)	電位上昇	人体に危害	接　地

解説

① **電路絶縁の原則**：電路は，**大地から絶縁**しなければならない.

（除外されるもの）電路の一部を接地した場合の接地点や絶縁できないもの.

② **電気設備の接地**：電気設備の必要な箇所には，異常時の **電位上昇**，高電圧の侵入等による感電，火災その他 **人体に危害** を及ぼし，又は物件に損傷のおそれがないよう，**接地** その他の適切な措置を講じなければならない.

③ **電気設備の接地の方法**：電気設備に**接地**を施す場合は，**電流が安全かつ確実に 大地に通ずる** ことができるようにしなければならない.

④ **等電位ボンディング**：ビルの鉄骨等を接地極として使用し，等電位ボンディングする場合は，A 種から D 種までの接地を共用してよい.

参考　　部は空白問題として平成 23 年に出題されている.

【解答（5）】

重要　接地⇒電位上昇や高電圧侵入等による感電・火災防止

問題 35　B 種接地工事の目的

[平成 20 年]

「電気設備技術基準の解釈」に基づく B 種接地工事を施す主たる目的として，正しいのは次のうちどれか．

(1) 低圧電路の漏電事故時の危険を防止する．
(2) 高圧電路の過電流保護継電器の動作を確実にする．
(3) 高圧電路又は特別高圧電路と低圧電路との混触時の，低圧電路の電位上昇の危険を防止する．
(4) 高圧電路の変圧器の焼損を防止する．
(5) 避雷器の動作を確実にする．

解説

① B 種接地工事は，高圧電路または特別高圧電路と低圧電路とが混触した場合に，低圧側電路の電位上昇による絶縁破壊による災害を防止する目的で行われる．

② 混触には，変圧器内部での混触と併架・交さ部での混触がある．【解答（3）】

B 種接地工事は混触時の低圧側の絶縁破壊を防止　重要

点数アップ♪

ワンポイント知識 — 接地工事の適用箇所

電気設備技術基準で規定されている主な接地工事の箇所は，下表のとおりである．

種　別	接地工事の適用箇所
A 種	・特別高圧・高圧機器の金属製外箱 ・避雷器 ・特別高圧計器用変成器の二次側電路
B 種	高圧／低圧変圧器または特別高圧／低圧変圧器の低圧側の中性点または 1 端子，混触防止板（低圧側非接地の場合）
C 種	300 V を超える低圧機器の金属製外箱
D 種	・300 V 以下の低圧機器の金属製外箱 ・ちょう架線 ・ケーブルの遮へい銅テープ ・高圧計器用変成器の二次側電路

問題 36 電路の接地工事

［平成 28 年］

次の文章は，「電気設備の技術基準の解釈」に基づく電路に係る部分に接地工事を施す場合の，接地点に関する記述である．

a.　電路の保護装置の確実な動作の確保，異常電圧の抑制又は対地電圧の低下を図るために必要な場合は，次の各号に掲げる場所に接地を施すことができる．

① 電路の中性点（ （ア） 電圧が 300 V 以下の電路において中性点に接地を施し難いときは，電路の一端子）

② 特別高圧の （イ） 電路

③ 燃料電池の電路又はこれに接続する （イ） 電路

b.　高圧電路又は特別高圧電路と低圧電路とを結合する変圧器には，次の各号により B 種接地工事を施すこと．

① 低圧側の中性点

② 低圧電路の （ア） 電圧が 300 V 以下の場合において，接地工事を低圧側の中性点に施し難いときは，低圧側の 1 端子

c.　高圧計器用変成器の 2 次側電路には， （ウ） 接地工事を施すこと．

d.　電子機器に接続する （ア） 電圧が （エ） V 以下の電路，その他機能上必要な場所において，電路に接地を施すことにより，感電，火災その他の危険を生じることのない場合には，電路に接地を施すことができる．

上記の記述中の空白箇所に当てはまる組合せとして，正しいものは次のうちどれか．

	（ア）	（イ）	（ウ）	（エ）
(1)	使 用	直 流	A 種	300
(2)	対 地	交 流	A 種	150
(3)	使 用	直 流	D 種	150
(4)	対 地	交 流	D 種	300
(5)	使 用	交 流	A 種	150

解説 ① **使用** 電圧が 300 V 以下の電路は，電路の一端子の接地でもよい．

② 特別高圧の **直流** 電路に接地をしてもよい．

③ 燃料電池の電路又はこれに接続する **直流** 電路に接地をしてもよい．

④ 高圧計器用変成器の 2 次側電路には， **D 種** 接地工事を施すこと．【解答 (3)】

重要 計器用変成器の二次側→特別高圧用は A 種接地工事

問題 37 接地工事の方法

[平成 15 年]

次の文章は，「電気設備の技術基準の解釈」に基づく接地工事に関する記述である.

電気使用場所において A 種接地工事又は B 種接地工事に使用する接地線を人が触れるおそれがある場所に施設する場合は，次によることとしている.

1. 接地極は，地下 (ア) cm 以上の深さに埋設すること.
2. 接地線を鉄柱その他の金属体に沿って施設する場合は，接地極を鉄柱の底面から (イ) cm 以上の深さに埋設する場合を除き，接地極を地中でその金属体から (ウ) m 以上離して埋設すること.

上記の記述中の空白箇所に記入する数値として，正しいものを組み合わせたのは次のうちどれか.

	(ア)	(イ)	(ウ)
(1)	60	40	1
(2)	75	40	1
(3)	60	30	2
(4)	75	40	2
(5)	75	30	1

解説

A 種及び B 種接地工事を「**人が触れるおそれのある場所**」に施設する場合には，次のように工事内容の強化が図られている.

① **接地極**：地下 **75 cm 以上の深さ**に埋設する.
② **接地線**：鉄柱等の金属体に近接して施設する場合は，接地極を鉄柱その他の金属体の底面から **30 cm 以上の深さ**とするか，**金属体から 1 m 以上離して埋設**する.
③ **接地線の種類**：屋外用ビニル絶縁電線以外の絶縁電線または通信用ケーブル以外のケーブルを使用する.
④ **保護範囲**：**地下 75 cm** から**地表上 2 m** までを合成樹脂管で覆う. **【解答 (5)】**

重要 接地極 75 cm が原則，鉄柱 30 cm と 1 m の規定

問題 38　接地工事の省略

［平成 14 年］

次の文章は，電気設備の接地に関する記述であるが，「電気設備の技術基準の解釈」から判断して不適切なものは次のうちどれか．

(1) 使用電圧 200 V の機械器具の鉄台に施す接地工事の接地抵抗値を 90 Ω とした．
(2) 使用電圧 100 V の機械器具を屋内の乾燥した場所で使用するので，その機械器具の鉄台の接地工事を省略した．
(3) 使用電圧 440 V の機械器具に電気を供給する電路に動作時間が 0.1 秒の漏電遮断器が施設されているので，その機械器具の鉄台の接地工事の接地抵抗値を 300 Ω とした．
(4) 水気のある場所で使用する使用電圧 100 V の機械器具に電気を供給する電路に動作時間が 0.1 秒の漏電遮断器が施設されているので，その機械器具の鉄台の接地工事を省略した．
(5) 使用電圧 3 300 V の機械器具の鉄台に施す接地工事の接地線に，直径 2.6 mm の軟銅線を使用した．

解説

電気機械器具の鉄台等が**次のように施設される場合，接地工事を省略**できる．

① 直流 300 V または交流対地電圧 150 V 以下の機械器具を乾燥した場所に施設する場合．
② 低圧用の機械器具を乾燥した木製の床，その他絶縁性のものの上で取り扱う場合．
③ 機械器具を人が触れるおそれがないよう木柱などの上に施設する場合．
④ 鉄台，外箱の周囲に絶縁台を設ける場合．
⑤ ゴム，合成樹脂で被覆した計器用変成器．
⑥ **二重絶縁構造**の機械器具を施設する場合．
⑦ **絶縁変圧器**（二次側 300 V，3 kV·A 以下）．
⑧ **水気のない場所で漏電遮断器（定格感度電流 15 mA 以下，動作時間 0.1 秒以下の電流動作型のもの）**を**施設する場合**．

参考 平成 25 年に類似問題が出題されている．　　【解答（4）】

重要　水気のある場所での接地は省略できない（危険度大）

[平成 17 年]

問題 39 電気使用場所の施設

次の文章は，「電気設備技術基準」に基づく電気使用場所に施設する電気機械器具に関する記述である．

電気使用場所に施設する電気機械器具は，充電部の (ア) がなく，かつ， (イ) に危害を及ぼし，又は (ウ) が発生するおそれがある発熱がないように施設しなければならない．ただし，電気機械器具を使用するために充電部の (ア) 又は発熱体の施設が必要不可欠である場合であって， (エ) その他 (イ) に危害を及ぼし，又は (ウ) が発生するおそれがないように施設する場合は，この限りでない．

上記の記述中の空白箇所（ア），（イ），（ウ）及び（エ）に記入する語句として，正しいものを組み合わせたのは次のうちどれか．

	（ア）	（イ）	（ウ）	（エ）
(1)	露　出	公　衆	障　害	漏　電
(2)	露　出	人　体	火　災	感　電
(3)	露　出	取扱者	火　災	感　電
(4)	混　触	人　体	障　害	漏　電
(5)	混　触	取扱者	障　害	放　電

解説

① **電気機械器具の熱的強度**：電路に施設する電気機械器具は，**通常の使用状態**においてその電気機械器具に発生する**熱**に耐えるものでなければならない．

② **電気使用場所に施設する電気機械器具**：電気使用場所に施設する電気機械器具は，充電部の**露出**がなく，かつ，**人体**に危害を及ぼし，又は**火災**が発生するおそれがある発熱がないように施設しなければならない．ただし，電気機械器具を使用するために充電部の**露出**又は発熱体の施設が必要不可欠である場合であって，**感電**その他**人体**に危害を及ぼし，又は**火災**が発生するおそれがないように施設する場合は，この限りでない．

参考　　　　部は空白問題として平成 23 年に出題されている．

【解答（2）】

重要

低圧用機械器具＝低圧配線器具＋電気使用機械器具

ここが肝心！基礎固め！

17 施設場所別の立入防止

立入防止などの措置は，施設別に以下のように規定されている．

<table>
<tr><td>屋外の施設</td><td>①さく，へい等を設けること．
<table><tr><td>電圧区分</td><td>さく，へいなどの高さと，さく，へいなどから充電部分までの距離との和</td></tr><tr><td>35 kV 以下</td><td>5 m 以上</td></tr><tr><td>35 kV を超え 160 kV 以下</td><td>6 m 以上</td></tr></table>②出入口に危険である旨の表示をすること．
③出入口に施錠装置を施設すること．
</td></tr>
<tr><td rowspan="2">屋内・工場等の構内の施設</td><td>①さく，へい等を設けるか，堅ろうな壁を設ける．
②出入口に立入禁止の表示をすること．
③出入口に施錠装置を施設すること．</td></tr>
<tr><td>[工場等での例外：次により施設した場合は例外となる．]
①機械器具を高圧用は地表上 4.5 m 以上，特別高圧用は地表上 5 m 以上の高さとし，人が触れるおそれのないようにする．
②屋内の取扱者以外の者が出入できないように施設する．
③高圧用はコンクリート製の箱または D 種接地工事を施した金属製の箱に収め，充電部分が露出しないように施設する．特別高圧用は絶縁された箱または A 種接地工事を施した金属製の箱に収め，充電部分が露出しないように施設する．
④充電部分が露出しない機械器具を簡易接触防護措置を施して施設する．</td></tr>
<tr><td>支持物の施設（昇塔の防止）</td><td>架空電線路の支持物に，取扱者が昇降に使用する足場金具等を施設する場合は，地表上 1.8 m 以上に施設すること．
[例外①] 足場金具等が内部に格納できる構造である場合．
[例外②] 支持物に昇塔防止のための装置を施設する場合．
[例外③] 支持物の周囲に取扱者以外の者が立ち入らないように，さく，へい等を施設する場合．
[例外④] 支持物を山地等で人が容易に立ち入るおそれがない場所に施設する場合．</td></tr>
</table>

[平成 28 年改題]

問題 40 高圧機械器具の施設

次の文章は，高圧の機械器具の施設の工事例である．その内容として，「電気設備技術基準の解釈」に基づき，誤っているものはどれか．

(1) 機械器具を屋内であって，取扱者以外の者が出入りできないように措置した場所に施設した．

(2) 人が触れるおそれがないように，機械器具の周囲に適当なさく，へい等を設け，さく，へい等の高さと，当該さく，へい等から機械器具の充電部分までの距離との和を 5 m 以上とし，危険である旨の表示をした．

(3) 工場等の構内以外の場所において，機械器具に充電部が露出している部分があるので，簡易接触防護措置を施して機械器具を施設した．

(4) 機械器具に附属する高圧電線にケーブル又は引下げ用高圧絶縁電線を使用し，機械器具を人が触れるおそれがないように地表上 4.5 m（市街地外 4 m）の高さに施設した．

(5) 充電部分が露出しない機械器具を温度上昇により，又は故障の際に，その近傍の大地との間に生じる電位差により，人若しくは家畜又は他の工作物に危険のおそれがないように施設した．

解説

① 充電部分が露出しない機械器具を，簡易接触防護措置を施して施設することができる．→選択肢（3）は，「工場等の構内以外の場所において，機械器具に**充電部が露出している部分がある**ので，簡易接触防護措置を施して機械器具を施設した．」としており，充電部が露出している部分があるので誤った工事となっている．

② 機械器具をコンクリート製の箱又は D 種接地工事を施した金属製の箱に収め，かつ，充電部分が露出しないように施設することも規定されている．

参考 平成 21 年に類似問題が出題されている．　【解答（3）】

重要

高圧機械器具→充電部露出なし＋簡易接触防護措置

問題41 アークを生じる器具

［平成15年］

次の文章は,「電気設備技術基準」及び「電気設備技術基準の解釈」に基づくアークを生ずる器具の施設に関する記述である.

電気設備技術基準では,「高圧又は特別高圧の開閉器，遮断器，避雷器その他これらに類する器具であって，動作時にアークを生ずるものは，火災のおそれがないよう，木製の壁又は天井その他の可燃性の物から離して施設しなければならない．ただし，（ア）の物で両者の間を隔離した場合は，この限りでない」としている.

電気設備技術基準の解釈では，上記の「木製の壁又は天井その他の可燃性の物から離して施設しなければならない」について,「高圧用のものにあっては，（イ）m以上，特別高圧用のものにあっては（ウ）m以上（使用電圧が35 kV以下の特別高圧用の開閉器等について，動作時に生ずるアークの方向及び長さを火災が発生するおそれがないように制限した場合にあっては，（イ）m以上）離すこと」としている.

上記の記述中の空白箇所に記入する語句又は数値として，正しいものを組み合わせたものは次のうちどれか.

	（ア）	（イ）	（ウ）
(1)	耐火性	0.5	1
(2)	不燃性	0.5	2
(3)	耐火性	1	2
(4)	不燃性	1	3
(5)	難燃性	2	3

解説

動作時にアークを生ずる器具と木製の壁又は天井その他の**可燃性**の物との離隔規定は次のとおりである.

① **耐火性**の物で両者の間を隔離する.

② **高圧用は1 m以上，特別高圧用は2 m以上**の離隔距離をとる.

参考 平成25年に類似問題が出題されている.

【解答（3）】

重要 アークを生ずる器具とは耐火性で隔離か離隔距離の確保

問題 42 避雷器の施設

[平成 22 年]

「電気設備技術基準の解釈」では，高圧及び特別高圧の電路中の所定の箇所又はこれに近接する箇所には避雷器を施設することとなっている．この所定の箇所に該当するのは次のうちどれか．

(1) 発電所又は変電所の特別高圧地中電線引込口及び引出口
(2) 高圧側が 6 kV 高圧架空電線路に接続される配電用変圧器の高圧側
(3) 特別高圧架空電線路から供給を受ける需要場所の引込口
(4) 特別高圧地中電線路から供給を受ける需要場所の引込口
(5) 高圧架空電線路から供給を受ける受電電力の容量が 300 kW の需要場所の引込口

解説 高圧及び特別高圧の電路中，次の箇所またはこれに近接する箇所には，避雷器を施設すること．

① 発変電所等の**架空電線**の引込口及び引出口
② 架空電線路に接続する過電流遮断器等が設置されている**特別高圧配電用変圧器の高圧側及び特別高圧側**
③ 高圧架空電線路から供給を受ける **500 kW 以上**の需要場所の引込口
④ **特別高圧架空電線路**から供給を受ける需要場所の引込口

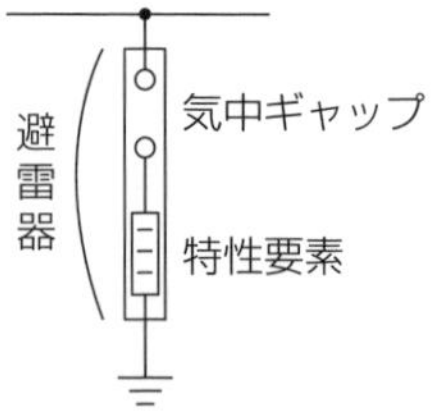

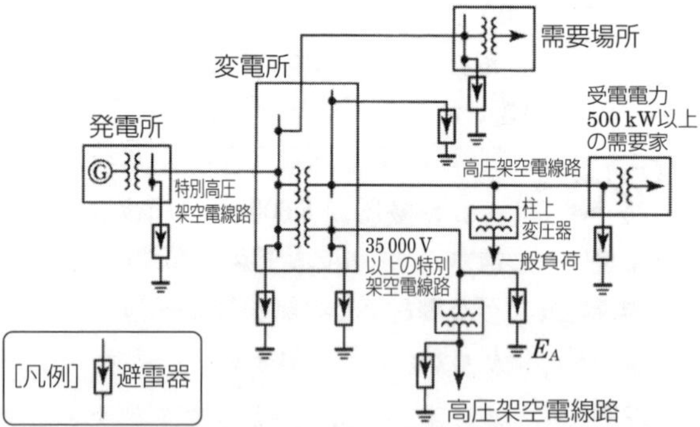

参考 平成 27 年に類似問題が出題されている．

【解答 (3)】

重要 避雷器の施設の規定は架空電線が対象

[平成25年]

問題43 過電流遮断器の施設（1）

次の文章は，「電気設備技術基準の解釈」に基づく，高圧又は特別高圧の電路に施設する過電流遮断器に関する記述の一部である．

a. 電路に（ア）を生じたときに作動するものにあっては，これを施設する箇所を通過する（ア）電流を遮断する能力を有すること．

b. その作動に伴いその（イ）状態を表示する装置を有すること．ただし，その（イ）状態を容易に確認できるものは，この限りでない．

c. 過電流遮断器として高圧電路に施設する包装ヒューズ（ヒューズ以外の過電流遮断器と組み合わせて1の過電流遮断器として使用するものを除く.）は，定格電流の（ウ）倍の電流に耐え，かつ，2倍の電流で（エ）分以内に溶断するものであること．

d. 過電流遮断器として高圧電路に施設する非包装ヒューズは，定格電流の（オ）倍の電流に耐え，かつ，2倍の電流で2分以内に溶断するものであること．

上記の記述中の空白箇所に当てはまる組合せとして,正しいものは次のうちどれか.

	（ア）	（イ）	（ウ）	（エ）	（オ）
(1)	短　絡	異　常	1.5	90	1.5
(2)	過負荷	開　閉	1.3	150	1.5
(3)	短　絡	開　閉	1.3	120	1.25
(4)	過負荷	異　常	1.5	150	1.25
(5)	過負荷	開　閉	1.3	120	1.5

解説 ① 電路に**短絡**を生じたときに作動するものにあっては，これを施設する箇所を通過する**短絡**電流を遮断する能力を有すること．

② その作動状態に伴いその**開閉**状態を表示する装置を有すること．ただし，その**開閉**状態を容易に確認できるものは，この限りでない．

③ 高圧電路の過電流遮断器についての動作特性は，右表のように規定されている．

包装ヒューズ	・定格電流の**1.3**倍の電流に耐える. ・2倍の電流で**120**分以内に溶断する.
非包装ヒューズ	・定格電流の**1.25**倍の電流に耐える. ・2倍の電流で**2分**以内に溶断する.

【解答（3）】

重要

過電流遮断器→短絡電流を遮断し開閉状態を表示

問題44 過電流遮断器の施設（2）

［平成14年］

次の文章は，「電気設備技術基準」に基づく電気使用場所の施設の異常時の保護対策に関する記述である．

1. 低圧の幹線，低圧の幹線から分岐して電気機械器具に至る低圧の電路及び［（ア）］から低圧の幹線を経ないで電気機械器具に至る低圧の電路（以下「幹線等」という）には，適切な箇所に開閉器を施設するとともに，過電流が生じた場合に当該幹線等を保護できるよう，過電流遮断器を施設しなければならない．

   ただし，当該幹線等における［（イ）］事故により過電流が生じるおそれがない場合は，この限りでない．

2. 屋内に施設する電動機（出力が［（ウ）］kW以下のものを除く．以下同じ）には，過電流による当該電動機の焼損により火災が発生するおそれがないよう，過電流遮断器の施設その他の適切な措置を講じなければならない．

   ただし，電動機の構造上又は［（エ）］の性質上電動機を焼損するおそれがある過電流が生じるおそれがない場合は，この限りでない．

上記の記述中の空白箇所に記入する語句又は数値として，正しいものを組み合わせたのは次のうちどれか．

	（ア）	（イ）	（ウ）	（エ）
(1)	引込口	地絡	2	電路
(2)	引込口	短絡	0.2	負荷
(3)	分岐箇所	短絡	1.5	電路
(4)	分岐箇所	短絡	0.5	負荷
(5)	分岐箇所	地絡	1	電路

解説 ① 低圧の幹線等には，適切な箇所に開閉器，過電流遮断器を施設する．

② 屋内に施設する電動機（**0.2 kW** 以下のものを除く）には，過電流による焼損により火災が発生するおそれがないよう，過電流遮断器の施設等を講じる．

参考 平成30年に類似問題が出題されている．

【解答（2）】

重要 0.2 kW 超過の電動機⇒過電流遮断器の施設が必要

[平成 21 年]

問題 45 配線用遮断器の規格

次の文章は,「電気設備技術基準の解釈」に基づく, 低圧電路に使用する配線用遮断器の規格に関する記述の一部である.

過電流遮断器として低圧電路に使用する定格電流 30 A 以下の配線用遮断器(電気用品安全法の適用を受けるもの及び電動機の過負荷保護装置と短絡保護専用遮断器又は短絡保護専用ヒューズを組み合わせた装置を除く.)は, 次の各号に適合するものであること.

一 定格電流の (ア) 倍の電流で自動的に動作しないこと.

二 定格電流の (イ) 倍の電流を通じた場合において 60 分以内に, また 2 倍の電流を通じた場合に (ウ) 分以内に自動的に動作すること.

上記の記述中の空白箇所 (ア), (イ) 及び (ウ) に当てはまる数値として, 正しいものを組み合わせたのは次のうちどれか.

	(ア)	(イ)	(ウ)
(1)	1	1.6	2
(2)	1.1	1.6	4
(3)	1	1.25	2
(4)	1.1	1.25	3
(5)	1	2	2

解説

低圧電路の過電流遮断器についての動作特性は, 下表のように規定されている.

<table>
<tr><td>ヒューズ</td><td>・定格電流の 1.1 倍に耐える.
・電流区分に応じ, 所定時間内に溶断する.</td></tr>
<tr><td>配線遮断器</td><td>・定格電流の 1 倍の電流で自動的に動作しない.
・電流区分に応じ, 所定時間内に自動的に動作すること.
(定格電流 30 A 以下の場合)<table><tr><td>定格電流の 1.25 倍</td><td>60 分以内</td></tr><tr><td>定格電流の 2 倍</td><td>2 分以内</td></tr></table></td></tr>
</table>

【解答 (3)】

重要 配線用遮断器は定格電流で動作せず, 2 倍の電流を 2 分以内に遮断

問題46 地絡遮断装置の施設

[平成28年]

金属製外箱を有する使用電圧が60 Vを超える低圧の機械器具に接続する電路には，電路に地絡を生じたときに自動的に電路を遮断する装置を原則として施設しなければならないが，この装置を施設しなくてもよい場合として誤っているものはどれか．

(1) 機械器具に施されたC種接地工事又はD種接地工事の接地抵抗値が3 Ω以下の場合

(2) 電路の系統電源側に絶縁変圧器（機械器具側の線間電圧が300 V以下のものに限る．）を施設するとともに，当該絶縁変圧器の機械器具側の電路を非接地とする場合

(3) 機械器具内に電気用品安全法の適用を受ける過電流遮断器を取り付け，かつ，電源引出部が損傷を受けるおそれがないように施設する場合

(4) 機械器具に簡易接触防護措置（金属製のものであって，防護措置を施す機械器具と電気的に接続するおそれがあるもので防護する方法を除く．）を施す場合

(5) 機械器具を乾燥した場所に施設する場合

解説 次のような場合には，地絡遮断装置の施設を省略できる．

① 機械器具内に電気用品安全法の適用を受ける**漏電遮断器**を取り付け，かつ，電源引き出し部が損傷を受けるおそれがないように施設する場合．

② 機械器具内の対地電圧が150 V以下の場合において，水気のある場所以外の場所に施設する場合．

③ 機械器具が電気用品安全法の適用を受ける二重絶縁構造のもの，ゴム・合成樹脂その他の絶縁物で被覆したもの，誘導電動機の二次側電路に接続されるもの．

参考 高圧又は特別高圧での地絡遮断装置の施設箇所

① 発電所又は変電所若しくはこれに準ずる場所の引出口

② 他の者から供給を受ける受電点

③ 配電用変圧器の施設箇所

【解答 (3)】

重要 機械器具内に漏電遮断器あり→地絡遮断装置の省略

問題47 公害等の防止

［平成15年］

次の文章は，「電気設備技術基準」に基づく公害等の防止に関する記述である．

1. （ア）電路に接続する変圧器を設置する箇所には，絶縁油の（イ）への流出及び（ウ）への浸透を防止するための措置が施されていなければならない．
2. ポリ塩化ビフェニルを含有する絶縁油を使用する電気機械器具は，（エ）に施設してはならない．

上記の記述中の空白箇所（ア），（イ），（ウ）及び（エ）に記入する語句として，正しいものを組み合わせたのは次のうちどれか．

	（ア）	（イ）	（ウ）	（エ）
(1)	屋外の	構外	農地	電路
(2)	特別高圧の	構内	床	発変電所
(3)	中性点直接接地式	構外	地下	電路
(4)	中性点非接地式	構内	地下	発変電所
(5)	特別高圧の	河川	農地	電路

解説

① **中性点直接接地式電路に接続する変圧器**：絶縁油の**構外**への流出及び**地下**への浸透を防止するための措置が施されていなければならない．

② **ポリ塩化ビフェニル(PCB)を含有する絶縁油を使用する電気機械器具**：**電路**に施設してはならない．（施設禁止の理由：PCBには毒性があるため）

③ **油入開閉器の施設制限**：絶縁油を使用する開閉器，断路器及び遮断器は**架空電線路の支持物**に施設してはならない．（施設禁止の理由：開閉操作時に高温の絶縁油が噴出する事故が多く発生したため）

④ **電磁誘導作用の影響の防止**：変電所または開閉所は，通常の使用状態において，当該施設からの電磁誘導作用により**人の健康**に影響をおよぼすおそれのないよう，当該施設の付近において，人によって占められる空間に相当する空間の**磁束密度**の平均値が，商用周波数において**200 μT 以下**になるように施設しなければならない．

参考 平成29年に類似問題が出題されている．

【解答（3）】

重要 絶縁油・PCBに関係するものは強化規定あり

[平成14年]

問題48 電気的・磁気的障害の防止

次の文章は，「電気設備技術基準」に基づく保安原則，公害等の防止に関する記述である．

1. 高周波利用設備（電路を (ア) として利用するものに限る．以下同じ．）は，他の高周波利用設備の機能に継続的かつ重大な障害を及ぼすおそれがないように施設しなければならない．
2. (イ) の電気設備は，その損壊により一般送配電事業者の電気の供給に著しい支障を及ぼさないように施設しなければならない．
3. (ウ) 電路に接続する変圧器を設置する箇所には，絶縁油の構外への流出及び地下への浸透を防止するための措置が施されていなければならない．
4. ポリ塩化ビフェニルを含有する (エ) を使用する電気機械器具は，電路に施設してはならない．

上記の記述中の空白箇所に記入する語句として，正しいものを組み合わせたのは次のうちどれか．

	(ア)	(イ)	(ウ)	(エ)
(1)	高周波電流の伝送路	高圧又は特別高圧	中性点直接接地方式	絶縁油
(2)	特別高圧の電路特別高圧	低圧，高圧及び	中性点直接接地方式	絶縁油
(3)	高周波利用設備	自家用電気工作物	特別高圧	冷却材
(4)	高周波防止設備	自家用電気工作物	特別高圧	絶縁物
(5)	高周波電流の伝送路	特別高圧	高圧又は特別高圧	絶縁物

解説 ① 高周波利用設備（電路を **高周波電流の伝送路** として利用するものに限る．以下同じ）は，他の高周波利用設備の機能に継続的かつ重大な障害を及ぼすおそれがないように施設しなければならない．

② **高圧又は特別高圧** の電気設備は，その損壊により一般送配電事業者の電気の供給に著しい支障を及ぼさないように施設しなければならない．【解答（1）】

電気設備は電気的・磁気的障害を与えないように施設 重要

問題49 発変電所への立入防止

[平成30年]

次の文章は,「電気設備技術基準の解釈」に基づく発電所等への取扱者以外の者の立入の防止に関する記述である.

高圧又は特別高圧の機械器具及び母線等(以下,「機械器具等」という.)を屋外に施設する発電所又は変電所,開閉所若しくはこれらに準ずる場所は,次により構内に取扱者以外の者が立ち入らないような措置を講じること.ただし,土地の状況により人が立ち入るおそれがない箇所については,この限りでない.

a. さく,へい等を設けること.

b. 特別高圧の機械器具等を施設する場合は,上記 a. のさく,へい等の高さと,さく,へい等から充電部分までの距離との和は,表に規定する値以上とすること.

充電部分の使用電圧の区分	さく,へい等の高さと,さく,へい等から充電部分までの距離との和
35 000 V 以下	(ア) m
35 000 V を超え 160 000 V 以下	(イ) m

c. 出入口に立入りを (ウ) する旨を表示すること.

d. 出入口に (エ) 装置を施設して (エ) する等,取扱者以外の者の出入りを制限する措置を講じること.

上記の記述中の空白箇所に当てはまる組合せとして,正しいものはどれか.

	(ア)	(イ)	(ウ)	(エ)
(1)	5	6	禁止	施錠
(2)	5	6	禁止	監視
(3)	4	5	確認	施錠
(4)	4	5	禁止	施錠
(5)	4	5	確認	監視

解説 三原則は,①さく,へい等を設けること,②出入口に立入禁止の表示をすること,③出入口に施錠をすること.

【解答(1)】

重要 発変電所の措置:さく・へい+立入禁止の表示+施錠

問題 50 発電機等の機械的強度

［平成 19 年］

次の文章は，「電気設備技術基準」に基づく発電機等の機械的強度に関する記述の一部である．

a. 発電機，変圧器，調相設備並びに母線及びこれらを支持するがいしは，（ア）により生ずる機械的衝撃に耐えうるものでなければならない．

b. 水車又は風車に接続する発電機の回転する部分は，（イ）した場合に起こりうる速度に対し，耐えうるものでなければならない．

c. 蒸気タービン，ガスタービン又は内燃機関に接続する発電機の回転する部分は，（ウ）及びその他の非常停止装置が動作して達する速度に対し，耐えうるものでなければならない．

上記の記述中の空白箇所に当てはまる語句として，正しいものを組み合わせたものは次のうちどれか．

	（ア）	（イ）	（ウ）
(1)	異常電圧	負荷を遮断	非常調速装置
(2)	短絡電流	負荷を遮断	非常調速装置
(3)	異常電流	制御装置が故障	加速装置
(4)	短絡電流	負荷を遮断	加速装置
(5)	短絡電流	制御装置が故障	非常調速装置

解説 発電機等の機械的強度について，下表のように規定されている．

発電機，変圧器，調相設備，母線，これらを支持するがいし	**短絡電流** により生ずる **機械的衝撃** に耐えるものでなければならない．
水車または風車などに接続する発電機の回転する部分	**負荷を遮断** した場合に起こる速度に対し，蒸気タービン，ガスタービンまたは内燃機関に接続する発電機の回転する部分は，**非常調速装置** 及びその他の非常停止装置が動作して達する **速度** に対し，耐えるものでなければならない．
蒸気タービンに接続する発電機	主要な軸受または軸に発生しうる最大の振動に対して構造上十分な機械的強度を有すること．

参考 ［網掛け］部の空白問題が平成 14 年に出題されている．　　【解答（2）】

重要 機械的強度の規定目的＝損傷による供給支障の防止

[平成28年]

問題51 蓄電池の保護装置

次の文章は，「電気設備技術基準の解釈」における蓄電池の保護装置に関する記述である．

発電所又は変電所若しくはこれに準ずる場所に施設する蓄電池（常用電源の停電時又は電圧低下発生時の非常用予備電源として用いるものを除く）には，次の各号に掲げる場合に，自動的にこれを電路から遮断する装置を施設すること．

a. 蓄電池に［（ア）］が生じた場合

b. 蓄電池に［（イ）］が生じた場合

c. ［（ウ）］装置に異常が生じた場合

d. 内部温度が高温のものにあっては，断熱容器の内部温度が著しく上昇した場合

上記の記述中の空白箇所に当てはまる組合せとして，正しいものは次のうちどれか．

	（ア）	（イ）	（ウ）
(1)	過電圧	過電流	制 御
(2)	過電圧	地 絡	充 電
(3)	短 絡	過電流	制 御
(4)	地 絡	過電流	制 御
(5)	短 絡	地 絡	充 電

解説 蓄電池に自動遮断装置を施設しなければならない条件

①蓄電池に**過電圧**が生じた場合，②蓄電池に**過電流**が生じた場合，③**制御**装置に異常が生じた場合，④内部温度が高温のものにあっては，断熱容器の内部温度が著しく上昇した場合

参考 発電機の保護装置

次の場合，発電機を自動的に電路から遮断する装置を施設しなければならない．

①発電機に**過電流**を生じた場合，② 100 kV·A以上の発電機を駆動する風車の圧油装置の油圧，圧縮空気装置の空気圧又は電動式ブレード制御装置の電源電圧が著しく**低下**した場合，③ 2 MV·A以上の**水車**発電機のスラスト軸受の温度が著しく上昇した場合，④ 10 MV·A 以上の発電機の**内部**に故障を生じた場合 【解答（1）】

重要 蓄電池の自動遮断⇒過電圧，過電流，制御装置の異常等

[令和元年]

問題 52 常時監視をしない発電所

「電気設備技術基準」に基づく常時監視をしない発電所の施設に関する記述として，誤っているものはどれか．

(1) 随時巡回方式の技術員は，適当な間隔をおいて発電所を巡回し，運転状態の監視を行う．

(2) 遠隔常時監視制御方式の技術員は，制御所に常時駐在し，発電所の運転状態の監視及び制御を遠隔で行う．

(3) 水力発電所に随時巡回方式を採用する場合に，発電所の出力を 3 000 kW とした．

(4) 風力発電所に随時巡回方式を採用する場合に，発電所の出力に制限はない．

(5) 太陽電池発電所に遠隔常時監視制御方式を採用する場合に，発電所の出力に制限はない．

解説

① **水力発電所**に**随時巡回方式**を採用する場合には，**発電所の出力は 2 000 kW 未満**でなければならない．

② 発電所の無人化に対応して，次の**常時監視をしない発電所の制御方式**が定められている．

a. **随時巡回方式**：技術員が，適当な間隔をおいて発電所を巡回し運転状態の監視を行う．

b. **随時監視制御方式**：技術員が，必要に応じて発電所に出向き，運転状態の監視または制御その他必要な措置を行う．

c. **遠隔常時監視制御方式**：技術員が，制御所に常時駐在し，発電所の運転状態の監視および制御を遠隔で行う．

参考 平成 27 年に類似問題として，「常時監視をしない発電所の制御方式」の種類について出題されている．

【解答（3）】

重要

水力発電所の随時巡回方式⇒出力 2 000 kW 未満

ここが肝心！基礎固め！

18 風圧荷重

1. 風圧荷重の種類

①架空電線路の構成材に加わる風圧荷重には，下表に示す 4 種類がある．

<table>
<tr><td>甲種風圧荷重</td><td>下表（抜粋分）に規定する構成材の垂直投影面に加わる圧力を基礎として計算したもの，又は風速が 40 m/s 以上を想定した風洞実験に基づく値より計算したもの
<table>
<tr><th colspan="2">風圧を受けるものの区分</th><th>構成材の垂直投影面に加わる圧力</th></tr>
<tr><td>鉄筋コンクリート柱</td><td>丸形のもの</td><td>780 Pa</td></tr>
<tr><td>架渉線</td><td>多導体以外</td><td>980 Pa</td></tr>
</table>
</td></tr>
<tr><td>乙種風圧荷重</td><td>架渉線の周囲に厚さ 6 mm，比重 0.9 の氷雪が付着した状態に対し，甲種風圧荷重の 0.5 倍を基礎として計算したもの</td></tr>
<tr><td>丙種風圧荷重</td><td>甲種風圧荷重の 0.5 倍を基礎として計算したもの</td></tr>
<tr><td>着雪時風圧荷重</td><td>架渉線の周囲に比重 0.6 の雪が同心円状に付着した状態に対し，甲種風圧荷重の 0.3 倍を基礎として計算したもの</td></tr>
</table>

②**人家が多く連なる場所**で，高圧又は低圧の支持物及び架渉線等には**丙種風圧荷重**を適用できる．

2. 風圧荷重の適用区分

風圧荷重の適用区分は，下表によること．ただし，**異常着雪時想定荷重の計算**においては，**着雪時風圧荷重**を適用すること．

<table>
<tr><th>季 節</th><th colspan="2">地 方</th><th>適用する風圧荷重</th></tr>
<tr><td>高温季</td><td colspan="2">全ての地方</td><td>甲種風圧荷重</td></tr>
<tr><td rowspan="3">低温季</td><td rowspan="2">氷雪の多い地方</td><td>海岸地その他の低温季に最大風圧を生じる地方</td><td>甲種風圧荷重又は乙種風圧荷重のいずれか大きいもの</td></tr>
<tr><td>上記以外の地方</td><td>乙種風圧荷重</td></tr>
<tr><td colspan="2">氷雪の多い地方以外の地方</td><td>丙種風圧荷重</td></tr>
</table>

[令和元年]

問題 53 支持物の倒壊の防止

次の文章は，「電気設備技術基準」に基づく支持物の倒壊の防止に関する記述の一部である．

架空電線路又は架空電車線路の支持物の材料及び構造（支線を施設する場合は，当該支線に係るものを含む．）は，その支持物が支持する電線等による （ア） ，風速 （イ） m/秒の風圧荷重及び当該設置場所において通常想定される （ウ） の変化，振動，衝撃その他の外部環境の影響を考慮し，倒壊のおそれがないよう，安全なものでなければならない．ただし，人家が多く連なっている場所に施設する架空電線路にあっては，その施設場所を考慮して施設する場合は，風速 （イ） m/秒の風圧荷重の （エ） の風圧荷重を考慮して施設することができる．

上記の記述中の空白箇所に当てはまる組合せとして，正しいものは次のうちどれか．

	（ア）	（イ）	（ウ）	（エ）
(1)	引張荷重	60	温度	3分の2
(2)	重量荷重	60	気象	3分の2
(3)	引張荷重	40	気象	2分の1
(4)	重量荷重	60	温度	2分の1
(5)	重量荷重	40	気象	2分の1

解説

① 支持物は，支持する電線等による **引張荷重**，**風速 40 m/秒の風圧荷重**，通常想定される **気象** の変化などで**倒壊しない**ことが大原則である．

② 人家が多く連なっている場所では，**風速 40 m/秒の風圧荷重の 1/2 の風圧荷重**を考慮して施設できる．

③ **特別高圧架空電線路の支持物**は，連鎖的に倒壊しない施設とする．

参考 平成16年に類似問題が出題されている．

【解答（3）】

重要 人家が多く連なっている場所の風圧荷重は，通常の 1/2 でよい

点数アップ♪

ワンポイント知識 ― 支持物・支線の施設

1. 支持物の施設

①支持物の種類は，木柱，鉄柱，鉄筋コンクリート柱及び鉄塔並びにこれらに類する工作物がある.

②支持物の**基礎の安全率は 2 以上**でなければならない.

③架空電線路の支持物として使用する木柱の風圧荷重に対する安全率及び末口は，下表によること.

使用電圧の区分	風圧荷重に対する安全率	支持物の末口
低　圧	**1.2 以上**	−
高　圧	**1.3 以上**	**直径 12 cm 以上**
特別高圧	**1.5 以上**	

④ A 種鉄筋コンクリート柱の根入れ深さは，下表の値以上とすること.

全　長	根入れ深さ
15 m 以下	全長の 1/6
15 m を超え 16 m 以下	2.5 m
16 m を超え 20 m 以下	2.8 m

⑤水田など地盤軟弱場所では，全長 16 m 以下とし，堅ろうな根かせを施す.

2. 支線の施設

①支線の引張荷重は，**10.7 kN** 以上であること.

②支線の**安全率は，2.5 以上**であること.（木柱，A 種柱の支線は **1.5 以上**＊）

＊安全率を 1.5 以上とできる条件	・径間差の大きい直線箇所 ・5 度を超える水平角度をなす箇所 ・全架渉線の引留箇所

③支線により線を使用する場合

・**素線を 3 条以上**よりあわせたものであること.

・素線に直径が**2 mm以上**，引張強さ**0.69 kN/mm²**以上の金属線であること.

④地中部分及び地表上 **30 cm** までの地際部分に，耐蝕性のあるもの又は亜鉛めっきを施した鉄棒を使用し，これを容易に腐食し難い根かせに堅ろうに取り付ける.

⑤支線の根かせは，支線の引張荷重に十分耐えるように施設すること.

⑥道路を横断して施設する支線の高さは，**路面上 5 m 以上**とすること.
（例外：技術上やむを得ない場合で，かつ，交通に支障を及ぼすおそれがないときは 4.5 m 以上，歩道上は 2.5 m 以上とすることができる）

問題 54　支持物の昇塔防止

［平成 30 年］

次の文章は，「電気設備技術基準の解釈」における架空電線路の支持物の昇塔防止に関する記述である．

架空電線路の支持物に取扱者が昇降に使用する足場金具等を施設する場合は，地表上［（ア）］m 以上に施設すること．ただし，次のいずれかに該当する場合はこの限りでない．

a.　足場金具等が［（イ）］できる構造である場合
b.　支持物に昇塔防止のための装置を施設する場合
c.　支持物の周囲に取扱者以外の者が立ち入らないように，さく，へい等を施設する場合
d.　支持物を山地等であって人が［（ウ）］立ち入るおそれがない場所に施設する場合

上記の空白箇所に当てはまる組合せとして，正しいのは次のうちどれか．

	（ア）	（イ）	（ウ）
(1)	2.0	内部に格納	頻繁に
(2)	2.0	取り外し	頻繁に
(3)	2.0	内部に格納	容易に
(4)	1.8	取り外し	頻繁に
(5)	1.8	内部に格納	容易に

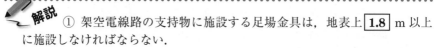

解説　① 架空電線路の支持物に施設する足場金具は，地表上［**1.8**］m 以上に施設しなければならない．

② 次のいずれかの場合には，例外的に足場金具を 1.8 m 未満に施設できる．

a.　足場金具等が［**内部に格納**］できる構造である場合
b.　支持物に昇塔防止のための装置を施設する場合
c.　支持物の周囲に取扱者以外の者が立ち入らないように，さく，へい等を施設する場合
d.　支持物を山地等であって人が［**容易に**］立ち入るおそれがない場所に施設する場合

参考　平成 24 年に類似問題が出題されている．

【解答（5）】

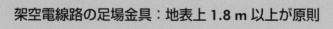

重要　架空電線路の足場金具：地表上 1.8 m 以上が原則

問題 55 架空電線の感電防止

[平成 15 年]

次の文章は,「電気設備技術基準」に基づく架空電線の感電防止及び配線の使用電線に関する記述である.

1. 低圧又は高圧の架空電線には,感電のおそれがないよう,使用電圧に応じた (ア) を有する (イ) を使用しなければならない.ただし,通常予見される使用形態を考慮し,感電のおそれがない場合は,この限りでない.
2. 配線の使用電線(裸電線及び特別高圧で使用する接触電線を除く.)には,感電又は火災のおそれがないよう,施設場所の状況及び電圧に応じ,使用上十分な (ウ) 及び (ア) を有するものでなければならない.

上記の記述中の空白箇所(ア),(イ)及び(ウ)に記入する語句として,正しいものを組み合わせたのは次のうちどれか.

	(ア)	(イ)	(ウ)
(1)	太 さ	軟銅線又は硬銅線	強 度
(2)	太 さ	アルミ合金線又は銅合金線	強 度
(3)	強 度	アルミ合金線又は銅合金線	耐熱性
(4)	絶縁性能	絶縁電線又はケーブル	強 度
(5)	絶縁性能	被覆電線又はケーブル	耐熱性

解説

① **架空電線の感電の防止**:低圧又は高圧の架空電線には,感電のおそれがないよう,使用電圧に応じた **絶縁性能** を有する **絶縁電線又はケーブル** を使用しなければならない.

② **配線の使用電線**:配線の使用電線には,感電又は火災のおそれがないよう,施設場所の状況及び電圧に応じ,使用上十分な **強度** 及び **絶縁性能** を有するものでなければならない.

【解答 (4)】

重要 架空電線の感電の防止:絶縁電線またはケーブルを使用

機械の論説問題

法規の論説問題

点数アップ♪

ワンポイント知識 ― 架空電線路の電線

1. 低高圧架空電線路の電線

①低圧架空電線路又は高圧架空電線路に使用する電線の種類は，使用電圧に応じて下表に規定するものであること．

使用電圧の区分		電線の種類
低圧	300 V 以下	絶縁電線，多心型電線又はケーブル
	300 V 超過	引込用ビニル絶縁電線以外の絶縁電線又はケーブル
高圧		高圧絶縁電線，特別高圧絶縁電線又はケーブル

②次のいずれかに該当する場合は，**裸電線**を使用することができる．

・低圧架空電線を，B種接地工事の施された中性線又は接地側電線として施設する

・高圧架空電線を，海峡横断箇所，河川横断箇所，山岳地の傾斜が急な箇所又は谷越え箇所であって，人が容易に立ち入るおそれがない場所に施設する

③電線の太さ又は引張強さは，ケーブルである場合を除き，下表に規定する値以上であること．

使用電圧	施設場所	電線の種類		電線の太さ又は引張強さ
300 V 以下	全　て	絶縁電線	硬銅線	**直径 2.6 mm**
			その他	引張強さ 2.3 kN
		絶縁電線以外	硬銅線	**直径 3.2 mm**
			その他	引張強さ 3.44 kN
300 V 超過	市街地	硬銅線		**直径 5 mm**
		その他		引張強さ 8.01 kN
	市街地外	硬銅線		**直径 4 mm**
		その他		引張強さ 5.26 kN

④多心型電線を使用する場合において，その絶縁物で被覆していない導体は，B 種接地工事の施された中性線若しくは接地側電線，又は D 種接地工事の施されたちょう架用線として使用すること．

2. 低高圧架空電線の引張荷重に対する安全率

①**高圧架空電線**は，ケーブルである場合を除き，安全率を**硬銅線**または**耐熱銅合金線では 2.2 以上，その他の電線では 2.5 以上**となるような弛度により施設する．

②低圧架空電線で**使用電圧が 300 V を超える場合や多心型電線である場合**は，①と同じ安全率が適用される．

[令和元年]

問題 56 架空電線の高さ

次の a ～ f の文章は低高圧架空電線の施設に関する記述である．これらの文章について，「電気設備技術基準の解釈」に基づき，適切なものと不適切なものの組合せとして，正しいのは次のうちどれか．

a.　車両の往来が頻繁な道路を横断する低圧架空電線の高さは，路面上 6 m 以上の高さを保持するよう施設しなければならない．

b.　車両の往来が頻繁な道路を横断する高圧架空電線の高さは，路面上 6 m 以上の高さを保持するよう施設しなければならない．

c.　横断歩道橋の上に低圧架空電線を施設する場合，電線の高さは当該歩道橋の路面上 3 m 以上の高さを保持するよう施設しなければならない．

d.　横断歩道橋の上に高圧架空電線を施設する場合，電線の高さは当該歩道橋の路面上 3 m 以上の高さを保持するよう施設しなければならない．

e.　高圧架空電線をケーブルで施設するとき，他の低圧架空電線と接近又は交差する場合，相互の離隔距離は 0.3 m 以上を保持するよう施設しなければならない．

f.　高圧架空電線をケーブルで施設するとき，他の高圧架空電線と接近又は交差する場合，相互の離隔距離は 0.3 m 以上を保持するよう施設しなければならない．

	a	b	c	d	e	f
(1)	不適切	不適切	適　切	不適切	適　切	適　切
(2)	不適切	不適切	適　切	適　切	適　切	不適切
(3)	適　切	適　切	不適切	不適切	適　切	不適切
(4)	適　切	不適切	適　切	適　切	不適切	不適切
(5)	適　切	適　切	適　切	不適切	不適切	不適切

解説　① 低高圧架空電線の高さ：下表（抜粋）のように最低値が規定されている．

区分	高さ
道路横断	路面上 **6 m**
鉄道・軌道横断	レール面上 **5.5 m**
横断歩道橋上	路面上（低圧）**3 m**（高圧）**3.5 m**

② e，f はともに相互の離隔距離は **0.4 m 以上**でなければならない．

参考 平成 27 年に類似問題が出題されている．　【解答（5)】

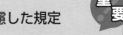

架空電線の高さ：感電と交通支障を考慮した規定　重要

機械の論説問題

法規の論説問題

問題 57 電線の混触の防止

［平成 14 年］

次の文章は，「電気設備技術基準の解釈」に基づく電線の混触の防止に関する記述である．

電線路の電線，電力保安通信線又は（ア）等は，他の電線又は（イ）と接近し，若しくは交さする場合又は同一支持物に（ウ）する場合には，他の電線又は（イ）を損傷するおそれがなく，かつ，（エ），断線等によって生じる混触による感電又は火災のおそれがないように施設しなければならない．

上記の記述中の空白箇所に記入する語句として，正しいものを組み合わせたのは次のうちどれか．

	（ア）	（イ）	（ウ）	（エ）
(1)	電車線	弱電流電線等	施設	接触
(2)	架空地線	き電線	添架	短絡
(3)	架空地線	電話線	共架	振動
(4)	き電線	弱電流電線等	施設	接触
(5)	電車線	き電線	添架	振動

解説 電線路の電線，電力保安通信線又は **電車線** 等は，他の電線又は **弱電流電線等** と接近し，若しくは交さする場合又は同一支持物に **施設** する場合には，他の電線又は **弱電流電線等** を損傷するおそれがなく，かつ，**接触**，断線等によって生じる混触による感電又は火災のおそれがないように施設しなければならない．

【解答 (1)】

重要

接近・交さ・同一支持物に施設⇒施設の強化

点数アップ♪

ワンポイント知識 — 低高圧架空電線の併架

①低高圧の架空電線を同一支持物に施設することを，併架という．

②**低圧架空電線を高圧架空電線の下**とし，**別個の腕金類**に施設する．

③低圧架空電線と高圧架空電線との**離隔距離を原則として 50 cm 以上**とする．

［平成21年］

問題58 接近状態

次の文章は，「電気設備技術基準の解釈」における，第1次接近状態及び第2次接近状態に関する記述である．

1. 「第1次接近状態」とは，架空電線が他の工作物と接近（併行する場合を含み，交さする場合及び同一支持物に施設される場合を除く．以下同じ．）する場合において，当該架空電線が他の工作物の上方又は側方において水平距離で架空電線路の支持物の地表上の高さに相当する距離以内に施設されること（水平距離で （ア） m未満に施設されることを除く．）により，架空電線路の電線の （イ） ，支持物の （ウ） 等の際に，当該電線が他の工作物 （エ） おそれがある状態をいう．
2. 「第2次接近状態」とは，架空電線が他の工作物と接近する場合において，当該架空電線が他の工作物の上方又は側方において水平距離で （ア） m未満に施設される状態をいう．

上記の記述中の空白箇所（ア），（イ），（ウ）及び（エ）に当てはまる語句又は数値として，正しいものを組み合わせたのは次のうちどれか．

	（ア）	（イ）	（ウ）	（エ）
(1)	1.2	振動	傾斜	を損壊させる
(2)	2	振動	倒壊	に接触する
(3)	3	切断	倒壊	を損壊させる
(4)	3	切断	倒壊	に接触する
(5)	1.2	振動	傾斜	に接触する

解説

① **第1次接近状態**：架空電線路の電線の**切断**，支持物の**倒壊**等の際に，当該電線が**他の工作物に接触**するおそれがある状態（**水平距離3m未満施設を除く**）．

② **第2次接近状態**：**水平距離で3m未満**に施設される状態．　　【解答（4）】

重要

接近状態＝第1次接近状態＋第2次接近状態

問題 59 高圧保安工事

[平成 19 年]

次の文章は，「電技の解釈」に基づく高圧保安工事に関する記述である．

a. 電線はケーブルである場合を除き，引張強さ 8.01 kN 以上のもの又は直径 （ア） mm 以上の 硬銅線 であること．

b. 木柱の （イ） に対する安全率は，1.5 以上であること．

c. 径間は，下表の左欄に掲げる支持物の種類に応じ，それぞれ同表の右欄に掲げる値以下であること．ただし，電線に引張強さ 14.51 kN 以上のもの又は断面積 （ウ） mm² 以上の硬銅より線を使用する場合であって，支持物に B 種鉄柱，B 種鉄筋コンクリート柱又は鉄塔を使用するときは，この限りではない．

支持物の種類	径　間
木柱，A 種鉄柱又は A 種鉄筋コンクリート柱	100 m
B 種鉄柱又は B 種鉄筋コンクリート柱	150m
鉄　塔	400 m

上記の記述の空白箇所に当てはまる語句又は数値として，正しいものを組み合わせたのは次のうちどれか．

	（ア）	（イ）	（ウ）
(1)	5	風圧荷重	38
(2)	5	引張荷重	22
(3)	4	引張荷重	38
(4)	5	風圧荷重	22
(5)	4	風圧荷重	60

解説

高圧保安工事の規定のポイントは，下表のとおりである．

電線の太さ・強さ	① ケーブルを使用する ② **硬銅線を使用する場合**：引張強さ **8.01 kN 以上**の強さのもの又は**直径 5 mm 以上**
木柱の安全率	**風圧荷重**に対して **1.5 以上**

【解答 (1)】

参考　　　　部の空白問題が平成 24 年に出題されている．

高圧保安工事⇒ケーブルまたは直径 5 mm の硬銅線　重要

点数アップ♪

ワンポイント知識 ― 架空電線との離隔距離

架空電線と他の工作物等との離隔距離の規定の代表的なものは，下表のとおりである．

種　類			離隔距離の最小値〔m〕	
			高圧架空線	低圧架空線
低圧架空線			0.8（0.4）	0.6（0.3）
低圧架空線の支持物			0.6（0.3）	0.3
高圧架空線			0.8（0.4）	0.8（0.4）
高圧架空線の支持物			0.6（0.3）	0.3
建造物	上部造営材	上方	2（1）	
		側方・下方	1.2（0.4） （人が建造物の外へ手を伸ばす又は身を乗り出すことなどができない場合は 0.8） 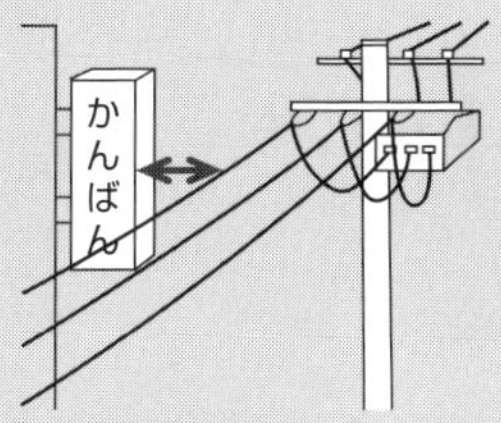 	
	その他の造営材			
アンテナ			0.8（0.4）	0.6（0.3）
植　物 			平時吹いている風等により，接触しないこと （例外 1）防護具に収めて施設 （例外 2）耐摩耗電線を使用 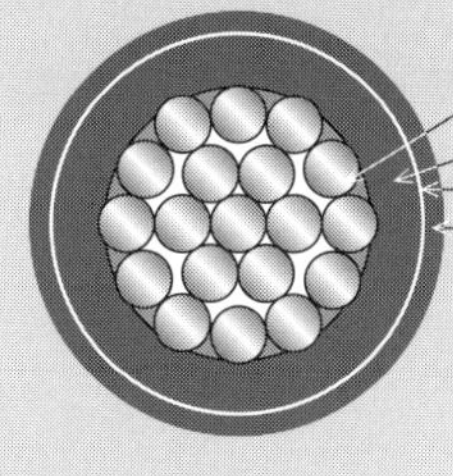 	

注）表中の（　）内の数値は，高圧架空電線にケーブルを使用した場合，低圧架空電線に高圧絶縁電線またはケーブルを使用した場合に適用する．

問題60 低圧架空引込線（1）

［平成16年］

次の文章は，「電技の解釈」に基づく低圧架空引込線に関する記述である．

低圧架空引込線は，電線にケーブルを使用する場合を除き，引張強さ 2.30 kN 以上のもの又は直径 (ア) mm 以上の硬銅線を使用すること．ただし，径間が (イ) m 以下の場合に限り，引張強さ 1.38 kN 以上の電線又は直径 (ウ) mm 以上の硬銅線を使用することができる．

上記の記述の空白箇所に記入する数値として，正しいものを組み合わせたのは次のうちどれか．

	(ア)	(イ)	(ウ)
(1)	2.6	15	1.6
(2)	2.6	15	2.0
(3)	3.2	20	2.6
(4)	4.0	50	3.2
(5)	5.0	50	4.0

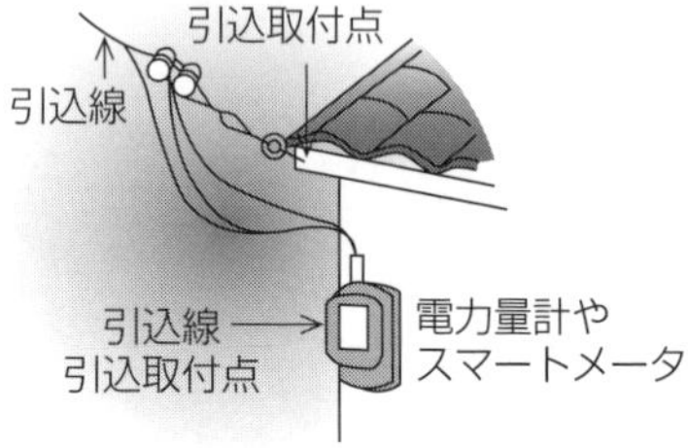

解説

架空引込線として使用できる電線は，下表のように規定されている．

低圧架空引込線	高圧架空引込線
①ケーブル	①ケーブル
②**絶縁電線**は，引張強さ **2.30 kN** 以上のもの又は直径 **2.6 mm 以上の硬銅線**（径間が **15m 以下**の場合は引張強さ 1.38 kN 以上のもの又は **2 mm 以上の硬銅線**）	②引張強さ **8.01 kN 以上**のもの又は**直径 5 mm 以上の硬銅線**の高圧絶縁電線，特別高圧絶縁電線 ③引下用高圧絶縁電線

【解答（2）】

重要 低圧架空引込線⇒ケーブル，直径 2.6 mm 以上の硬銅線

[平成23年]

問題 61 低圧架空引込線（2）

次の文章は，「電技の解釈」の低圧架空引込線の施設に関する記述である．

a. 電線は，ケーブルである場合を除き，引張強さ （ア） kN以上のもの又は直径2.6 mm以上の硬銅線とする．ただし，径間が （イ） m以下の場合に限り，引張強さ1.38 kN以上のもの又は直径2 mm以上の硬銅線を使用することができる．

b. 電線の高さは，次によること．

① 道路（車道と歩道の区分がある道路にあっては，車道）を横断する場合は，路面上 （ウ） m（技術上やむを得ない場合において交通に支障のないときは （エ） m）以上

② 鉄道又は軌道を横断する場合は，レール面上 （オ） m以上

上記記述の空白箇所に当てはまる組合せとして，正しいものを次のうちから選べ．

	（ア）	（イ）	（ウ）	（エ）	（オ）
(1)	2.30	20	5	4	5.5
(2)	2.00	15	4	3	5
(3)	2.30	15	5	3	5.5
(4)	2.35	15	5	4	6
(5)	2.00	20	4	3	5

解説 架空引込線の電線の高さは，下表のように規定されている．

区　分	低圧架空引込線	高圧架空引込線
道路横断（路面上）	**5 m以上**（技術上やむを得ない場合で**交通に支障のないとき：3 m以上**）	6 m以上
鉄道・軌道横断（レール面上）	**5.5 m以上**	5.5 m以上
横断歩道橋上（路面上）	3 m以上	3.5 m以上
その他（地表上）	4 m以上（技術上やむを得ない場合で交通に支障のないとき：2.5 m以上）	5 m以上（ケーブルを使用する場合：3.5 m以上）

【解答（3）】

重要 低圧架空引込線⇒道路横断5 m，鉄軌道横断5.5 m

[平成 28 年]

問題 62 高圧架空引込線

次の文章は，「電気設備技術基準の解釈」に基づく高圧架空引込線の施設に関する記述の一部である．

a. 電線は，次のいずれかのものであること．

① 引張強さ 8.01 kN 以上のもの又は直径 （ア） mm 以上の硬銅線を使用する，高圧絶縁電線又は特別高圧絶縁電線

② （イ） 用高圧絶縁電線

③ ケーブル

b. 電線が絶縁電線である場合は，がいし引き工事により施設すること．

c. 電線の高さは，「低高圧架空電線の高さ」の規定に準じること．ただし，次に適合する場合は，地表上 （ウ） m 以上とすることができる．

① 次の場合以外であること．

・道路を横断する場合

・鉄道又は軌道を横断する場合

・横断歩道橋の上に施設する場合

② 電線がケーブル以外のものであるときは，その電線の （エ） に危険である旨の表示をすること．

上記の記述中の空白箇所に当てはまる組合せとして，正しいものは次のうちどれか．

	（ア）	（イ）	（ウ）	（エ）
(1)	5	引下げ	2.5	下　方
(2)	4	引下げ	3.5	近　傍
(3)	4	引上げ	2.5	近　傍
(4)	5	引上げ	5	下　方
(5)	5	引下げ	3.5	下　方

解説

高圧架空引込線の施設について，空白箇所の規定は次のとおりである．

① **電線**：**直径 5 mm 以上**の硬銅線，**引下げ用高圧絶縁電線**，ケーブル

② **電線の高さ**：工場などでは電線がケーブル以外のものであるときに，電線の **下方** に危険の旨の表示をすれば地上 **3.5 m 以上**に緩和できる．

【解答 (5)】

重要　高圧架空引込線⇒下方に危険表示をすれば 3.5 m 以上

ここが肝心！基礎固め！

19 地中電線路の施設

1. 地中電線路の布設方式

①地中電線路は，電線に**ケーブル**を使用し，かつ，**管路式**，**暗きょ式**又は**直接埋設式**により施設すること．

②**電線共同溝**（C.C.BOX）方式は**管路式**に含まれる．

③**キャブ**（電力，通信等のケーブルを収納するために道路下に設けるふた掛け式のU字構造物）は**暗きょ式**に含まれる．

2. 布設方式ごとの施設

布設方式ごとの施設に関する規定は下表のとおりである．

管路式	暗きょ式	直接埋設式
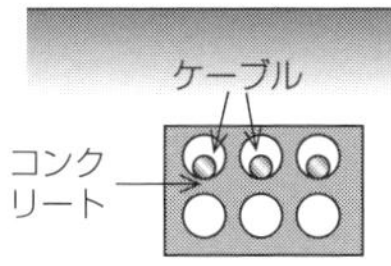	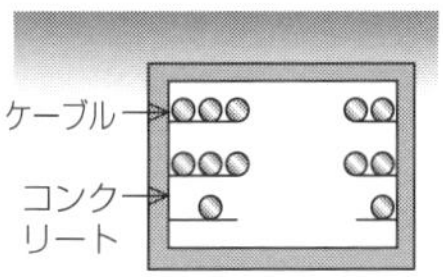	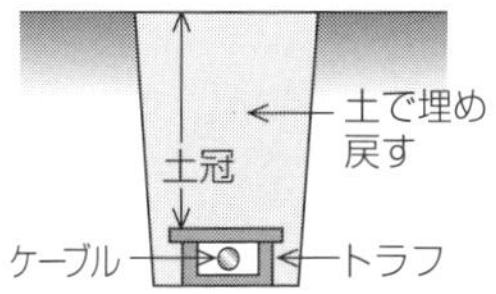
①電線を収める管は，これに加わる車両その他の重量物の圧力に耐えるものであること．	①暗きょには車両その他の重量物の圧力に耐えるものを用いる． ②地中電線に**耐燃措置**を施すか，暗きょ内に**自動消火設備**を設けること．	①地中電線の埋設深さは，車両その他の重量物を受けるところでは**1.2 m 以上**，その他の場所では**0.6 m 以上**とする． ②次のいずれかの方法で，ケーブルを衝撃から防護すること． ・堅ろうなトラフその他の防護物に収める． ・車両その他の重量物が加わらない場所で堅ろうな板又はといで覆う． ・堅ろうな外装ケーブルを用いる． ・パイプ型圧力ケーブルを用い，かつ，地中電線の上部を堅ろうな板またはといで覆う．

3. 地中電線路の表示

管路式と直接埋設式の高圧又は特別高圧地中電線路には，次の表示を行うこと．

〔例外〕**需要場所に施設する長さ 15 m 以下**の高圧地中電線路の場合

①**物件の名称，管理者名，電圧**（**需要場所のものは電圧のみの表示**でよい）

②表示間隔はおおむね **2 m**

［平成 18 年］

問題 63　地中電線路の施設（1）

次の文章は，「電気設備技術基準」に基づく地中電線等の施設に関する記述の一部である．

a.　地中電線，屋側電線及びトンネル内電線その他の工作物に固定して施設する電線は，［（ア）］，弱電流電線等又は管（他の電線等という．以下同じ）と接近し，又は交さする場合には，故障時の［（イ）］により他の電線等を損傷するおそれがないように施設しなければならない．ただし，感電又は火災のおそれがない場合であって，他の電線等の管理者の承諾を得た場合は，この限りではない．

b.　地中電線路のうちその内部で作業が可能なものには，［（ウ）］を講じなければならない．

上記の記述中の空白箇所に当てはまる語句として，正しいものを組み合わせたものは次のうちどれか．

	（ア）	（イ）	（ウ）
(1)	他の電線	アーク放電	防水措置
(2)	他の電線	短絡電流	防火措置
(3)	他の絶縁電線	短絡電流	防水措置
(4)	他の絶縁電線	アーク放電	防水措置
(5)	他の電線	アーク放電	防火措置

解説

① 地中電線，屋側電線及びトンネル内電線その他の工作物に固定して施設する電線は，**他の電線**，弱電流電線等又は管と**接近**し，又は**交さ**する場合には，故障時の**アーク放電**により他の電線等を損傷するおそれがないように施設しなければならない．

② 地中電線路のうちその内部で作業が可能なものには，**防火措置**を講じなければならない．

【解答（5）】

参考　平成 30 年に類似問題が出題されている．

重要　地中電線：電線には使用電圧に応じたケーブルを使用

問題 64 地中電線路の施設（2）

［平成 17 年］

次の文章は，「電気設備技術基準」及び「電気設備技術基準の解釈」に基づく地中電線路の施設に関する記述の一部である．

1. 地中電線路は，車両その他の重量物による圧力に耐え，かつ，当該地中電線路を埋設している旨の表示等により［（ア）］からの影響を受けないように施設しなければならない．
2. 地中電線路を直接埋設式により施設する場合は，地中電線は車両その他の重量物の圧力を受けるおそれがある場所においては［（イ）］m 以上，その他の場所においては［（ウ）］cm 以上の土冠で施設すること．

上記の記述中の空白箇所（ア），（イ）及び（ウ）に記入する語句又は数値として，正しいものを組み合わせたのは次のうちどれか．

	（ア）	（イ）	（ウ）
(1)	舗装工事	1.0	50
(2)	掘削工事	1.0	60
(3)	舗装工事	1.2	50
(4)	掘削工事	1.2	60
(5)	建設工事	1.5	80

解説

① 地中電線は，**掘削工事での損傷を受けやすい**ため，埋設表示等が必要である．

② 直接埋設式による施設では，埋設深さ（土冠（どかむり））を車両その他の重量物を受けるところでは **1.2 m 以上**，その他の場所では **0.6 m 以上**としなければならない．

【解答（4）】

直接埋設式の土冠の最低値：重圧 1.2 m，軽圧 0.6 m　重要

問題 65 地中電線路の施設（3）

［平成 22 年］

次の文章は，「電気設備技術基準の解釈」における，地中電線路の施設に関する記述の一部である．

a. 地中電線路を暗きょ式により施設する場合は，暗きょにはこれに加わる車両その他の重量物の圧力に耐えるものを使用し，かつ，地中電線に［（ア）］を施し，又は暗きょ内に［（イ）］を施設すること．

b. 地中電線路を直接埋設式により施設する場合は，地中電線は車両その他の重量物の圧力を受けるおそれがある場所においては［（ウ）］以上，その他の場所においては［（エ）］以上の土冠で施設すること．ただし，使用するケーブルの種類，施設条件等を考慮し，これに加わる圧力に耐えるように施設する場合はこの限りでない．

上記の記述中の空白箇所（ア），（イ），（ウ）及び（エ）に当てはまる語句又は数値として，正しいものを組み合わせたのは次のうちどれか．

	（ア）	（イ）	（ウ）	（エ）
(1)	堅ろうな覆い	換気装置	60 cm	30 cm
(2)	耐燃措置	自動消火設備	1.2 m	60 cm
(3)	耐熱措置	換気装置	1.2 m	30 cm
(4)	耐燃措置	換気装置	1.2 m	60 cm
(5)	堅ろうな覆い	自動消火設備	60 cm	30 cm

解説

暗きょ式による地中電線路の施設は，次のように規定されている．

① 暗きょには車両その他の重量物の圧力に耐えるものを用いる．

② 地中電線に**耐燃措置**を施すか，暗きょ内に**自動消火設備**を設けること．

【解答（2）】

重要

暗きょ式⇒地中電線の耐燃措置か自動消火装置

問題 66 地中電線の離隔距離

［平成 14 年］

次の文章は，「電気設備の技術基準の解釈」に基づく地中電線相互の接近又は交さに関する記述である．

高圧地中電線が特別高圧地中電線と接近し，又は交さする場合において，次に該当する場合，地中箱内以外の箇所で相互間の距離を 30 cm 以下として施設することができるとされている．

下記の（1）から（5）までの記述中で不適切なものはどれか．

（1）それぞれの地中電線が自消性のある難燃性の被覆を有する場合
（2）それぞれの地中電線が堅ろうな自消性のある難燃性の管に収められる場合
（3）いずれかの地中電線が不燃性の被覆を有する場合
（4）いずれかの地中電線が堅ろうな不燃性の管に収められる場合
（5）地中電線相互の間に危険を表示する埋設標識を設ける場合

解説 ① 地中電線が他の埋設物と接近・交さする場合，**離隔は下表の値**以上とする．

接近する埋設物		地中電線 低 圧	地中電線 高 圧	地中電線 特別高圧
地中弱電流電線		30 cm		60 cm
上記の管以外の管		–		30 cm
他の地中電線路	低 圧	–	15 cm	**30cm**
	高 圧	15 cm	–	**30cm**
	特別高圧	30 cm		–
可燃性，有毒性流体の管		–		1 m

② 離隔距離が規定値内になる場合は，**相互間に堅ろうな耐火性の隔壁**を設ける．

③ 地中電線が，次のいずれかに該当すれば離隔距離の規制から外れる．

・いずれかの**地中電線が不燃性の被覆**を有している．
・いずれかの**地中電線が堅ろうな不燃性の管**に収められている．
・それぞれの地中電線が自消性のある難燃性の被覆を有している．
・それぞれの地中電線が堅ろうな自消性のある難燃性の管に収められている．

参考 平成 28 年に類似問題が出題されている．　　【解答（5）】

重要
離隔不足⇒地中電線相互間に堅ろうな耐火性の隔壁

問題67 電線路のがけへの施設禁止

［平成17年］

次の文章は，「電気設備技術基準」に基づく電線路のがけへの施設の禁止に関する記述である．

電線路は，がけに施設してはならない．ただし，その電線が（ア）の上に施設する場合，道路，鉄道，軌道，索道，架空弱電流電線等，架空電線又は（イ）と交さして施設する場合及び（ウ）でこれらのもの（道路を除く．）と（エ）して施設する場合以外の場合であって，特別な事情がある場合は，この限りでない．

上記の記述中の空白箇所（ア），（イ），（ウ）及び（エ）に記入する語句として，正しいものを組み合わせたのは次のうちどれか．

	（ア）	（イ）	（ウ）	（エ）
(1)	建造物	電車線	水平距離	接近
(2)	造営材	通信線	水平距離	接近
(3)	建造物	通信線	垂直距離	隔離
(4)	造営材	電車線	水平距離	隔離
(5)	造営材	電車線	垂直距離	接近

解説

① **原則**：電線路は，がけへの施設が禁止されている．

② **がけへの施設の例外**：その電線が**建造物**の上に施設する場合，道路，鉄道，軌道，索道，架空弱電流電線等，架空電線又は**電車線**と交さして施設する場合及び**水平距離**でこれらのものと**接近**して施設する場合以外の場合であって，特別の事情がある場合．

【解答（1）】

重要 屋内電線路や電線路のがけへの施設は原則禁止

[平成18年]

問題 68 電路の対地電圧の制限

次の文章は,「電技の解釈」に基づく住宅の屋内電路の対地電圧の制限に関する記述での一部である.

住宅内の屋内電路(電気機械器具内の電路を除く)の対地電圧は,150V以下とすること.ただし,定格消費電力が (ア) kW以上の電気機械器具及びこれにのみに電気を供給するための屋内配線を次により施設する場合において,住宅の屋内電路の対地電圧が (イ) V以下のときは,その限りでない.

a. 使用電圧は, (イ) V以下であること.

b. 電気機械器具及び屋内の電線には,簡易接触防護措置を施すこと.

c. 電気機械器具は,屋内配線と 直接接続 して施設すること.

d. 電気機械器具に電気を供給する電路には,専用の (ウ) 及び過電流遮断器を施設すること.

e. 電気機械器具に電気を供給する電路には,電路に (エ) が生じたときに自動的に電路を遮断する装置を施設すること.

上記の記述の空白箇所に当てはまる語句又は数値として,正しいものを組み合わせたのは次のうちどれか.

	(ア)	(イ)	(ウ)	(エ)
(1)	1	200	コンセント	地 絡
(2)	1	200	開閉器	過負荷
(3)	1	300	開閉器	過負荷
(4)	2	300	開閉器	地 絡
(5)	2	300	コンセント	過負荷

解説

① **住宅の屋内電路の対地電圧は,150V以下であること.**

② 定格消費電力**2kW以上の電気機械器具**内及びこれに電気を供給するための屋内配線では,施設の強化により**対地電圧を300V以下**にできる.

【解答(4)】

参考 　　　の空白問題が平成25年に出題されている.

住宅の屋内電路の対地電圧は原則150V以下 重要

問題69 低圧屋内幹線の施設（1）

[平成22年]

次の文章は，「電気設備技術基準の解釈」における，低圧屋内幹線の施設に関する記述の一部である．

低圧屋内幹線の電源側電路には，当該低圧屋内幹線を保護する過電流遮断器を施設すること．ただし，次のいずれかに該当する場合は，この限りでない．

a. 低圧屋内幹線の許容電流が，当該低圧屋内幹線の電源側に接続する他の低圧屋内幹線を保護する過電流遮断器の定格電流の［（ア）］%以上である場合

b. 過電流遮断器に直接接続する低圧屋内幹線又は上記aに掲げる低圧屋内幹線に接読する長さ［（イ）］m以下の低圧屋内幹線であって，当該低圧屋内幹線の許容電流が当該低圧屋内幹線の電源側に接続する他の低圧屋内幹線を保護する過電流遮断器の定格電流の［（ウ）］%以上である場合

c. 過電流遮断器に直接接続する低圧屋内幹線又は上記a若しくは上記bに掲げる低圧屋内幹線に接続する長さ［（エ）］m以下の低圧屋内幹線であって，当該低圧屋内幹線の負荷側に他の低圧屋内幹線を接続しない場合

上記の記述中の空白箇所（ア），（イ），（ウ）及び（エ）に当てはまる数値として，正しいものを組み合わせたのは次のうちどれか．

	（ア）	（イ）	（ウ）	（エ）
(1)	50	7	33	3
(2)	50	6	33	4
(3)	55	8	35	3
(4)	55	8	35	4
(5)	55	7	35	5

解説

① 低圧屋内幹線の電源側には，当該幹線を保護する過電流遮断器を各極（多線式電路の中性線を除く）に施設しなければならない．

② 次の場合には，過電流遮断器の施設を**省略**することができる．

- 幹線の許容電流が，当該幹線の電源側に接続する他の幹線を保護する過電流遮断器の定格電流の［**55**］**%以上**（幹線の長さが［**8**］**m以下**の場合は［**35**］**%以上**）の場合．

・負荷側に他の幹線を接続しない長さ **3** **m 以下**の幹線の場合.
・幹線の許容電流が当該幹線を通過する最大短絡電流以上の場合.

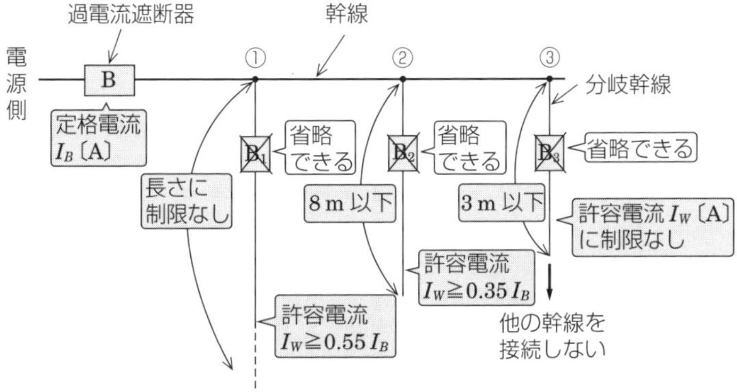

参考 **幹線の過電流遮断器の定格電流 I_B の求め方**

① 一般の場合

電線の許容電流を I_W〔A〕とすると, $\boldsymbol{I_B \leqq I_W}$ **〔A〕**

② 電動機が接続されている場合

電動機の定格電流の合計を I_M〔A〕, 電動機以外の負荷電流の合計を I_L〔A〕とすると, $\boldsymbol{I_B \leqq 2.5I_W}$ **〔A〕** と $\boldsymbol{I_B \leqq 3I_M + I_L}$ **〔A〕** のうち小さいほうとする.

【解答 (3)】

低圧屋内幹線の電源側電路⇒過電流遮断器の施設

重要

点数アップ♪

ワンポイント知識 ― 低圧分岐回路の施設

①低圧幹線との分岐点から 3 m 以下の箇所に開閉器及び過電流遮断器を各極（過電流遮断器の場合は多線式電路の中性極を除く）に施設しなければならない.

②分岐点から開閉器及び過電流遮断器までの電線の許容電流が, 次に該当するときは, この限りでない.

・電線の許容電流が, 電線に接続する低圧幹線を保護する過電流遮断器の定格電流の55%（長さが8 m以下の場合は35%）以上の場合.

問題 70 低圧屋内幹線の施設（2）

［平成 19 年］

次の文章は，「電気設備技術基準の解釈」に基づく低圧屋内幹線の施設に関する記述の一部である．

a. 低圧屋内幹線は，損傷を受けるおそれがない場所に施設すること．

b. 電線は，低圧屋内幹線の各部分ごとに，その部分を通じて供給される電気使用機械器具の定格電流の合計以上の［（ア）］のあるものであること．

ただし，その低圧屋内幹線に接続する負荷のうち電動機又はこれに類する起動電流が大きい電気機械器具（以下「電動機等」という）の定格電流の合計が他の電気使用機械器具の定格電流の合計より大きい場合は，他の電気使用機械器具の定格電流の合計に次の値を加えた値以上の［（ア）］のある電線を使用すること．

① 電動機等の定格電流の合計が［（イ）］A 以下の場合は，その定格電流の合計の［（ウ）］倍．

② 電動機等の定格電流の合計が［（イ）］A を超える場合は，その定格電流の 1.1 倍．

上記の記述の空白箇所に当てはまる語句又は数値として，正しいものを組み合わせたのは次のうちどれか．

	（ア）	（イ）	（ウ）
(1)	負荷電流	50	1.25
(2)	許容電流	100	1.25
(3)	負荷電流	100	1.2
(4)	許容電流	50	1.25
(5)	許容電流	50	1.2

解説

電動機の定格電流の合計が ΣI_M〔A〕, 他の器具の定格電流の合計が ΣI_L〔A〕で，$\Sigma I_M > \Sigma I_L$ のときの低圧屋内幹線の許容電流 I_W〔A〕は下式で求める．

① $\Sigma I_M \leqq 50$〔A〕のとき：$I_W \geqq \Sigma I_L + 1.25\Sigma I_M$〔A〕

② $\Sigma I_M > 50$〔A〕のとき：$I_W \geqq \Sigma I_L + 1.1\Sigma I_M$〔A〕

【解答（4）】

重要

ΣI_M〔A〕$\leqq \Sigma I_L$〔A〕の場合：$I_W \geqq \Sigma I_L + \Sigma I_M$〔A〕

[平成29年]

問題 71 電気使用場所の配線

次の文章は，「電気設備技術基準」における電気使用場所の配線に関する記述の一部である．

① 配線は，施設場所の (ア) 及び電圧に応じ，感電又は火災のおそれがないように施設しなければならない．

② 配線の使用電線（裸電線及び (イ) で使用する接触電線を除く．）には，感電又は火災のおそれがないよう，施設場所の (ア) 及び電圧に応じ，使用上十分な (ウ) 及び絶縁性能を有するものでなければならない．

③ 配線は，他の配線，弱電流電線等と接近し，又は (エ) する場合は，(オ) による感電又は火災のおそれがないように施設しなければならない．

上記の空白箇所に当てはまる語句として，正しい組合せは次のうちどれか．

	(ア)	(イ)	(ウ)	(エ)	(オ)
(1)	状況	特別高圧	耐熱性	接触	混触
(2)	環境	高圧又は特別高圧	強度	交さ	混触
(3)	環境	特別高圧	強度	接触	電磁誘導
(4)	環境	高圧又は特別高圧	耐熱性	交さ	電磁誘導
(5)	状況	特別高圧	強度	交さ	混触

解説

① 配線は，施設場所の **状況** 及び電圧に応じ，感電又は火災のおそれがないように施設しなければならない．

② 配線の使用電線（裸電線及び **特別高圧** で使用する接触電線を除く）には，感電又は火災のおそれがないよう，施設場所の **状況** および電圧に応じ，使用上十分な **強度** 及び絶縁性能を有するものでなければならない．

③ 配線は，他の配線，弱電流電線等と接近し，又は **交さ** する場合は， **混触** による感電又は火災のおそれがないように施設しなければならない．

参考 平成25年に類似問題が出題されている．

【解答 (5)】

重要 配線の原則：感電・火災のおそれのないように施設

[平成29年]

問題72 電動機の過負荷保護装置

次の文章は，「電気設備技術基準の解釈」に基づく電動機の過負荷保護装置の施設に関する記述である．

屋内に施設する電動機には，電動機が焼損するおそれがある過電流を生じた場合に (ア) これを阻止し，又はこれを警報する装置を設けること．ただし，次のいずれかに該当する場合はこの限りでない．

a. 電動機を運転中，常時， (イ) が監視できる位置に施設する場合

b. 電動機の構造上又は負荷の性質上，その電動機の巻線に当該電動機を焼損する過電流を生じるおそれがない場合

c. 電動機が単相のものであって，その電源側電路に施設する配線用遮断器の定格電流が (ウ) A以下の場合

d. 電動機の出力が (エ) kW以下の場合

上記の空白箇所に当てはまる語句として，正しい組合せは次のうちどれか．

	(ア)	(イ)	(ウ)	(エ)
(1)	自動的に	取扱者	20	0.2
(2)	遅滞なく	取扱者	20	2
(3)	自動的に	取扱者	30	0.2
(4)	遅滞なく	電気係員	30	2
(5)	自動的に	電気係員	30	0.2

解説

屋内に施設する電動機には，電動機が焼損するおそれがある過電流を生じた場合に **自動的** にこれを阻止し，又はこれを警報する装置を設けること．

例外a：電動機を運転中，常時， **取扱者** が監視できる位置に施設する場合

例外c：電動機が単相のものであって，その電源側電路に施設する配線用遮断器の定格電流が **20** A以下の場合

例外d：電動機の出力が **0.2** kW以下の場合

【解答 (1)】

重要 出力0.2 kW以下の電動機→過負荷保護装置の省略可

ここが肝心！基礎固め！

20 屋内配線工事

1. 低圧屋内配線工事の種類

① **合成樹脂管工事，金属管工事，可とう電線管工事，ケーブル工事**の**四つの工事**は，原則として施設の制限はない．

② ①**の四つの工事以外**について「工事」を省略し，施設場所，使用電圧別に適用できる工事を整理すると下表のようになる．

施設場所		使用電圧 300 V 以下	使用電圧 300 V 超過
展開した場所	乾燥した場所	がいし引き，金属線ぴ，金属ダクト，バスダクト，ライティングダクト	がいし引き，金属ダクト，バスダクト
	湿気の多い場所又は水気のある場所	がいし引き，バスダクト	がいし引き
点検できる隠ぺい場所	乾燥した場所	がいし引き，金属線ぴ，金属ダクト，バスダクト，セルラダクト，ライティングダクト，平形保護層	がいし引き，金属ダクト，バスダクト
	湿気の多い場所又は水気のある場所	がいし引き	がいし引き
点検できない隠ぺい場所	乾燥した場所	フロアダクト，セルラダクト	−
	湿気の多い場所又は水気のある場所	−	−

2. 高圧屋内配線工事の種類

がいし引き工事（乾燥した場所であって展開した場所に限る）及びケーブル工事により施設すること．

3. 特別高圧屋内配線工事の種類

使用電圧が 100 kV のものまで認められており，ケーブル工事に限られている．

参考 低圧屋内配線工事は，細かく規定されているが，**個別工事の出題は極めて少ない！** したがって，本ページの 1. ①程度をマスターしておくのがよい．

[平成 22 年]

問題 73 金属管工事

「電気設備技術基準の解釈」に基づく，金属管工事による低圧屋内配線に関する記述として，誤っているのは次のうちどれか.

(1) 絶縁電線相互を接続し，接続部分をその電線の絶縁物と同等以上の絶縁効力のあるもので十分被覆した上で，接続部分を金属管内に収めた.

(2) 使用電圧が 200 V で，施設場所が乾燥しており金属管の長さが 3 m であったので，管に施す D 種接地工事を省略した.

(3) コンクリートに埋め込む部分は，厚さ 1.2 mm の電線管を使用した.

(4) 電線は，600 V ビニル絶縁電線のより線を使用した.

(5) 湿気の多い場所に施設したので，金属管及びボックスその他の附属品に防湿装置を施した.

解説

① **金属管内では接続点を設けない**こと.

② 使用電圧が 300 V 以下の場合は D 種接地工事を施すこと.

〔例外 1〕**管の長さが 4 m 以下のものを乾燥した場所に施設**する場合.

〔例外 2〕使用電圧が直流 300 V 又は交流対地電圧 150 V 以下の場合において，その電線を収める管の長さが 8 m 以下のものに簡易接触防護措置を施すとき又は乾燥した場所に施設するとき.

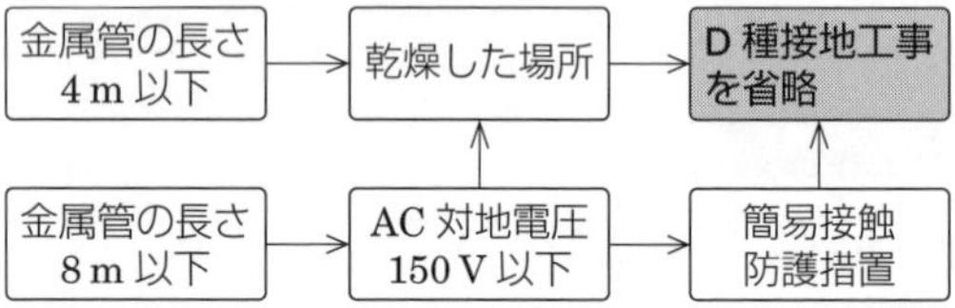

③ **管の厚**さは，**コンクリートに埋め込むものは 1.2 mm 以上**，それ以外のものは 1 mm 以上とする.

④ 電線は屋外用ビニル絶縁電線以外の**絶縁電線**で，**より線が原則**である.

⑤ **湿気の多い場所又は水気のある場所**に施設する場合は，**防湿装置**を施すこと.

【解答 (1)】

絶縁電線：直径 3.2 mm 超過はより線を使用する 重要

問題 74 ライティングダクト工事

[平成 23 年]

「電気設備技術基準の解釈」に基づく，ライティングダクト工事による低圧屋内配線の施設に関する記述として，正しいものを次の (1) ～ (5) のうちから一つ選べ.

(1) ダクトの支持点間の距離を 2 m 以下で施設した.

(2) 造営材を貫通してダクト相互を接続したため，貫通部の造営材には接触させず，ダクト相互及び電線相互は堅ろうに，かつ，電気的に完全に接続した.

(3) ダクトの開口部を上に向けたため，人が容易に触れるおそれのないようにし，ダクトの内部に塵埃(じんあい)が侵入し難いように施設した.

(4) 5 m のダクトを人が容易に触れるおそれがある場所に施設したため，ダクトには D 種接地工事を施し，電路に地絡を生じたときに自動的に電路を遮断する装置は施設しなかった.

(5) ダクトを固定せず使用するため，ダクトは電気用品安全法に適合した附属品でキャブタイヤケーブルに接続して，終端部は堅ろうに閉そくした.

解説

① ダクトの支持点間距離は，**2 m 以下**とする.

② **造営材を貫通した施設は禁止**されている.

③ ダクトの開口部は下向きか横向きとする（**上向きは禁止**）.

④ ダクトには D 種接地工事を施すこと.

〔例外〕対地電圧が 150 V 以下で，ダクトの長さが **4 m 以下**の場合

⑤ ダクトは，**造営材に堅ろうに取り付けること**.

【解答 (1)】

重要 ライティングダクト：上向きの施設は禁止

問題75 高圧屋内配線の施設

［平成18年］

次の文章は，「電気設備技術基準の解釈」に基づく高圧屋内配線等に関する記述での一部である．

がいし引き工事における電線の支持点間の距離は［（ア）］m以下であること．ただし，電線を造営材の面に沿って取り付ける場合は，［（イ）］mとすること．

ケーブル工事においては，管その他のケーブルを収める防護装置の金属製部分，金属製の電線接続箱及びケーブルの被覆に使用する金属体には，［（ウ）］接地工事を施すこと．ただし，接触防護措置を施す場合は，［（エ）］接地工事によることができる．

上記の記述の白箇所に当てはまる語句又は数値として，正しいものを組み合わせたのは次のうちどれか．

	（ア）	（イ）	（ウ）	（エ）
(1)	3	1	A種	C種
(2)	3	1	A種	D種
(3)	3	2	B種	D種
(4)	6	2	A種	D種
(5)	6	2	B種	C種

解説

① がいし引き工事における電線の支持点間の距離は**6** m以下であること．ただし，電線を造営材の面に沿って取り付ける場合は，**2** m以下とすること．

② ケーブル工事においては，管その他のケーブルを収める防護装置の金属製部分，金属製の電線接続箱及びケーブルの被覆に使用する金属体には，**A種**接地工事を施すこと．ただし，接触防護措置を施す場合は，**D種**地工事によることができる．

【解答（4）】

参考 高圧屋側電線路の施設 （平成26年出題）

① **展開した**場所に施設し，電線は**ケーブル**で，接触防護措置を施すこと．

② ケーブルの支持点間の距離は**2 m以下**（垂直取付けは**6 m以下**）

重要 高圧屋内配線の施設：がいし引き工事，ケーブル工事

問題 76 移動電線の施設

[平成 15 年]

次の文章は,「電気設備の技術基準の解釈」に基づく電気使用場所に施設する移動電線に関する記述である.

1. 移動電線とは,電気使用場所に施設する電線のうち,造営物に固定しないものをいい, (ア) 及び電気使用機械器具の電線は除かれる.
2. 屋内に施設する低圧の移動電線と電気使用機械器具との接続には, (イ) その他これに類する器具を用いること.ただし,簡易接触防護措置を施した端子にコードをねじ止めする場合は,この限りでない.
3. 屋内に施設する高圧の移動電線と電気使用機械器具とは (ウ) その他の方法により堅ろうに接続すること.
4. (エ) の移動電線は,屋側又は屋外に施設しないこと.

上記の空白箇所に記入する語句として,正しい組合せは次のうちどれか.

	(ア)	(イ)	(ウ)	(エ)
(1)	裸電線	差込み接続器	ボルト締め	特別高圧
(2)	電球線	差込み接続器	ボルト締め	特別高圧
(3)	電球線	ジョイントボックス	差込み接続器	特別高圧
(4)	巻　線	ジョイントボックス	ボルト締め	高圧又は特別高圧
(5)	裸電線	ジョイントボックス	差込み接続器	高圧又は特別高圧

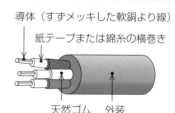

解説

① 移動電線とは,電気使用場所に施設する電線のうち,造営物に固定しないものをいい, **電球線** 及び電気使用機械器具の電線は除かれる.

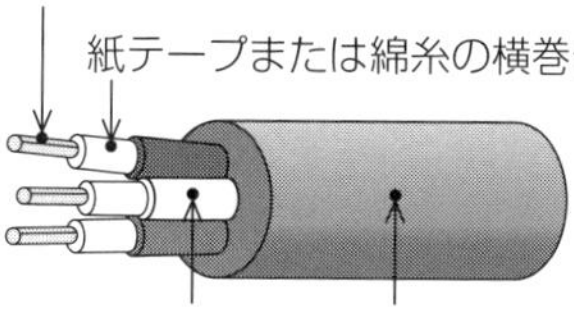

② 屋内に施設する低圧の移動電線と電気使用機械器具との接続には, **差込み接続器** その他これに類する器具を用いること.屋内に施設する高圧の移動電線と電気使用機械器具とは **ボルト締め** その他の方法により堅ろうに接続すること.

③ **特別高圧** の移動電線は,屋側又は屋外に施設しないこと(屋内施設は可能).

【解答(2)】

重要

移動電線:造営物に固定しない

［平成 27 年］

問題 77 特殊場所の電気設備

次の文章は，可燃性のガスが漏れ又は滞留し，電気設備が点火源となり爆発するおそれがある場所の屋内配線に関する工事例である．「電気設備技術基準の解釈」に基づき，不適切なものを選べ．

(1) 金属管工事により施設し，薄鋼電線管を使用した．

(2) 金属管工事により施設し，管相互及び管とボックスその他の附属品とを 5 山以上ねじ合わせて接続する方法により，堅ろうに接続した．

(3) ケーブル工事により施設し，キャブタイヤケーブルを使用した．

(4) ケーブル工事により施設し，MI ケーブルを使用した．

(5) 電線を電気機械器具に引き込むときは，引込口で電線が損傷するおそれがないようにした．

解説

① ケーブル工事に使用する電線は，**キャブタイヤケーブル以外のケーブル**であること．

② 電線は，がい装を有するケーブルまたは MI ケーブルを使用する場合を除き，管その他の防護装置に収めて施設すること．

参考 特殊場所の配線工事

可燃性ガス等の存在する場所，粉じんの多い場所，危険物などの存在する場所では，適用できる配線工事が下表のように制約されている．

可燃性ガス等が存在	金属管工事とケーブル工事
爆発性粉じんが存在	金属管工事とケーブル工事
可燃性粉じんが存在	金属管工事，合成樹脂管工事，ケーブル工事
危険物等が存在	金属管工事，合成樹脂管工事，ケーブル工事

【解答 (3)】

重要 可燃性ガスが存在：キャブタイヤケーブルは不可

問題 78　特殊施設の変圧器

［平成 23 年］

次の a から c の文章は，特殊施設に電気を供給する変圧器等に関する記述である．「電気設備技術基準の解釈」に基づき，適切なものと不適切なものの組合せとして，正しいものを次の（1）～（5）のうちから一つ選べ．

a.　可搬型の溶接電極を使用するアーク溶接装置を施設するとき，溶接変圧器は，絶縁変圧器であること．また，被溶接材又はこれと電気的に接続される持具，定盤等の金属体には，D 種接地工事を施すこと．

b.　プール用水中照明灯に電気を供給するためには，一次側電路の使用電圧及び二次側電路の使用電圧がそれぞれ 300 V 以下及び 150 V 以下の絶縁変圧器を使用し，絶縁変圧器の二次側配線は金属管工事により施設し，かつ，その絶縁変圧器の二次側電路を接地すること．

c.　遊戯用電車（遊園地，遊戯場等の構内において遊戯用のために施設するものをいう）に電気を供給する電路の使用電圧に電気を変成するために使用する変圧器は，絶縁変圧器であること．

	a	b	c
(1)	不適切	適　切	適　切
(2)	適　切	不適切	適　切
(3)	不適切	適　切	不適切
(4)	不適切	不適切	適　切
(5)	適　切	不適切	不適切

解説

水中照明灯の施設では，絶縁変圧器を使用する場合，**二次側電路**は次によることとされている．

① 電路は，**非接地**であること．

② 開閉器および過電流遮断器を各極に施設すること．

③ 電圧が 30 V を超える場合は，その電路に地絡を生じたときに自動的に電路を遮断する装置を施設すること．

【解答（2）】

重要　**水中照明灯：（1 次）300 V 以下，（2 次）150 V 以下**

[平成 18 年]

問題 79 非常用予備電源の施設

次の文章は，「電気設備技術基準」に基づく非常用予備電源の施設に関する記述である．

常用電源の （ア） に使用する非常用予備電源（ （イ） に施設するものに限る）は， （イ） 以外の場所に施設する電路であって，常用電源側のものと （ウ） に接続しないように施設しなければならない．

上記の記述中の空白箇所に当てはまる語句として，正しいものを組み合わせたものは次のうちどれか．

	（ア）	（イ）	（ウ）
(1)	停電時	発電所	電気的
(2)	過負荷時	発電所	機械的
(3)	停電時	需要場所	電気的
(4)	過負荷時	発電所	電気的
(5)	遮断時	需要場所	機械的

解説

① 非常用予備電源の施設の留意事項

非常用予備電源からの逆送による構外の電線路での作業者の感電を防止するため，インターロック装置を施設するか，非常用予備電源から供給する負荷を常用電源側回路から独立させておく必要がある．

② 非常用予備電源の施設の規定内容

常用電源の **停電時** に使用する非常用予備電源（ **需要場所** に施設するものに限る）は， **需要場所** 以外の場所に施設する電路であって，常用電源側のものと **電気的** に接続しないように施設しなければならない．

【解答（3）】

重要 非常用予備電源の施設：常用電源との電気的接続禁止

ここが肝心！基礎固め！

21 系統連系設備の用語

電気設備技術基準の解釈では，次の**13の用語**が定められている．

① **発電設備等**：発電設備又は電力貯蔵装置で，常用電源の停電時又は電圧低下発生時にのみ使用する非常用予備電源以外のものをいう．

② **分散型電源**：電気事業法第38条第4項第四号に掲げる事業を営む者以外の者が設置する発電設備等であって，一般送配電事業者が運用する電力系統に連系するものをいう．

③ **解列**：電力系統から切り離すことをいう．

④ **逆潮流**：分散型電源設置者の構内から，一般送配電事業者が運用する電力系統側へ向かう有効電力の流れをいう．

⑤ **単独運転**：分散型電源を連系している電力系統が事故等によって系統電源と切り離された状態において，当該分散型電源が発電を継続し，線路負荷に有効電力を供給している状態をいう．

⑥ **逆充電**：分散型電源を連系している電力系統が事故等によって系統電源と切り離された状態において，分散型電源のみが，連系している電力系統を加圧し，当該電力系統へ有効電力を供給していない状態をいう．

⑦ **自立運転**：分散型電源が，連系している電力系統から解列された状態において，当該分散型電源設置者の構内負荷にのみ電力を供給している状態をいう．

⑧ **線路無電圧確認装置**：電線路の電圧の有無を確認するための装置をいう．

⑨ **転送遮断装置**：遮断器の遮断信号を通信回線で伝送し，別の構内に設置された遮断器を動作させる装置をいう．

⑩ **受動的方式の単独運転検出装置**：単独運転移行時に生じる電圧位相または周波数等の変化により，単独運転状態を検出する装置をいう．

⑪ **能動的方式の単独運転検出装置**：分散型電源の有効電力出力または無効電力出力等に平時から変動を与えておき，単独運転移行時に当該変動に起因して生じる周波数等の変化により，単独運転状態を検出する装置をいう．

⑫ **スポットネットワーク受電方式**：2以上の特別高圧配電線（スポットネットワーク配電線）で受電し，各回線に設置した受電変圧器を介して2次側電路をネットワーク母線で並列接続した受電方式をいう．

⑬ **二次励磁制御巻線形誘導発電機**：二次巻線の交流励磁電流を周波数制御することにより可変速運転を行う巻線形誘導発電機をいう．

問題 80　分散型電源の系統連系

［令和元年］

「電気設備技術基準の解釈」に基づく分散型電源の系統連系設備に関する記述として，誤っているものは次のうちどれか．

(1) 逆潮流とは，分散型電源設置者の構内から，一般送配電事業者が運用する電力系統側へ向かう有効電力の流れをいう．

(2) 単独運転とは，分散型電源が，連系している電力系統から解列された状態において，当該分散型電源設置者の構内負荷にのみ電力を供給している状態のことをいう．

(3) 単相 3 線式の低圧の電力系統に分散型電源を連系する際，負荷の不平衡により中性線に最大電流が生じるおそれがあるため，分散型電源を施設した構内の電路において，負荷及び分散型電源の並列点よりも系統側の 3 極に過電流引き外し素子を有する遮断器を施設した．

(4) 低圧の電力系統に分散型電源を連系する際，異常時に分散型電源を自動的に解列するための装置を施設した．

(5) 高圧の電力系統に分散型電源を連系する際，分散型電源設置者の技術員駐在箇所と電力系統を運用する一般送配電事業者の事業所との間に，停電時においても通話可能なものであること等の一定の要件を満たした電話設備を施設した．

解説

単独運転とは，「分散型電源を連系している電力系統が事故等によって系統電源と切り離された状態において，当該分散型電源が発電を継続し，**線路負荷に有効電力を供給**している状態」のことをいい，これを防止しなければならない．

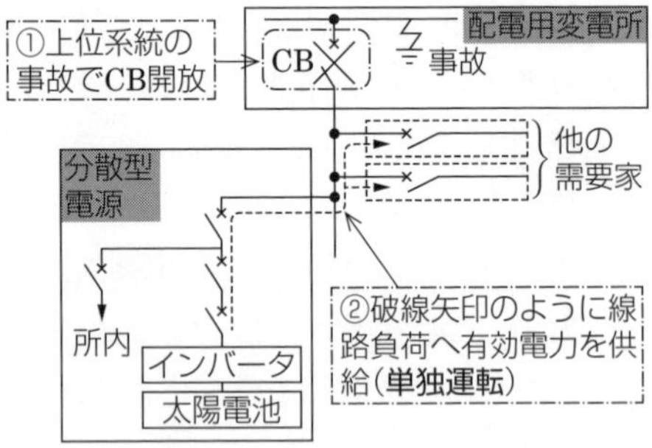

参考 平成 23 年，27 年に類似問題が出題されている．

【解答 (2)】

単独運転：分散型電源のみで線路負荷に供給　重要

[平成21年]

問題 81 太陽電池モジュール

次の文章は，「電気設備技術基準の解釈」に基づく，太陽電池発電所に施設する太陽電池モジュール等に関する記述の一部である．

1. （ア）が露出しないように施設すること．
2. 太陽電池モジュールに接続する負荷側の電路（複数の太陽電池モジュールを施設した場合にあっては，その集合体に接続する負荷側の電路）には，その接続点に近接して（イ）その他これに類する器具（負荷電流を開閉できるものに限る．）を施設すること．
3. 太陽電池モジュールを並列に接続する電路には，その電路に（ウ）を生じた場合に電路を保護する過電流遮断器その他の器具を施設すること．

   ただし，当該電路が（ウ）電流に耐えるものである場合は，この限りでない．
4. 電線を屋内に施設する場合にあっては，（エ），金属管工事，可とう電線管工事又はケーブル工事により施設すること．

上記の記述中の空白箇所（ア），（イ），（ウ）及び（エ）に当てはまる語句として，正しいものを組み合わせたのは次のうちどれか．

	（ア）	（イ）	（ウ）	（エ）
(1)	充電部分	開閉器	短　絡	合成樹脂管工事
(2)	充電部分	遮断器	過負荷	合成樹脂管工事
(3)	接続部分	遮断器	短　絡	金属ダクト工事
(4)	充電部分	開閉器	短　絡	金属ダクト工事
(5)	接続部分	開閉器	過負荷	合成樹脂管工事

解説

① **充電部分**⇒露出しない．

② 負荷側電路⇒**開閉器**を施設する．

③ **短絡**保護⇒過電流遮断器を施設する．

④ 屋内施設⇒**合成樹脂管工事**，金属管工事，可とう電線管工事，ケーブル工事により施設する．

【解答（1)】

重要

太陽電池モジュール⇒開閉器・過電流遮断器を施設

問題 82 発電用風力設備（1）

［平成 20 年］

次の文章は，「発電用風力設備に関する技術基準を定める省令」の風車に関する記述の一部である．

1. 負荷を遮断したときの最大速度に対し，［（ア）］であること．
2. 風圧に対して［（ア）］であること．
3. 運転中に風車に損傷を与えるような［（イ）］がないように施設すること．
4. 通常想定される最大風速においても取扱者の意図に反して風車が起動することのないように施設すること．
5. 運転中に他の工作物，植物等に［（ウ）］しないように施設すること．

上記の記述中の空白箇所（ア），（イ）及び（ウ）に当てはまる語句として，正しいものを組み合わせたのは次のうちどれか．

	（ア）	（イ）	（ウ）
(1)	安定	変形	影響
(2)	構造上安全	変形	接触
(3)	安定	振動	影響
(4)	構造上安全	振動	接触
(5)	安定	変形	接触

解説 **風車の施設**は，次のように規定されている．

① 負荷を遮断時の最大速度に対し，**構造上安全**であること．
② 風圧に対して**構造上安全**であること．
③ 運転中に風車に損傷を与えるような**振動**がないように施設する．
④ 通常想定される最大風速で取扱者の意図に反し風車が起動しないこと．
⑤ 運転中に他の工作物，植物等に**接触**しないように施設する．

参考 **風車を支持する工作物**（平成 24 年出題）

① 風車を支持する工作物は，自重，積載荷重，**積雪**および風圧ならびに地震その他の振動および**衝撃**に対して構造上安全でなければならない．
② 発電用風力設備が一般用電気工作物である場合には，風車を支持する工作物に取扱者以外の者が容易に**登る**ことができないように適切な措置を講じること．

【解答（4）】

重要 **風車の施設：最大速度，風圧，振動，起動などの規定**

問題83 発電用風力設備（2）

［平成29年］

次の文章は，「発電用風力設備技術基準」に基づく風車の安全な状態の確保に関する記述である．

a．風車（発電用風力設備が一般用電気工作物である場合を除く．以下aにおいて同じ．）は，次の場合に安全かつ自動的に停止するような措置を講じなければならない．

① ［（ア）］が著しく上昇した場合

② 風車の［（イ）］の機能が著しく低下した場合

b．最高部の［（ウ）］からの高さが20 mを超える発電用風力設備には，［（エ）］から風車を保護するような措置を講じなければならない．ただし，周囲の状況によって［（エ）］が風車を損傷するおそれがない場合においては，この限りでない．

上記の記述中の空白箇所に当てはまる組合せとして，正しいものは次のうちどれか．

	（ア）	（イ）	（ウ）	（エ）
（1）	回転速度	制御装置	ロータ最低部	雷撃
（2）	発電電圧	圧油装置	地表	雷撃
（3）	発電電圧	制御装置	ロータ最低部	強風
（4）	回転速度	制御装置	地表	雷撃
（5）	回転速度	圧油装置	ロータ最低部	強風

解説 ① 風車が安全かつ自動的に停止するような措置を講じなければならない条件

・［**回転速度**］が著しく上昇した場合

・風車の［**制御装置**］の機能が著しく低下した場合

② 最高部の［**地表**］からの**高さが20 mを超える**発電用風力設備には，［**雷撃**］から風車を保護するような措置を講じなければならない．ただし，周囲の状況によって［**雷撃**］が風車を損傷するおそれがない場合はこの限りでない．

参考 平成16年に類似問題が出題されている．

【解答（4）】

重要 風車の自動停止の条件：回転速度と制御機能の規定

[令和元年]

問題 84 電力の需給（1）

次の文章は，電力の需給に関する記述である．

電気は［（ア）］とが同時的であるため，不断の供給を使命とする電気事業においては，常に変動する需要に対処しうる供給力を準備しなければならない．

しかし，発電設備は事故発生の可能性があり，また，水力発電所の供給力は河川流量の豊渇水による影響で変化する．一方，太陽光発電，風力発電などの供給力は天候により変化する．さらに，原子力発電所や火力発電所も定期検査などの補修作業のため一定期間の停止を必要とする．このように供給力は変動する要因が多い．他方，需要も予想と異なるおそれもある．

したがって，不断の供給を維持するためには，想定される［（イ）］に見合う供給力を保有することに加え，常に適量の［（ウ）］を保持しなければならない．

電気事業法に基づき設立された電力広域的運営推進機関は毎年，各供給区域（エリア）及び全国の供給力について需給バランス評価を行い，この評価を踏まえてその後の需給の状況を監視し，対策の実施状況を確認する役割を担っている．

上記の空白箇所に当てはまる組合せとして，正しいものは次のうちどれか．

	（ア）	（イ）	（ウ）
(1)	発生と消費	最大電力	送電容量
(2)	発電と蓄電	使用電力量	送電容量
(3)	発生と消費	最大電力	供給予備力
(4)	発電と蓄電	使用電力量	供給予備力
(5)	発生と消費	使用電力量	供給予備力

解説

① 電気は**［発生と消費］**が同時的であるため，不断の供給を使命とする電気事業においては，常に変動する需要に対処しうる供給力を準備しなければならない．

② 不断の供給を維持するためには，想定される**［最大電力］**に見合う供給力を保有することに加え，常に適量の**［供給予備力］**を保持しなければならない．

【解答（3）】

重要

供給予備力：事故・補修作業での発電停止などに対応

問題85 電力の需給（2）

［平成30年］

次の文章は，電力の需給に関する記述である．

電力システムにおいて，需要と供給の間に不均衡が生じると，周波数が変動する．これを防止するため，需要と供給の均衡を常に確保する必要がある．

従来は，電力需要にあわせて電力供給を調整してきた．

しかし，近年，［（ア）］状況に応じ，スマートに［（イ）］パターンを変化させること，いわゆるディマンドリスポンス（「デマンドレスポンス」ともいう．以下同じ．）の重要性が強く認識されるようになっている．この取組の一つとして，電気事業者（小売電気事業者及び系統運用者をいう．以下同じ．）やアグリゲーター（複数の［（ウ）］を束ねて，ディマンドリスポンスによる［（エ）］削減量を電気事業者と取引する事業者）と［（ウ）］の間の契約に基づき，電力の［（エ）］削減の量や容量を取引する取組（要請による［（エ）］の削減量に応じて，［（ウ）］がアグリゲーターを介し電気事業者から報酬を得る．），いわゆるネガワット取引の活用が進められている．

上記の空白箇所に当てはまる組合せとして，正しいものは次のうちどれか．

	（ア）	（イ）	（ウ）	（エ）
(1)	電力需要	発電	需要家	需要
(2)	電力供給	発電	発電事業者	供給
(3)	電力供給	消費	需要家	需要
(4)	電力需要	消費	発電事業者	需要
(5)	電力供給	発電	需要家	供給

解説

① 近年，［**電力供給**］状況に応じ，スマートに［**消費**］パターンを変化させること，ディマンドリスポンスの重要性が強く認識されるようになっている．

② 電気事業者やアグリゲーター（複数の［**需要家**］を束ねて，ディマンドリスポンスによる［**需要**］削減量を電気事業者と取引する事業者）と［**需要家**］の間の契約に基づき，電力の［**需要**］削減の量や容量を取引する取組であるネガワット取引の活用が進められている．

【解答（3）】

重要 ネガワット取引：電力ピークの抑制のための節電手法

問題86 負荷特性を表す率（1）

［平成18年］

配電系統及び需要家設備における供給設備と負荷設備との関係を表す係数として，需要率，不等率，負荷率があり

① $\dfrac{\text{最大需要電力}}{\boxed{\text{（ア）}}}$ を需要率

② $\dfrac{\text{各需要家ごとの最大需要電力の総和}}{\text{全需要家を総括したときの}\boxed{\text{（イ）}}}$ を不等率

③ ある期間中における負荷の $\dfrac{\boxed{\text{（ウ）}}}{\text{最大需要電力}}$ を負荷率

という．

上記の記述の空白箇所に当てはまる語句として，正しいものを組み合わせたのは次のうちどれか．

	（ア）	（イ）	（ウ）
(1)	総負荷設備容量	合成最大需要電力	平均需要電力
(2)	合成最大需要電力	平均需要電力	総負荷設備容量
(3)	平均需要電力	総負荷設備容量	合成最大需要電力
(4)	総負荷設備容量	平均需要電力	合成最大需要電力
(5)	変圧器設備容量	総負荷設備容量	平均需要電力

解説

負荷特性を表す三つの率の定義は，下表のとおりである．

需要率	需要率 $= \dfrac{\text{最大需要電力}}{\text{総負荷設備容量}} \times 100\%$
負荷率	負荷率 $= \dfrac{\text{平均需要電力}}{\text{最大需要電力}} \times 100\%$
不等率	不等率 $= \dfrac{\text{各需要家ごとの最大需要電力の総和}}{\text{全需要家を総括したときの合成最大需要電力}} \geqq 1$

【解答（1）】

配電計画に必要な三つの率：需要率，負荷率，不等率　重要

[平成 15 年]

問題 87 負荷特性を表す率（2）

次の文章は，複数の需要家を総合した場合の負荷率（以下，「総合負荷率」という）と各需要家の需要率及び需要家間の不等率との関係についての記述である．

これらの記述のうち，正しいのは次のうちどれか．

ただし，この期間中の各需要家の需要率はすべて等しいものと仮定する．

(1) 総合負荷率は，需要率に反比例し，不等率に比例する．

(2) 総合負荷率は，需要率には関係なく，不等率に比例する．

(3) 総合負荷率は，需要率及び不等率の両方に比例する．

(4) 総合負荷率は，需要率に比例し，不等率に反比例する．

(5) 総合負荷率は，需要率に比例し，不等率には関係しない．

解説

① **単独の需要家の負荷率**は，下式で表される．

$$負荷率 = \frac{平均需要電力}{最大需要電力} \times 100\%$$

② **複数の需要家を総合した場合の負荷率（総合負荷率）**の式は，次のように展開できる．

$$総合負荷率 = \frac{平均需要電力}{合成最大需要電力} \times 100\%$$

$$= \frac{平均需要電力}{(設備容量の合計 \times 需要率)/不等率} \times 100\%$$

$$= \frac{平均需要電力}{設備容量の合計} \times \frac{\mathbf{不等率}}{\mathbf{需要率}} \times 100\%$$

したがって，需要率に反比例し，不等率に比例する．　　**【解答（1）】**

重要

総合負荷率：需要率に反比例，不等率に比例

問題 88 電気設備の運用管理

[平成 21 年]

次の文章は，工場等における電気設備の運用管理に関する記述である．

電気機器は適正な電圧で使用することにより，効率的な運用を図ることができる．このため電気管理者にとって，（ア）の検討を行うことは重要である．

また，電力損失の抑制対策として，次のようにいくつかの例が挙げられる．

① 電気機器と並列にコンデンサ設備を設置し，（イ）をすることにより電力損失の低減を図る．

② 変圧器は，適正な（ウ）を維持するように，機器の稼働台数の調整及び負荷の適正配分を行う．

上記の記述中の空白箇所（ア），（イ）及び（ウ）に当てはまる語句として，正しいものを組み合わせたのは次のうちどれか．

	（ア）	（イ）	（ウ）
(1)	短絡保護協調	力率改善	需要率
(2)	電圧降下	電圧維持	負荷率
(3)	地絡保護協調	力率改善	不等率
(4)	電圧降下	力率改善	需要率
(5)	短絡保護協調	電圧維持	需要率

解説

電力損失の抑制対策には，次のものがある．

① 電気機器と並列にコンデンサを設置し，**力率改善**をする．

② 変圧器は，適正な**需要率**を維持するように，機器の稼働台数の調整及び負荷の適正配分を行う．

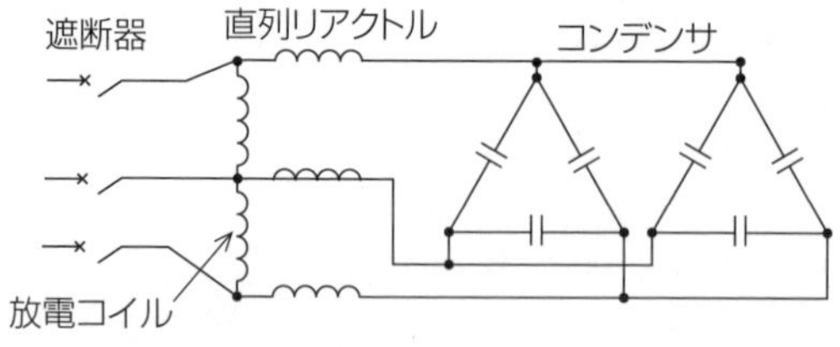

【解答（4）】

重要 電気機器を適正電圧で使用⇒効率が高い

[平成 14 年]

問題 89 低圧電路の過電流保護

次の文章は，過電流に対する低圧電路の保護に関する記述である．

電動機の始動電流や変圧器の励磁突入電流などは，過渡的にそれぞれの定格電流をはるかに超える大きさになることがある．

図は，誘導電動機が接続されている低圧電路の過電流保護協調の一例を示したものである．

図中の曲線 （ア） は電動機の始動電流特性，曲線 （イ） は配線用遮断器の動作特性，曲線 （ウ） はこの電路の電線の許容電流の時間特性である．

上記の記述中の空白箇所に記入する図の各曲線の記号として，正しいものを組み合わせたのは次のうちどれか．

	（ア）	（イ）	（ウ）
(1)	B	A	C
(2)	C	B	A
(3)	B	C	A
(4)	A	B	C
(5)	A	C	B

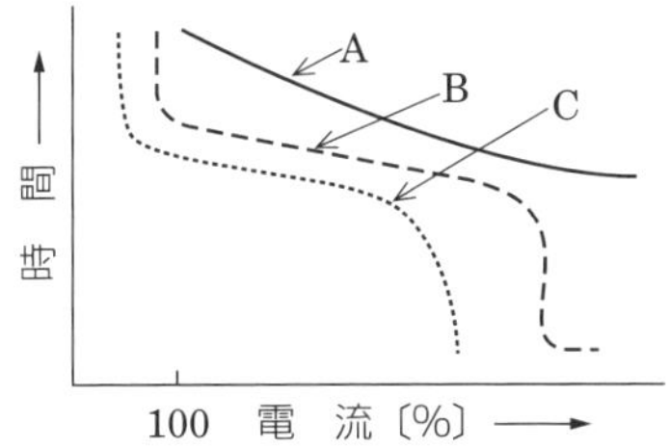

解説

① 過電流保護協調では，I-t（電流-時間）特性は，C → B → A の順に外側に向かった特性としなければならない．

② 図中の**曲線 C** は**電動機の始動電流特性**，**曲線 B** は**配線用遮断器の動作特性**，**曲線 A** はこの電路の**電線の許容電流の時間特性**である．

特に，曲線 B は大電流領域において定限時特性となっているのがヒントとなって，配線用遮断器の動作特性であることが容易にわかる．

③ **過電流保護協調の考え方**：始動電流が流れても配線用遮断器が動作せず，電線も溶断しない．配線用遮断器が遮断する前に電線が溶断しない．

【解答 (2)】

重要 過電流時の特性：電動機＜配線用遮断器＜電線

[平成 17 年]

問題 90 高圧受電設備（1）

高圧受電設備設置者と一般電気事業者との間の保安上の［（ア）］の負荷側電路には，［（ア）］に近い箇所に主遮断装置が設置されている．

キュービクル式高圧受電設備は，主遮断装置により CB 形と PF·S 形に大別される．CB 形は主遮断装置として［（イ）］が使用されているが，PF·S 形は変圧器設備容量の小さなキュービクルに用いられ，その設備簡素化の目的から，主遮断装置は［（ウ）］と［（エ）］の組合せになっている．

高圧母線等の高圧側の短絡事故に対する保護は，CB 形では［（イ）］と［（オ）］で行うのに対し，PF·S 形は［（ウ）］で行う仕組みとなっている．

上記の記述中の空白箇所（ア），（イ），（ウ），（エ）及び（オ）に記入する語句として，正しいものを組み合わせたのは次のうちどれか．

	（ア）	（イ）	（ウ）	（エ）	（オ）
(1)	責任分界点	限流ヒューズ	遮断器	高圧交流負荷開閉器	過電流継電器
(2)	安全境界線	高圧交流負荷開閉器	限流ヒューズ	遮断器	過電圧継電器
(3)	責任分界点	遮断器	限流ヒューズ	高圧交流負荷開閉器	過電流継電器
(4)	安全境界線	遮断器	高圧交流負荷開閉器	限流ヒューズ	地絡継電器
(5)	責任分界点	高圧交流負荷開閉器	遮断器	限流ヒューズ	過電圧継電器

解説

① 保安上の責任分界点に近い負荷側電路には，主遮断装置を施設する．

② 高圧側の短絡事故時の保護は，**CB 形では**（**過電流継電器**＋**遮断器**）で，**PF·S 形では限流ヒューズ**で行う．

【解答（3）】

重要

CB 形：4 000 kV·A 以下，PF·S 形：300 kV·A 以下

問題 91 高圧受電設備（2）

［平成 23 年］

キュービクル式高圧受電設備には主遮断装置の形式によってCB形とPF·S形がある．CB形は主遮断装置として［（ア）］が使用されているが，PF·S形は変圧器設備容量の小さなキュービクルの設備簡素化の目的から，主遮断装置は［（イ）］と［（ウ）］の組合せによっている．

高圧母線等の高圧側の短絡事故に対する保護は，CB形では［（ア）］と［（エ）］で行うのに対し，PF·S形は［（イ）］で行う仕組みとなっている．

上記の記述中の空白箇所（ア），（イ），（ウ）及び（エ）に当てはまる組合せとして，正しいものを次の（1）～（5）のうちから一つ選べ．

	（ア）	（イ）	（ウ）	（エ）
（1）	高圧限流ヒューズ	高圧交流遮断器	高圧交流負荷開閉器	過電流継電器
（2）	高圧交流負荷開閉器	高圧限流ヒューズ	高圧交流遮断器	過電圧継電器
（3）	高圧交流遮断器	高圧交流負荷開閉器	高圧限流ヒューズ	不足電圧継電器
（4）	高圧交流負荷開閉器	高圧交流遮断器	高圧限流ヒューズ	不足電圧継電器
（5）	高圧交流遮断器	高圧限流ヒューズ	高圧交流負荷開閉器	過電流継電器

解説

キュービクル式高圧受電設備について，それぞれの形式ごとの構成は次のとおりである．

① **CB形**：過電流継電器（OCR）＋地絡継電器（GR）＋高圧交流遮断器（CB）

② **PF·S形**：高圧限流ヒューズ（PF）と高圧交流負荷開閉器（S）

【解答（5）】

重要

PF·S形：短絡はPF，地絡はGR付のSで保護

問題 92 高圧受電設備（3）

[平成 15 年]

図は，高圧受電設備の単線結線図の一部である．

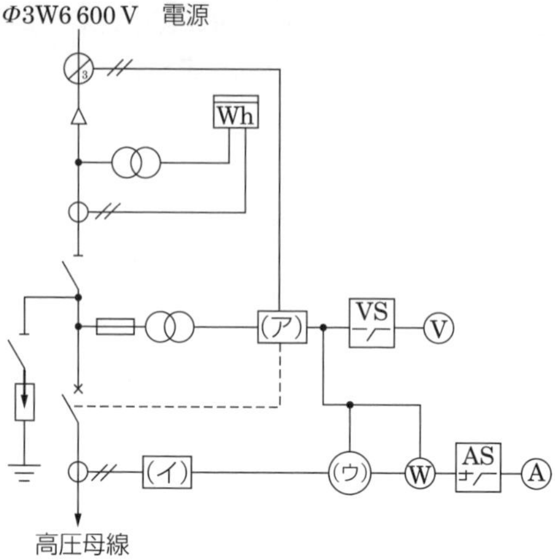

図の空白箇所に設置する機器又は計器として，正しいものを組み合わせたのは次のうちどれか．

	(ア)	(イ)	(ウ)
(1)	地絡継電器	過電圧継電器	周波数計
(2)	過電圧継電器	過電流継電器	周波数計
(3)	過電流継電器	地絡継電器	周波数計
(4)	過電流継電器	地絡継電器	力率計
(5)	地絡継電器	過電流継電器	力率計

解説

（ア）は，ZCT からの零相電流が入力となるので，**地絡継電器**である．

（イ）は，CT からの電流が入力となるので，**過電流継電器**である．

（ウ）は，VT，CT と電力計とにつながっているので，**力率計**である．

【解答（5）】

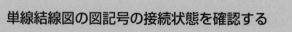

単線結線図の図記号の接続状態を確認する 重要

問題 93 高圧受電設備（4）

[平成 25 年]

図は，高圧受電設備（受電電力 500 kW）の単線結線図の一部である．

図の矢印で示す部分に設置する機器および計器の名称（略号を含む）の組合せとして，正しいものは次のうちどれか．

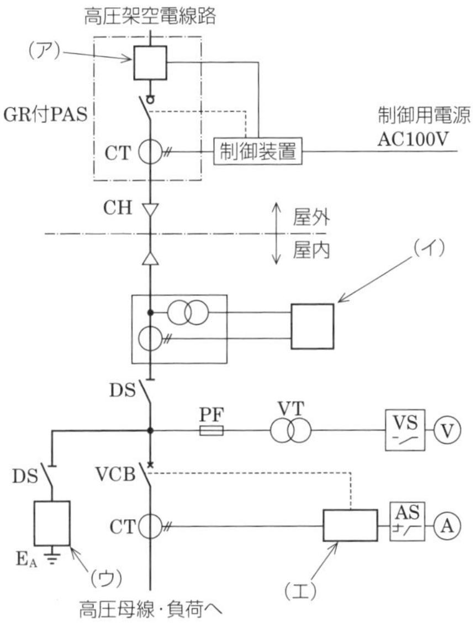

	(ア)	(イ)	(ウ)	(エ)
(1)	ZCT	電力量計	避雷器	過電流継電器
(2)	VCT	電力量計	避雷器	過負荷継電器
(3)	ZCT	電力量計	進相コンデンサ	過電流継電器
(4)	VCT	電力計	避雷器	過負荷継電器
(5)	ZCT	電力計	進相コンデンサ	過負荷継電器

解説　（ア）は，地絡電流を検出するための **ZCT**（**零相変流器**）である．

（イ）は，VCT の二次側に設置されているので **W·h**（**電力量計**）である．

（ウ）は，異常電圧侵入時に動作する **LA**（**避雷器**）である．

（エ）は，過負荷・短絡事故時に動作する **OCR**（**過電流継電器**）である．

【解答（1）】

重要

図記号：ZCT  **W·h** 

OCR I〉

[平成17年]

問題94 高圧受電設備の保守

高圧受電設備の点検，保守に関する記述として，不適切なものは次のうちどれか（高圧受電設備規程による）．

(1) 日常（巡視）点検は，主として運転中の電気設備を目視等により点検し，異常の有無を確認するものである．

(2) 定期点検は，比較的長期間（1年程度）の周期で，主として運転中の電気設備を目視，測定器具等により点検，測定及び試験を行うものである．

(3) 精密点検は，長期間（3年程度）の周期で電気設備を停止し，必要に応じて分解するなど目視，測定器具等により点検，測定及び試験を実施し，電気設備が電気設備の技術基準等に適合しているか，異常の有無を確認するものである．

(4) 臨時点検は，電気事故その他の異常が発生したときの点検と，異常が発生するおそれがあると判断したときの点検である．点検，試験によってその原因を探究し，再発を防止するためにとるべき措置を講じるものである．

(5) 保守は，

① 各種点検において異常があった場合
② 修理・改修の必要を認めた場合
③ 汚損による清掃の必要性がある場合

等に内容に応じた措置を講じるものである．

解説

定期点検は，比較的長期間（6か月～1年程度）の周期で，電気設備を運転状態で行うのではなく，**停止した状態**で，**点検・測定・試験**を行うものである．なお，定期点検のインターバルはあらかじめ定めておく．

【解答（2）】

重要 電気設備の定期点検：電気設備を停止して実施する

点数アップ♪

ワンポイント知識 ― 高圧受電設備の操作

1. 高圧受電設備での全停電操作

高圧受電設備において，全停電操作を行う場合の操作は，次のように負荷の末端から順次電源側に向かって行うのが原則である．

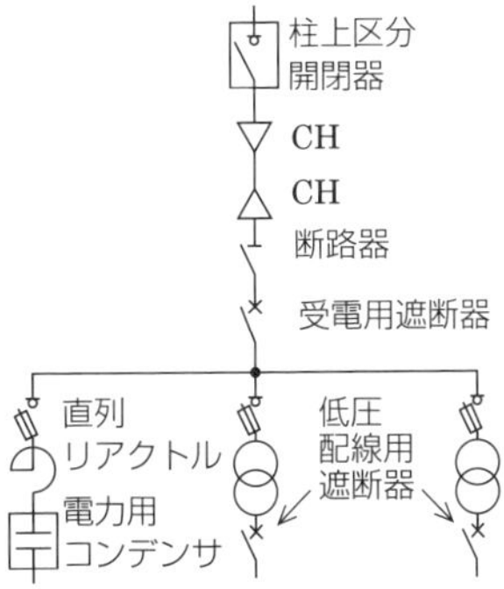

①低圧配電盤の開閉器類（MCCB：配線用遮断器）を開放する．

②受電用遮断器（CB）を開放した後，その負荷側を検電器で検電して無電圧を確認する．

③断路器（DS）を開放する．

④柱上区分開閉器（PAS 類）を開放した後，断路器の電源側を検電して無電圧を確認する．

⑤受電用ケーブルと電力用コンデンサの残留電荷を放電させた後，断路器の電源側を短絡接地する．

2. 短絡接地の取付けと取外し操作

短絡接地器具の取付けは**接地側→高圧電路**の順に，取外しは**高圧電路→接地側**の順に行わなければならない．

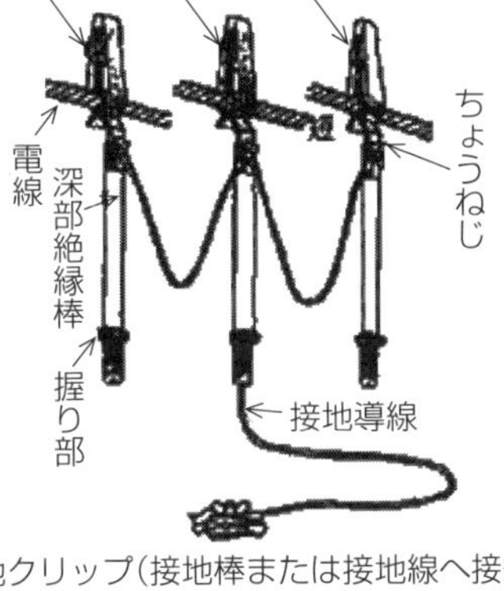

接地クリップ(接地棒または接地線へ接続)

問題 95 受電設備の地絡保護協調

［平成 18 年］

次の文章は，高圧受電設備の地絡保護協調に関する記述である（「高圧受電設備規定」による）．

a. 高圧電路に地絡を生じたとき， （ア） に電路を遮断するため，必要な箇所に地絡遮断装置を施設すること．

b. 地絡遮断装置は，電気事業者の配電用変電所の地絡保護装置との （イ） を図ること．

c. 地絡保護装置の （ウ） 整定にあたっては，電気事業者の配電用変電所の地絡保護装置との （イ） を図るため電気事業者と協議すること．

d. 地絡遮断装置から （エ） の高圧電路における対地静電容量が大きい場合は，地絡方向継電装置を使用することが望ましい．

上記の記述の空白箇所に当てはまる語句として，正しいものを組み合わせたのは次のうちどれか．

	（ア）	（イ）	（ウ）	（エ）
（1）	機械的	動作協調	感　度	電源側
（2）	自動的	短絡強度協調	感　度	負荷側
（3）	自動的	動作協調	動作時限	負荷側
（4）	機械的	動作協調	動作時限	電源側
（5）	機械的	短絡強度協調	動作時限	負荷側

解説

① 地絡保護装置の感度整定は，受電設備側の動作時間を短く，配電用変電所側の動作時間を長くし，主保護と後備保護の動作協調を図る必要がある．

② 高圧受電設備の地絡保護装置には，通常は，零相電流により動作する地絡過電流継電器が用いられる．

③ 高圧ケーブルのこう長が長い場合は，対地静電容量が大きいため，外部の地絡事故で地絡過電流継電器が不必要動作することがある．もらい事故による不必要動作の回避のためには，地絡方向継電器の採用が必要となる．

【解答（3）】

重要

地絡時の不必要動作の回避⇒地絡方向継電器の採用

問題 96 変流器の取扱い方

［平成 16 年］

電気設備の改修工事において，通電中における変流器とこれに接続する計器類の取扱いに関する記述として，正しいのは次のうちどれか．

(1) 変流器の二次側端子を短絡し，次に電流計を他の電流計に取り換え，短絡した箇所を外した．

(2) 変流器の二次側端子を短絡し，次に電流計を電圧計に取り換え，短絡した箇所を外した．

(3) 変流器の二次側端子を短絡しないで，電流計を他の電流計に取り換えた．

(4) 変流器の二次側端子間に高抵抗器を接続し，次に電流計を他の電流計に取り換え，高抵抗器を外した．

(5) 変流器の二次側に接続された電流計を取り外し，二次側端子を開放した．

解説

① 変流器（CT）の二次側の開放は厳禁である．

② 二次側を開放すると一次側電流が全て励磁電流となり，磁束がひずみ二次側に高電圧が誘起され，焼損を招くからである．　【解答（1）】

重要　電流計の取替え方法：CT 二次側を短絡して取換え

点数アップ♪

ワンポイント知識 — 瞬時電圧低下

① **発生原因**：送配電線への落雷などにより，瞬時的に電圧降下が生じ，事故を除去するまでの間，電圧降下幅と電圧低下継続時間により機器類の機能を喪失する．

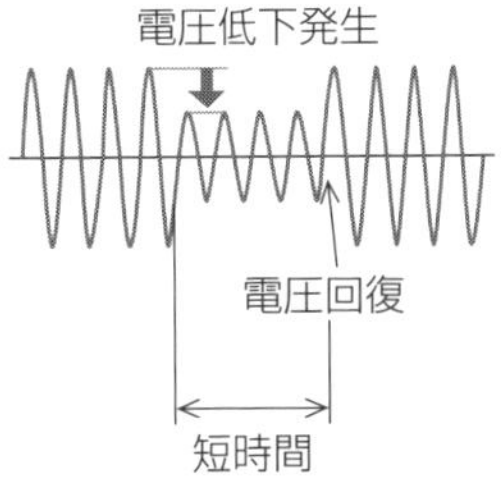

② **対策**：

・影響を受ける機器側→ UPS を使用する．

・系統側→高速度遮断を行ったり，インピーダンスの低減を図る．

問題 97 配電系統の高調波

[平成 22 年]

次の文章は，配電系統の高調波についての記述である．不適切なものは次のうちどれか．

(1) 高調波電流を多く含んだ程度に応じて電圧ひずみが大きくなる．

(2) 高調波発生機器を設置していない高圧需要家であっても直列リアクトルを付けないコンデンサ設備が存在する場合，電圧ひずみを増大させることがある．

(3) 低圧側の第 3 次高調波は，零相（各相が同相）となるため高圧側にあまり現れない．

(4) 高調波電流流出抑制対策のコンデンサ設備は，高調波発生源が変圧器の低圧側にある場合，高圧側に設置した方が高調波電流流出抑制の効果が大きい．

(5) 高調波電流流出抑制対策設備に，高調波電流を吸収する受動フィルタと高調波電流の逆極性の電流を発生する能動フィルタがある．

解説

① 高調波電流流出抑制対策のコンデンサ設備は，高調波発生源が変圧器の低圧側にある場合，低圧側に設置した方が高調波電流抑制の効果が大きい．

② 高調波の抑制対策には，次の方法がある．

進相コンデンサに対する対策	系統に対する対策
進相コンデンサの電源側に**直列に直列リアクトル**を設置する．	高調波電流を打ち消すため，逆位相の高調波電流を発生する**アクティブフィルタ**の採用，半導体応用機器の整流の**多相化**，**交流フィルタ**（**LC フィルタ**），受電系統の**低インピーダンス化**などがある．

【解答（4）】

高調波の発生源はアーク炉や半導体制御機器　重要

[平成26年]

問題 98 絶縁油の保守・点検

次の文章は，油入変圧器における絶縁油の劣化についての記述である．

a. 自家用需要家が絶縁油の保守，点検のために行う試験には，（ア）試験及び酸価度試験が一般に実施されている．

b. 絶縁油，特に変圧器油は，使用中に次第に劣化して酸価が上がり，（イ）や耐圧が下がるなどの諸性能が低下し，ついには泥状のスラッジができるようになる．

c. 変圧器油劣化の主原因は，油と接触する（ウ）が油中に溶け込み，その中の酸素による酸化であって，この酸化反応は変圧器の運転による（エ）の上昇によって特に促進される．そのほか，金属，絶縁ワニス，光線なども酸化を促進し，劣化生成物のうちにも反応を促進するものが数多くある．

上記の記述中の空白箇所に当てはまる組合せとして，正しいものは次のうちどれか．

	（ア）	（イ）	（ウ）	（エ）
(1)	絶縁耐力	抵抗率	空　気	温　度
(2)	濃　度	熱伝導率	絶縁物	温　度
(3)	絶縁耐力	熱伝導率	空　気	湿　度
(4)	絶縁抵抗	濃　度	絶縁物	温　度
(5)	濃　度	抵抗率	空　気	湿　度

解説 ① 変圧器の絶縁油の保守・点検では，一般に **絶縁耐力** 試験や酸価度試験が実施される．

② 変圧器は使用によって油と接触する空気が油中に溶け込み，酸化反応で酸価が上がり，**抵抗率** や耐電圧性能が低下し，スラッジを生じる．

③ 劣化要因は，**空気** の油中への溶込みによる酸化反応で，変圧器の運転による **温度** の上昇によって促進される．

参考 平成19年に類似問題が出題されている．　【解答（1）】

重要 絶縁油の劣化：酸価度・抵抗率・耐電圧の変化

機械の論説問題
法規の論説問題

索 引

サ 行

タ行

ナ 行

ハ 行

マ 行

ヤ行

ラ行

英字

数字, 記号

〈著者略歴〉
不 動 弘 幸（ふどう　ひろゆき）
不動技術士事務所
（技術士：電気電子／経営工学／総合技術監理）
（第１種電気主任技術者，エネルギー管理士（電気・熱））ほか

不動先生と学ぶ
電験三種論説問題　特選 386 問

2020 年 7 月 5 日　　第 1 版第 1 刷発行

著　　者　不 動 弘 幸
発 行 者　村 上 和 夫
発 行 所　株式会社 オーム社
郵便番号　101-8460
東京都千代田区神田錦町 3-1
電話　03(3233)0641(代表)
URL　https://www.ohmsha.co.jp/

印刷　美研プリンティング　　製本　協栄製本
ISBN978-4-274-22555-0　Printed in Japan

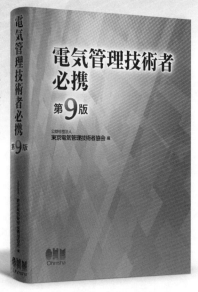